机器人技术创意设计

赵小川　编著

北京航空航天大学出版社

内容简介

本书紧扣读者需求，采用实例分析的形式，深入浅出地讲述了现代机器人技术的热点问题、关键技术、应用实例、解决方案、发展前沿。本书共12章，内容包括：认识"机器人"、仿蚂蚁机器人机构设计及其三维造型实现、仿象鼻机器人造型及其运动仿真、六足爬行机器人避障控制技术、侦察机器人导航定位技术、特种机器人超声波测距系统、警用机器人视觉系统及目标跟踪技术、移动机器人路径规划技术及其Mobotsim仿真、四旋翼无人飞行机器人、仿生机器鱼、仿生多足机器人设计、机器人DIY。本书具有系统全面、循序渐进、实例丰富、突出创新、原理透彻、注重应用、图文并茂、语言生动等特点。

本书可作为参加"挑战杯"、大学生创新论坛、电子设计大赛等科创活动的参考资料；也可作为机械工程、电子工程相关专业的本科生、研究生的教材；以及本科毕业设计、研究生学术论文、工程技术人员的参考资料。

图书在版编目(CIP)数据

机器人技术创意设计 / 赵小川编著. -- 北京 ：北京航空航天大学出版社，2013.1

ISBN 978-7-5124-0990-3

Ⅰ. ①机… Ⅱ. ①赵… Ⅲ. ①机器人—设计 Ⅳ. ①TP242

中国版本图书馆CIP数据核字(2012)第249865号

机器人技术创意设计

赵小川　编著

责任编辑　刘　星

*

北京航空航天大学出版社出版发行

北京市海淀区学院路37号(邮编100191)　http://www.buaapress.com.cn

发行部电话：(010)82317024　传真：(010)82328026

读者信箱：emsbook@gmail.com　邮购电话：(010)82316936

涿州市新华印刷有限公司印装　各地书店经销

*

开本：710×1 000　1/16　印张：22.5　字数：480千字

2013年1月第1版　2013年1月第1次印刷　印数：4 000册

ISBN 978-7-5124-0990-3　定价：49.00元

若本书有倒页、脱页、缺页等印装质量问题，请与本社发行部联系调换。联系电话：(010)82317024

前 言

随着精密制造技术、信息处理技术、计算机技术、传感器技术和智能控制理论的飞速发展，科研人员对机器人相关技术的研究取得了长足的进步。放眼当今世界，机器人的研究、开发及制造水平标志着一个国家或一个地区的综合科技实力。荟萃着世界高、精、尖科学技术成果及理念的新型机器人体现了一个国家的尖端科技水平。在我国，也有越来越多的人愿意了解机器人、研究机器人、开发机器人。为此，作者及其科研团队，结合多年的机器人研发及教学经验，编写了本书。本书没有空泛地罗列机器人学的相关理论，而是通过一个个具体实例使读者了解机器人技术的实现过程，使读者能够学以致用。

一、内容特点

与同类书籍相比，本书具有如下特色：

(1) 系统全面，循序渐进

全书以"需求分析→理论推导→技术实现→应用实例→前沿展望→创意点睛"为主线，层层递进，实现对机器人技术的"入门、提高、精通、应用、创新"。

(2) 实例丰富，突出创新

本书根据作者近些年来从事机器人技术的教学、科研经验，介绍了十余类机器人的设计制作过程，涉及柔性机器人、爬行机器人、飞行机器人、水下机器人和仿生机器人，并且对每款机器人创意点进行了点睛。

(3) 原理透彻，注重应用

本书不仅详细分析了机器人技术的基础理论，而且更加注重其实现和应用，使读者能够体会到活学活用的乐趣；本书还介绍了几款典型的机器人仿真软件，使读者可以在计算机上按照自己的创意，设计出自己的机器人虚拟样机。值得一提的是本书是国内首本介绍机器人设计仿真一体化专用软件 Webots 的书籍，内容详见本书的12.1节。

(4) 图文并茂，语言生动

本书配备了大量新颖的图片，以便提升读者的兴趣；在本书的第 12 章中，还有参加机器人科创比赛的获奖选手与读者分享的经验、心得。

二、结构安排

本书分为两大部分：第 1～8 章为基础部分，以实例的形式讲解了机器人机构设计技术、运动仿真技术、智能控制技术、机器视觉技术、路径规划技术和导航定位技术；第 9～12 章为实战部分，介绍了飞行机器人、水下机器人、爬行机器人和虚拟机器人的总体设计过程。

三、读者对象

- 参加"挑战杯"、大学生创新论坛、电子设计大赛等科创活动的读者；
- 对机器人技术感兴趣的读者；
- 机械工程和电子工程相关专业的本科生和研究生；
- 本科毕业设计、研究生学术论文的参与者；
- 相关专业的工程技术人员。

四、致　谢

在本书的编写过程中，常之光博士参与了第 2 章的编写，徐喆博士参与了第 3 章的编写，吴帆工程师参与了第 4 章的编写。

感谢杨成伟、胡海静、李喜玉、寇宇翔、肖伟、王博阳、汪强、刘祥和李阳等博士、硕士在资料的整理和校对过程中所付出的辛勤劳动。

感谢北京理工大学特种机器人创新团队提供的技术支持；感谢东南大学机器鱼创新团队提供的科研资料；感谢胡振华博士提供的图片资料。

感谢我的爷爷奶奶、父母和朋友们对我的支持，使我能够全身心地投入到机器人相关技术的科研工作及本书的编写过程。

因作者时间和水平有限，书中疏漏或不足之处在所难免，敬请读者批评指证。有兴趣的朋友可以发邮件到 zhaoxch1983@sina.com，与作者交流；也可发送邮件到 bhcbslx@sina.com，与本书的策划编辑进行交流。

赵小川

2012 年 11 月于北京

目录

第 1 章　认识"机器人"…… 1

1.1　从"变形金刚"说起 …… 1
1.2　机器人的发展历程 …… 3
1.3　机器人与机器人技术 …… 4
1.4　机器人的组成 …… 6
1.5　现代机器人技术的研发流程 …… 7
1.6　现代机器人设计的关键技术 …… 8
1.6.1　机器人机械设计技术 …… 8
1.6.2　机器人动力学分析 …… 9
1.6.3　机器人虚拟样机技术 …… 10
1.6.4　机器人运动控制技术 …… 12
1.6.5　机器人传感器与信息融合技术 …… 13
1.7　机器人技术常用术语 …… 16
1.8　机器人的应用领域 …… 17
1.9　世界先进机器人赏析 …… 25
1.10　机器人技术的发展趋势 …… 31

第 2 章　仿蚂蚁机器人机构设计及其三维造型实现 …… 35

2.1　Bill－Ant 仿蚂蚁机器人概述 …… 35
2.2　三维造型软件介绍 …… 36
2.3　机器人腿部零部件三维造型 …… 41
2.4　机器人腿部的装配 …… 47
2.5　机器人身体结构的三维建模 …… 51
2.6　机器人整体装配 …… 53
2.7　生成工程图 …… 54

2.8 对 Bill - Ant 机器人的改进 …… 57

第 3 章 仿象鼻机器人造型及其运动仿真 …… 60

3.1 连续体机器人及其应用…… 60
3.2 仿象鼻机器人概述…… 61
3.3 造型与仿真软件简介…… 62
3.3.1 SolidWorks 软件 …… 62
3.3.2 ADAMS 软件…… 63
3.4 仿象鼻机器人三维模型的建立…… 65
3.4.1 十字轴万向联轴器的选择与强度校核…… 65
3.4.2 仿象鼻机器人整体建模…… 67
3.5 基于 ADAMS 的仿象鼻机器人运动仿真 …… 71
3.5.1 导入三维造型…… 71
3.5.2 ADAMS 中的仿真设置…… 72
3.5.3 模型仿真算例…… 77

第 4 章 六足爬行机器人避障控制技术 …… 81

4.1 六足爬行机器人简介…… 81
4.2 六足爬行机器人运动分析…… 82
4.3 控制系统硬件平台设计与实现…… 83
4.3.1 驱动舵机…… 83
4.3.2 主控制器…… 84
4.3.3 电源模块设计…… 87
4.3.4 基于 Proteus 软件的控制系统仿真 …… 88
4.4 障碍物探测传感器…… 90
4.5 控制系统软件设计与实现…… 91

第 5 章 侦察机器人导航定位技术 …… 94

5.1 导航系统的硬件设计与实现…… 94
5.1.1 GPS 接收板卡的选择及其性能测试 …… 94
5.1.2 信号处理器芯片的选择及外围电路设计…… 98
5.1.3 GPS 信号接收天线 …… 101
5.1.4 硬件电路、接口设计及其性能测试…… 102
5.2 导航系统的软件设计与实现 …… 104
5.2.1 GPS 定位数据采集 …… 105
5.2.2 数据坐标转换 …… 108

5.2.3 实时航迹修正 …… 110

第6章 特种机器人超声波测距系统 …… 114

6.1 传统超声波传感器的原理及其应用 …… 114
6.2 伪随机序列及其自相关函数 …… 117
6.3 新型超声波测距系统的测距原理 …… 119
6.3.1 渡越时间的测定 …… 119
6.3.2 超声波传播速度的实时测量 …… 119
6.3.3 信息融合模块 …… 119
6.4 新型超声波测距系统的硬件电路 …… 120
6.4.1 超声波测距系统主控板的设计 …… 120
6.4.2 发射电路 …… 121
6.4.3 接收电路 …… 122
6.4.4 数据采集电路 …… 124
6.5 新型超声波测距系统的软件设计 …… 126
6.5.1 软件设计的理论基础 …… 126
6.5.2 DSP的初始化程序设计 …… 127
6.5.3 DSP定时器的设置 …… 130
6.5.4 DSP数据采集程序设计 …… 131
6.5.5 伪随机序列的产生与相关运算 …… 134
6.6 测距误差补偿 …… 137
6.7 原理样机及其性能测试 …… 138
6.7.1 DSP控制板的调试 …… 138
6.7.2 DSP采集模块的调试 …… 139
6.7.3 外围测距电路的调试 …… 140

第7章 警用机器人视觉系统及目标跟踪技术 …… 149

7.1 机器人视觉概述 …… 149
7.2 机器人视觉系统的基本原理 …… 151
7.3 警用机器人 …… 153
7.4 警用机器人视觉系统 …… 154
7.5 目标跟踪算法及其实现 …… 155
7.5.1 算法的整体流程 …… 155
7.5.2 混合高斯背景建模 …… 156
7.5.3 形态学处理 …… 157
7.5.4 基于Mean Shift的目标跟踪 …… 157

7.5.5 卡尔曼滤波器预测 Mean Shift 起始点 …… 163
7.5.6 算法的程序实现与优化 …… 163

第 8 章 移动机器人路径规划技术及其 Mobotsim 仿真 …… 179

8.1 什么是机器人路径规划技术 …… 179
8.2 机器人路径规划方法概述 …… 179
8.2.1 自由空间法 …… 179
8.2.2 图搜索法 …… 180
8.2.3 栅格法 …… 180
8.2.4 基于遗传算法的路径规划 …… 181
8.2.5 人工势场法 …… 181
8.2.6 基于模糊逻辑的路径规划 …… 181
8.3 模糊逻辑及其实现流程 …… 181
8.4 基于模糊逻辑的移动机器人实现及其 Mobotsim 仿真 …… 183
8.4.1 Mobotsim 仿真软件介绍 …… 183
8.4.2 基于模糊逻辑的路径规划在 Mobotsim 仿真软件中的实现 …… 184

第 9 章 四旋翼无人飞行机器人 …… 189

9.1 四旋翼飞行器简介 …… 189
9.2 四旋翼飞行器工作原理 …… 190
9.3 四旋翼飞行器的机身设计 …… 192
9.4 四旋翼飞行器的控制系统 …… 193
9.4.1 四旋翼飞行器系统总体架构 …… 193
9.4.2 四旋翼飞行器系统硬件选择 …… 193
9.4.3 四旋翼飞行器动力控制系统 PWM 脉冲宽度调制 …… 195
9.4.4 四旋翼飞行器核心控制模块 …… 196
9.4.5 四旋翼飞行器数学模型 …… 196
9.4.6 数字 PID 控制算法及仿真 …… 198
9.4.7 控制系统软件实现 …… 199
9.5 机载侦察传感器选型 …… 201
9.5.1 可见光传感器模型 …… 201
9.5.2 分辨率模型 …… 202
9.5.3 综合分析 …… 203
9.6 四旋翼无人飞行器航拍图像拼接技术 …… 205

第 10 章 仿生机器鱼 …… 213
10.1 仿生机器鱼的优点 …… 213
10.2 游动机理及沉浮实现方法探讨 …… 214
10.3 机器鱼的机构设计 …… 214
10.3.1 摆动机构设计 …… 214
10.3.2 尾部弹性机构设计 …… 217
10.3.3 转弯设计 …… 217
10.3.4 沉浮机构设计 …… 217
10.3.5 骨架及密封设计 …… 219
10.4 机器鱼控制系统硬件设计 …… 220
10.4.1 电机驱动模块设计 …… 221
10.4.2 信号采集与处理模块 …… 226
10.4.3 自动避障模块 …… 228
10.4.4 电源模块设计 …… 228
10.5 机器鱼控制系统软件设计 …… 229
10.6 遥控部分及控制界面设计 …… 230
10.6.1 遥控硬件电路及其实现 …… 230
10.6.2 串口通信仪 …… 233
10.6.3 控制界面及下位机程序 …… 233
第 11 章 仿生多足机器人设计 …… 236
11.1 典型昆虫观测实验与分析 …… 236
11.1.1 实验器材与实验步骤 …… 236
11.1.2 弓背蚁平面行进时的上运动规律 …… 237
11.1.3 弓背蚁攀越障碍时的运动规律 …… 238
11.2 仿生六足机器人的机构设计 …… 239
11.2.1 仿生六足机器人机构模型 …… 239
11.2.2 仿生六足机器人本体设计 …… 239
11.2.3 仿生六足机器人腿部设计 …… 240
11.3 仿生六足机器人运动规划 …… 242
11.3.1 仿生六足机器人步态规划 …… 242
11.3.2 仿生六足机器人越障运动规划 …… 243
11.4 控制系统设计 …… 244
11.4.1 仿生六足机器人控制系统构架 …… 244
11.4.2 仿生六足机器人控制系统的硬件实现 …… 245

11.4.3 基于CAN总线的实时通信方案 …… 247
11.4.4 关节伺服系统结构设计 …… 251
11.4.5 关节伺服系统硬件实现 …… 252
11.4.6 仿生六足机器人控制算法设计 …… 253
11.5 足端压力传感器设计及其信息处理 …… 255
11.5.1 基于FSR的多足式机器人足端压力传感器设计 …… 255
11.5.2 基于小波变换的信号滤波研究 …… 259
11.6 "落足反射"式仿生六足机器人足端轨迹规划策略及其实现 …… 262
11.6.1 膝跳反射 …… 262
11.6.2 "落足反射"式足端轨迹规划策略 …… 263
11.6.3 轨迹规划策略在仿生六足机器人上的实现 …… 264

第12章 机器人DIY …… 268

12.1 基于Webots仿真软件的机器人设计 …… 268
12.1.1 Webots软件介绍 …… 268
12.1.2 基于Webots仿真软件的智能爬行机器人设计 …… 278
12.1.3 基于Webots仿真软件的"先锋"机器人设计 …… 294
12.2 "机器人科创"经验大家谈 …… 300
12.2.1 活学活用,乐在其中 …… 300
12.2.2 激情飞扬,一路成长 …… 303
12.2.3 从挑战杯出发——机器人科创拾遗 …… 306
12.2.4 改变与超越 …… 317

附录1 仿蚂蚁机器人主要部件工程图 …… 323

附录2 六足爬行机器人避障控制程序 …… 326

附录3 Binary协议的ID#20信息块 …… 337

附录4 GPS定位数据采集与提取程序 …… 339

附录5 pioneer2机器人的运动控制程序 …… 346

参考文献 …… 349

第1章 认识“机器人”

1.1　从“变形金刚”说起

提到“变形金刚”(见图1.1),我想很多读者朋友应该十分熟悉,我们在沉浸于其跌宕起伏的故事情节和变幻莫测的视觉盛宴中的同时,更多的是点燃了我们的机器人梦想。很多朋友不禁会问,机器人离我们到底有多远?在回答这个问题之前,先一起回顾一下以下两则新闻。

【新闻1】

“经过近两个月的试验,由中国自主研发的长航程极地漫游机器人顺利通过在南极的‘身体素质’测验,并在内陆冰盖地区完成了30 km的自主行走。这是中国机器人首次在南极冰盖实现自主行走。

图1.1　变形金刚

如图1.2所示,这个机器人重约半吨,可在极地－40 ℃的低温环境中作业。橘红色的机器人看上去就像一辆越野吉普车,其车体采用越野车底盘悬挂技术进行设计,4个车轮均换成三角履带,以提高其在极地冰雪地面上的行走能力。它还配有一套自主驾驶系统,可以实现极地冰雪地形地面环境识别及评估、定位导航和自动驾驶等功能。来自中国科学院沈阳自动化研究所的卜春光和陈成是此次“极地机器人实地考察与应用研究项目”的现场执行人。从2011年12月9日到2012年2月5日,他们先后在中山站附近和内陆出发集结地附近的冰盖地区,对机器人进行了移动机构性能测试、探冰雷达搭载试验以及长距离自主行走测试,并达到预期目标。据悉,长航程极地漫游机器人的最终目标是能够对埃默里冰架约6万平方千米区域进行自主科学考察。此次在内陆冰盖地区自主行走30 km只是一个开始。长航程自主行走是极地机器人完成无人科考任务所需的一项基本能力,直接关系到机器人可以在多大范围内作业。科研人员回国后将根据此次试验获取的数据，对机器人设计继续进行改进和优化。

作为一种智能化装备，机器人可以延伸科学家的眼睛和手脚，实现漫游、观测、采样等功能，对大范围、深层次的极地探测具有重要意义，同时也可以尽量避免因极地恶劣的气候和自然条件给科考人员带来的风险。”

——摘自“中央政府门户网站(www.gov.cn)”

图 1.2　正在南极冰盖地区进行测试的长航程极地漫游机器人

【新闻 2】

“东京电力公司提供的 2011 年 4 月 17 日拍摄的照片显示(见图 1.3)，机器人在福岛第一核电站 3 号反应堆所在建筑内作业。为尽量避免工作人员遭受辐射，东京电力公司于 17 日开始利用美国制造的机器人测量福岛第一核电站 3 号机组所在建筑内的放射线剂量、温度和氧气浓度等数据。今后，公司将利用这些数据分析是否可以让工作人员进入。”

——摘自“中国网(www.china.com.cn)”

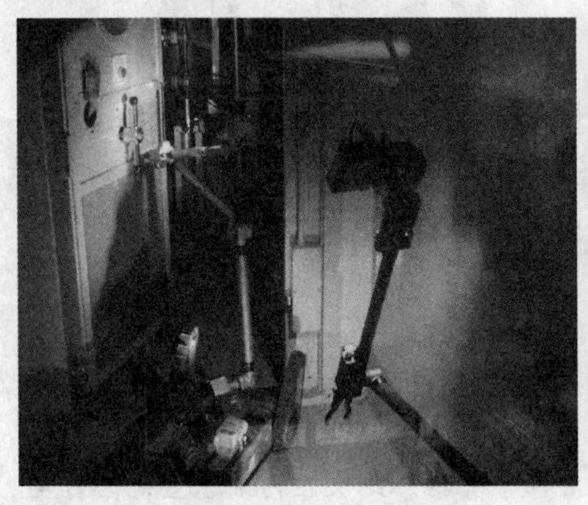

图 1.3　机器人在福岛第一核电站 3 号反应堆所在建筑内作业

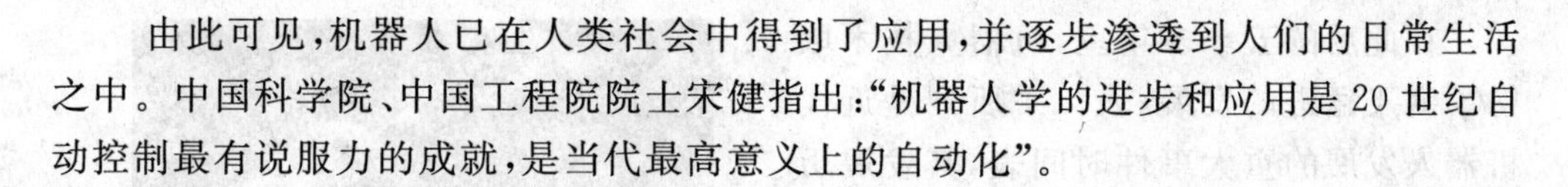

由此可见,机器人已在人类社会中得到了应用,并逐步渗透到人们的日常生活之中。中国科学院、中国工程院院士宋健指出:“机器人学的进步和应用是20世纪自动控制最有说服力的成就,是当代最高意义上的自动化”。

1.2 机器人的发展历程

从使用火种开始,人类文明的历史也就是人类认识和改造自然界包括人类自身在内的历史。在文明火种传承、延续、发展的历程中,为了突破自身能力的局限,人类学会了制造和使用工具,从而使自身肢体与感官的功能得到了拓展和延伸。到了近代,人类制造出了以电子计算机为代表的各种信息处理和计算的工具,进一步拓展和延伸了人类大脑的功能。机器人的诞生和其相关技术的发展,更是大大提升了人类的自身能力,成为20世纪人类科学技术的重大成就之一。微软公司的创始人比尔·盖茨曾向世界预言:“30年后,机器人将像计算机一样迈入千家万户,彻底改变人类的生活方式”。

人类对机器人的憧憬可以追溯到三千多年前。长久以来,人类一直渴望制造一种像人一样的机器,以便将人类从繁杂的劳动中解脱出来。我国宋代科学家沈括在《梦溪笔谈》中记载的能抓老鼠的自动木人、古希腊诗人Homeros在《伊利亚特》中描绘的用黄金制造的美丽侍女以及希腊神话《阿鲁哥历险船》中的青铜巨人Taloas,无一不体现着机器人的特征与功能。1774年,瑞士钟表匠德罗斯父子制造出了可由凸轮控制、弹簧驱动的写字偶人、绘图偶人和弹琴偶人;同年,法国人杰夸特设计出了机械式可编程织布机;1893年,加拿大人摩尔设计出了一种以蒸汽为动力、可平稳行走的步行装置。这些都标志着人类在从机器人梦想到现实这一漫长道路上取得的实质性进步。

1920年,捷克作家卡雷尔·佩克(Karel Capek)在其幻想情节剧《罗萨姆的万能机器人》中描述了一个名为R.U.R的工厂,为将人类从繁重而乏味的工作中解放出来,制造出一种与人类相似,但能不知疲倦工作的机器奴仆,取名为ROBOTA。Robot(机器人)一词由此演化而来。

现代机器人的研究始于20世纪中期。1954年,美国人乔治·德沃尔(George Devol)研制出第一台电子可编程关节传送装置,它使用示教再现控制方式,取得了很好的控制效果,也因此促进该技术得到飞速发展。随后应运而生的数控技术和机械手,将工业机器人推上了舞台,成为现代加工制造业的中坚力量。

1960年,美国Unimation公司根据Devol的专利技术研制出第一台工业机器人样机,并定型生产工业机器人Unimate。该机器人将数控机床的重放特性与Roymond Goetz研制的遥控机械手的伺服控制能力结合起来,具有了优良的操控性能。1962年,美国General Motors公司在压铸件生产线上安装了第一台工业机器人Unimate(见图1.4),标志着第一代机器人的正式诞生。

在此后的五十多年里，机器人技术取得了突飞猛进的发展，表 1.1 所列是近代机器人发展的重大事件时间表，其发展历程大致经历了 3 个阶段。

第一阶段：示教再现型机器人。该类型机器人是第一代机器人，没有装备任何传感器，对环境没有感知能力。机器人的作业路径、运动参数需要操作人员示教或通过编程设定，机器人重复再现示教的内容。目前商业化、实用化的机器人大多是此类机器人。

图 1.4　第一台工业机器人(Unimate)

第二阶段：感觉型机器人。此种机器人配备了简单的内、外部传感器，能感知自身运行的速度、位置和位姿等物理量，并将这些信息的反馈构成闭环控制，配有视觉、力觉等简单的外部传感器，因而具有部分适应外部环境的能力。

第三阶段：智能型机器人。该类型机器人具有由多种内、外部传感器组成的感觉系统，不仅可以感知内部关节的运行速度、加速度等参数，还可通过外部传感器对外部环境信息进行感知、提取、处理，并做出适当的决策，能够在结构或半结构环境中自主地完成某项任务。目前智能型机器人尚处于研究和发展阶段。

表 1.1　近代机器人发展的重大事件时间表

时　间	事　件
1954 年	George Devol 开发出第一台可编程机器人
1960 年	Unimation 公司推出第一台工业机器人
1968 年	第一台智能机器人 Shakey 在斯坦福研究所(SRI)诞生
1970 年	ETL 公司发明带视觉的自适应机器人
1978 年	美国推出通用工业机器人 PUMA，这标志着工业机器人技术已经完全成熟
1984 年	机器人 Helpmate 问世，该机器人能在医院里为病人送饭、送药、送邮件
1998 年	丹麦乐高公司推出机器人(Mind - storms)套件
2002 年	iRobot 公司推出吸尘器机器人 Roomba，该机器人是世界上销量最大的家用机器人
2006 年	微软公司推出 Microsoft Robotics Studio 机器人设计软件，机器人模块化、平台统一化的趋势越来越明显，比尔・盖茨预言，家用机器人很快将席卷全球

1.3　机器人与机器人技术

在了解机器人的发展历程之后，读者朋友不禁会问：那么，什么是机器人呢？下

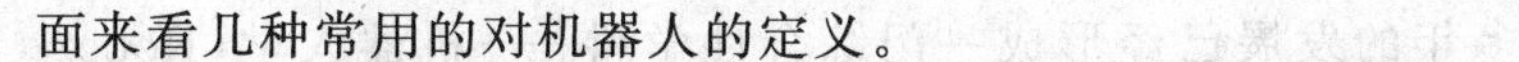

面来看几种常用的对机器人的定义。

➢ 美国机器人协会(RIA)的机器人定义:“机器人是用以搬运材料、零件、工具的可编程序的多功能操作器或是通过改变程序动作来完成各种作业的特殊机械装置”。

➢ 日本工业机器人协会(JIRA)的定义:“工业机器人是一种装备有记忆装置和末端执行器(end effector)的,能够转动并通过自动完成各种操作来代替人类劳动的通用机器”。

➢ 美国国家标准局(NBS)的定义:“机器人是一种能够进行编程并在自动控制下执行某些操作和移动作业任务的机械装置”。

➢ 国际标准化组织(ISO)的定义:“机器人是一种自动的、位置可控的、具有编程能力的多功能机械手,这种机械手具有几个轴,能够借助于可编程序操作来处理各种材料、零件、工具和专用装置,以执行各种任务”。

通过对上述定义的分析,可以得出机器人的三要素:

① 机器人是一个光机电一体化装置;

② 机器人具有可编程性;

③ 机器人有一个自动控制系统。

因此,符合上述三个要素的光机电一体化装置都可以称之为机器人。图1.5展示了形态各异的机器人。

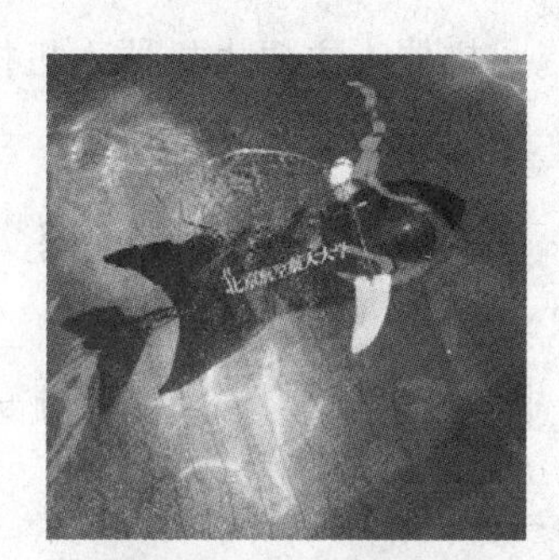

图1.5 形态各异的机器人

机器人技术经过多年的发展已经形成一门综合性学科——机器人学(Robotics)。机器人学集中了机械工程、电子技术、自动控制理论以及人工智能等多学科的最新研究成果,代表了光机电一体化的最高成就,是当代科学技术发展最具活力、最有影响的领域之一,它主要包括以下内容:

- 机器人基础理论与方法,如运动学和动力学、作业与运动规划、控制与感知技术、机器人智能理论;
- 机器人设计理论与技术,如机器人机构分析和综合、机器人机构设计与优化、机器人关键器件设计、机器人仿真技术;
- 机器人仿生学,如机器人的形态、结构、功能、能量转换、信息传递、控制和管理等特性和功能仿生理论与技术方法;
- 机器人系统理论与技术,如多机器人系统理论、机器人语言与编程、人机交互、机器人与其他机器系统的协调和交互;
- 机器人操作和移动理论与技术,如机器人装配技术、移动机器人运动与步态理论、移动机器人稳定性理论、移动操作机器人协调与控制论;
- 微机器人学,如微机器人的分析、设计、制造和控制等理论与技术方法。

1.4 机器人的组成

机器人主要由机器人机构、控制器、驱动器、传感器、执行器组成,如图 1.6 所示。

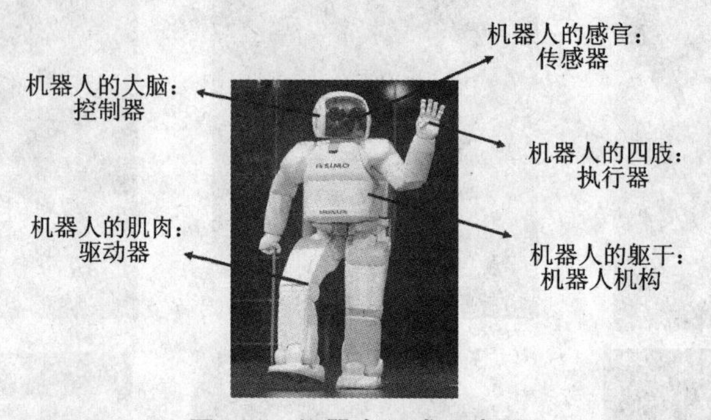

图 1.6 机器人组成示意图

(1) 机器人的大脑——控制器

机器人控制器的作用是根据用户的指令或作业任务与环境的特点对机构本体进行操作和控制,完成作业的各种动作。控制器的性能在很大程度上决定了机器人的性能。一个良好的控制器要有灵活、方便的操作方式,多种形式的运动控制方式和安全可靠性。机器人的控制器通常包括 PC 机、单片机、ARM 嵌入式处理器、DSP 数字信号处理器等。

(2) 机器人的感官——传感器

机器人传感器是指用于检测机器人自身状态和环境信息,并按照一定的规则,将

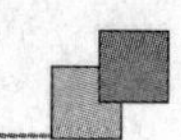

其转换成可利用信号的装置或仪器。机器人传感器可分为内部检测传感器和外界检测传感器两大类。

内部检测传感器是以机器人本身的坐标轴来确定其位置，是安装在机器人自身中用来感知它自己的状态，以调整并控制机器人的行动。它通常由位置、加速度、速度及压力传感器组成。

外界检测传感器用于机器人对周围环境、目标的状态特征获取信息，使机器人——环境能发生交互作用，从而使机器人对环境有自校正和自适应能力。外界检测传感器通常包括触觉、接近觉、视觉、听觉、嗅觉、味觉等传感器。

(3) 机器人的躯干——机器人机构

机器人机构基本上有两大类：第一类是操作型本体结构，它类似于人的手腕，配上各种手爪和末端操作器后可以进行各种抓取动作和作业操作。工业机器人主要用这种本体结构。第二类是移动型本体结构，主要目的是实现移动功能，有轮式车、履带车和足腿式结构以及蛇行、蠕动、变形运动结构等。壁面爬行、推进等机构也可归入这一类。

(4) 机器人的肌肉——驱动器

驱动器用于驱动机构本体各关节的运动。目前驱动方式主要有气压驱动、液压驱动和伺服电机 3 种。

气压驱动：具有成本低且控制简单的特点，但噪声大、输出小，难以准确地控制位置和速度。

液压驱动：液压驱动具有输出功率大且低速、平稳、防爆等特点，但需要液压动力源。漏油及油性变化将影响系统特性，各轴耦合性较强，成本较高。

伺服电机控制：具有使用方便、易于控制的特点。大多工业机器人采用伺服电机驱动。伺服电机还可分为直流伺服电机和交流伺服电机。使用伺服电机驱动时，控制系统中还要有为伺服电机供电的电源。

(5) 机器人的四肢——执行器

执行器是机器人为完成某种特定的任务而配备的执行子系统(如地面移动机器人配备机械手用于抓取物体等)，机器人为完成不同的任务可配备不同的执行器。

1.5 现代机器人技术的研发流程

现代机器人技术的研发流程如图 1.7 所示。首先，采用虚拟样机(virtual prototype)技术，利用三维造型软件建立机器人机械部分的三维实体模型，再利用动力学分析软件建立机械系统的运动学和动力学模型，并根据机器人的工作任务进行运动规划；与此同时，进行机器人的控制、驱动和传感子系统设计。其次，应用控制系统仿真分析软件建立动力学和控制器的集成仿真模型，用数字分析和仿真的方式检验机械和控制系统的动态特性、兼容性和稳定性；然后，对机器人的各子系统进行集成、调

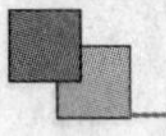

试，根据调试结果修改设计缺陷，对整个系统进行循环改进，直至获得最优设计方案后，再制作物理样机。

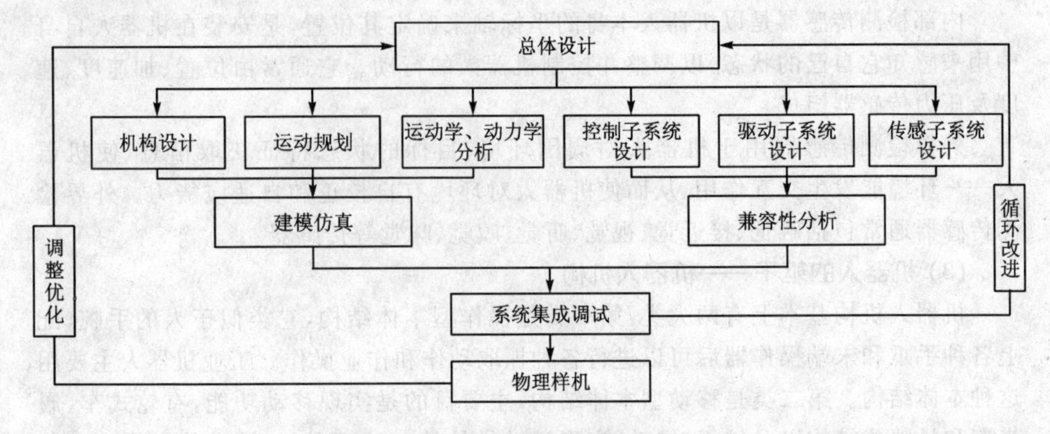

图 1.7　现代机器人技术的研发流程

现代机器人设计技术与传统的机器人设计技术相比，将虚拟样机技术引入机器人的设计过程，即将理论设计、计算机辅助研制与工程研制相结合，将传统的“设计—研制—修改循环”设计模式拓展到“设计—仿真—修改—研制”的设计模式，极大地提高了机器人技术的设计效率，节省了时间、财力。

1.6　现代机器人设计的关键技术

1.6.1　机器人机械设计技术

机器人机械设计的步骤如下。

(1) 作业分析

作业分析包括任务分析和环境分析，不同的作业任务和环境对机器人操作及其方案设计有着决定性的影响。

(2) 方案设计

- 确定动力源；
- 确定机型；
- 确定自由度；
- 确定动力容量和传动方式；
- 优化运动参数和结构参数；
- 确定平衡方式和平衡质量；
- 绘制机构运动简图。

(3) 结构设计

结构设计包括机器人驱动系统、传动系统的配置及结构设计，关节及杆件的结构

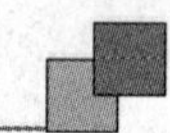

设计，平衡机构的设计，走线及电气接口设计等。

(4) 运动特性分析

估算惯性参数，建立系统动力学模型进行仿真分析，确定其结构固有频率和响应特性。

(5) 施工设计

完成施工图设计，编制相关技术文件。

1.6.2 机器人动力学分析

机器人动力学(Robot Dynamics)是对机器人机构的力和运动之间关系进行研究的学科。它主要研究动力学正解问题和动力学逆解问题，其研究对象是复杂的动力学系统。在机器人技术领域，通常需要采用严密的系统方法来分析机器人的动力学特性，且机器人系统对处理物体的动态响应往往取决于机器人动力学的模型和控制算法。

在机器人动力学正解问题中，已知给定时刻的各关节当前坐标值及其一阶时间导数，同时还给出随时间变化的控制力或力矩以及系统结构和惯性参数。根据以上数据，通过对非线性常微分方程积分，可以得出系统下一采样时刻各个关节坐标值和它们的时间导数。而在机器人动力学逆解问题中，给定随时间变化的笛卡尔坐标或关节坐标的历史进程，根据这些历史数据和系统的结构、惯性参数，可以得出随时间变化的各个关节驱动器需要产生的力或力矩。

在动力学建模研究领域，多种方法相互辉映，各有特色。诸如拉格朗日方法、牛顿-欧拉方法、凯恩方法、旋量方法、高斯最小拘束原理等，都被用于建立动力学方程。但无论何种方法，其最终得到的动力学方程都是非线性方程组。应用不同的动力学方法研究同一个对象的同一种运动形态，虽然方程形式是不同的，计算过程的繁简程度也相差很大，但最终计算结果是相同的。

牛顿-欧拉(Newton - Euler)方法是在向量力学的基础上，用动量定理描述物体的移动，用动量矩定理描述物体的转动，其物理意义十分明确，并且表达了系统完整的受力关系，计算效率和速度较高。

凯恩(Kane)方法基于达朗伯原理，引入了偏速度、偏角速度等概念，进而导出动力学方程，它避开了动力学函数的微分运算，适合于计算机进行符号推导和编程，但其显式结构不明确、不直观。

拉格朗日方法是一种应用广泛和成熟的方法，它以标量力学为其主要特征，通过引入动力学函数建立起系统的动力学方程。采用拉格朗日方程，可以使未知变量的数目减少到最低程度，不必解除约束，而是利用理想约束力做功之和为零的原理，建立不含理想约束反力的动力学方程。用该方法建模具有程式化好、各项物理意义明确的特点，能以最简单的形式求解非常复杂的系统动力学方程，具有明确的显式结构。而相比之下，Newton - Euler 方法则需释放作用于物体上的约束，使之成为自由体，但这时的约束反力必将出现在运动方程中，因而会给问题的求解带来一定困难。

1.6.3 机器人虚拟样机技术

传统的产品开发过程通常分为4个阶段，即产品设计、性能试验、样机制造和产品生产阶段。在产品设计阶段，主要工作包括方案设计、结构设计和零部件设计；在性能试验阶段，主要工作是针对产品关键零部件的特性进行探索性研究；在样机制造阶段，主要工作是根据设计方案做出物理样机，以检验设计的合理性，此时要把样机中一些部件或结构做成可调的，必要时还需要做多个零件来替换；在产品生产阶段，主要工作是将经设计、试验并制造成功的样机实现产品化、商品化，推向市场。由此可以看出，传统的产品开发周期长、消耗大、成本高，存在明显的局限性，难以适应现代化制造业对产品开发要求柔性化、敏捷化及高效率、高质量的要求。为了从根本上改变这种局面，近年来在产品开发领域中出现了一种新的技术——虚拟样机技术。

虚拟样机技术是一种基于智能设计技术、并行工程、仿真工程及网络技术的先进制造技术，它以计算机仿真和建模技术为支持，利用虚拟产品模型，在产品实际加工之前对产品的性能、行为、功能和产品的可制造性进行预测，从而对设计方案进行评估和优化，以达到产品生产的最优目标。

虚拟样机的制造过程就是上述各种先进技术相互支持、相互融合的过程。首先是进行机械设计，设计的原始数据来自设计要求、应改进的缺陷、干涉尺寸、装配环境等。当方案制定后，设计师开始构造复杂的几何形状和工程关系。

在设计的早期阶段，要求设计师给定全约束、全尺寸是不可能、不现实的，重要的是建立一些方程和规则，以体现一些最重要的工程数据，使零件在设计准则下可自动修改。在完整、安全的网络环境下，设计小组的成员不必操心数据的完整性，他们能够共享数据，并能主动控制修改和更新。

零件最终的形状和尺寸来自各个方面的综合考虑，如装配、应力、加工等。在制定设计文件时，工程技术人员要决定如何描述最后的零件和装配。生成图纸时，设计尺寸要转换成工艺尺寸以体现加工、检测的要求。该图纸和其他技术文件(如应力分析、振动、热分析等)构成设计的最主要部分。

最后是对最终的设计产品进行仿真。仿真能预测产品在实际环境中的性能，它包含了一系列步骤，从力学分析、建模、施加负载和约束，到预测其在真实工况下的响应。仿真的真正用意不是得到几个数据，而是评估产品性能和优化产品结构，进而指导和改进设计。

在产品设计和仿真阶段，需要使用一些应用软件(如三维产品设计软件、有限元分析软件等)。根据设计尺寸并利用这些软件，便可以在计算机上构造产品的虚拟样机，为最终投产做好准备。

在产品研发阶段，对产品进行计算机仿真是非常必要的。在现阶段，人们常常采用三维实体模型(尤其是参数化模型)来展示产品。这样的实体模型可以准确地描述产品的拓扑信息和几何信息，同时也可以嵌入其他的有关信息，如在模型中加入制造信息。现在大部分的商业化CAD/CAM软件都具有自动生成进刀路径、碰撞检测以及装配模拟等功能，只需要对三维实体模型稍作修改即可实现这些功能。

实际上，在设计工程领域，为了使虚拟样机能够代替真实的物理模型，最实用的办法就是依据产品的基本需求去代替所需物理模型的某些功能（通常并不需要虚拟样机实现对物理样机在所有方面的替代），而最理想的途径就是让设计师或用户可以直接看、听、闻以及触摸一个虚拟样机，获得相应的感受。

更为重要的是，经这样设计的产品在许多方面既可以测试，又可以评价。例如，设计人员希望在产品设计过程中能够查看产品模型结构的完整性，并观察热分析结果，而一个三维实体模型可以提供这样的功能并进行有限元分析。对于经验丰富的有限元分析人员来说，只要进行认真合理的分析，当今的有限元分析软件可以产生非常准确的结果。对于运动学和动力学的分析，使用Pro/Mechanic等软件也可以得出令人满意的结果。

虽然上述分析软件的功能和水平在当今还不够完善和全面，如将其用于产品的可制造性和可维护性评价，效果还不太理想，但只要在该领域投入更多的研究，将来一定会有所改善。有人提议使用虚拟现实技术去模拟虚拟产品的制造过程和维修服务过程，这可能成为解决问题的关键途径。

概括地说，一个虚拟样机应该至少包括3种类型的模型：一个三维实体模型、一个人机交互模型、一个与产品测试相关的可视化模型。虚拟样机技术的系统结构如图1.8所示。从图中可以看出，为了显示、分析和测试一个产品，建立了一系列相关的模型。用户接口作为系统的核心组成部分，可以有效控制模型，并可以从中获得系统的重要信息。对于具体的应用实例来说，由于其应用目的不同，相应的系统结构可能会存在一些区别。

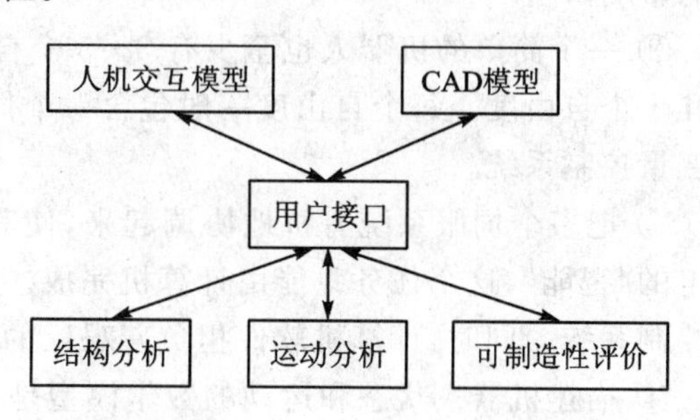

图1.8 虚拟样机技术的系统结构示意图

虚拟样机技术具有下述优点：减少了产品设计费用；可以辅助物理样机进行设计验证和测试；缩短了产品开发周期，使产品尽快上市。

虚拟样机技术和传统的产品设计方法相比具有以下特点：

① 强调在系统层次上模拟产品的外观、功能以及特定环境下的行为；

② 涉及产品的全生命周期，虚拟样机可用于产品开发的全生命周期，并随着产品生命周期的演进而不断丰富和完善；

③ 支持产品全方位的测试、分析与评估工作，允许不同领域的技术人员从不同的专业角度出发，对同一虚拟产品开展并行的测试、分析及评估活动。

运用虚拟样机技术可以大大提高产品的设计效率、缩短产品的开发期和交货期，从而提高制造企业对市场的响应速度。由于虚拟样机技术允许设计人员对虚拟样机进行无数次的模拟试验，而传统的物理样机由于成本、时间等方面的考虑，只能进行有限范围和有限次数的试验，因而运用虚拟样机技术可以及时发现产品在设计、制造、使用过程中可能出现的各种缺陷，进而采取措施加以弥补或修正，从而大大提高了产品品质，提升了客户的满意度，亦即提升了制造企业对市场的响应品质。此外，由于虚拟样机的可视性，极大方便了与产品相关的所有人员（包括研发人员和客户等）之间的沟通，从而减少了沟通障碍，改善了交流方式，提高了交流的敏捷性。总之，虚拟样机技术使一次性开发成功成为现实。

1.6.4 机器人运动控制技术

(1) 机器人控制系统的特点

和一般的伺服系统或过程控制系统相比，机器人控制系统有如下特点：

① 机器人的控制与机构运动学及动力学密切相关。机器人手足的状态可以在各种坐标下进行描述，应当根据需要，选择不同的参考坐标系，并做适当的坐标变换。经常要求解运动学正问题和逆问题，除此之外还要考虑惯性力、外力及哥氏力、向心力的影响。

② 一个简单的机器人也至少有3～5个自由度，比较复杂的机器人有十几个、甚至几十个自由度。每个自由度一般包含一个伺服机构，它们必须协调起来，组成一个多变量控制系统。

③ 把多个伺服系统有机地协调起来，使其按照人的意志行动，甚至赋予机器人一定的“智能”，这个任务只能由计算机完成。因此，机器人控制系统必须是一个计算机控制系统。同时，计算机软件担负着艰巨的任务。

④ 描述机器人状态和运动的数学模型是一个非线性模型，随着状态的不同和外力的变化，其参数也在变化，各变量之间还存在耦合。因此，仅利用位置闭环是不够的，还要利用速度闭环甚至加速度闭环。系统中经常使用重力补偿、前馈、解耦或自适应控制等方法。

⑤ 机器人的动作往往可以通过不同的方式和路径来完成，因此存在一个“最优”的问题。较高级的机器人可以用人工智能的方法，用计算机建立庞大的信息库，借助信息库进行控制、决策、管理和操作。根据传感器和模式识别的方法获得对象及环境的工况，按照给定的指标要求，自动地选择最佳的控制规律。

(2) 机器人的控制方式

① 点位式。很多机器人要求能准确地控制末端执行器的工作位置，而路径却无关紧要。例如，在印制电路板上安插元件、点焊、装配等工作，都属于点位式工作方式。一般来说这种方式比较简单，但是要达到2～3 μm的定位精度也是相当困难的。

② 轨迹式。在弧焊、喷漆、切割等工作中，要求机器人末端执行器按照示教的轨

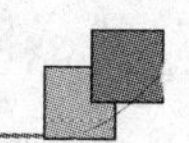

迹和速度运动。如果偏离预定的轨迹和速度，就会使产品报废。其控制方式类似于控制原理中的跟踪系统，可称之为轨迹伺服控制。

③ 力(力矩)控制方式。在完成装配、抓放物体等工作时，除要准确定位之外，还要求使用适度的力或力矩进行工作，这时就要利用力(力矩)伺服方式。这种方式的控制原理与位置伺服控制原理基本相同，只不过输入量和反馈量不是位置信号，而是力(力矩)信号，因此系统中必须有力(力矩)传感器。有时也利用接近、滑动等传感器进行自适应控制。

④ 智能控制方式。将智能理论应用到机器人的控制当中是机器人控制技术的一个发展趋势。当前较为流行的智能控制方式包括：基于模糊逻辑的机器人控制技术、基于神经网络的机器人控制技术以及基于CPG的机器人控制技术。

1.6.5　机器人传感器与信息融合技术

国家标准GB/T7665—2005对传感器的定义如下：“能感受规定的被测量信息并按照一定的规律转换成可用信号的器件或装置，通常由敏感元件和转换元件组成”。传感器是一种检测装置，能感受到被测量的信息，并能将检测感受到的信息按一定规律变换成为电信号或其他所需形式的信息输出，以满足信息的传输、处理、存储、显示、记录和控制等要求，它是实现自动检测和智能控制的首要环节。传感器技术、通信技术和计算机技术被称为现代信息产业的三大支柱，它们分别构成了信息技术系统的“感官”、“神经”和“大脑”。

机器人传感器是20世纪70年代开始发展起来的一类专门用于机器人技术方面的新型传感器。机器人传感器和普通传感器工作原理基本相同，但又有其特殊性。机器人传感器主要包括机器人视觉、力觉、触觉、接近觉、距离、速度、加速度、姿态、位置等传感器。机器人传感器可以分为内部传感器和外部传感器两大类：内部传感器用于检测机器人系统自身的参数，主要有加速度计、陀螺仪、磁罗盘及光电编码器等；外部传感器用于感知外部环境和目标的信息，主要有视觉传感器、激光测距传感器、超声波传感器、红外传感器等。由于单一传感器难以保证信息的准确性和可靠性，不足以充分反映外界环境信息，因此，采用多个传感器可实现对环境信息的充分理解，便于机器人作出正确的决策。德国机器人学与系统动力学研究所的G. Hirzinger教授指出：“人们希望人工智能能够推动机器人技术快速发展。尽管逻辑决策的作用很大，但传感器的感知与反馈是更高级智能行为的真正基础”。由此可见，机器人传感器在机器人的研究中起着重要的作用，正是因为有了机器人传感器，机器人才可能具备类似于生物的感知功能和反应能力。

机器人所配备传感器的类型和数量主要有两种确定方法：基于环境的优化原则选择法和基于任务选择法。基于环境的优化原则选择法主要包括设计阶段的预选择以及适合环境和系统状态变化的实时选择，前者可决定机器人多传感器系统中传感器单元的优化排列，后者通过贝叶斯方法利用任何先验的物体信息决定传感器的位置。基于任务的选择法将完成该任务的过程按时间及感知范围划分为若干段,即把任务分解,根据每个阶段所需的传感器信息合理地选择传感器的种类和数量。

信息融合技术是美国于20世纪70年代初提出的,80年代发展成为军事领域的一项重要技术,用以提高传感器系统在实时目标识别、跟踪、战场势态以及威胁估计等方面的性能。1987年,Kluwer Academic Publishors先后出版了牛津大学Durrant-Whyte所著的《Integration, Coordination and Control of Multisensor Robot Systems》和哥伦比亚大学Allen所著的《Robotic Object Recognition Using Vision and Touch》,这是传感器信息融合技术应用于机器人领域的开山之作。1988年*International Journal of Robotics Research*率先推出《Sensor Data Fusion》专辑,从此传感器信息融合技术在机器人领域的研究变得十分活跃。1994年10月在美国召开的IEEE International Conference on Multisensor Fusion and Integration for Intelligent Systems,标志着传感器信息融合这一新兴学科已得到国际权威学术界的认可。2000年7月出现了第一个报道信息融合技术研究进展及动向的国际学术期刊*Information Fusion*。ISIF于2004年推出以信息融合为主要内容的著名学术刊物*Journal of Advances in Information Fusion*。我国的传感器信息融合研究已经起步,在军事决策、特种机器人等领域开展了相关的理论和应用实验研究,并将其列入了"863计划"。"国家自然科学基金"和"973计划"也把多传感器信息融合作为重点鼓励研究领域之一。中国首届信息融合年会于2009年10月25日在山东烟台举行。

从不同的角度,对"传感器信息融合"的定义有所不同:从仿生学角度看,传感器信息融合是自然界中的生物通过自身所具有的各种感觉器官来感知外部生存空间的各种状态以及环境变换,根据所收集到的信息进行"综合处理"并得到准确可靠判断的过程;从数学角度看,不同传感器的测量值组成了一个测量子空间,而信息融合则是各测量子空间按照一定法则向信息融合空间投影;从工程角度来定义,传感器信息融合是指为了完成所需的决策和估计任务,对于来自于不同源、不同模式、不同媒质、不同时间的信息,按一定的准则加以综合分析,得到对被感知对象的更精确的描述。因此,传感器信息融合的本质不单是一种数据处理方法,还是一种认知和改造世界的方法学。

传感器信息融合的一般结构如图1.9所示。传感器采集的信息经过模/数转换、数据检验、信息分类等环节到达融合中心进行融合,进而得出对环境的描述。传感器信息协调管理模块根据目标任务对数据采集、转换、处理和融合的过程进行统筹协调。多传感器系统是信息融合的物质基础;传感器采集的信息是信息融合的加工对象;协调管理是信息融合的关键,它是系统性能好坏的决定因素;融合处理是传感器信息融合的核心,在具体的系统中它通常由各种算法来实现。

在机器人领域中采用的传感器信息融合方法主要包括:加权平均法、卡尔曼滤波、Bayes推理、Dempster-Shafer证据推理、模糊逻辑、神经网络等算法。运用这些方法可以进行数据层、特征层以及决策层等不同层次的融合,也可以实现测距传感器

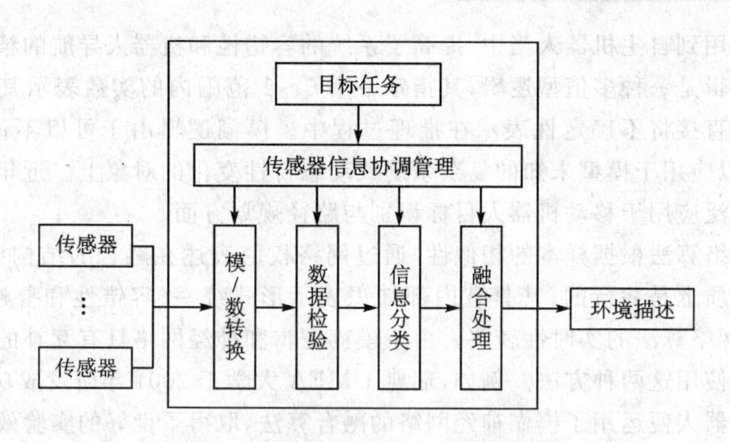

图 1.9　传感器信息融合的一般结构图

信息、内部航迹推算系统信息、全局定位信息之间的信息融合，进而准确、全面地描述和认识被测对象与环境，为控制决策提供依据。

加权平均法是一种最简单、最直观的信息处理的融合算法，该方法把来自于不同传感器的冗余信息进行加权，得到的加权平均值即为融合的结果。其最大的弊端就是很难获得最优加权平均值且确定权值需要花费大量的时间。加权平均法的典型应用就是早期的 HILARE 移动机器人，在此机器人上设定每个传感器的不确定性为高斯分布，而且所有传感器测量值的标准偏差相同，采用加权平均法作为识别物体轮廓的信息融合算法。

卡尔曼滤波用于动态环境中冗余传感器信息的实时融合。该方法用系统状态模型及测量模型的统计特性递推给出在统计意义下最优的融合数据估计。如果系统具有线性动力学模型，且系统噪声和传感器噪声是符合高斯分布的白噪声，那么，卡尔曼滤波为融合数据提供唯一的统计意义下的最优估计。这种方法的递推特性加快了其运算速度快，且不需要过多的存储空间。应用卡尔曼滤波获得理想滤波效果的前提条件是必须已知系统模型和测量模型以及系统噪声和测量噪声的统计特性，并且噪声过程必须为零均值白噪声。如果滤波模型与实际系统不符，不能真实地反映物理过程，就会产生滤波误差，甚至可能发生滤波结果发散现象。

Bayes 推理是融合静态环境中多传感器信息的一种常用方法，其信息描述为概率分布，适用于具有可加高斯噪声的不稳定性情况。该融合算法产生于多传感器融合技术的初期，主要应用于移动机器人自身的状态估计以及对运动目标的识别与跟踪等方面。

Dempster－Shafer 证据推理是 Bayes 方法的扩展。Dempster－Shafer 证据推理用信任区间描述传感器的信息，不但可以表示信息的已知性和确定性，而且能够区分未知性和不确定性。运用该方法进行信息融合时，将传感器采集的信息作为证据，在决策目标集上建立一个相应的基本信任度，论据推理在同一决策框架下，通过合并规则将不同信息合并成一个统一的信息表示。MutphyR. R 等人将 Dempster－Shafer

证据推理运用到自主机器人当中，提高了系统的容错性和机器人导航的精度。

模糊逻辑是一种多值型逻辑，其指定一个 0～1 范围内的实数表示其隶属度，模糊推理过程直接将不确定性表示在推理过程中。模糊逻辑由于可以不依赖数学模型，因而可以应用于模型未知的复杂系统或动态特性变化的对象上。近年来，模糊逻辑推理被广泛应用于移动机器人目标识别与路径规划方面。

神经网络算法根据样本的相似性，通过网络权值表述在融合的结构中。神经网络的结构本质上是并行的，其具有内部知识表示形式统一、容错性和鲁棒性强等优点，但神经网络算法的实时性较差。由于模糊逻辑和神经网络具有互补的特性，研究者通常综合使用这两种方法。例如，瑞典 UMEA 大学于 2001 年研发成功的 ANFM 自主导航机器人便运用了模糊神经网络的融合算法，取得了良好的实验效果。

上述传感器信息融合算法都是针对具体的应用系统提出的，有各自的优点和缺陷。它们的适用范围也往往局限于特定的系统中。由于目前有关多传感器信息融合的方法缺乏一般化和体系化，至今尚未形成具有普遍指导意义的原理和方法。随着机器人主控芯片运算能力的提高，研究人员通常综合采用多种信息融合算法。Jiang Chunhong 等人在机器人导航系统中综合运用了模糊 ARTMAP 神经网络算法和 Dempster - Shafer 证据推理，实验结果表明：多种融合算法的使用提高了机器人系统的自学习能力和导航的精确度。

1.7 机器人技术常用术语

自由度 机器人的自由度是表示机器人动作灵活性的一种尺度，它是指机器人所具有的独立坐标轴的运动数目，有时还包括末端执行器的开合。在三维空间中描述一个物体的位置和姿态需要 6 个自由度，一般通用机器人的自由度≥6。机器人的自由度数越多，机动性和通用性就越好；但是自由度越多，结构越复杂，对机器人的整体要求也越高。

工作空间 工作空间指机器人末端执行器所能达到的所有空间点的集合，也叫工作区域。因为末端执行器的形状和尺寸是多种多样的，所以常用工作空间来反映机器人的执行能力。

关节 即运动副，允许机器人手臂各零件之间发生相对运动的机构。

连杆 机器人手臂上被相邻两关节分开的部分。

刚度 机身或臂部在外力作用下抵抗变形的能力。它是用外力和在外力作用方向上的变形量（位移）之比来度量的。

定位精度 指机器人末端参考点实际到达的位置与所需要到达的理想位置之间的差距。

重复性 在相同的位置指令下，机器人连续重复若干次其位置的分散情况。它是衡量一列误差值的密集程度，即重复度。

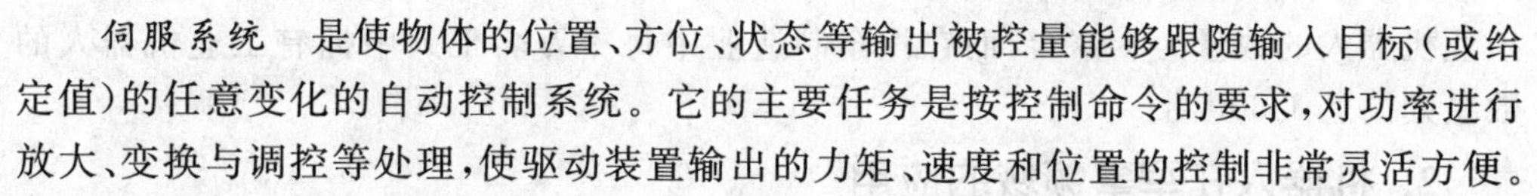

伺服系统　是使物体的位置、方位、状态等输出被控量能够跟随输入目标（或给定值）的任意变化的自动控制系统。它的主要任务是按控制命令的要求，对功率进行放大、变换与调控等处理，使驱动装置输出的力矩、速度和位置的控制非常灵活方便。

机器视觉　就是用机器代替人眼来做测量和判断。机器视觉系统是指通过视觉传感器将被摄取目标转换成图像信号，传送给专用的图像处理系统，根据像素分布和亮度、颜色等信息，转变成数字信号；图像系统对这些信号进行各种运算来抽取目标的特征，进而根据判别的结果来控制现场的设备动作。

路径规划　在具有障碍物的环境中，机器人按照一定的评价标准，寻找一条从起始状态到目标状态的无碰撞路径。

1.8 机器人的应用领域

1. 机器人在工业领域的应用

工业机器人（见图1.10）是当今机器人大军中的主力军，其能高强度地、持久地在各种生产和工作环境中从事单调重复的劳动，将人们从繁重体力劳动中解放出来。

图1.10　工业机器人

目前，工业机器人已广泛应用于汽车及汽车零部件制造业、机械加工行业、电子电气行业、橡胶及塑料工业、食品工业、木材与家具制造业等领域中。在工业生产中，弧焊机器人、点焊机器人、分配机器人、装配机器人、喷漆机器人及搬运机器人等工业机器人都已被大量采用。在众多制造业领域中，工业机器人最广泛的应用领域是汽车及汽车零部件制造业。2005年美洲地区汽车及汽车零部件制造业对工业机器人的需求占该地区所有行业对工业机器人需求的比例高达61％；同样，亚洲地区的该比例也达到33％，位于各行业之首；虽然2005年由于德国、意大利和西班牙三国对汽车工业投资的趋缓，直接导致欧洲地区汽车工业对工业机器人需求占所有行业对工业机器人需求的比例下降到了46％，但汽车工业仍然是欧洲地区使用工业机器人最普及的行业。目前，汽车制造业是制造业所有行业中人均拥有工业机器人密度最高的行业，例如，2004年德国制造业中每1万名工人中拥有工业机器人的数量为162台，而在汽车制造业中每1万名工人中拥有工业机器人的数量则为1 140台；意大利的这一数值更能说明问题，2004年意大利制造业中每1万名工人中拥有工业机器人的数量为 123 台,而在汽车制造业中每 1 万名工人中拥有工业机器人的数量则高达 1 600 台。

2. 机器人在军事领域的应用

在军事领域,机器人主要用于战地侦查、目标跟踪、排雷救险、突袭爆破。其中,以地面军用机器人最为普遍。

2001 年,在阿富汗战役刚开始,一台现在被广泛用于侦察、拆除炸弹的 PackBot(见图 1.11)样机便被送往战场。2003 年,美军刚进入伊拉克时,地面部队还没有使用任何无人系统。到 2004 年底,机器人的数量已增至 150 台左右,一年之后更是达到了 2 400 台,几年后,便超过了 12 000 台。

图 1.11 PackBot 机器人

由美国卡内基-梅隆大学设计,福斯特-米勒公司制造的 Dragon Runner 机器人(见图 1.12),重 5～25 kg,行驶速度最高可达 70 km/h,可以放在背包中随身携带,帮助前线士兵发现和拆除危险的爆炸装置,适用于各种复杂地形,安装有 4 个照相机,每个相机拍摄的图片可以在不同的屏幕上显示,然后组成一个立体图,将视频发送给士兵。能在建筑物、下水道、洞穴中侦察,具有大范围的工作能力,可以在拥挤的环境中使用。2004 年少数原型机被派往伊拉克,2006 年装备美国陆军和海军陆战队,2010 年英国军方购买一百辆部署于阿富汗。

图 1.12 Dragon Runner 机器人

图 1.13 所示的形似机械狗的四足机器人被命名为 BigDog,由波士顿动力学工程公司(Boston Dynamics)专门为美国军队研究设计。Boston Dynamics 公司曾测试过 BigDog,它能够在战场上发挥重要作用:为士兵运送弹药、食物和其他物品。“大

狗”项目由美国国防部高级研究计划署(DARPA)资助，该机构希望BigDog可以在那些军车难以出入的险要地势助士兵一臂之力。最新款BigDog可以攀越35°的斜坡。液压装置由单缸两冲程发动机驱动。它可以承载40多千克的装备，约相当于其重量的30%。BigDog还可以自行沿着简单的路线行进或是被远程控制。

图1.13　BigDog机器人

2012年，美国DARPA公布了名为“阿凡达计划”的新技术项目的研制。该计划中，犬型机器人Alphadog(见图1.14)可以突破地形限制，替士兵们背负重物和补给物。双足机器人Petman(见图1.15)则更能像真正的士兵一样活动，并且可以进行下蹲、跳跃等活动。在受到冲击后，双足机器人Petman还能自动维持身体平衡，并且有意识避开障碍物。

图1.14　Alphadog原理样机

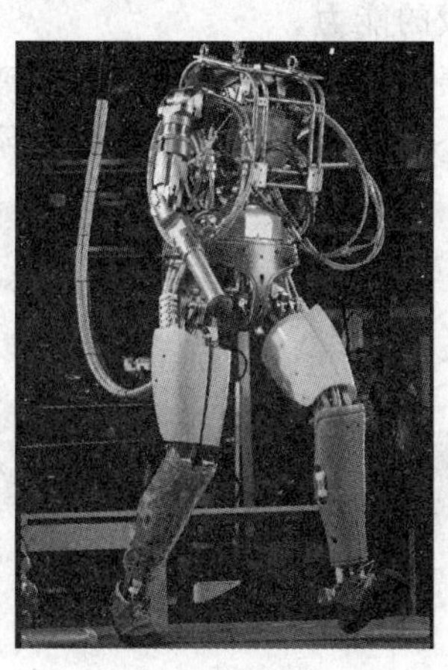

图1.15　Petman原理样机

2006年，卡耐基梅隆大学的机器人工程学研究中心推出了研制的新型无人车“破碎机”(见图1.16)。“破碎机”在随后两年内接受了广泛的野外试验，将最新的智能化技术集成到该车上，激光雷达和视觉系统将增强无人车辆的环境感知性能，保证车辆可对障碍物做出灵活的反应，并能在1 km范围内完全自主执行任务。通过对地形的分析和规划，在没有任何人工指挥的情况下自动穿越复杂地形。2008年8月重新进行了设计，2009年该机器人被首次展示，2010年美国军方对该机器人开始进行测试。

图1.16 “破碎机”机器人

由洛克希德·马丁公司研制的SMSS(Squad mission Support System)无人车辆(见图1.17)，是目前为止美国步兵部署的最大型无人地面车辆。据美国《陆军技术》2011年8月1日报道，美国陆军部队已将SMSS部署至阿富汗使用。SMSS无人车重约1 724 kg，车长约3.6 m，宽1.8 m，高2.15 m，作战半径达20 km，地面行驶速度约40 km/h。SMSS无人车辆具有应对崎岖的山路、河流、沼泽等地形进行全天候两栖作战的能力。

美国俄亥俄州赖特·帕特森空军基地实验室研制了一种昆虫大小的飞行机器人(见图1.18)，其主要任务是搜寻和锁定敌方目标，主要用于复杂的城市作战环境。

图1.17 SMSS无人车辆

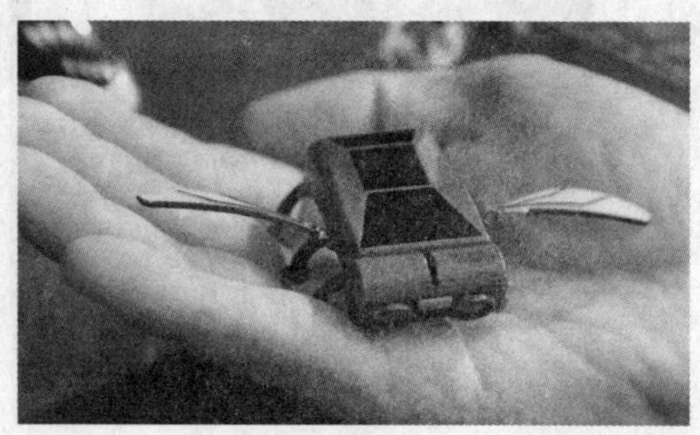

图1.18 适用于城市作战的飞行机器人

3. 机器人在科考探测领域中的应用

特种机器人主要用于非结构环境下的星球探测、反恐防爆和防灾救险。特种机器人除具有工业机器人的基本属性和使用特点外，还具有比工业机器人适应面更广、自动化和智能化更高、对工作环境的适应能力更强、功能更复杂等特点，以满足特殊作业的需要。

如图1.19所示，由北京航空航天大学(以下简称北航)机器人研究所与中国国家博物馆水下考古学研究中心合作，使用北航机器人研究所开发研制的仿生机器鱼对福建东山海域郑成功古战舰遗址进行水下考古探测试验。这是我国考古工作者首次利用机器人辅助水下考古工作。由北航机器人研究所开发的仿生机器鱼，长1.21 m，由动力推进系统、图像采集和图像信号无线传输系统、计算机指挥控制平台3部分组成。它原地回转灵活，可以4 km/h的速度前进，并能连续在水下工作2～3小时。此次仿生机器鱼对郑成功古战舰遗址5 000 m^2的海域进行水下摄像考察。它在北航研究人员的操纵下，多次快速、灵活地接近目标，从不同角度拍摄录像，并及时将水下沉船、铜火炮等图像资料传输到地面图像中心，供正在郑成功古战舰遗址现场进行水下考古的专家及工作人员下一步考察挖掘分析研究使用。

图1.19 由北航研发的机器鱼进行辅助考古探测

美国宇航局开发出全地形六足星际探测机器人，如图1.20所示，它主要用于探测最恶劣的环境，包括火星、月球，甚至是小行星。该机器人拥有6条关节型腿，腿上安有轮子，因此即便在凹凸不平的地形上，它也能行动自如。这些轮子可以用来固定，事实上它们当脚使用，以便从软泥里爬出来，分析地表特征，或者从大岩石上跳过去。六足星际探测机器人高3.96 m，重2 268 kg，它可携带超过1.45×10^4 kg的有效载荷，但比通常的行星探索车轻25%。它的腿上安装了钻和铲子等工具，这些工具由负责轮子旋转的相同发动机提供动力。

美国宇航局在微重力试验台上对它进行了试验。不管试验台如何设置，它都能跳起或者安全降落。它还装备了12个视觉传感器，这意味着其能传回外星地形的三维图片。

图1.20　六足星际探测机器人

4. 机器人在服务行业的应用

服务机器人（见图1.21）主要是指在人类生活中从事家庭服务和社会服务的机器人，它们能够与人类和谐共处，完善人类生活。

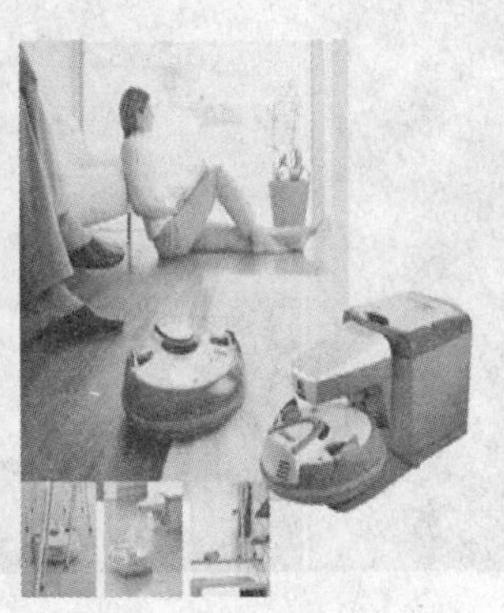
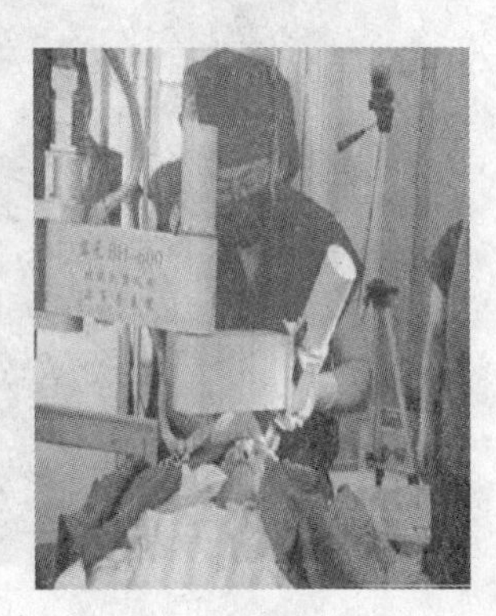

图1.21　各种服务机器人

日本发明了一款新型的医护机器人（见图1.22），手部灵活的程度已经和人类几乎一模一样。这款机器人预计2015年就会正式走入家庭，担负起照顾老人和病人的责任。这是早稻田大学研发出的智能机器人，名字为TWENDY－ONE，最大特色是灵活的双手，像是拿水杯、放入吸管、递茶杯，或是从冰箱拿东西，甚至挤蕃茄酱，都难不倒它。TWENDY－ONE可以完成如此高难度的动作，就在于这灵活的关节设计，而且有柔软的触感，和人互动时也不用担心会伤到人。早稻田的机器人研究人员指出:“人手可以做的动作,这个机器人都可以做,因此机器人手部的触感和人的手几乎一模一样”。

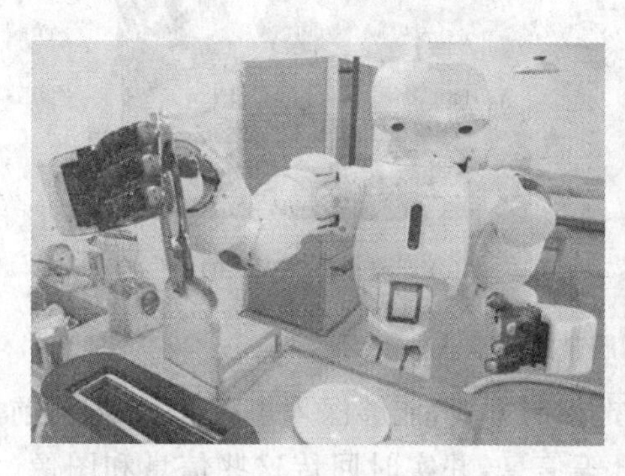
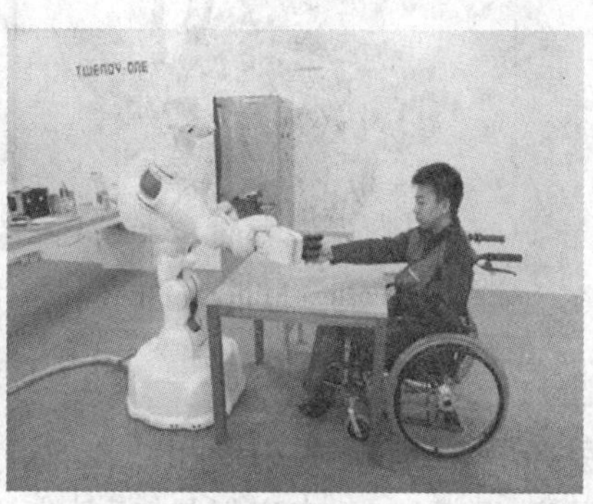

图 1.22 医护机器人 TWENDY - ONE

5. 机器人在灾难救援中的应用

全世界每年都遭受着大量自然灾害和人为灾害的破坏。巨大的灾害会造成大面积的建筑物坍塌和人员伤亡,灾害发生之后最紧急的事情就是搜救那些困在废墟中的幸存者。研究表明,如果这些幸存者在48小时之内得不到有效的救助,死亡的可能性就会急剧增加。然而,复杂危险的灾害现场给救援人员及幸存者带来了巨大的安全威胁,阻碍救援工作快速有效地进行。使用救援机器人进行辅助援救是解决上述难题的有效手段。在灾难救援中使用特种搜救机器人有如下优点:

① 可以连续执行乏味的搜索救援任务,如深入危险地带拍摄资料供研究人员分析查找,而不会像人一样感到疲倦;

② 可以进入那些人和搜救犬无法进入的危险地带,与人和搜救犬相比,引起建筑物二次坍塌的可能性小;

③ 不怕火、浓烟等危险和有害条件。

近年来,为了满足救援工作的需要,国内外很多研究机构开展了大量的研究工作,可在灾难现场废墟中狭小空间内搜寻的各类机器人(如可变形多态机器人、蛇形机器人等)相继被开发出来。

“911”事件之后,美国、日本等西方发达国家在地震、火灾等救援机器人的研究方面做了大量的工作,研究出了各种可用于灾难现场救援的机器人。以牵引和运动方式的不同,搜救机器人主要可分为以下几类。

(1) 履带式搜救机器人

履带式机器人是为了满足危险环境侦察、拆除危险物等作业的需要,在传统的轮式移动机器人的基础上发展起来。图1.23给出了目前国际上两家著名机器人公司的典型产品。

如图1.24所示的煤矿搜救机器人是由中国矿业大学研制成功的。该搜救机器

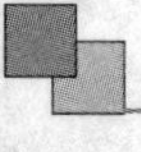

(a) Foster-Miller SOLEM

(b) 三菱重工“灾难助手”

图 1.23 履带式机器人

人采用自主避障和遥控引导相结合的行走控制方式，能够深入事故矿井，探测前方的火灾温度、瓦斯浓度、灾害场景、呼救声讯等信息，并实时回传这些信息和图像，为救灾指挥人员提供重要的现场灾害信息。同时，搜救机器人还能携带急救药品、食物、生命维持液和简易自救工具，以协助被困人员实施自救和逃生。

图 1.24 煤矿搜救机器人

(2) 仿生搜救机器人

虽然履带式可变形多态机器人可根据搜索空间的大小改变其形状和尺寸，但受驱动方式的限制，其体积不可能做得很小。为了满足对更狭小空间搜索的需要，人们根据生态学原理研制出了各种体积更小的仿生机器人。其中，蛇形机器人就是很重要的一类，图 1.25(a)为日本 SGI 和日本电气通信大学智能机械工程系·松野研究室于 2003 年成功联合开发出的蛇形救助机器人 KOHGA，图 1.25(b)为日本东京技术学院研制成功的用于在地震后的房屋废墟里寻找幸存者的三节型蛇形机器人。图 1.26 为南洋理工大学研制的仿蜘蛛搜救机器人。

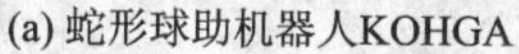

(a) 蛇形球助机器人KOHGA

(b) 三节型蛇形搜救机器人

图 1.25　仿生搜救机器人

图 1.26　仿蜘蛛搜救机器人

1.9　世界先进机器人赏析

1. 有中国特色的人型机器人

浙江大学智能系统与控制研究所研制出具有快速连续反应能力的人型机器人“悟”和“空”(见图 1.27)。“悟”和“空”身高 160 cm、体重 55 kg。在复杂的识别系统、定位系统、计算系统和控制系统指挥下,“悟”和“空”能够对快速运动中的小球准确定位并做出相应的回拍推挡动作,能在接球的受力过程中保持身体的平衡。作为科技部“863”重点课题“仿人机器人高性能单元和系统”的代表之作,这两个“孕育”了四年多的机器人集成了机器人领域的先进技术:身躯采用了高强度轻质材料和加工工艺,全身 30 个关节的 30 个电机各司其职、运动灵活,仅手臂就能做 7 个自由度的运动;

浙大拥有自主知识产权的我国第一个工业自动化国际标准 EPA(以太网实时控制技术)被运用到了机器人的开发中,使机器人的反应速度更快;另外,机器人的精确识别、定位预测、运动建模和平衡能力都很强。即使挥舞球拍时产生很大的加速度,"悟"和"空"也是稳如泰山。

由北京理工大学牵头、中科院沈阳自动化所、兵器工业集团惠丰机械有限公司、中科院自动化所等单位参加研制的"汇童"仿人机器人如图 1.28 所示。"汇童"仿人机器人具有视觉、语音对话、力觉、平衡觉等功能的自主知识产权的仿人机器人,功能达到了国际先进水平。研制的"汇童"仿人机器人在国际上首次实现了模仿太极拳、刀术等人类复杂动作。

图 1.27　浙大研制的人型机器人在打乒乓球

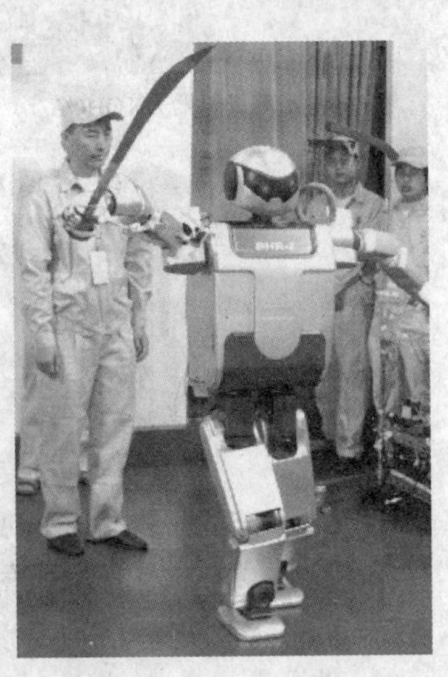

图 1.28　"汇童"机器人在舞刀

2. 以假乱真的仿生机器人

机器人的研究已经从结构环境下的定点作业中走了出来,正在向航空航天、星际探索、抢险救灾、军事侦察攻击、地下管道检测、疾病检查治疗等非结构环境下的自主作业方向发展。未来的机器人将在人类不能或难以到达的未知环境中为人类工作,人们要求机器人不仅适应原来结构化的、已知的环境,更要适应未来发展中的非结构化的、未知的环境。除了传统的设计方法,人们也把目光对准了生物界,力求从丰富多彩的生物身上获得灵感,将它们的运动机理和行为方式运用到对机器人的运动和控制中,从而使得机器人既具有感觉又具有某些思维功能,并由这些功能控制动作,具有与生物或者人类相类似的智能。将仿生学原理应用到工程系统的研究与设计中,对当今日益发展的机器人科学起到了巨大的推动作用。

仿生机器人就是通过对生物的性能和行为进行模仿,将其结构特征、运动机理、行为方式等应用于机器人的设计中,研制具有某些自然界生物的外部形状或机能的机器人系统。仿生机器人的诞生是仿生技术与机器人技术融合的结果,涉及仿生学、力学、机构学、控制学、计算科学、信息科学、微电子学、传感技术、人工智能等诸多学科,从而使机器人既具有传统机器人所具有的优点,又将生物运动机理和行为方式作为理论模型运用于机器人的运动控制,借大自然千万年来"自然选择"的造化之手来提高机器人的运动能力和效率,使其突破原有理论的藩篱,大大提高了机器人的运动特性和工作效率。目前,仿生机器人已经成为机器人研究领域的热点之一。

蝎子(见图1.29)在地球上的分布区域极为广阔,其敏捷的行动能力也一直为人们所称道和仰慕。如图1.30所示的仿蝎机器人Scorpion是由德国Bremen大学研发的一种自主机器人。这款机器人是模仿蝎子走路方式设计的,研究小组之所以选择蝎子作为机器人的模仿对象,一方面是因为蝎子能在复杂的地形上轻而易举地行走,另一方面是因为蝎子的反射作用要比哺乳类动物简单得多。该机器人有8条腿,能够轻易下陡坡、攀悬崖,甚至能钻进裂隙,因而更适宜在诸如火星等星球上进行科学探测。Scorpion机器人重12.5 kg,体长65 cm,宽度随机器人姿势步态的不同而不同,可在20～60 cm范围内变化。若其采用典型的M步态爬行时,身体的宽度为40 cm。机器人每只步行足具有3个自由度,腿部关节由24 V、6 W的直流电机驱动,步行足末端安装有减震装置和力传感器。机器人身上安装有电子罗盘和超声波测距仪。遥控系统通过PAL CCD摄像机,与便携式计算机进行实时双工通信以实现信息交互,从而使该机器人能够在半自主模式下正常工作。

图1.29 蝎 子

图1.30 仿蝎机器人Scorpion

为完成浅水区域水雷搜索和引爆任务,美国东北大学在美国国防高级研究计划局(DARPA)投资下负责机器龙虾Lobster的研究工作。研究人员之所以选择龙虾(见图1.31)作为模仿对象是因为:龙虾独特的身体形状使其非常适合水下行走,这使得它们成为最节能的海洋生物;龙虾觅食的方法特别适合于探测水雷。为了研制机器龙虾,美国海洋中心对龙虾进行了观测实验,并记录下了龙虾的每一个动作。通过对龙虾的腿、爪、腹部及尾部的运动进行精确地分析,研制成功了如图1.32所示的机器龙虾。该机器龙虾长 45.72 cm(含触角),由 8 条三自由度腿驱动,能够浮游爬行,头部装有 2 个钳子,起到液动控制舵的作用。机器人由电池供电,以半自主方式工作,发现水雷时会发出声纳警报。龙虾通过接触障碍物时对触角及细毛弯曲力反馈信号的响应,来移动腿部、控制姿态。机器龙虾的触角及细毛传感器由金属微加工工艺制成,来自触角及细毛的信号经过微处理器的处理,用来控制机器龙虾仿生腿的肌肉。用来仿制龙虾肌肉的是镍钛诺形状记忆合金,若将它加热到 150 ℃,它就会收缩 10%。镍钛诺丝通电加热时肌肉就缩短,使龙虾的腿向上运动。一旦冷却,它就恢复原来的形状,这样交替地加热及冷却镍钛诺丝,就可以复制龙虾腿的运动,这比用电机及齿轮装置驱动更加自然。研究人员采用基于神经元环路的控制器来控制机器人。该机器人通过装配相应的传感器和炸药,可用于发现并摧毁水雷。

图 1.31　龙　虾

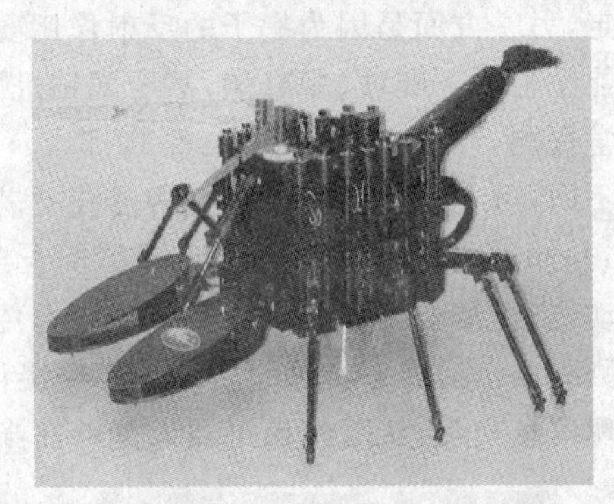

图 1.32　机器龙虾 Lobster

蝾螈(见图 1.33)是一种两栖动物,是从水生动物到陆地动物进化的重要代表。蝾螈能够快速地在游泳和爬行这两种运动模式之间转换,其游泳姿态酷似七鳃鳗,轴向起伏,快速将波从头部传送至尾部,而肢体向后折叠。在陆地上,蝾螈则采用爬行步态,成对角线的肢足同时移动,腰间的静止结点不动,躯体呈现出 S 状。瑞士科学家以蝾螈为模仿对象研发出一款机器人 Salamander(见图 1.34),该机器人长0.9 m,由 9 节黄色塑料组成。每一节塑料中有一套电池和微型控制器。科学家首先采用计算机模型模拟七鳃鳗的脊髓,然后再给肢翼加上行走功能。之后,研究人员根据蝾螈的身体构造仿制出一根长长的脊髓,此外还模仿动物的脊髓神经元,并在机器人上安置了人工神经元。通过改变施加在机器人上"脊髓"的电流刺激便可实现机器人移动的目的。电流激励越小,机器人移动得就越慢。同理,如果科学家加大电流激励,机器人移动速度变大,直至神经元中心达到工作极限。然而当蝾螈准备下水时,其肢翼不再使用并往后合起,随即它的身体触水并开始蛇形游动。

Festo 公司研制的仿生智能鸟如图 1.35 所示。它重 450 g,翼展达到 1.96 m(6.4 英尺),被称为 SmartBird。SmartBird 的飞行模式和控制机制都模仿了飞鸟,其外形与海鸥非常相似。这只极轻的机器鸟设计灵感来源于银鸥,可以自主起降飞行,无需借助于另外的驱动系统。主体采用空气动力驱动，由一个扭转驱动器提供矢量推进，电池 23 W。扭转驱动器扇动翅膀，它能够滑翔，也可以高空爬升以及盘旋等。

图 1.33　蝾　螈

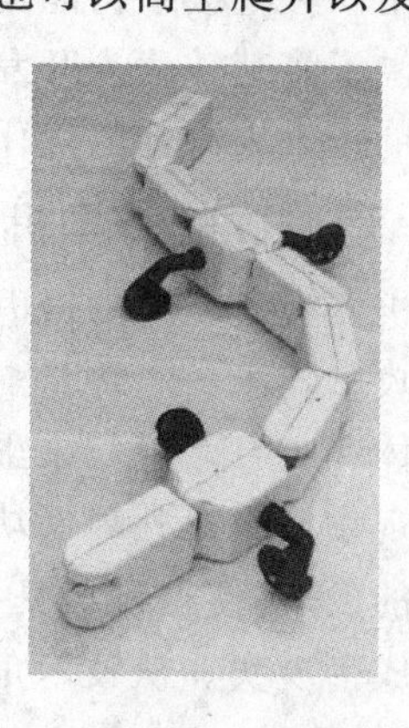

图 1.34　仿蝾螈机器人 Salamander

图 1.35　仿生智能鸟

Festo 公司称在研制 SmartBird 的过程中，他们成功解密了鸟类的飞行。SmartBird 的翅膀不仅能上下拍打(借由遍布于躯干直至翼梢的能增加偏转角的杠杆机构来实现)，还能沿着翼展方向扭转一定角度，这使得它能和真正的鸟类一样在向上拍打翅膀的过程中使前缘上翘。方向控制由 SmartBird 头部和躯干的相反运动来获得，两个部分通过两套电机和电缆来同步。这使得它能够符合空气动力学进行弯曲，同时获得重量位移，并造就了 SmartBird 的敏捷性和机动性。和真正的鸟一样，SmarBird 的尾巴也不是只作摆设的，它能提供升力，兼作升降舵和方向舵。除了能像传统飞行器的垂直稳定翼那样稳定机器本身外，尾翼还能倾斜以促使转弯并能绕纵轴旋转来产生偏航。SmartBird 的躯干中埋有电、引擎、曲柄传动装置和控制调整设备。机翼的姿态和扭转可通过双向的 ZigBee 无线通信来监控，且可在飞行过程中得到实时调整和优化。

Festo公司称SmartBird的开发已经为许多领域提供了启示。机器鸟材料的最低限度使用和轻量级结构能提高资源能源使用效率，而耦合驱动单元的功能整合则为公司提供了将其转化为开发混合驱动技术的点子。此外，开发过程中的流体特性分析也有助于未来设计的优化。

3. 小巧玲珑的微型机器人

微型机器人是典型的微电子机械系统，是一门复杂的综合性更强的技术学科，是跨世纪的攻坚技术。它将是毫微环境下，完成信息采集、传递和进行设定操作及作业的主要载体和工具。近年来出现的利用精密加工或微细加工技术制作的微驱动器，使得在微观领域中对外界做功、进行操作或移动成为可能，同时微电子学和各种微传感器技术的发展，使得机械具备了信息采集和处理的能力，在这样的背景下，微机器人研究才成为现实。从技术角度来看，微机器人系统包括微传感器、微执行器、微驱动器、微型结构等。

美国哈佛大学微型机器人实验室近日设计了一种能扑翼微型机器飞虫（见图1.36），其机翼张开仅为3 cm，为美国空军研发出下一代高效微型空中飞行工具（MAVs）奠定了基础。该团队正在为美国空军研发MAVs，其基础研究沿着机器人、昆虫型设备展开，这些设备主要用于监测环境危险，比如倒塌建筑、洞穴探测和化学药品监测等。

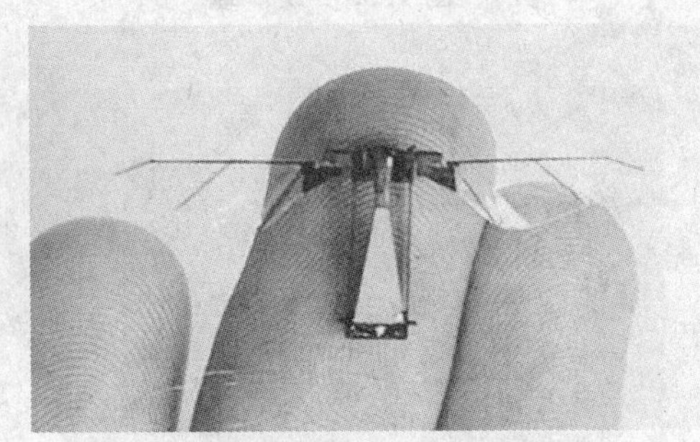

图1.36　微型扑翼机器人

2009年6月16日，在以色列一个生物科学会议上，参展商展出了一个直径仅为1 mm的微型机器人（见图1.37），它的名字叫ViBot。以色列科技学院的研究人员称，医生进行大脑或肺部手术时，可利用ViBot进入人体释放药物或扫除器官中的堵塞物。

上海交通大学研制出一种呈正方形体、由12个蠕动元件组成的管内蠕动机器人（见图1.38），外形尺寸为35 mm×35 mm×35 mm，体重19.5 g（包括控制电路），步

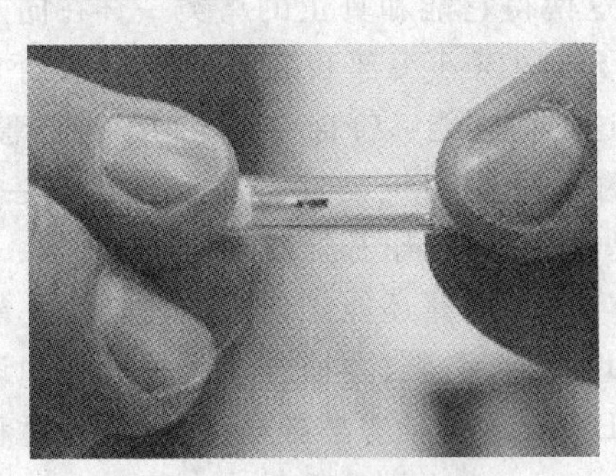

图1.37　微型机器人ViBot

图1.38　微小型蠕动机器人

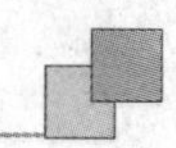

行速度为 15 mm/min,共有 12 个自由度,由 SMA(形状记忆合金)与偏置弹簧组成一个驱动源,共 12 个驱动源。能实现管内上、下、左、右、前、后的全方位运动,能通过直管、曲率半径较大的弯管,以及 L 型、T 型管。

1.10 机器人技术的发展趋势

1. 机器人向着智能化方向发展

从机器人诞生至今,机器人技术的研究已从示教再现型机器人向具有感觉功能的智能机器人发展,机器人的研究应用已从传统的制造领域向非制造领域扩展。尤其是进入 20 世纪 80 年代以后,机器人技术已经形成了集机构学、电子技术、控制理论、计算机技术、传感器技术、人工智能等多学科于一体的完整体系。近年来随着日本仿人机器人 ASIMO、美国火星探测器等项目的研制成功,智能机器人的研究和发展,特别是能够代替人在危险、恶劣等环境中从事特殊任务的特种智能机器人的研究和发展,成为各国政府制定高技术计划的一个重要内容,支撑智能机器人的关键技术——感知与智能控制技术,已成为机器人研究领域的热点之一。2012 年,瑞士研究人员展示一款可由思维操控的机器人,由一名瘫痪者发出脑电波指令,借助计算机传输信号,操控百千米外实验室内的机器人快速行走。

2. 机器人向着仿生化方向发展

自然界中的各种生物通过物竞天择和长期进化,已对外界环境产生了极强的适应性,在能量转换、运动控制、姿态调节、信息处理和方位辨别等方面还表现出了高度的合理性,已日益成为人类开发先进技术装备的参照物,仿生机器人便是仿生学与机器人学相结合的产物。在 2004 年 IEEE 机器人学与仿生学国际学术会议上,与会的机器人学专家就指出:“模仿生物的身体结构和功能,从事生物特点工作的仿生机器人,有望代替传统的工业机器人,成为未来机器人领域的发展方向”。

当前,世界范围内仿生机器人的研究热点主要涉及以下几个方面。

(1) 运动机理仿生

运动仿生是仿生机器人研发的前提。而进行运动仿生的关键在于对运动机理的建模。在具体研究过程中,应首先根据研究对象的具体技术需求,有选择地研究某些生物的结构与运动机理,借助于高速摄影或录像设备,结合解剖学、生理学和力学等学科的相关知识,建立所需运动的生物模型;在此基础上进行数学分析和抽象,提取出内部的关联函数,建立仿生数学模型;最后,利用各种机械、电子、化学等方法与手段,根据抽象出的数学模型加工出仿生的软硬件模型。

生物原型是仿生机器人的研究基础,软硬件模型则是仿生机器人的研究目的,而数学模型则是两者之间必不可少的桥梁。只有借助于数学模型才能从本质上深刻地认识生物的运动机理,从而不仅模仿自然界中已经存在的两足、四足、六足以及多足行走方式，同时还可以创造出自然界中所不存在的一足、三足等行走模式以及足式与轮式配合运动等。

图 1.39 是由美国波士顿大学研制成功的名为沙漠跳蚤（SandFlea）的微小型机器人，该机器人的最大弹跳高度约为 8 m。其外观虽然与跳蚤相差甚远，但其运动机理却来源于跳蚤的弹跳，图 1.40 是其最大弹跳高度示意图。

图 1.39　沙漠跳蚤（SandFlea）微小型机器人

图 1.40　沙漠跳蚤（SandFlea）微小型机器人跳跃过程

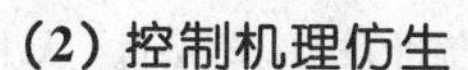

(2) 控制机理仿生

控制仿生是仿生机器人研发的基础。要适应复杂多变的工作环境,仿生机器人必须具备强大的导航、定位、控制等能力;要实现多个机器人间的无隙配合,仿生机器人必须具备良好的群体协调控制能力;要解决纷繁复杂的任务,完成自身的协调、完善以及进化,仿生机器人必须具备精确的、开放的系统控制能力。如何设计核心控制模块与网络以完成自适应、群控制、类进化等这一系列问题,已经成为仿生机器人研发过程中的首要难题。

(3) 信息感知仿生

感知仿生是仿生机器人研发的核心。为了适应未知的工作环境,代替人完成危险、单调和困难的工作任务,机器人必须具备包括视觉、听觉、嗅觉、接近觉、触觉、力觉等多种感觉在内的强大的感知能力。单纯地感测信号并不复杂,重要的是理解信号所包含的有价值的信息。因此,必须全面运用各种时域、频域的分析算法和智能处理工具,充分融合各传感器的信息,相互补充,才能从复杂的环境噪声中迅速地提取出所关心的正确的敏感信息,并克服信息冗余与冲突,提高反应的迅速性和确保决策的科学性。

(4) 能量代谢仿生

能量仿生是仿生机器人研发的关键。生物的能量转换效率最高可达100%,肌肉把化学能转变为机械能的效率也接近50%,这远远超过目前各种工程机械,肌肉还可自我维护、长期使用。因此,要缩短能量转换过程,提高能量转换效率,建立易于维护的代谢系统,就必须重新回到生物原型,研究模仿生物直接把化学能转换成机械能的能量转换过程。

(5) 材料合成仿生

材料仿生是仿生机器人研发的重要部分。许多仿生材料具有无机材料所不可比拟的特性,如良好的生物相容性和力学相容性,并且生物合成材料时技能高超、方法简单,所以研究目的一方面在于学习生物的合成材料方法,生产出高性能的材料,另一方面是为了制造有机元器件。因此仿生机器人的建立与最终实现并不仅仅依赖于机、电、液、光等无机元器件,还应结合和利用仿生材料所制造的有机元器件。

3. 机器人向着微型化方向发展

微型机器人是正在兴起的一个机器人新领域,在民用、军用、科学试验中都有很大的用武之地。微型机器人技术的发展将会在机器人领域引发一场革命,并将会对社会各方面产生重大的影响。

与其他类型机器人相比,微型机器人存在很多特殊性,以下是微型机器人发展中面临的问题。

(1) 驱动器的微型化

微驱动器是MEMS最主要的部件,从微型机器人的发展来看,微驱动技术起着关键作用,并且是微机器人水平的标志,开发耗能低、结构简单、易于微型化、位移输

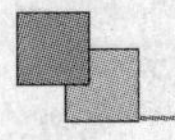

出和力输出大，线性控制性能好，动态响应快的新型驱动器（高性能压电元件、大扭矩微电机）是未来的研究方向。

(2) 能源供给问题

许多执行机构都是通过电能驱动的，但是对于微型移动机器人而言，供应电能的导线会严重影响微型机器人的运动，特别是在曲率变化比较大的环境中。微型机器人发展趋势应是无缆化，能量、控制信号以及检测信号应可以无缆发送、传输。微型机器人要真正实用化，必须解决无缆微波能源和无缆数据传输技术，同时研究开发小尺寸的高容量电池。

(3) 可靠性和安全性

目前许多正在研制和开发的微型机器人以医疗、军事以及核电站为应用背景，在这些十分重要的应用场合，机器人工作的可靠性和安全性是设计人员必须考虑的一个问题，因此要求机器人能够适应所处的环境，并具有故障排除能力。

(4) 微机构设计理论及精加工技术

微型机器人和常规机器人相比并不是简单的结构上比例缩小，其发展在一定程度上和微驱动器、精加工技术的发展是密切相关的。同时要求设计者在机构设计理论上进行创新，研究出适合微型机器人的移动机构和移动方式。

4. 机器人向着群体化方向发展

由多个机器人组成的群体系统通过协调、协作可完成单机器人无法或难以完成的工作，群体机器人系统比单一机器人具有更强的优越性，其主要体现在如下几个方面：

- 在多机器人系统中，由于机器人种类的多样性和数量的众多性，可有效地拓宽作业领域；
- 多个机器人通过相互协调、协作而共同完成作业任务，从而极大地提高了作业效率；
- 在多机器人系统中如果某个或某几个出现故障时，通过对剩余的机器人进行重新编队和协调，依然可以保证任务的顺利完成，提高了系统的容错性。

在 2010 年 4 月的欧洲军用机器人展会上，与会专家指出：“将不同性能、种类的军用机器人协调起来使用以发挥其最高的效能，并能使之与士兵协同作战是信息化战争的一个重要的发展趋势”。进行群体机器人系统的研究必将为机器人技术的发展带来巨大的推动和变革。

第2章

仿蚂蚁机器人机构设计及其三维造型实现

本章以 CASE WESTERN RESERVE UNIVERSITY 的 Bill－Ant 仿蚂蚁机器人为例，采用 Autodesk 公司的 Inventor2010 软件介绍仿蚂蚁机器人机械结构的三维建模过程。

2.1　Bill－Ant 仿蚂蚁机器人概述

Bill－Ant 仿蚂蚁机器人的原理样机如图 2.1 所示。Bill－Ant 机器人的身体采用双层结构，由铝合金与碳纤维材料构成。整个身体长 21.8 cm，宽 16.8 cm，高 4.9 cm，上下两层使用 1.59 cm 厚的碳纤维材料，用铝合金结构件连接，作为机器人

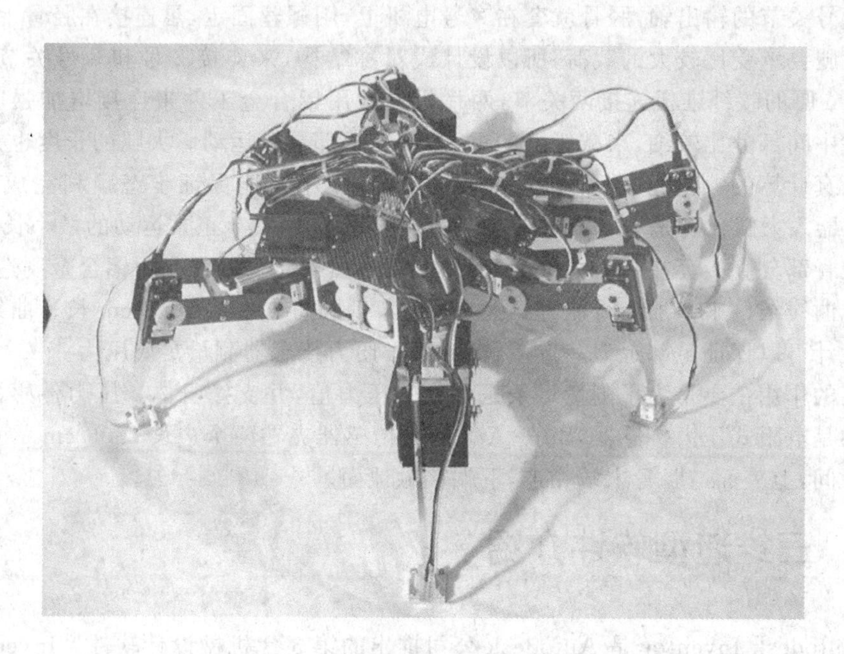

图 2.1　仿蚂蚁机器人原理样机

骨骼,承受重量。机器人的骨骼部分包括脊椎、前端支撑件、后面支撑件。其中,前后的支撑件都做成镂空结构,可以把锂电池放入镂空孔中,不仅固定了电池,而且减轻了重量。身体上表面的方形孔用于固定伺服电机。

Bill-Ant 机器人身体基本成六边形,前后两组腿与机器人中间平面夹角为60°,中间一组腿与中间平面平行。各个腿都有-45°~+45°的运动空间,其中,前面一组腿的初始状态向头部偏角15°,其他伺服电机的起始位置都是0°,这是为了最大程度地模拟蚂蚁的运动状态。

仿蚂蚁机器人的每条腿由3个关节以及髋、大腿、胫骨和足7个部分组成,3个关节就需要3个自由度,每个自由度都需要由伺服电机来实现,所以伺服电机固定在腿部的结构设计就显得尤为重要。一般设计需要为伺服电机制作固定架,将其作为关节的一部分,这就需要精确测量选用的伺服电机的外形尺寸,并且设计统一化的伺服电机固定结构件,这样不仅设计方便,而且加工方便、装配方便。

Bill-Ant 机器人也是经典的18自由度六足机器人,每条腿有3个关节:1号关节是髋关节,作用是使整条腿在机器人身体的平面里前后摆动;2号关节是髋和大腿连接的关节,作用是驱动腿在整条腿形成的平面中上下摆动;最末端的是大腿和胫骨之间的3号关节,作用是驱动胫骨在整条腿形成的平面中上下摆动,并且保证足尖接触地面。

1号髋关节固定在上下两层身体之间,上层身体的镂空孔就是为了固定伺服电机而设计的,2号关节的伺服电机就固定在髋关节的输出轴上,大腿的两端分别是2号和3号关节的输出轴,胫骨就套在3号电机上,用螺丝固定,足连接在胫骨上。

大腿要承受比较大的载荷,所以设计成对称结构,来连接2号和3号关节,两片1.59 cm厚的碳纤维板连接两关节,两片板之间用铝合金工件来连接增加强度。铝合金件中间部分比较细,来减轻腿的重量,保证腿部灵活运动。大腿的长度也是需要经过认真计算的,太长会增加2号关节的力矩,太小不能保证步态顺利完成,Bill-Ant 机器人大腿长度是7.62 cm,是在其结构下保证两关节正常运动的最小长度。

胫骨部分直接套在3号关节上,另外一端连接着足。胫骨是用铝合金制造的,并设计成曲线结构来增加爬行能力,从3号关节到胫骨末端共10.8 cm长。曲线形的胫骨设计可以保证足部近似一点接触地面,方便力传感器测量足底压力。

足的作用主要是为了测量每条腿足底的压力值,并支撑身体。压力传感器一般使用的是电阻式压力传感器,Bill-Ant 的力传感器夹在两个边长2.06 cm的正方形平面中间,上表面与胫骨末端相连,下端接触地面。

2.2 三维造型软件介绍

Autodesk Inventor 是 Autodesk 公司推出的第3代机械设计软件。Inventor 具有优秀的三维设计解决方案,杰出的三维参数化尺寸驱动系统,产品零部件的各个视

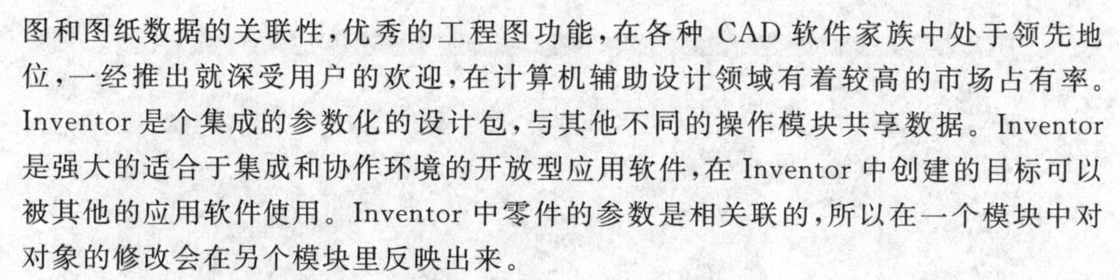

图和图纸数据的关联性，优秀的工程图功能，在各种 CAD 软件家族中处于领先地位，一经推出就深受用户的欢迎，在计算机辅助设计领域有着较高的市场占有率。Inventor 是个集成的参数化的设计包，与其他不同的操作模块共享数据。Inventor 是强大的适合于集成和协作环境的开放型应用软件，在 Inventor 中创建的目标可以被其他的应用软件使用。Inventor 中零件的参数是相关联的，所以在一个模块中对对象的修改会在另个模块里反映出来。

Inventor 造型软件具有如下功能模块。

(1) 零件造型模块

通过绘制的草图，并利用相应的定位特征（参考元素）来生成零件特征，再加上适当的放置特征最终生成所需的零件。

(2) 装配模块

在部件环境中，可以将多个零部件装配起来建立一个部件。当然可以在此环境中放置已存在的零部件，也可以在此创建零部件。部件装配完成后，可通过查看自由度并增加相应的装配或角度约束，从而进行模型的运动仿真。

(3) 表达视图模块

为了向他人明确地表达自己的设计想法，需要对已经装配完成的部件进行分解，生成的分解视图就称为表达视图，有时也称为爆炸式分解图。其作用如下：

① 它可以清楚地表明部件中零件是如何相互影响和配合的；

② 它可以利用动画表达装配顺序和过程；

③ 它可以使用分解的装配视图来表达出被部分或者完全遮挡的零部件；

④ 它还可以将表达视图添加到工程图中，并为部件中每个零件添加序号，从而生成相应的零部件明细表。

(4) 工程图模块

通过对已经创建的三维模型（如零件或者部件）创建工程视图，从而将三维模型转化为二维视图，以方便企业生产者、工程师与设计师之间的交流。

(5) 钣金模块

它作为一类特殊零件来对待，因为钣金零件一般来讲都是均厚的，有一些不同于其他三维零件的造型方式（如卷边、折角边等）。

Inventor 造型软件的工作环境包括：草图环境、特征环境（.ipt）、装配环境（.iam）、表达视图环境（.ipn）、工程图环境（.idw）、钣金环境（.ipt），各环境的界面图如图 2.2～图 2.7 所示。

使用 Inventor 软件进行造型，具有如下优点：

- 使用自适应的技术（能根据与其相配合的其他零部件的尺寸变化来改变自身尺寸）；
- 充分利用了互联网和自联网的优势；
- 充分考虑到了二维投影工程图样的重要性；

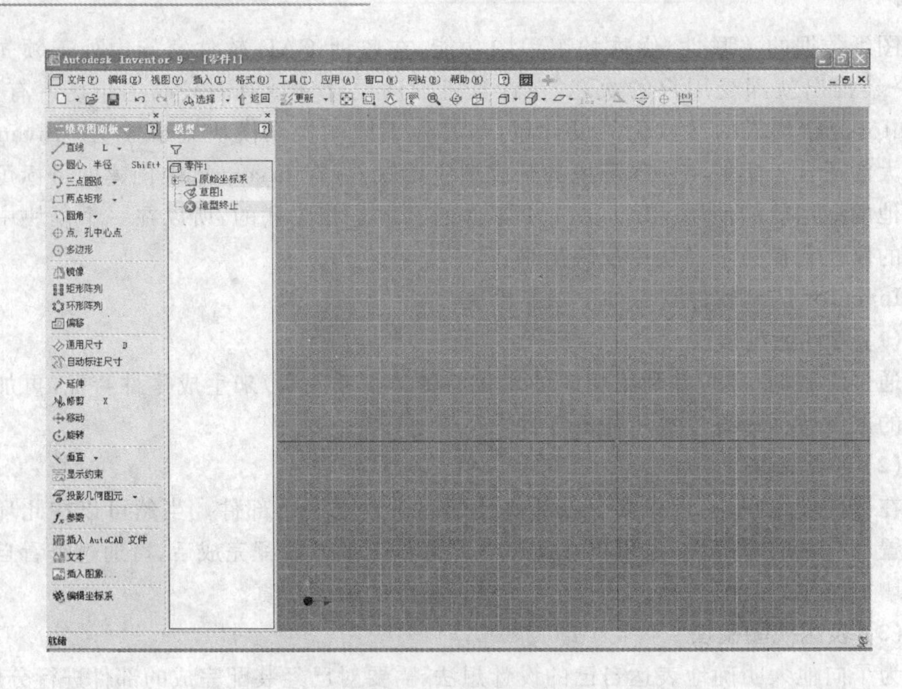

图 2.2　草图环境

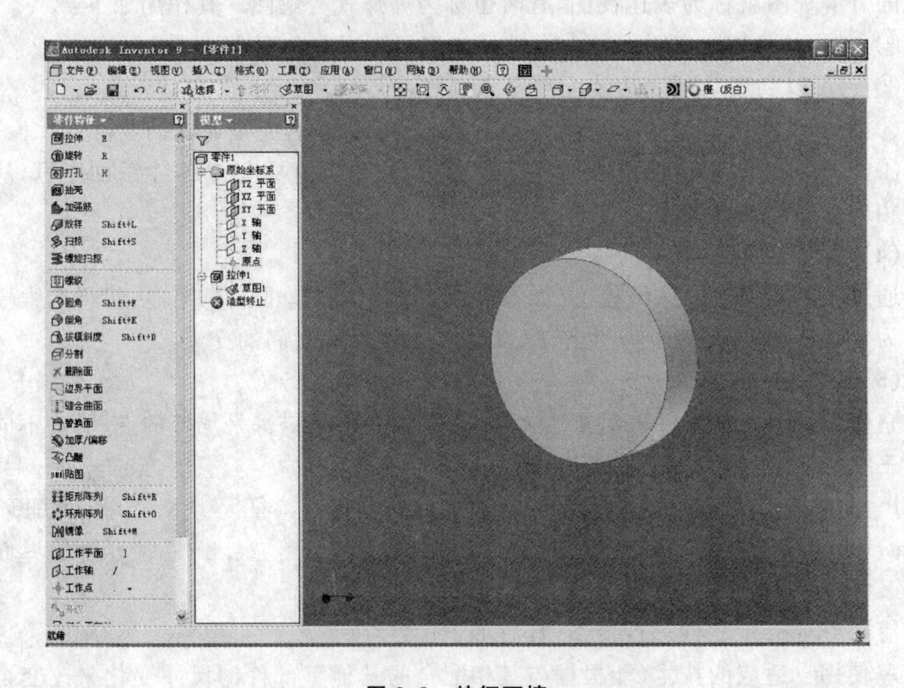

图 2.3　特征环境

➢ 用户界面以视觉语集方式快速引导用户，各种命令的功能一目了然，减少了键盘输入；

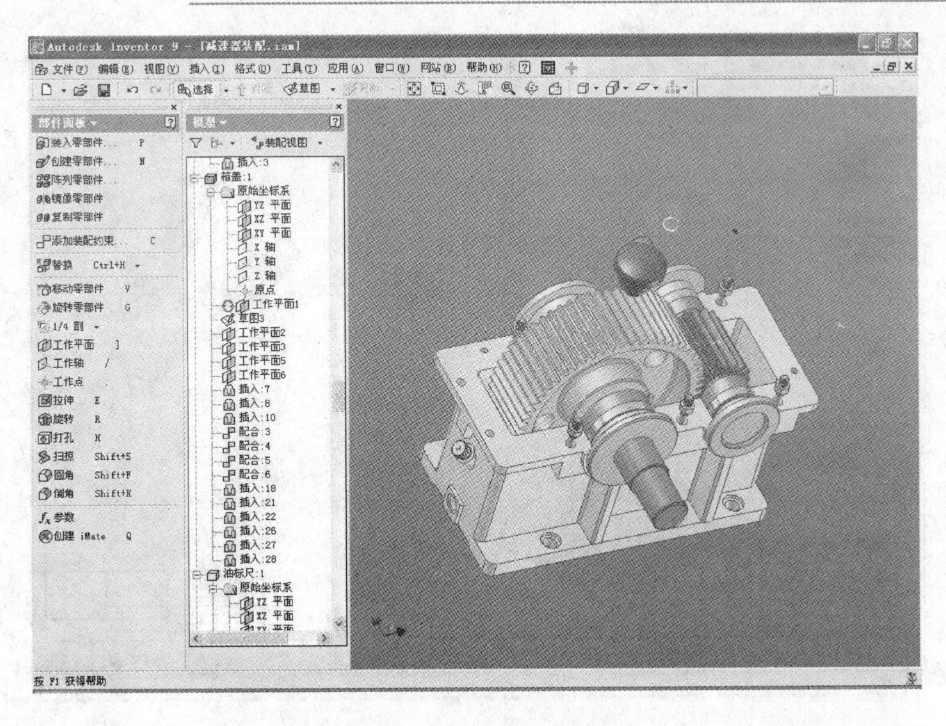

图 2.4　装配环境

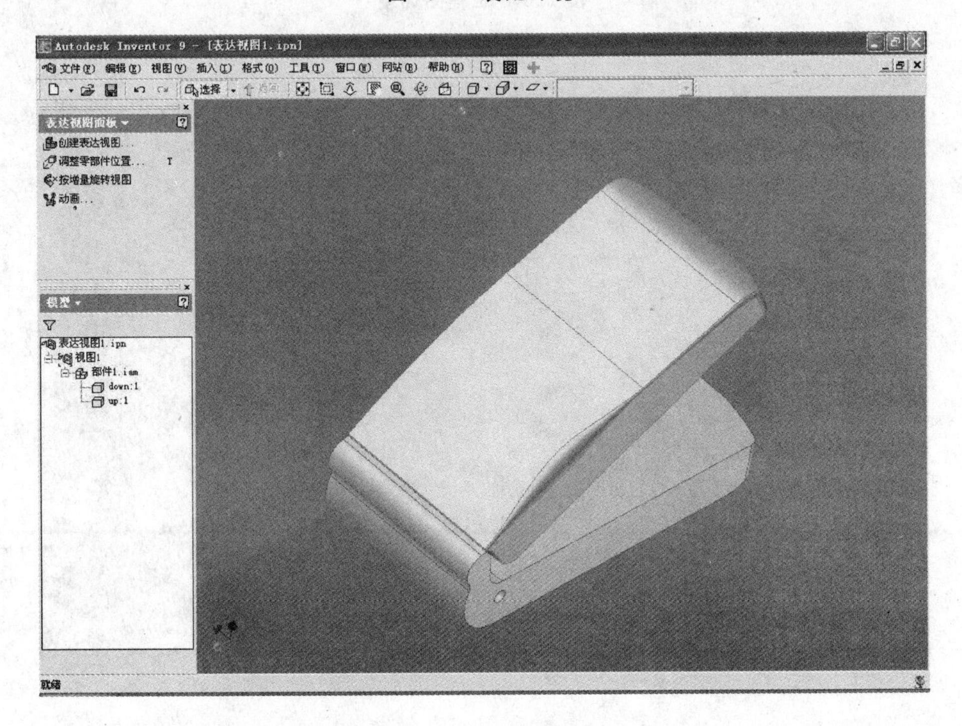

图 2.5　表达视图环境

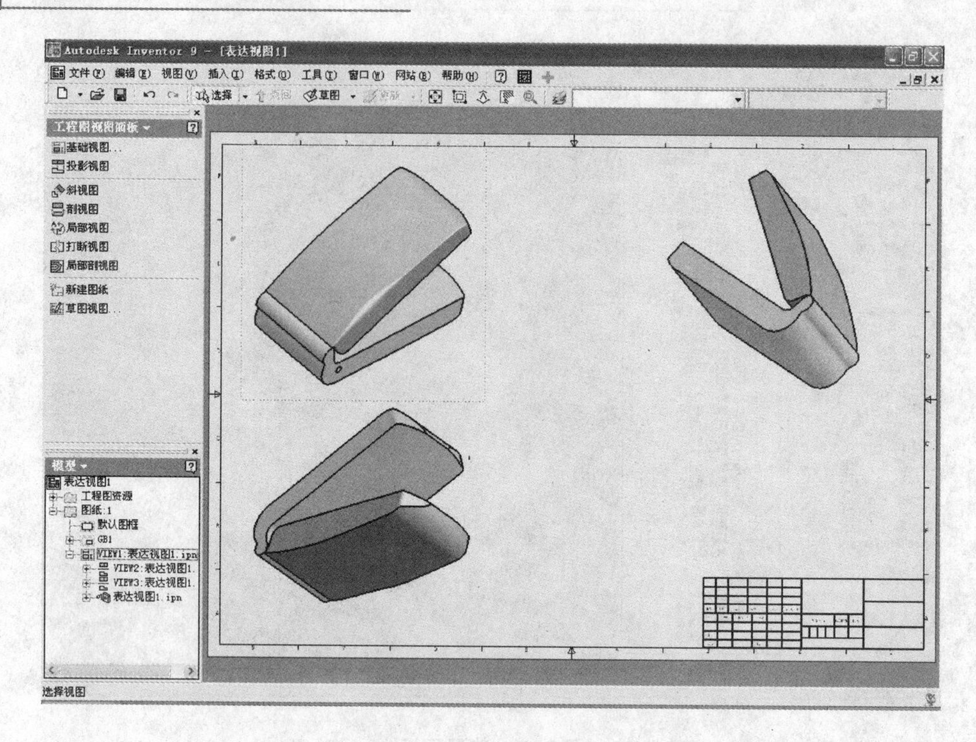

图 2.6　工程图环境

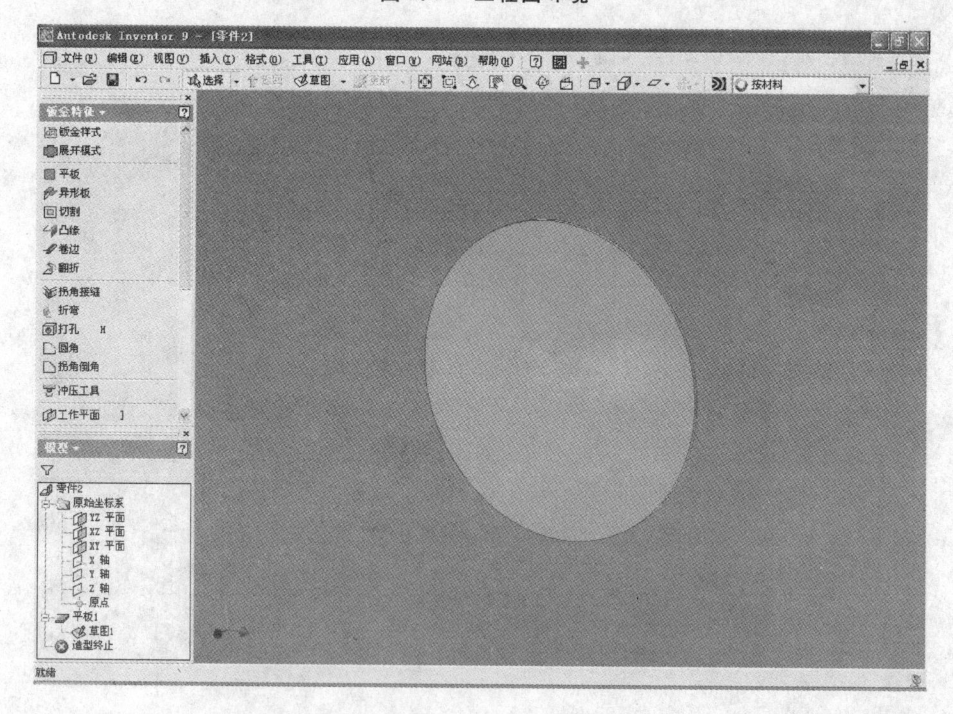

图 2.7　钣金环境

- 与 AUTOCAD 等其他软件兼容性强,其输出文件可直接或间接转化为快速成型的“. STL”文件和“. STEP”等文件;
- 有相应的应力分析功能。

2.3　机器人腿部零部件三维造型

对于仿蚂蚁机器人来说,腿部的设计很大程度上决定了机器人的性能,所以腿部的设计需要经过认真仔细地计算和反复改进,以达到最优化的设计。

1. 舵机及舵盘的三维造型

方案采用舵机作为机器人的关节,其他结构都要以舵机为基础进行设计,而舵机的尺寸结构一般是固定的,所以设计的第一步就是对舵机进行建模,如图 2.8 所示。

在建模时应注意,单个草图不要过于繁琐,尽量使每个特征对应一个草图,这样在修改一个特征的时候不会影响到其他的特征。在结构对称的图形中,可以采用镜像法设计,这样两部分就自动添加了镜像约束,修改一个部分时另一个部分也会跟随变化。如在舵机的设计中,笔者就建立了 5 个草图,并在对舵机两侧的固定架建模时采用了镜像法,如图 2.9 所示。

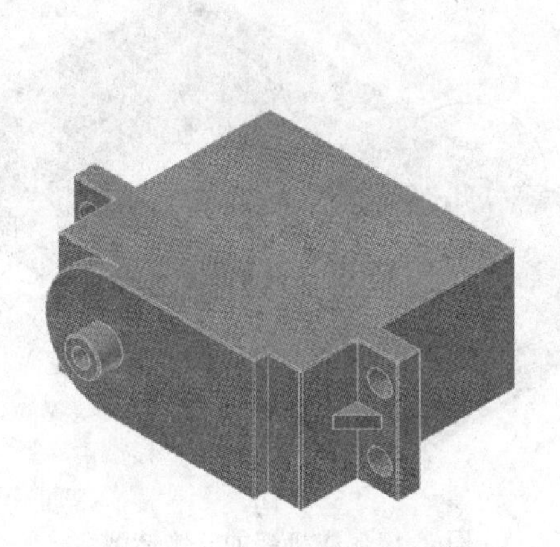

图 2.8　舵机建模

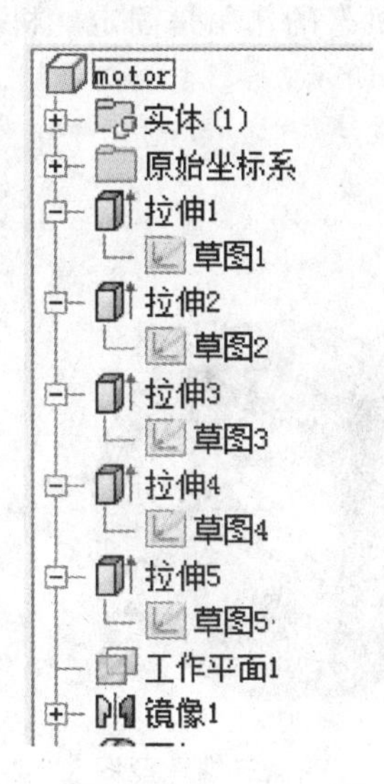

图 2.9　建立 5 个草图

绘制舵机三维模型需要严格按照所选舵机实物的结构尺寸进行设计,否则其他结构件的设计会受到影响。在本节中,舵机的转轴可以和舵机设计成为一体,在运动仿真的时候只需要在舵机轴处加上相应的运动副即可。

部分舵机可以更换背板,在仿蚂蚁机器人的设计中,为了简化结构,可以采用背板上有凸轴的舵机,所以,在结构设计的时候就应该在与舵机输出轴同轴的背面加上凸轴,用于装配固定(见图 2.10 和图 2.11)。

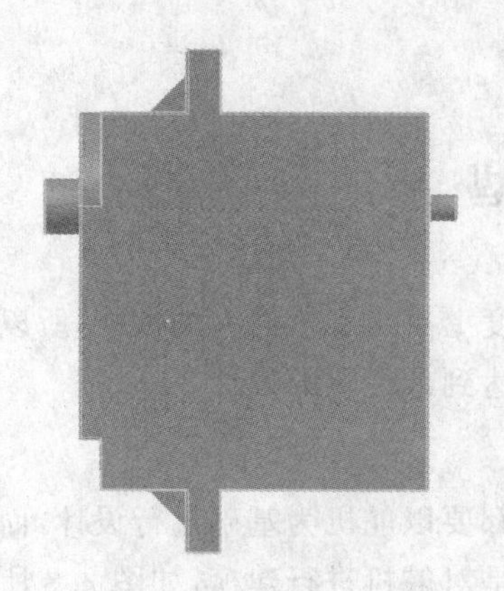

图 2.10　为舵机添加凸轴示意图 1

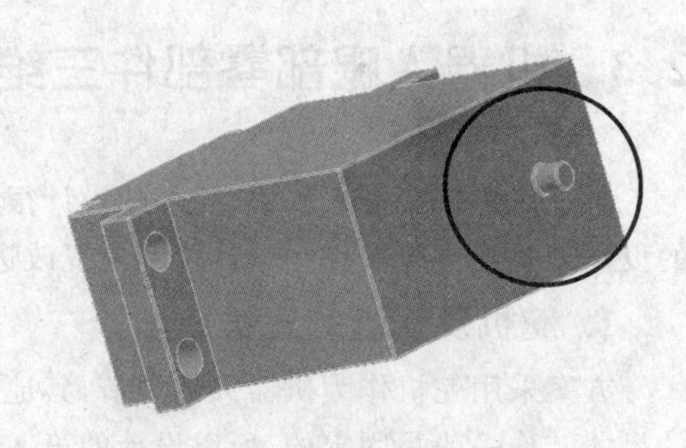

图 2.11　为舵机添加凸轴示意图 2

舵机输出轴上往往都会固定一个舵盘,舵盘跟随舵机输出轴转动,用于舵机输出转矩,见图 2.12。

2. 舵机架的三维造型

舵机架的作用是固定舵机,结构尺寸主要根据舵机来设计,并结合装配需要,如图 2.13 所示。

图 2.12　舵盘三维造型图

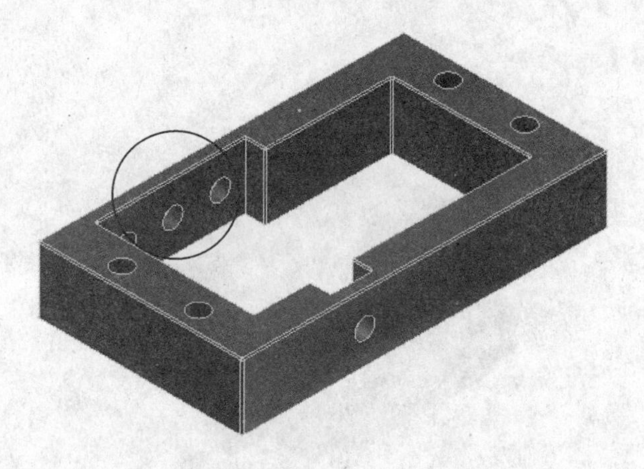

图 2.13　舵机架的三维造型

我们可以看到,舵机两侧都有用于固定的通孔,所以舵机架也应在相应位置留有通孔,这样就可以和舵机采用螺栓连接方式固定,如图 2.14 所示。

设计机械结构不仅要考虑结构尺寸,还要考虑到装配方便,在舵机固定架的左侧上下各有一个凹口,用于给装配时螺栓的螺帽留出空间,凹口的尺寸应由螺栓的螺帽尺寸决定,注意螺栓不要与舵机发生干涉,如图 2.15 和图 2.16 所示,舵机架的实物图如图 2.17 所示。

图 2.14　舵机架上固定通孔示意图

图 2.15　舵机固定架左侧上部凹口示意图

图 2.16　舵机固定架左侧下部凹口示意图

图 2.17　舵机架的实物图

3. 大腿部分三维建模

机器人大腿部分需要承受比较大的载荷，所以在设计的时候要充分考虑到机械结构的强度，而且大腿部分的长度也需要经过精确的计算，来满足机器人步态的要求。

一般可以把机器人腿部简化成为简单的连杆机构来计算各个部分的长度，也应该参考生物的结构尺寸，来指导我们的设计。经过一系列的计算之后，通过三维建模和运动仿真来对腿部结构进行适当修改。

Bill - Ant 机器人大腿部分机械机构采用两片碳纤维板，中间用铝结构件增加强度，并用螺栓连接，如图 2.18 所示。这里先给出装配图，具体装配过程将在腿部装配（2.4 节）中详细讲解。

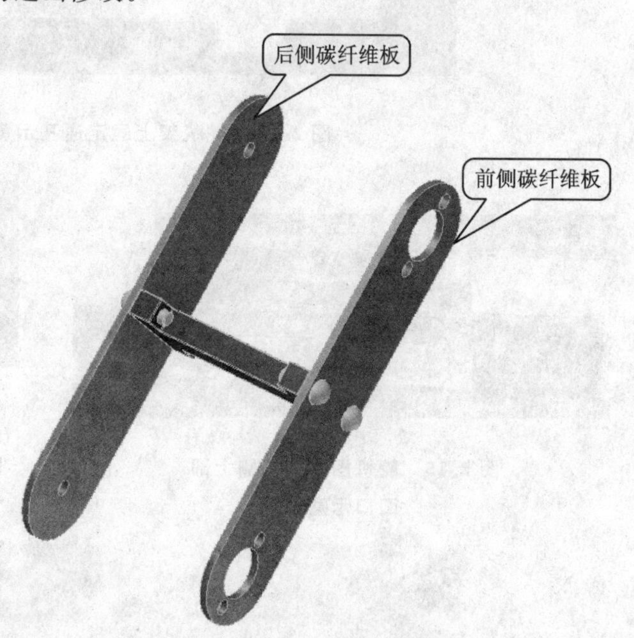

图 2.18 机器人大腿部分机械结构

前文提到过，为了适应机器人步态的要求，有时需要对机器人大腿的长度进行适当的调整，所以在建模时，应该以碳板的两条中心线为标准进行尺寸标注，这样在改变大腿长度的同时其他特征也会跟随变化，否则需要对其他特征的草图重新标注。如图 2.19 所示，在草图视图中采用切片观察可以清楚看到草图的标注，这里两个通孔的标注并没有以碳纤维板的边界为基础，而是通过 Inventor 的捕捉功能先画出碳纤维板的两条中心线，然后使通孔圆心与水平中心线重合，与铅垂的中心线距离为 7.15 mm，这样在改变碳纤维板长度或者宽度的时候，通孔可以保证始终在碳纤维板的中间位置。零件视图如图 2.20 所示。

后侧碳纤维板与前侧的设计基本相同，这里不再赘述。

中间的铝结构件作用是为了增加机构的强度刚度，但出于重量考虑，所以采用“工字”形状，如图 2.21 所示。应注意，设计时要为螺栓的螺母留出装配空间。

仿蚂蚁机器人大腿机械结构的实物图如图 2.22 所示。

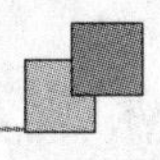

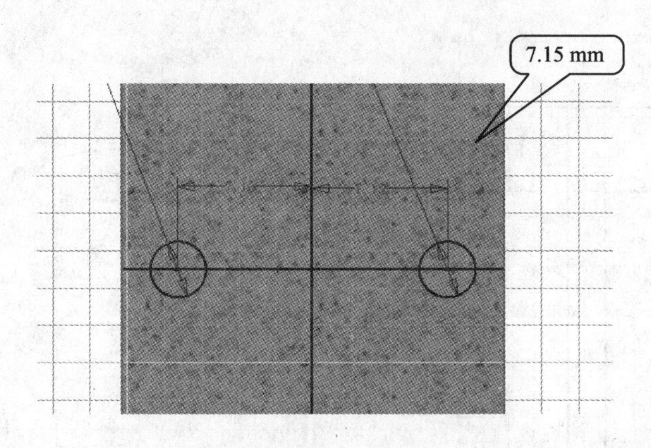

图 2.19　通孔位置在草图上的表示

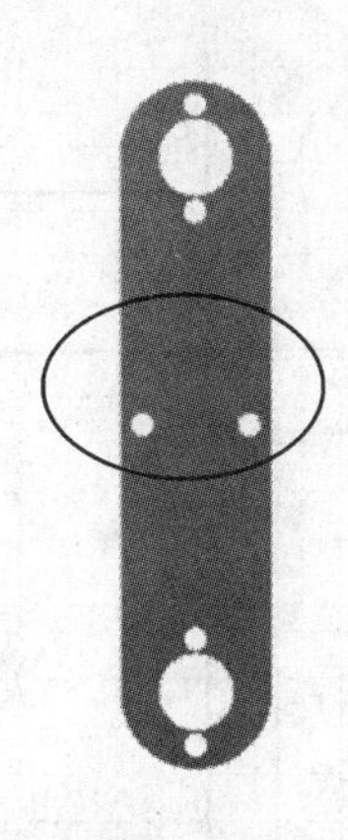

图 2.20　通孔在碳纤维板上的位置

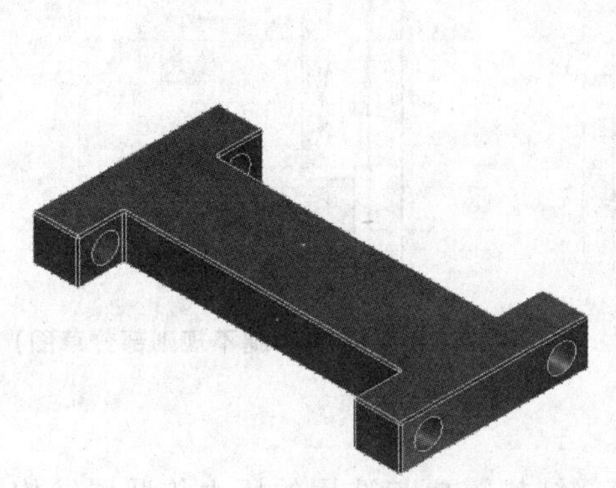

图 2.21　中间铝结构件的三维造型图

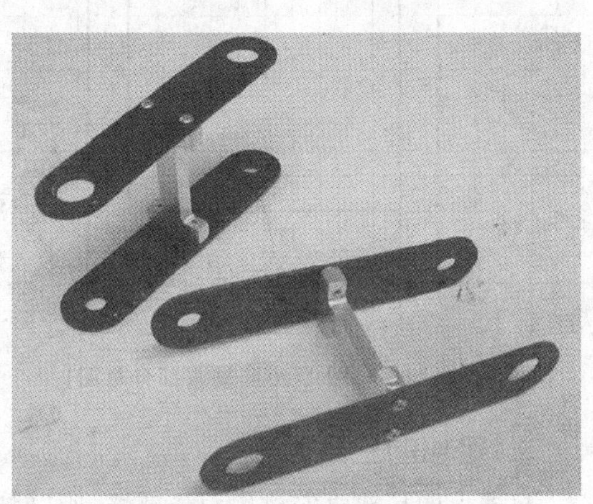

图 2.22　大腿机械结构实物图

4. 小腿部分的三维建模

Bill - Ant 机器人的小腿部分设计相当简洁，只用铝板制成小腿的形状，铝板上开有与舵机配合的孔，如图 2.23 所示。

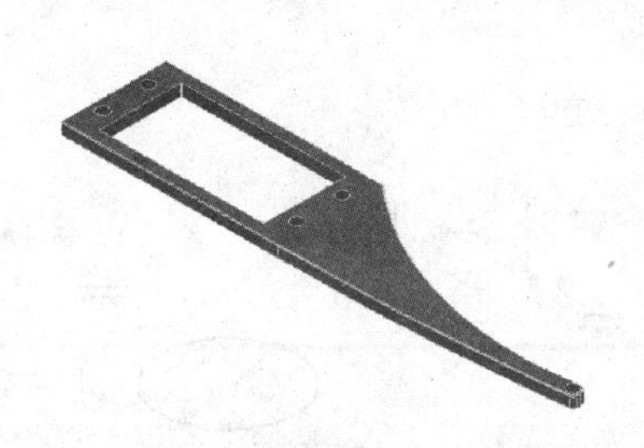

图 2.23　小腿的三维造型图

由于小腿的结构是由一部分规则图形和另一部分不规则图形组成，所以采用两个草图分别建模，草图 1 如图 2.24 所示，与舵机外轮廓尺寸配合。

草图 2 如图 2.25 所示，主要确定机器人小腿部分的长度，腿外侧的圆弧要与上面的部分添加相切约束（方法如图 2.26 所示），这样可以实现平滑过渡。小腿底部可以通过设置倒圆角的尺寸来完成平滑过度。

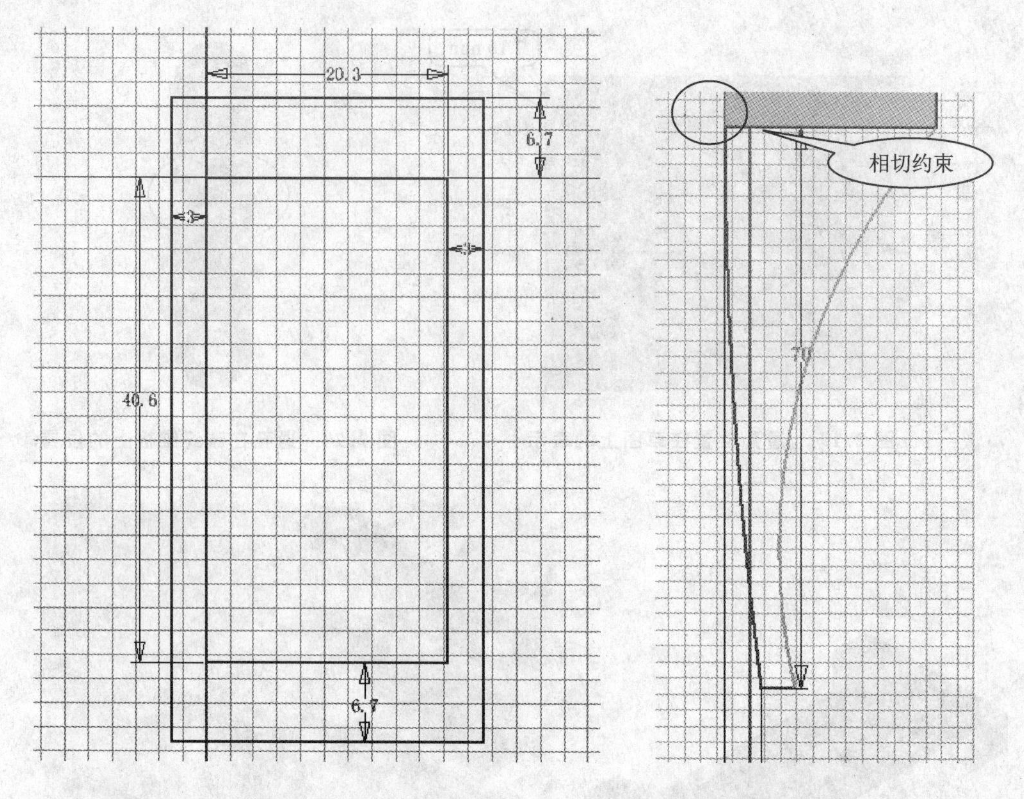

图 2.24　草图 1(小腿规则部分草图)　　　图 2.25　草图 2(小腿不规则部分草图)

5. 足部的三维建模

机器人的足部要安放压力传感器,所以脚部结构需要与选用的压力传感器结构尺寸相配合,足底部结构如图 2.27 所示,中间的凹槽处放置压力传感器。

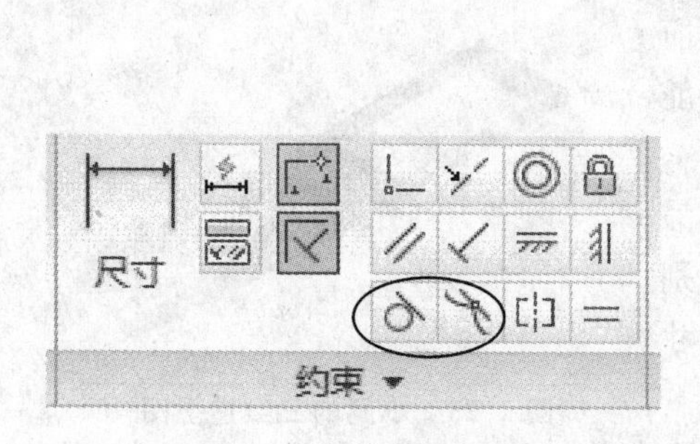

图 2.26　添加约束方法

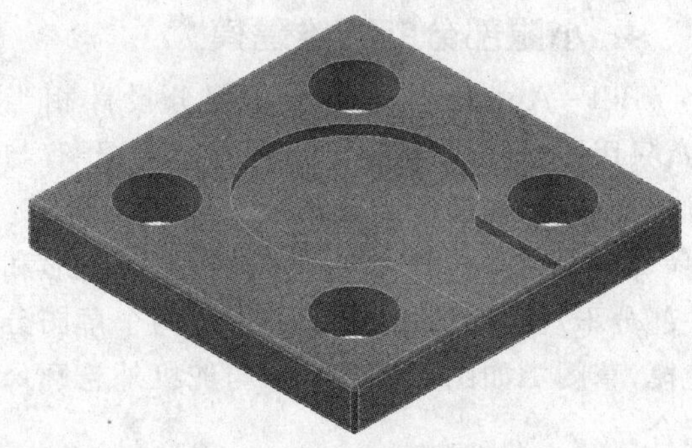

图 2.27　足底部结构示意图

足底下部应设计突起(见图 2.28),压紧压力传感器。立板(见图 2.29)用于与小腿部分连接。

图 2.28　足底下部突起示意图

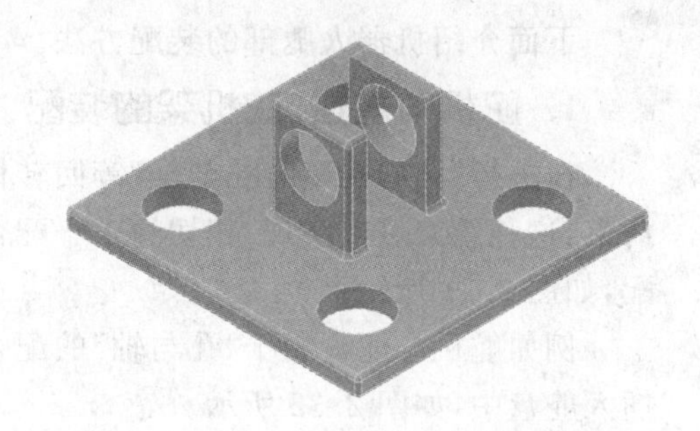

图 2.29　足底立板示意图

2.4　机器人腿部的装配

机器人腿部结构的装配可以分为两种方法。一种方法可以分别把两个或者几个部分装配起来，保存装配文件，最后再把各个装配文件视为一个整体装配起来，这样做可以化整为零，并在每个装配文件中检查各个零件是否配合，是否发生运动干涉，但是，采用放置命令调用保存的装配文件时，将把整个装配结构视为一个刚体，刚体内部的自由度都被取消，无法驱动约束。另一种方法是在一个装配文件中把各个零件装配，虽然这样做工作量比较大，但是可以对每个关节进行约束驱动，检查是否发生干涉。在进行约束驱动时，对于不需要运动的部分，可以先将其固定 motor:2（在零件前有图钉标志表示该零件已经被固定），避免造成不确定的运动。

笔者建议先采用第一种装配方法分别对各个部分装配，分别进行驱动约束和干涉检查，这样可以发现需要配合的零件之间存在的问题。在确定每个部分没有问题之后，再新建一个装配文件，使用第二种方法装配，这样可以根据机器人的具体要求，驱动每一个约束，或者进行运动仿真，两种方法结合，可以最大限度地减少机械结构设计中的问题。

另外，Inventor 软件默认为第一个放置的零件添加固定约束，所以一般先放置需要固定的零件，也可以通过在软件界面左侧树状列表中对右键操作，添加或者取消固定约束，如图 2.30 所示。

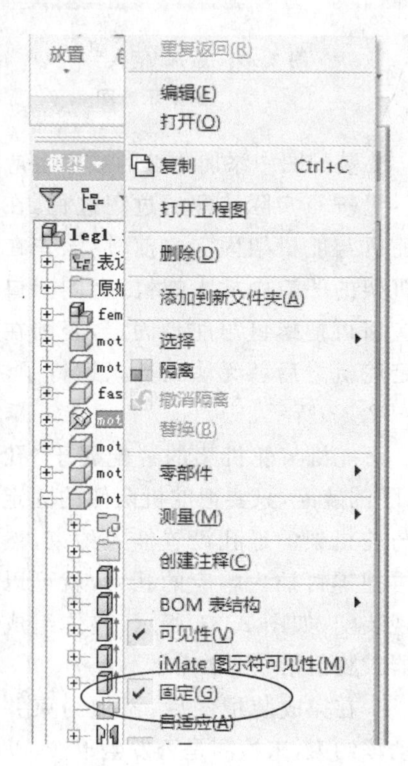

图 2.30　采用树状列表添加约束

下面介绍机器人腿部的装配方法。

1. 舵机与舵盘、舵机架的装配

在进行“孔与孔”和“孔与轴”等回转体的装配时，多采用 Inventor 自带的“插入”约束，这种约束可以实现“相切约束＋配合约束”的作用，非常适合上述两种零件的装配，如图 2.31 所示。

例如舵机与舵盘属于“孔与轴”的配合，使用插入约束就可以实现舵机的输出轴插入舵盘中，如图 2.32 所示。

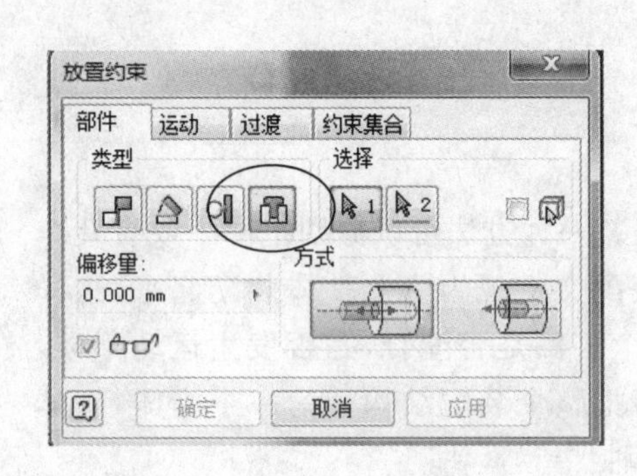

图 2.31　添加“插入”约束示意图

图 2.32　舵机的输出轴插入舵盘中的装配示意图

装配图中添加约束的顺序也应该尽量按照实际装配的过程进行，在把舵机与舵机架固定之前，应该先在舵机架的凹口中插入螺钉，上侧凹口还应该再把螺钉与舵盘固定，否则在固定舵机之后就无法在插入螺钉了，如图 2.33 所示。

舵机与舵机架的装配属于“孔与孔”的装配，只要把舵机两侧的固定孔与舵机架的通孔设置插入约束，然后再把螺钉插入响应的孔中，就可以实现装配，如图 2.34 所示，整体组成机器人腿部第一个关节。

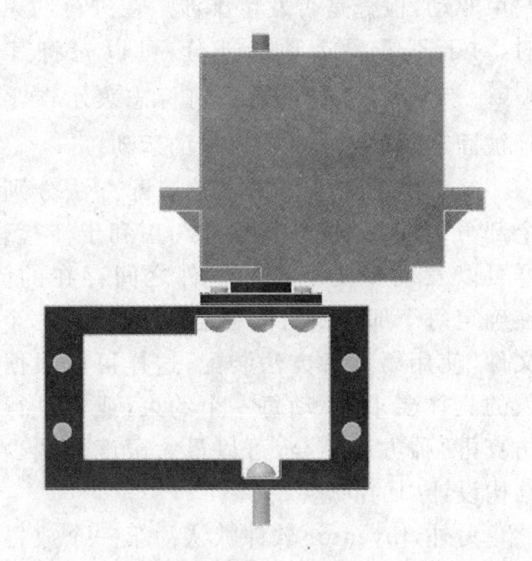

图 2.33　采用螺钉固定舵机与舵机架的示意图

在完成装配之后，添加约束并驱动该约束，来检测是否发生干涉，以腿部第一个关节为例，可在图 2.34 所示的两个平面上添加“面面对齐”约束，再为这个约束添加驱动。这里需要注意，如果舵机与舵盘是作为一个整体调用到该装配文件中，舵机和舵盘将被视为一个整体，所以上述的“面面对齐”约束将不能够添加，或者添加之后也无法驱动。所以在此装配文件中，舵机与舵盘应该分别调用，则可以完成约束的驱动，对话框如图 2.35 所示，输入起始位置和终止位置，选中“检查干涉”，则可以在驱动约束的同时检查干涉，发生干涉的部分将会由软件自动标出。这里提醒大家，如果在驱动约束的第一步就产生干涉，很可能是装配的两个零件发生干涉，而不是运动中发生的干涉，这时应检查每个零件的尺寸，找出发生干涉的地方。

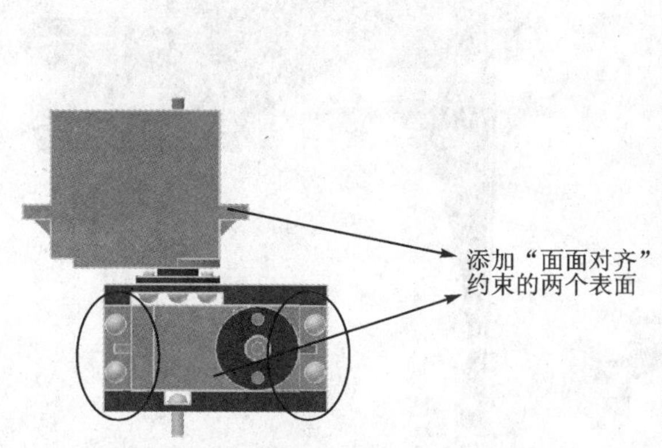

图 2.34　添加“面面约束”过程示意图

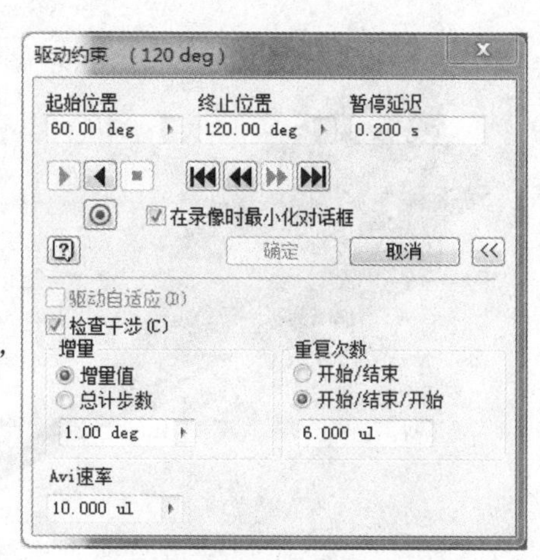

图 2.35　添加驱动约束对话框

2. 机器人关节与大腿的装配

前文中大家已经看到了机器人大腿的装配图，如图 2.18 所示，大腿部分的装配和前文提到的舵机装配过程基本相同，通过“工字”形状的铝制结构，把两块碳纤维板连接起来，并用螺栓固定，为连接部分添加“插入”约束即可。

大腿部分与舵机的装配只需要添加一个约束即可，即把舵盘与碳纤维前侧板设置插入约束，就可以实现装配，装配效果如图 2.36 所示。

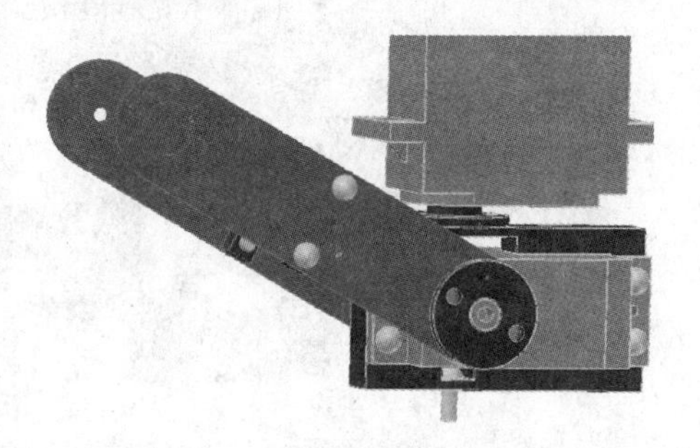

图 2.36　大腿部分与舵机的装配效果图

3. 舵机与小腿部分及脚部的装配

舵机与机器人小腿的装配只要在相应配合的位置设置两个插入约束即可，其效果如图 2.37 所示。

4. 机器人腿部整体装配

上述的各个装配过程中，都可以设置相应的约束，并驱动约束，来检查干涉。在腿部整体装配中，可以采用上文中提到的第二种方法，分别放置各个零件，并添加约束。装配结果如图 2.38 所示。

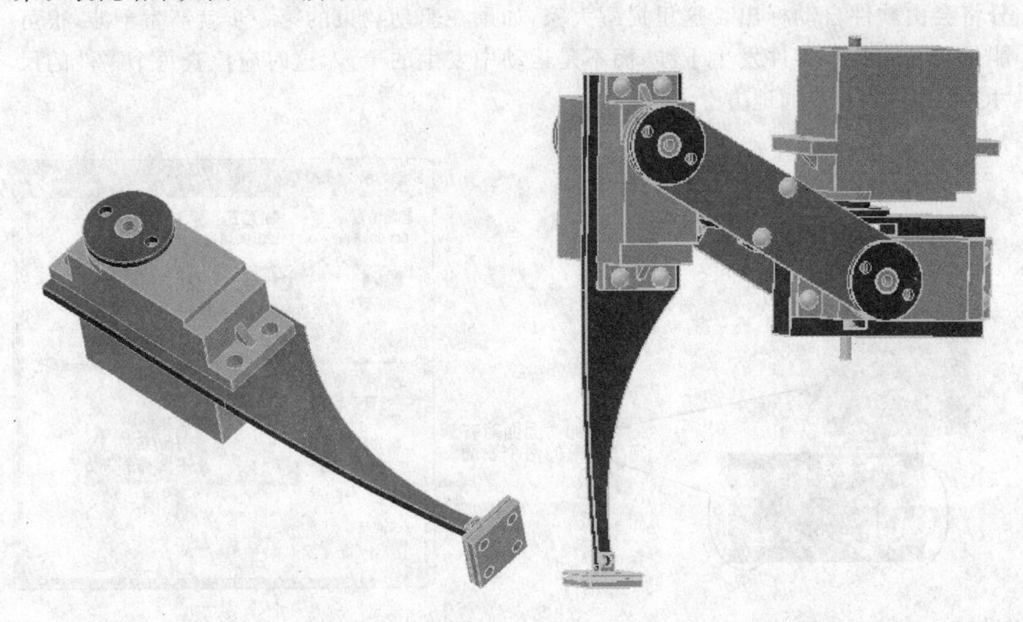

图 2.37　舵机与机器人小腿的装配效果图　　　图 2.38　机器人腿部整体装配效果图

仿蚂蚁机器人的腿部实物图如图 2.39 所示。

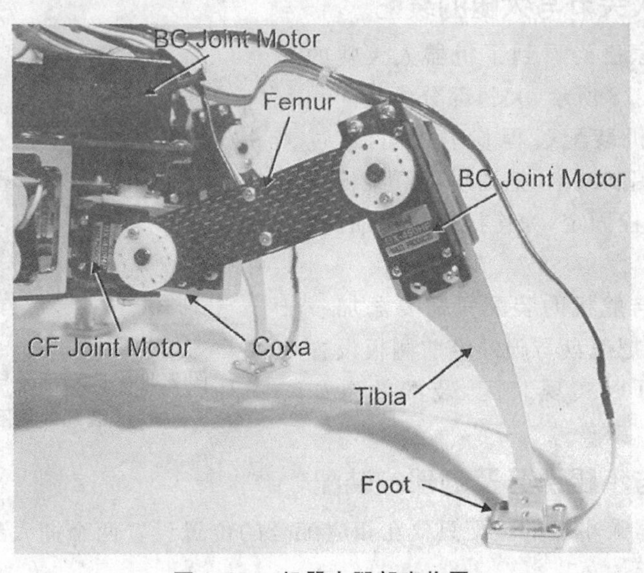

图 2.39　机器人腿部实物图

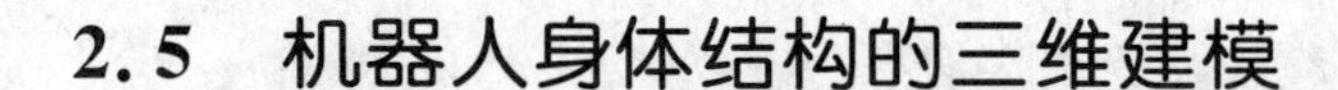

2.5　机器人身体结构的三维建模

机器人的身体建模主要是连接各个腿部，并且放置电池、控制器、传感器等器件，所以在建模时，需要考虑每条腿的位置分配和其他部分的放置位置。

1. 身体下板的三维建模

机器人身体结构是一个对称的不规则体，所以先建立一半的模型，再通过镜像生成整个下板。机器人下板的草图如图 2.40 所示。

结束草图后通过拉伸操作生成机器人身体下板，再在与舵机配合的位置拉伸通孔，就完成了机器人身体下板的建模，建模结果如图 2.41 所示。

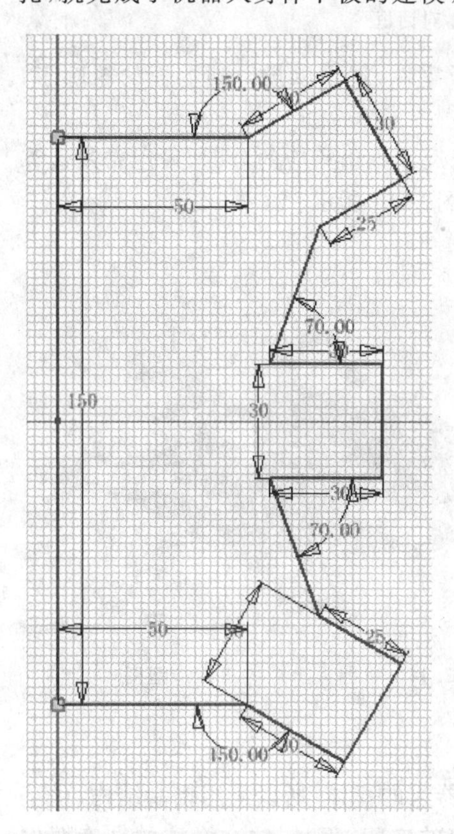

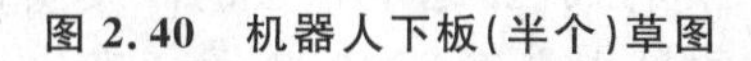

图 2.40　机器人下板(半个)草图

图 2.41　机器人下板三维造型图

2. 身体上板的三维建模

由于机器人身体下板和上板的轮廓相同，上板的建模可以依托下板建立。新建装配文件，调用下板后，选择新建命令，弹出如图 2.42 所示的对话框，单击“确定”，双击下板表面，进入草图视图，就开始建立新的零件了。

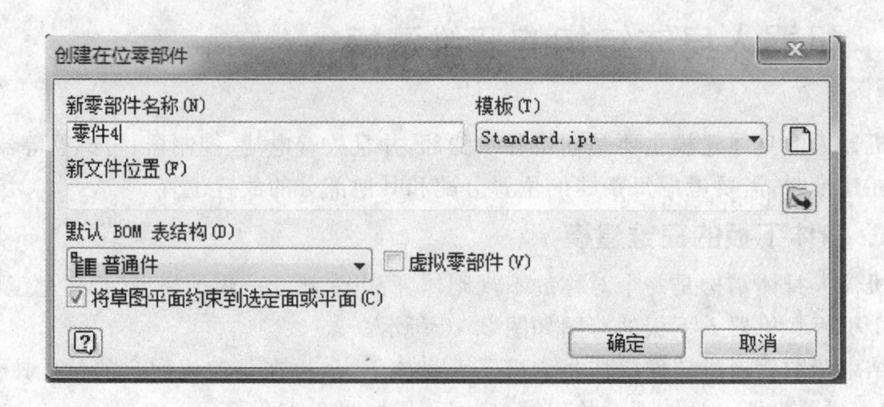

图 2.42　创建零部件对话框

在工具栏中选择“投影几何图元”，单击下板零件，就可以投影到上板的轮廓了，如图 2.43 所示。

有了投影视图的轮廓，再在轮廓上根据舵机尺寸画出相应的草图，采用布尔运算拉伸，就可以得到机器人上板的三维造型图，如图 2.44 所示。

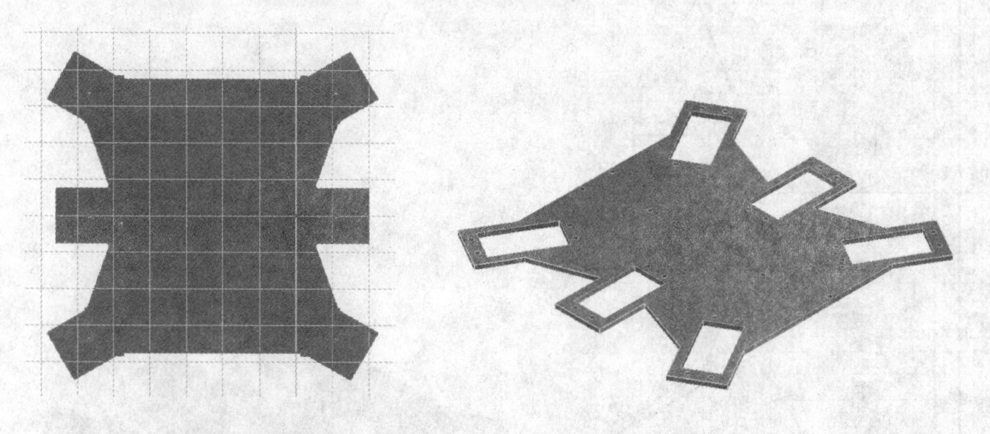

图 2.43　投影到上板的轮廓图　　　　图 2.44　机器人上板的三维造型图

3. 身体脊柱部分的三维建模

机器人脊柱部分的主要作用是支撑整个机器人的身体，所以采用铝制结构，由于考虑到要放置电池等其他部分，所以要留出一定的空间，而且，这个脊柱的高度要保证能够把腿部装入身体两板之间。经过计算，需要的最小高度为 49.7 mm，所以设计脊柱的高度为 50 mm。由于脊柱主要是以梁结构为主，所以应该合理建立草图，建模结果如图 2.45 所示。

仿蚂蚁机器人身体结构的实物图如图 2.46 所示。

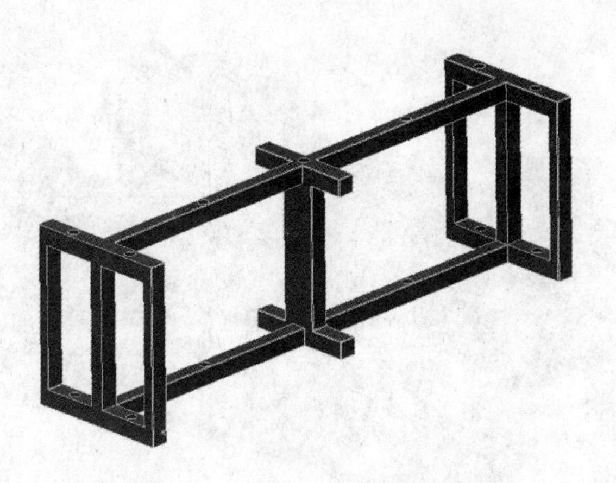

图 2.45　机器人椎柱部分三维造型图

图 2.46　机器人身体结构三维造型图

2.6　机器人整体装配

由于身体部分只有 3 个零件，且不需要检查干涉和驱动约束，所以把身体的装配和机器人整体装配放在一起介绍。

如前文所述，装配设置约束的过程应该尽量按照实际装配的过程来完成，所以应该先调用机器人的上板，默认设置为固定约束，再把每条腿与上板分别添加“插入”约束；然后把脊柱部分与上板固定，再与下板固定，这样就完成了机器人整体的装配。仿蚂蚁机器人整体装配的效果图如图 2.47 和图 2.48 所示。

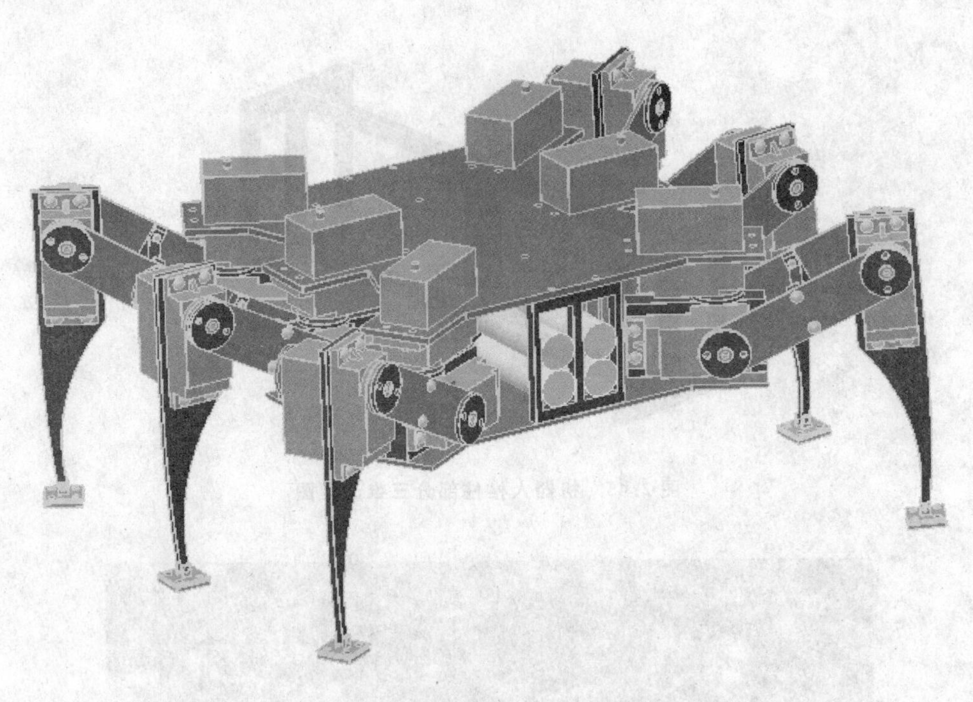

图 2.47　仿蚂蚁机器人整体装配的效果图 1

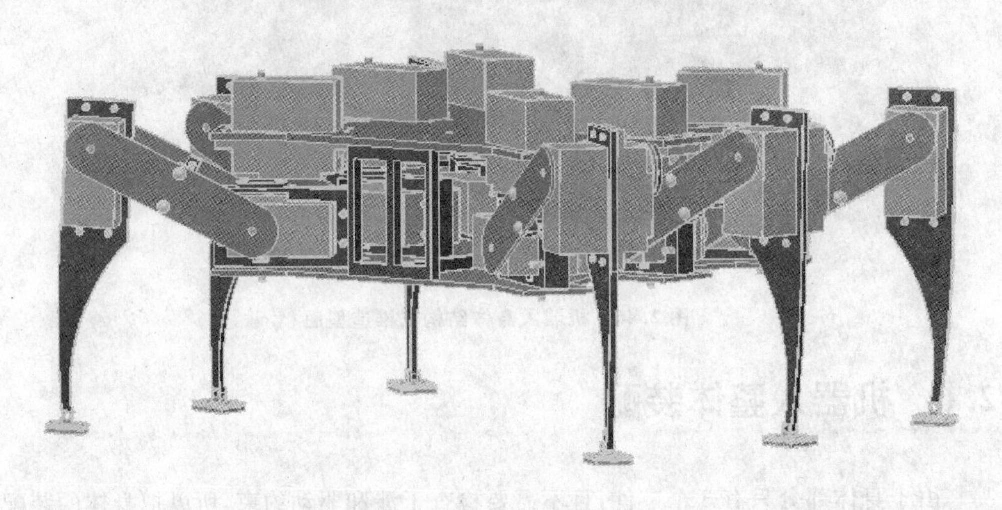

图 2.48　仿蚂蚁机器人整体装配的效果图 2

2.7 生成工程图

设计好了机器人的机械结构后，需要把设计结果送到工厂制作，就现阶段的加工条件来说，工程图仍然是零件和部件重要的表达方式，设计者需要通过工程图使自己

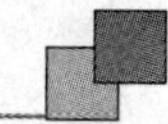

的设计让工人理解，进而加工出零件。

Autodesk 公司的 AutoCAD 就有着强大的创建工程图的功能，但 Inventor 与其相比有着更大的优势，Inventor 不仅可以利用三维模型生成二维图，比如三面图、局部放大图、剖面图等，而且工程图与三维模型相关联，即不管是修改三维模型的尺寸还是修改工程图的尺寸，对应的工程图和三维模型都可以相应自动修改。

下面就以舵机为例，说明零件工程图的创建方法。

1. 视图创建

普通零件的工程图，一般由主视图、侧视图、俯视图和一个轴侧图组成。三维模型创建工程图的第一步就是放置零件的基础视图，基础视图一般是选择最能够表达零件特征的视图，通过方向选择框（见图 2.49）来选择基础视图的方向。根据实际的零件大小和纸张大小，还需要选择工程图上零件的尺寸和零件实际尺寸的比值，在比例标签中选择需要的比例即可。

对于舵机，由于三维建模过程的不同，选择的基础视图也不同。在方向栏选择相应的视图后，在主页面中会有相应的预览，对于笔者的建模过程，选择俯视图可以得到如图 2.50 所示的舵机视图。

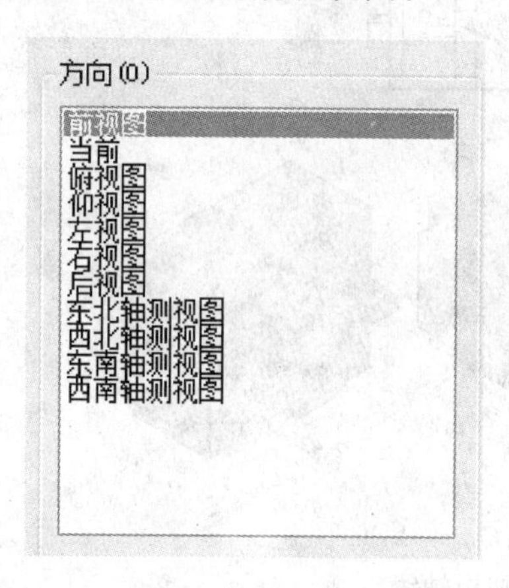

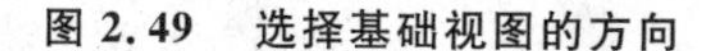

图 2.49　选择基础视图的方向

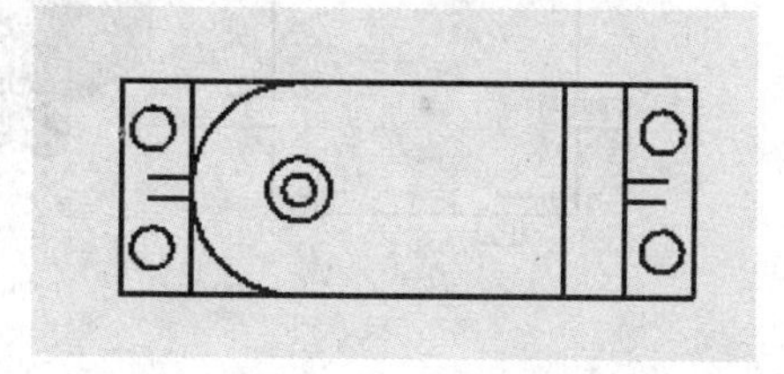

图 2.50　舵机俯视图

有了基础视图，就需要创建投影视图，通过投影按钮选择父视图，将预览视图拖动到需要的位置，在所需要的位置单击，放置好所有视图，在空白处单击右键，选择“创建”，即可生成所有投影视图，如图 2.51 所示。

通过单击视图会出现工程视图对话框，可以通过选择方式选项来选择视图的显示方式。

2. 标　注

首先应该为工程图添加中心线，如图 2.52 所示。

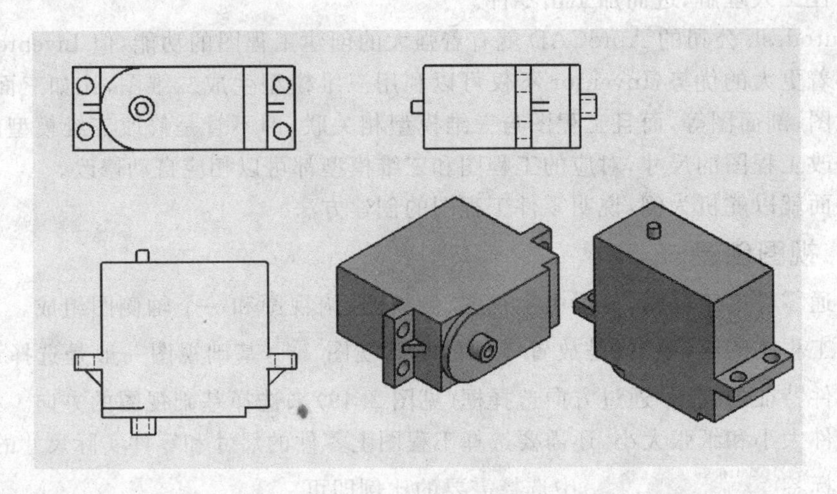

图 2.51　舵机的所有投影视图

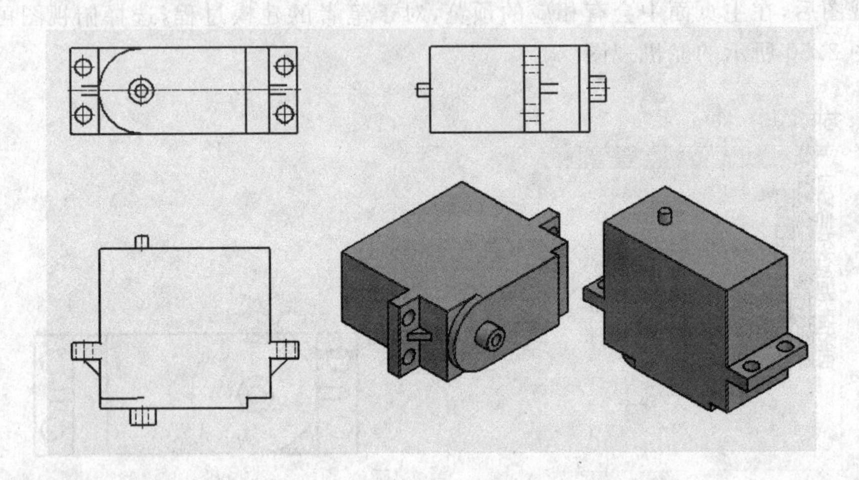

图 2.52　为工程图添加中轴线

最后需要为舵机进行尺寸标注，尺寸标注包括线性尺寸、角度尺寸、圆形尺寸，这些尺寸标注可以使用“通用尺寸”命令标注，标注要注意过约束和约束不足。对有要求的尺寸要标明尺寸以保证加工精度，标注后的工程图如图 2.53 所示。

3. 剖视图

剖视图是为了方便其他人观察零件内部的结构，剖视图的建立与投影视图的建立基本相似，使用“剖视图”命令，在需要建立剖视图的视图上画出剖切线，软件就会自动创建剖视图。对于舵机固定件，剖视图如图 2.54 所示。

注：仿蚂蚁机器人的其他工程图见本书的附录 1。

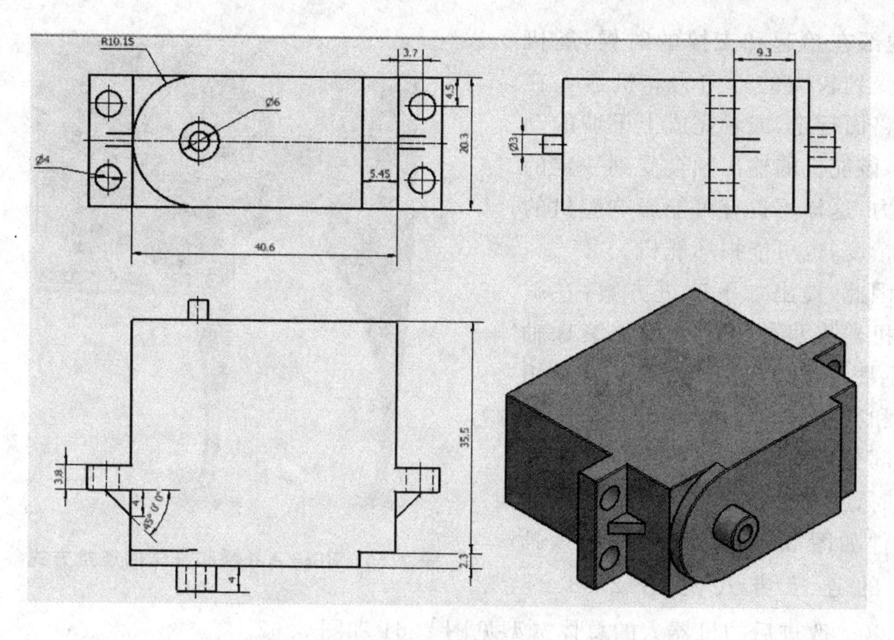

图 2.53　添加尺寸约束后的工程图

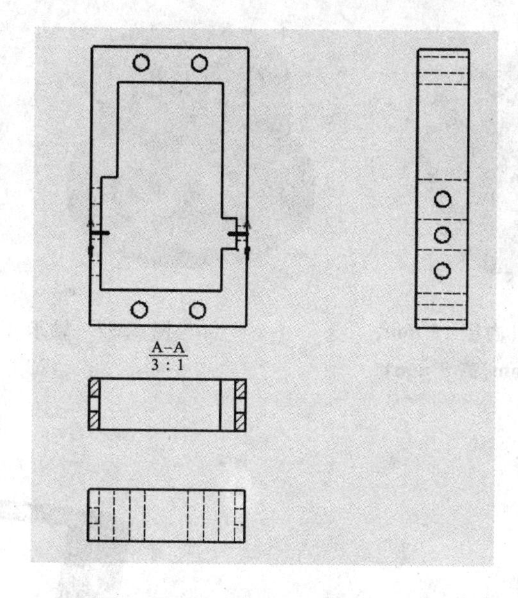

图 2.54　舵机剖视图

2.8　对 Bill－Ant 机器人的改进

针对 Bill－Ant 机器人的结构进行细微的改进。原来机器人的整条腿与机器人身体就只是靠这最上部舵机的输出轴来连接的(见图 2.55)，下部的螺栓只保证同轴，腿部在抬起和支撑的时候，舵机轴会受到较大的轴向力。机器人在崎岖路面行走，或者完成上下坡的动作时，该舵机的输出轴会受到一定的径向力，这样不仅有可能影响舵机的控制精度，也可能损坏舵机。

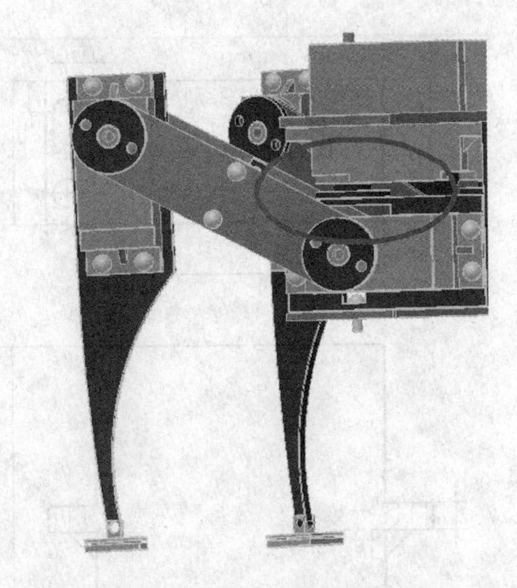

图 2.55　Bill-Ant 腿和身体的连接方式

因此，提出如下改进方案：在腿部与机器人身体下板处增加滚珠轴承（见图 2.56），滚珠轴承可以承担轴向和径向力，既可以帮助舵机轴分担一部分径向力，也可以保证在不同路况时，腿部运行稳定。滚珠轴承的连接件如图 2.57 所示，添加滚珠轴承后的连接方式见图 2.58～图 2.60。改进后的机器人的总体造型见图 2.61 和图 2.62。

图 2.56　轴承简图(内径 15 mm，外径 23 mm，高 8 mm)

图 2.57　轴承连接件

图 2.58　舵机架和轴承连接件

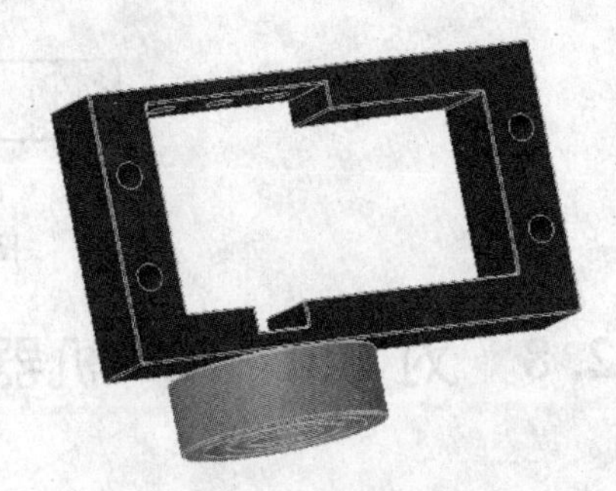

图 2.59　舵机架、轴承连接件和轴承

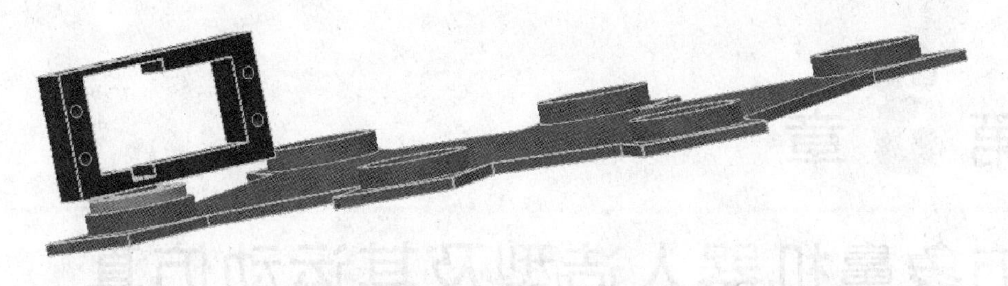

图 2.60　整体与身体下板连接

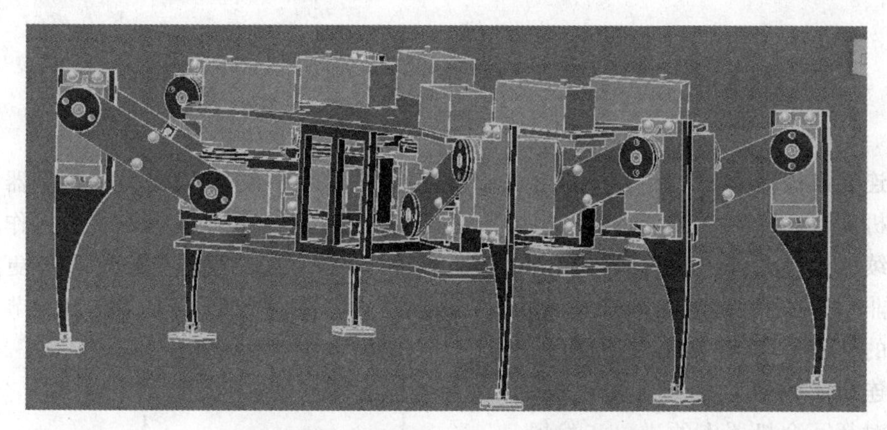

图 2.61　改进后的机器人的总体造型 1

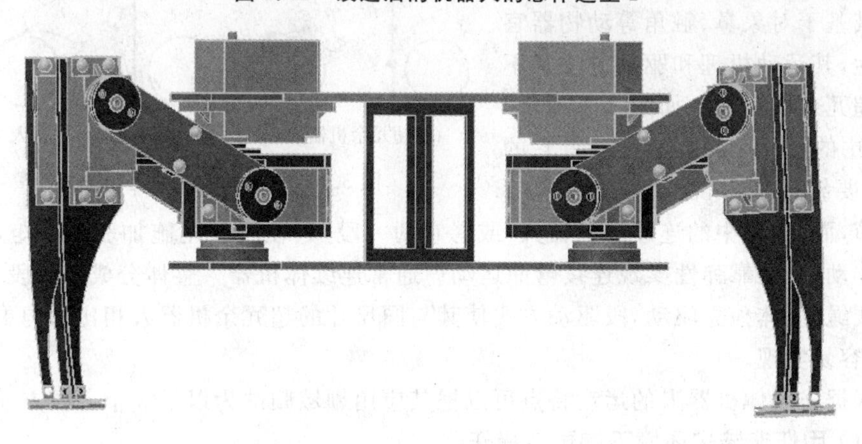

图 2.62　改进后的机器人的总体造型 2

创意点睛

针对 Bill - Ant 机器人的结构，进行了如下改进：在腿部与机器人身体下板处增加滚珠轴承，滚珠轴承可以承担轴向和径向力，既可以帮助舵机轴分担一部分径向力，也可以保证在不同路况时，腿部运行稳定。

第3章

仿象鼻机器人造型及其运动仿真

3.1 连续体机器人及其应用

连续体机器人是一种新型仿生机器人,模仿自然界中象鼻、章鱼臂等动物器官的运动机理,自身不存在运动关节,但能依靠连续柔性变形来实现运动和抓取操作。由于连续体机器人可在任意部位产生柔性变形,所以具有很强的避障能力,能够更好地适应非结构环境、更牢靠地抓取各种不规则形状的物体。因此,它是对传统关节式机器人的补充,具有潜在的应用价值。

连续体机器人是为了提高灵活性而对超冗余机器人的进一步发展,由于其基于对象鼻、触角等动物器官的仿生,其运动机理和驱动方法又不同于超冗余机器人。如图3.1所示,图(a)中的超冗余机器人(或者它的一段)要绕过障碍,需要同时驱动3个关节,而图(b)中的连续体机器人(或者它的一段)只在段首尾施加驱动力矩,段内无需作动,只是靠弹性实现连续弯曲运动。通常连续体机器人整体分成若干段,每段采用线绳、流体独立驱动,段驱动方式使其与同尺寸的超冗余机器人相比结构更紧凑简洁、容易实现。

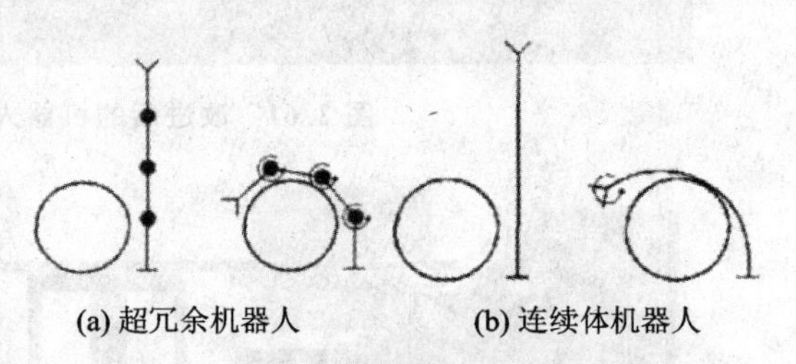

图3.1 两种机器人的运动方式

根据连续体机器人的运动特点可以把其应用领域归纳为以下3个主要方面。

(1) 用作非结构环境下的灵活操作器

连续体机器人可以任意弯曲变形去适应非结构化的狭小空间环境,因此它适宜用作特种机器人,例如救生机器人、核反应堆检查机器人、管道检查和清洗机器人、散装物料的柔性传输装置等。

(2) 用作抓取非规则物体的机械手

通过卷绕(全臂抓取)的方式来抓取物体,灵活性较大,尤其适用于大尺寸及不规则物体,如图3.2所示。因此,可作为排爆机器人、交通运输或家庭等领域的服务机器人。

(3) 用作新型推进装置

鱼类等海洋动物的尾鳍本身就是连续体，因此，可以把连续体机器人用作鱼鳍式推进器。

连续体机器人已成为世界上机器人领域的研究热点之一。德国工程公司费斯托公司根据大象鼻子的特点设计了一款新型仿生机器人——仿生操作助手。如图 3.3 所示，它的每一节椎骨可以通过气囊的压缩和充气进行扩展和收缩，因而可以平稳地搬运重负载。

图 3.2　采用连续体机器人抓取物体

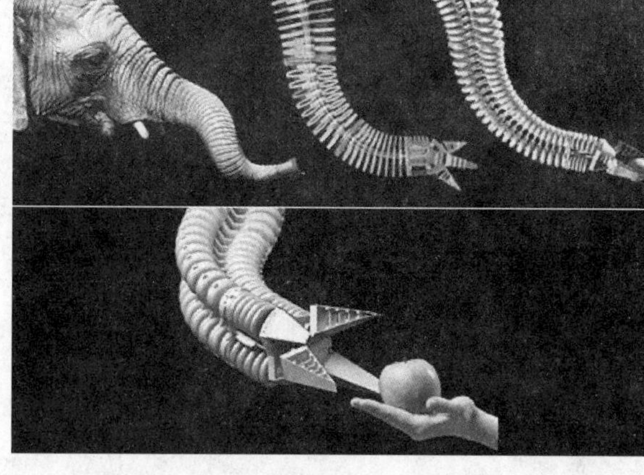

图 3.3　仿生操作助手

3.2　仿象鼻机器人概述

本节以 Clemson University 大学的 Elephant's Trunk Manipulator 为对象介绍仿象鼻机器人的三维建模和仿真过程，其实物图如图 3.4 所示。

仿象鼻机器人作为典型的多自由度机器人，采用通过高自由度的刚体相连来模拟象鼻的柔性体运动特性，具有运动方式多样化、便于执行灵活的任务和路径规划、适合在复杂的非结构环境下进行作业的特点。

由图 3.4 可知，我们的建模对象是以万向联轴器连接的 16 个节作为机器人的主体，节之间以弹簧相连接。整个机器人采用

图 3.4　Clemson University 大学的 Elephant's Trunk Manipulator

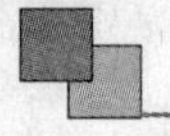

了以钢索牵拉节的驱动方式。如果对每个节分别进行控制，则需要庞大的伺服机构和复杂的控制率，因此，可以断定该机器人只以16个节中等间距的几个节作为控制对象，并利用弹簧在不受控的节之间分配载荷，使整个机器人维持类似于柔性体的外观功能。

3.3 造型与仿真软件简介

在本节中，采用SolidWorks软件对仿象鼻机器人进行三维造型；采用ADAMS软件对仿象鼻机器人进行运动仿真。下面对这两款软件进行简要的介绍。

3.3.1 SolidWorks软件

SolidWorks公司是专业从事三维机械设计、工程分析和产品数据管理软件开发和营销的跨国公司，其软件产品SolidWorks(见图3.5)可提供一系列的三维(3D)设计，从而帮助设计师减少设计时间，增加精确性，提高设计的创新性，并将产品更快推向市场。此外，SolidWorks软件是世界上第一个基于Windows开发的三维CAD系统。

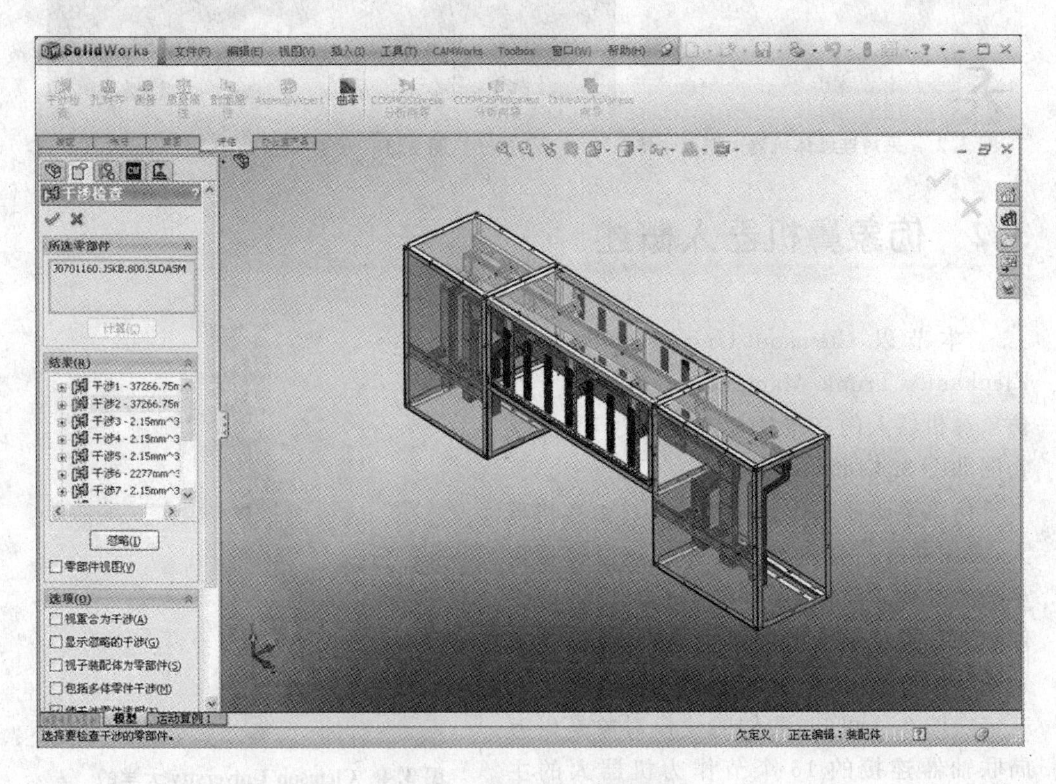

图3.5 SolidWorks造型软件

SolidWorks 软件主要功能如下：

- 2D 到 3D 转换工具。将 2D 工程图拖到 SolidWorks 工程图中，视图折叠工具可以从 DWG 资料产生 3D 模型。
- 内置零件分析。测试零件设计，分析设计的完整性。
- 机器设计工具。具有整套熔接结构设计和文件工具，以及完全关联的钣金功能。
- 消费产品设计工具。保持设计中曲率的连续性，以及产品薄壁的内凹零件，可加速消费性产品的设计。
- 对现成零组件的线上存取。让 3D CAD 系统的使用者通过市场上领先的线上目录使用现在的零组件。
- 模型组态管理。在一个文件中产生零件或零组件模型的多个设计变化，简化设计的重复使用。
- 零件模型建构。利用伸长、旋转、薄件特征、进阶薄壳、特征复制排列和钻孔来产生设计。
- 曲面设计。使用有导引曲线的叠层拉伸和扫出产生复杂曲面、填空钻孔、拖曳控制点以进行简单的相切控制。直观地修剪、延伸、图化、缝织曲面、缩放和复制排列曲面。

3.3.2 ADAMS 软件

ADAMS，即机械系统动力学自动分析（Automatic Dynamic Analysis of Mechanical Systems），该软件是美国 MDI 公司（Mechanical Dynamics Inc.）开发的虚拟样机分析软件。目前，ADAMS 已经被全世界各行各业的数百家主要制造商采用。

ADAMS 软件使用交互式图形环境和零件库、约束库、力库，创建完全参数化的机械系统几何模型，其求解器采用多刚体系统动力学理论中的拉格朗日方程方法建立系统动力学方程，对虚拟机械系统进行静力学、运动学和动力学分析，输出位移、速度、加速度和反作用力曲线。ADAMS 软件的仿真可用于预测机械系统的性能、运动范围、碰撞检测、峰值载荷以及计算有限元的输入载荷等。

ADAMS 一方面是虚拟样机分析的应用软件，用户可以运用该软件非常方便地对虚拟机械系统进行静力学、运动学和动力学分析；另一方面，它又是虚拟样机分析开发工具，其开放性的程序结构和多种接口可以成为特殊行业用户进行特殊类型虚拟样机分析的二次开发工具平台。

ADAMS 软件由基本模块、扩展模块、接口模块、专业领域模块及工具箱 5 类模块组成，如表 3.1 所列。

表 3.1 ADAMS 软件模块

分 类	模 块	英 文
基本模块	用户界面模块	ADAMS/View
	求解器模块	ADAMS/Solver
	后处理模块	ADAMS/Postprocessor
扩展模块	液压系统模块	ADAMS/Hydraulics
	振动分析模块	ADAMS/Vibration
	线性化分析模块	ADAMS/Linear
	高速动画模块	ADAMS/Animation
	试验设计与分析模块	ADAMS/Insight
	耐久性分析模块	ADAMS/Durability
	数字化装配回放模块	ADAMS/DMU Replay
接口模块	柔性分析模块	ADAMS/Flex
	控制模块	ADAMS/Controls
	图形接口模块	ADAMS/Exchange
	CATIA 专业接口模块	CAT/ADAMS
	Pro/E 接口模块	Mechanical/Pro
专业领域模块	轿车模块	ADAMS/Car
	悬架设计软件包	Suspension Design
	概念化悬架模块	CSM
	驾驶员模块	ADAMS/Driver
	动力传动系统模块	ADAMS/Driveline
	轮胎模块	ADAMS/Tire
	柔性环轮胎模块	FTire Module
	柔性体生成器模块	ADAMS/FBG
	经验动力学模型	EDM
	发动机设计模块	ADAMS/Engine
	配气机构模块	ADAMS/Engine Valvetrain
	正时链模块	ADAMS/Engine Chain
	附件驱动模块	Accessory Drive Module
	铁路车辆模块	ADAMS/Rail
	FORD 汽车公司专用汽车模块	ADAMS/Pre(现改名为 Chassis)

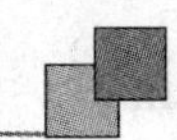

续表 3.1

分　类	模　块	英　文
工具箱	软件开发工具包	ADAMS/SDK
	虚拟试验工具箱	Virtual Test Lab
	虚拟试验模态分析工具箱	Virtual Experiment Modal Analysis
	钢板弹簧工具箱	Leafspring Toolkit
	飞机起落架工具箱	ADAMS/Landing Gear
	履带/轮胎式车辆工具箱	Tracked/Wheeled Vehicle
	齿轮传动工具箱	ADAMS/Gear Tool

3.4　仿象鼻机器人三维模型的建立

对机器人进行建模首先要确定其结构尺寸。由于机器人可以使用不同规格的钢索，因此对钢索的最大拉力暂时不予考虑。我们主要通过确定联轴器能承受的最大轴向拉力和保证机器人的正常功能从而来确定整体结构的尺寸。同时根据机器人的外形结构确定节的尺寸，并根据其功能建立相应的细节特征。

3.4.1　十字轴万向联轴器的选择与强度校核

该机器人中十字轴万向联轴器主要承受的是轴向力，通过查阅《机械设计手册》，可以获得不同尺寸的万向联轴器所能承受的扭转力矩，所以我们使用有限元分析的办法对万向联轴器的强度进行校核。根据机器人的外形尺寸，从 JB/T 5901－1991 中列出的十字轴万向联轴器中选择 WSD - 6 型的基本尺寸作为参考，分别在 SolidWorks 中建立十字轴万向联轴器的三维模型并将各个部件组合成为装配体，如图 3.6 所示。

针对仿象鼻机器人设计的任务载荷目标，可以将联轴器所受的轴向力设为 1 000 N。在 SolidWorks Simulation 中，对万向联轴器加载相应的载荷进行有限元分析。

SolidWorks Simulation 是一款基于有限元（即 FEA 数值）技术的设计分析软件，其中有不同的程序包或应用软件以适应不同用户的需要。除了 SolidWorks SimulationXpress 程序包是 SolidWorks 的集成部分之外，所有的 SolidWorks Simulation 软件程序包都是插件式的。在这里的零件强度分析中，使用 SolidWorks Simulation Professional 程序包，该程序包能进行零件和装配体的静态、热传导、扭曲、频率、跌落测试、优化和疲劳分析。

在 SolidWorks Simulation 分析过程中，采用二阶实体四面体单元进行网格划分。相对于一阶实体四面体单元网格划分，它具有对网格精细程度要求较低、具有较

（a）零件模型1

（b）零件模型2

（c）在SolidWorks中建立万向联轴器的三维装配体模型

图 3.6　万向联轴器的三维建模

好的绘图和模拟二阶位移场的能力。虽然其计算量较大，但针对这里零件形状简单、外部载荷单一的情况，这样的网格划分是适用的。

首先对万向联轴器进行载荷加载和网格化，结果分别如图 3.7 和图 3.8 所示。

在 SolidWorks Simulation 中指定联轴器的材料为普通的合金钢，对万向联轴器进行有限元分析计算，可以得到相应的应力分布。

通过有限元分析结果可知，万向联轴器所受的应力主要集中于中间的十字轴部分。

我们可以通过 SolidWorks Simulation 查看整个装配体对于指定载荷的安全系数分布。

通过计算，万向联轴器在指定作用下的最小安全系数为 35.29，远大于 1，所以万向联轴器强度符合设计要求。

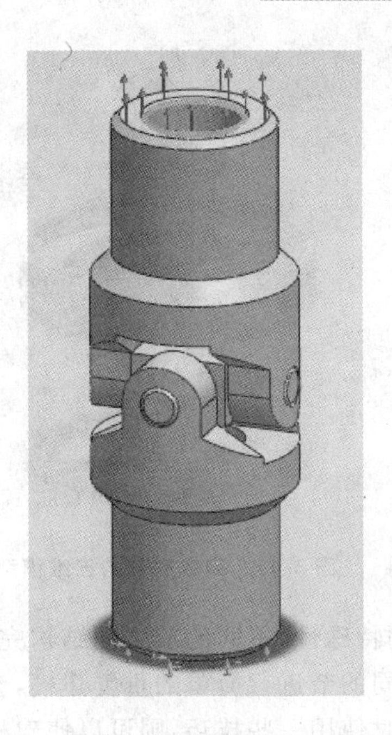

图 3.7　万向联轴器的载荷加载设定

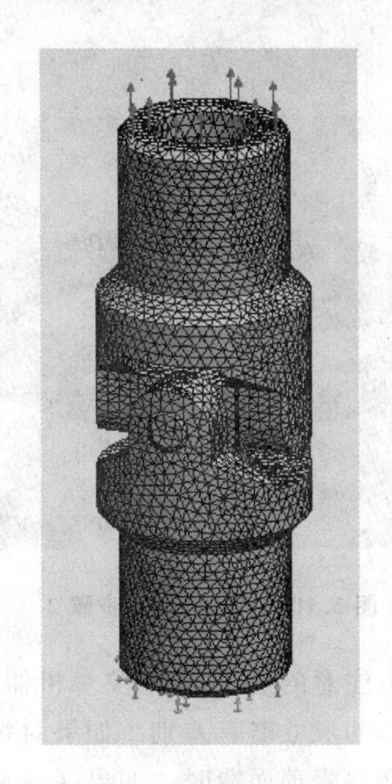

图 3.8　万向联轴器网格结果

3.4.2　仿象鼻机器人整体建模

由于上文中已经选定了万向联轴器的尺寸，下面需要对应地对仿象鼻机器人的节进行建模并装配。为了在 ADAMS 中仿真的方便，需要对仿象鼻机器人的模型进行相应的简化，即将万向联轴器与节之间的连接简化为一个整体的零件，以避免仿真中添加约束时过于复杂。

根据仿象鼻机器人的外形可知，其节的半径应当从根部至末端递减，且相邻节的半径之差相等。我们可以将整个机器人的节按由大到小的顺序分为 3 类，即基节 1 节、中间节 14 节、尾节 1 节。由于每节之间均由万向联轴器相连，所以可以在之前模型基础上进行建模，即将基节和尾节看作中间节模型进行特殊变化得到。下面首先介绍中间节的建模方法。

图 3.9　节的建模一步骤 1

首先，在之前的零件基础上画出节的外形和加强筋，如图 3.9 所示。

接着对整体做镜像，得到节的基本外形，如图 3.10 所示。

最后建立参考平面，在节的壁上开出弹簧的挂孔，如图 3.11 所示。

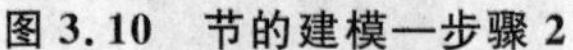

图 3.10　节的建模—步骤 2

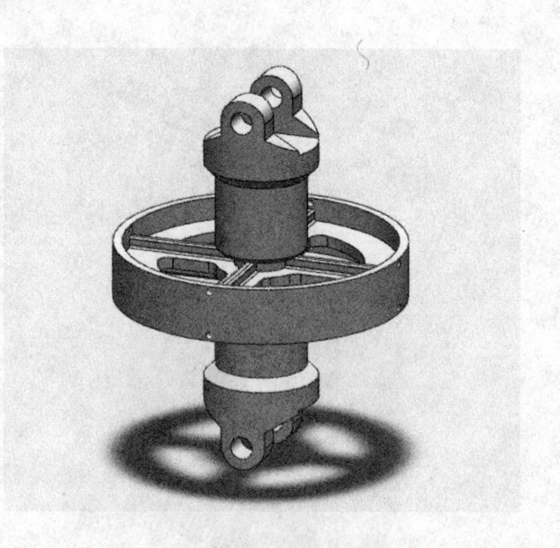

图 3.11　完成后节的三维模型

值得注意的是：由于仿象鼻机器人结构的特殊性，不同的节之间结构完全相同，只是具体的尺寸略有差别。如果对每一个不同的节进行简单的重复建模，会使模型的建立变得繁琐而费时。如果在模型的建立时使用一些技巧，则可以使建模的过程得到大大简化。

例如在建立节的外形坐标时，选用某一主要的尺寸为参考尺寸，其他尺寸均以该尺寸作为尺寸标注的基准，则建模完成后可以通过改变该基准，得到结构相似、尺寸不同的几何体。在本例中，以节的盘状结构直径作为基准尺寸，其他尺寸一起为基准标注，如图 3.15 所示。

图 3.12 中介绍了一种标注方法。这种方法以节的外缘外侧半径为基准尺寸，分别通过标注确定内圆半径（见图(a)）、开孔（见图(b)）、加强筋（见图(c)）和弹簧挂孔的尺寸（见图(d)），其中加强筋的草图的一边和绘制弹簧挂孔草图的参考平面分别与节外缘的内侧面和外侧面相切。采用此种方法标注后，在建立不同尺寸的节时，只需要直接更改节外缘半径的尺寸标注，其余相应特征的尺寸和位置会自动随之变化，并在软件环境中求解，得到我们需要的几何体，如图 3.13 所示。只要将此文件另存并重复这一步骤，我们就可以得到所需的机器人中间 14 节的三维模型，部件连接示意图如图 3.14 所示。

对于机器人的基节，可以看作是由中间节经过变形，去掉上一半并加上辅助特征得到的，因此我们可以在用上述方法调节中间节的尺寸使之与基节大小相等后，删去镜像特征，可以得到基节的基本构造，并在此基础之上增加底部的基座特征和螺栓孔特征，得到所需的基节几何模型，如图 3.15 所示。

对于尾节，可以通过与基节相似的步骤得到其基本结构，之后在其上删去切除特征并加厚底面和节外缘，最后在交线上倒圆角，得到尾节的三维模型，如图 3.16 所示。

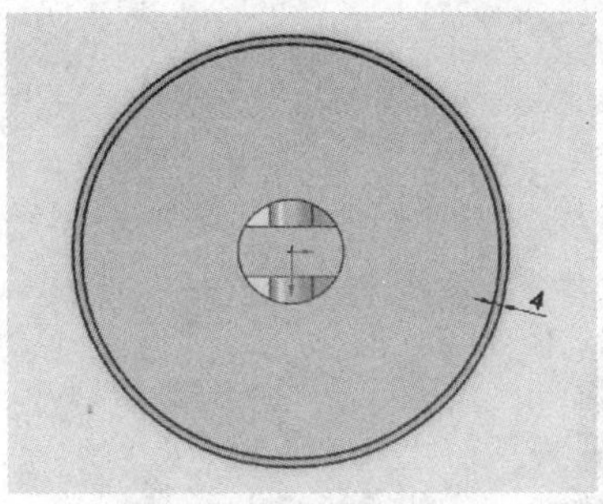

(a) 节外缘草图标注

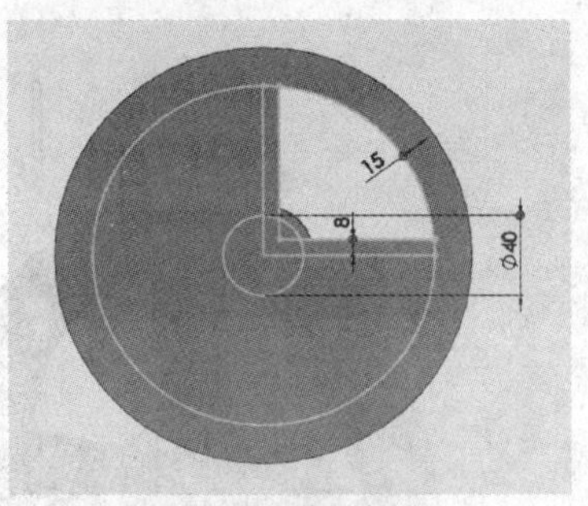

(b) 开孔草图标注

(c) 加强筋草图

(d) 弹簧挂孔草图

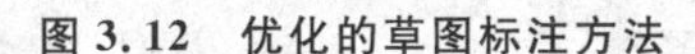

图 3.12　优化的草图标注方法

图 3.13　需要改变的节外圆半径标注

经过上述的步骤我们得到了仿象鼻机器人部件零件的三维模型。下面将对其进行装配，在装配过程中，将各个节连接起来，得到象鼻机器人装配体的三维模型，并对其进行干涉检查，以避免装配过程中出现的错误被导入 ADAMS，影响后面的工作。最后得到最终的三维模型后，利用 SolidWorks 中的 Photoworks 模块对其进行渲染，如图 3.17 所示。

图 3.14　部件连接示意图

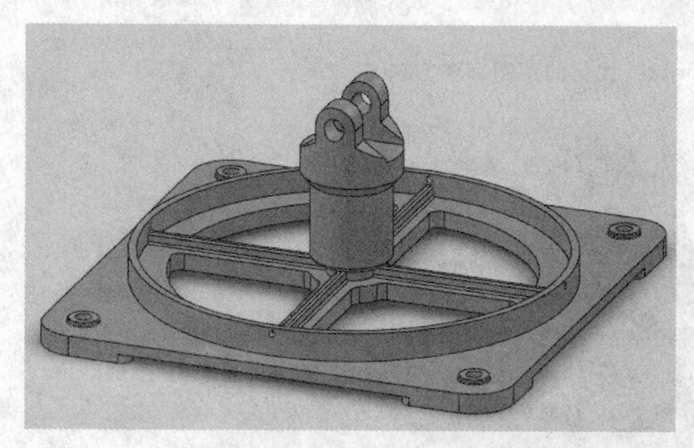

图 3.15　基节三维模型

图 3.16　尾节三维模型

将模型导入 MD ADAMS 后需要在相邻的节之间添加弹簧，弹簧的两端分别穿入每节外缘的弹簧挂孔中。由于在 ADAMS 软件中，软件无法自动捕获弹簧挂孔这一几何特征，所以需要在建立三维模型时针对这一问题作出相应的调整。具体方法为建立与弹簧挂孔尺寸相同的小圆柱体并将其装配入孔中，导入 ADAMS 中后，软件可以捕捉小圆柱体的质心作为建立弹簧约束的参考点。小圆柱体尺寸和装配关系如图 3.18 和图 3.19 所示。

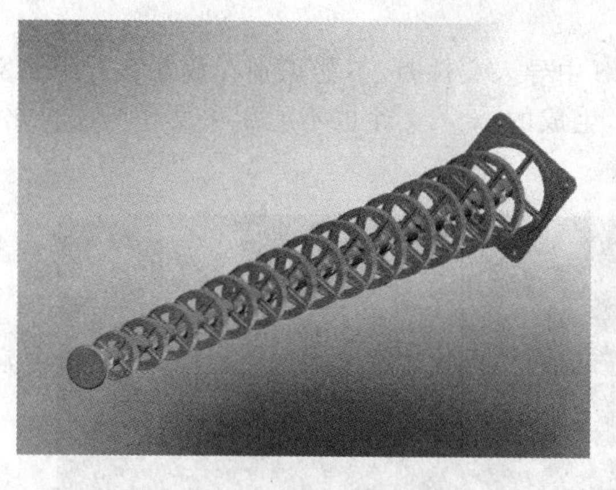

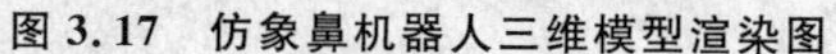

图 3.17　仿象鼻机器人三维模型渲染图

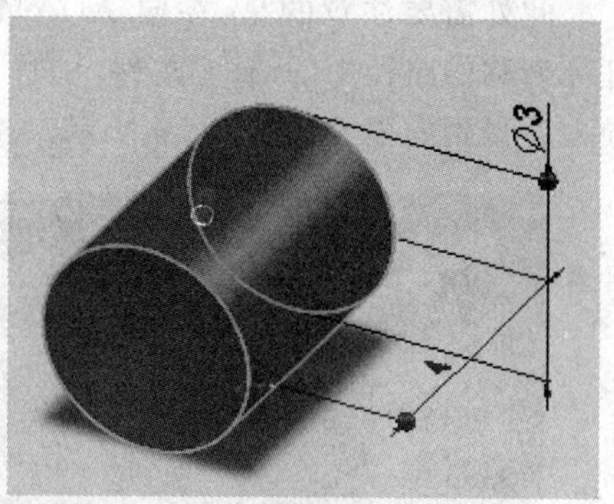

图 3.18　小圆柱体尺寸

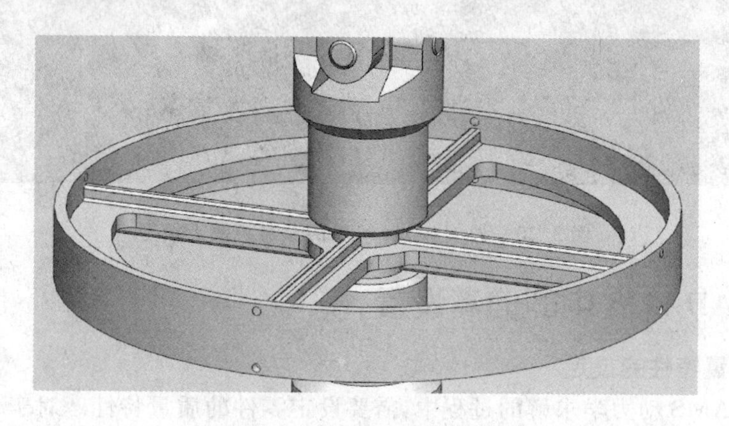

图 3.19　小圆柱体装配位置关系

3.5　基于 ADAMS 的仿象鼻机器人运动仿真

3.5.1　导入三维造型

美国 MSC 公司的机械系统动力仿真分析软件 ADAMS 是集建模、求解、可视化技术为一体的运动仿真软件，是当今世界上适用范围最广、最负盛名的机械系统动力学仿真分析平台。随着虚拟样机技术在机械工程领域的应用和发展，ADAMS 已成功应用于航空航天、汽车工程、铁路车辆、工业机械和工程机械等领域。

由于 ADAMS 与 SolidWorks 之间并没有直接的数据接口，需要通过 parasolid 图形格式进行转换。即在 SolidWorks 中将已经建立的机器人机构装配体模型另存为 parasolid 的. x_t 或者. x_b 文件，然后在 ADAMS 中即可直接导入 parasolid 格式的图形。为了便于观察，在 ADAMS 中对模型进行简单的上色处理，完成模型的导入工作。

此处需要注意的是：在向 ADAMS 中导入文件时，不能识别存放在含有中文文件夹名称的路径中的.x_t 文件，同样，生成的.x_t 文件也不能用中文作为文件名。导入后得到的模型如图 3.20 所示。

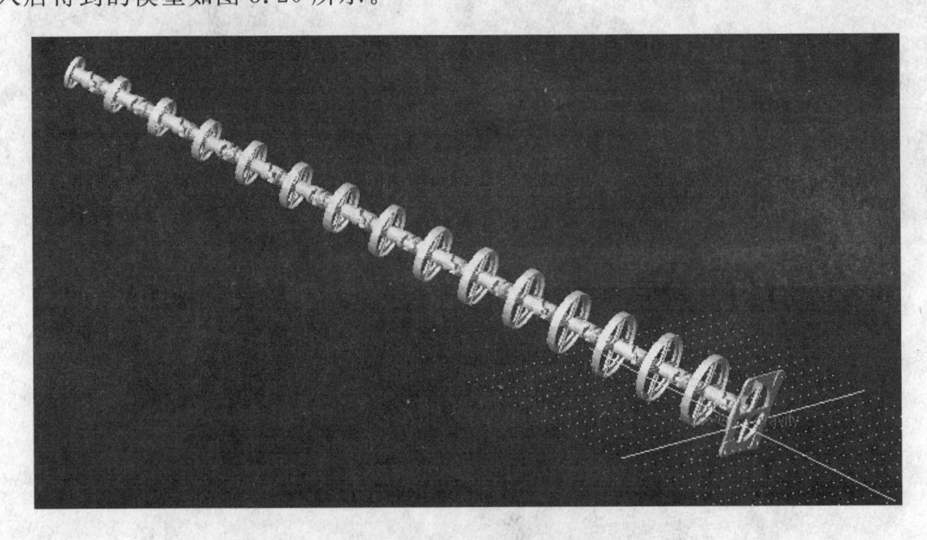

图 3.20　导入 ADAMS 中的象鼻机器人模型

3.5.2　ADAMS 中的仿真设置

(1) 质量特性的设定

在 ADAMS 动力学求解的过程中，需要设定零件的质量特性。对于仿象鼻机器人的零件，指定材料为普通合金钢，设定如图 3.21 所示。

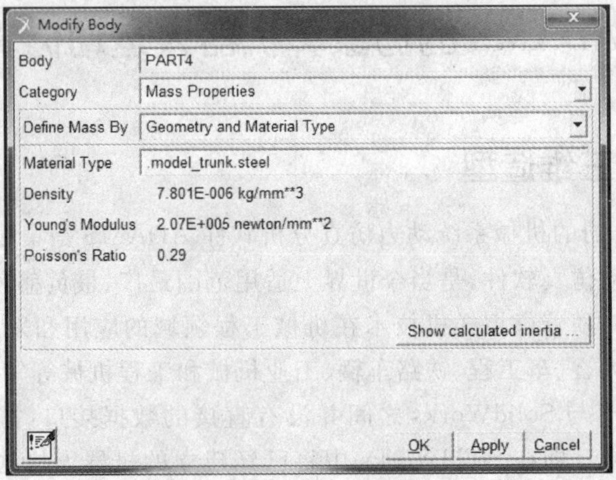

Modify Body
Body　PART4
Category　Mass Properties
Define Mass By　Geometry and Material Type
Material Type　.model_trunk.steel
Density　7.801E-006 kg/mm**3
Young's Modulus　2.07E+005 newton/mm**2
Poisson's Ratio　0.29
Show calculated inertia ...
OK　Apply　Cancel

图 3.21　零件质量特性的设定

此处，需要特别注意的是对于小圆柱体的处理。由于实际的机器人上并没有这一零件，模型中建立这一零件是为了建立弹簧约束时捕捉弹簧挂孔的位置，所以这一零件的质量应当设为 0，以免改变机器人整体的质量特征，如图 3.22 所示。

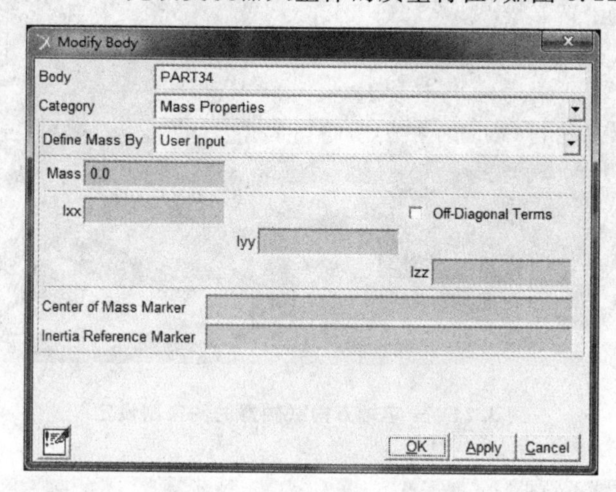

图 3.22　小圆柱体质量特性设置

(2) 运动约束的设置

在 ADAMS 中对仿象鼻机器人进行仿真，首先要在机器人的各个部件之间建立运动约束关系，以确定部件的运动关系。

为了简化仿真的步骤，可以视为仿象鼻机器人固定在某一确定的位置，因此设置仿象鼻机器人的基节与大地之间用固定约束副相连，如图 3.23 所示。

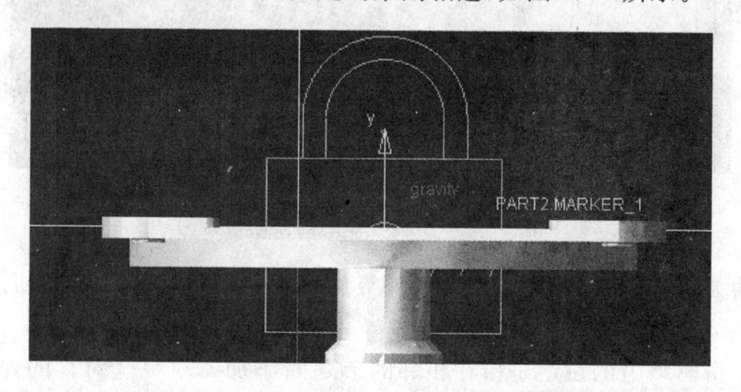

图 3.23　基节与大地之间的固定约束

对于十字轴万向联轴器的约束，则将十字轴分别与两端之间添加旋转约束副，如图 3.24 所示。

对于小圆柱体，设定其与对应的节以固定约束副相连，如图 3.25 所示。

(3) 驱动力的设置

为了模拟仿象鼻机器人的正常运动状态，必须对模型进行驱动力的设置。需要

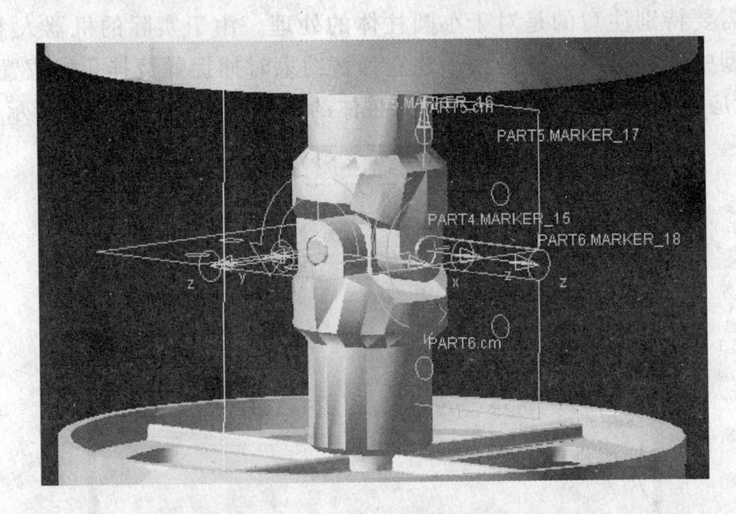

图 3.24　十字轴万向联轴器的约束副设定

图 3.25　小圆柱体的约束副设定

设置的驱动力包括重力、弹簧驱动力和外界施加的控制作用。其中添加的重力方向如图 3.26 所示。

对于弹簧驱动力的设定是指在相邻的节之间添加 4 对完全对称的弹簧约束，以保持整个机器人的柔性外形并且实现在不受驱动的节之间力的分配。添加弹簧约束时，应当选择两个对应的小圆柱体的型心作为参考点，分别捕捉其对应的 Marker。添加成功的弹簧约束如图 3.27 所示。

此外，还需要对弹簧的劲度系数、阻尼系数和预加载的作用力进行设定。我们可以规定弹簧的劲度系数为 2 000 N/m，阻尼系数采用默认值，弹簧上预加载 100 N 的作用力，使弹簧压缩。弹簧的参数设定如图 3.28 所示。

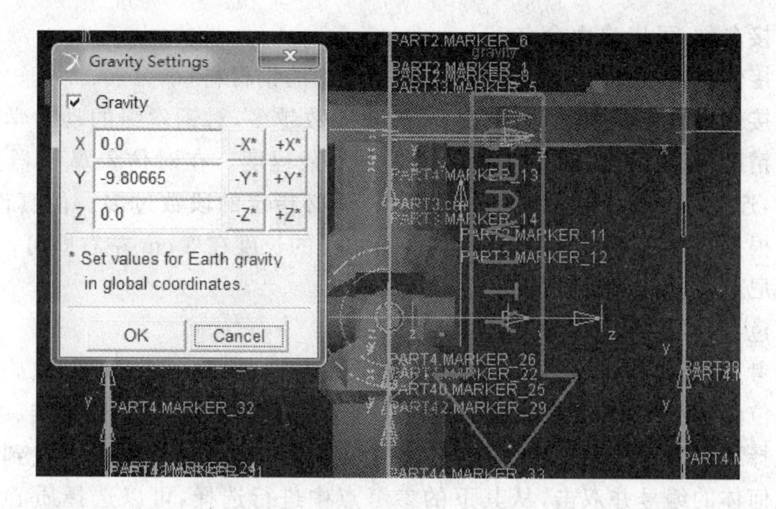

图 3.26　重力方向设定

图 3.27　添加的弹簧约束

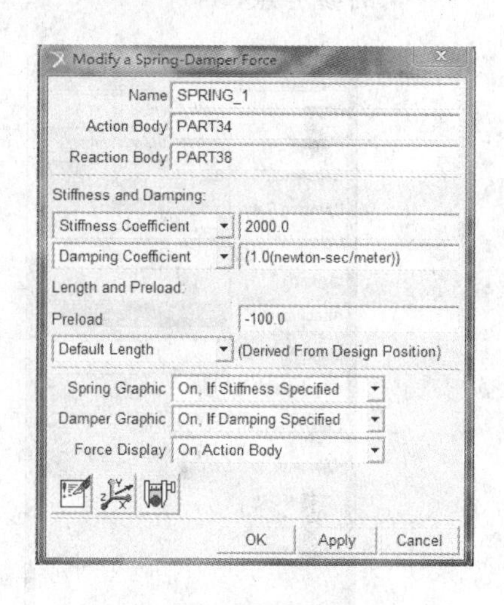

图 3.28　弹簧参数设定

对于外界施加的控制力作用，采用 ADAMS 环境中提供的离散柔性连接模拟实体机器人中使用的钢索，柔性体两端分别固连在受驱动的节和驱动用圆柱体上，通过驱动圆柱体实现对机器人的控制。

设置时，首先设定柔性体固定的圆柱体。选择在 ADAMS 中的圆柱体进行建模时，圆柱体应当与基节固连，并设定滑动约束副，指定滑动副的方向从圆柱体的质心指向要控制的节上对应的弹簧挂孔。之后，在滑动约束副之上添加直线驱动，方向沿滑动副的方向向上，使得圆柱体可以在可控的驱动下沿着指定的方向移动。

下一步需要添加 ADAMS 环境中定义的离散柔性连接。选择 Build 菜单下 Flexible Bodies 中的 Discrete Flexible Link。此时弹出的对话框如图 3.29 所示。

设置离散柔性连接，需要在图 3.29 的对话框指定以下参数：

- ➢ 连接名称：可以自由命名；
- ➢ 连接体材料：可以选择 ADAMS 数据库中的钢材料；
- ➢ 连接体离散化段数：原则上说，离散化段数越多，对钢丝绳的动力学特性拟合越精确，但也会显著增加仿真计算的复杂程度。在对仿象鼻机器人的仿真中，连接体只起传递驱动的作用，所以不必指定的段数过多。仿真设定中，可以根据连接节之间的距离确定，使得每段的长度在 3 cm 左右即可；
- ➢ 阻尼系数：可以采用默认值；
- ➢ 颜色：用以区别不同的连接体；
- ➢ 参考点：需要指定连接体两端的参考点 Marker 1 和 Marker 2，以确定连接体的位置，ADAMS 会在指定的两个参考点之间创建直线型的连接。参考点的选择可以采用从列表中选择的方法，如图 3.30 所示，在列表中找到要连接的几何体的编号并双击，从其下的参考点中进行选择，可以选择质心或者其他的参考点；

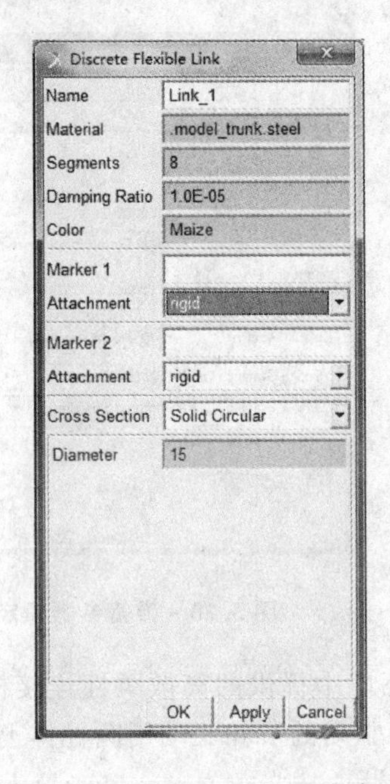

图 3.29 Discrete Flexible Link 设定对话框

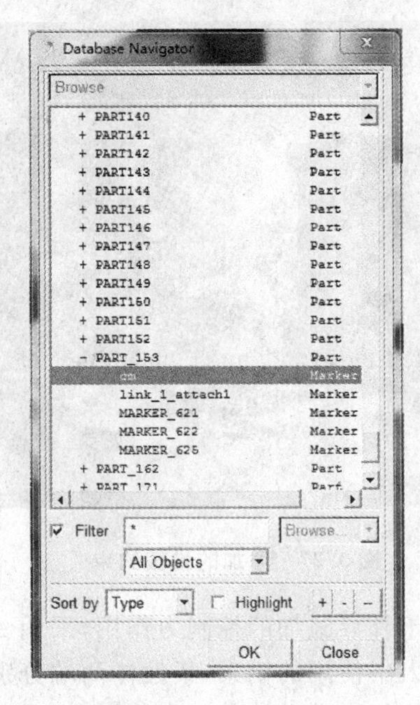

图 3.30 参考点的选择

- ➢ 连接方式的指定：是指连接体与参考点所在物体之间的连接方式，可以选择 Free、Rigid 和 Flexible 模式。其中 Free 是指连接体与相应的物体之间不设定任何连接，会导致仿真时连接体在重力的作用下脱落。所以可以在另外两种模式之间任选；
- ➢ 横截面：选用实心圆（Solid Circular）；
- ➢ 连接体直径：选择 5 mm。

按上述步骤分别在基节与各个受控节之间建立连接体模型，得到的结果如图3.31所示。

图3.31　连接体模型

3.5.3　模型仿真算例

下面以一种简单的情况为例，进行仿真。设4个被驱动的节从上到下分别为A、B、C、D，假设驱动以等速度作用于4个节上，并且作用于每一节上的4个驱动从模型正后方开始按顺时针方向分别为V_1、V_2、V_3、V_4，则仿象鼻机器人的驱动可以用以下矩阵$\boldsymbol{I}$表示：

$$\begin{Bmatrix} V_{A1} & V_{A2} & V_{A3} & V_{A4} \\ V_{B1} & V_{B2} & V_{B3} & V_{B4} \\ V_{C1} & V_{C2} & V_{C3} & V_{C4} \\ V_{D1} & V_{D2} & V_{D3} & V_{D4} \end{Bmatrix} \tag{3.1}$$

假定仿真时的驱动输入矩阵$\boldsymbol{I}$为：

$$\begin{Bmatrix} 1 & 1 & 0 & 0 \\ 0 & 1 & 1 & 0 \\ 0 & 0 & 1 & 1 \\ 1 & 0 & 0 & 1 \end{Bmatrix} \quad (\mathrm{cm/s}) \tag{3.2}$$

为了便于观察，设定对4个受控节的控制顺序进行，设定延时向量$\boldsymbol{D}$：

$$\{T_{D1} \quad T_{D2} \quad T_{D3} \quad T_{D4}\}' \tag{3.3}$$

则驱动输入矩阵如下：

$$\boldsymbol{I}' = \boldsymbol{ID} = \begin{Bmatrix} 1 & 1 & 0 & 0 \\ 0 & 1 & 1 & 0 \\ 0 & 0 & 1 & 1 \\ 1 & 0 & 0 & 1 \end{Bmatrix} \begin{Bmatrix} U(t)-U(t-2) \\ U(t-2)-U(t-4) \\ U(t-4)-U(t-6) \\ U(t-6)-U(t-8) \end{Bmatrix} \tag{3.4}$$

式中，函数$U(t)$表示单位阶跃函数。

需要在 ADAMS 中编制函数定义驱动输入。以前两个受控节的驱动函数为例，驱动函数分别为：

$$0.005 * time * (1 - STEP(time, 2, 0, 2.0001, 1)) + 0.01 * STEP(time, 2, 0, 2.0001, 1) \tag{3.5}$$

$$0.005 * (time - 2) * STEP(time, 2, 0, 2.0001, 1) * (1 - STEP(time, 4, 0, 4.0001, 1)) + 0.01 * STEP(time, 4, 0, 4.0001, 1) \tag{3.6}$$

其余的驱动输入函数与式(3.5)、式(3.6)相似，将输入函数在 ADAMS 中生成曲线，受控节输入按从上到下的顺序排列，如图 3.32～图 3.35 所示。

图 3.32　受控节 1 驱动输入位移——时间曲线

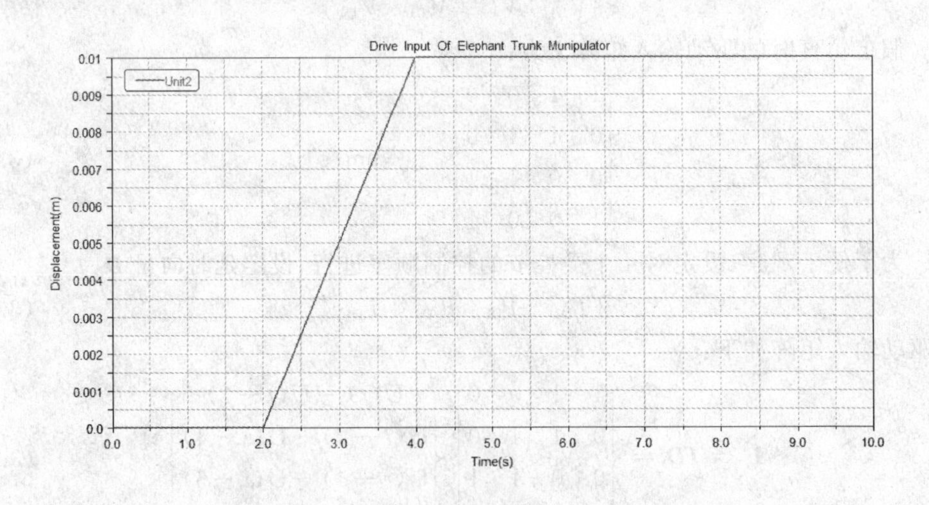

图 3.33　受控节 2 驱动输入位移——时间曲线

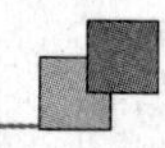

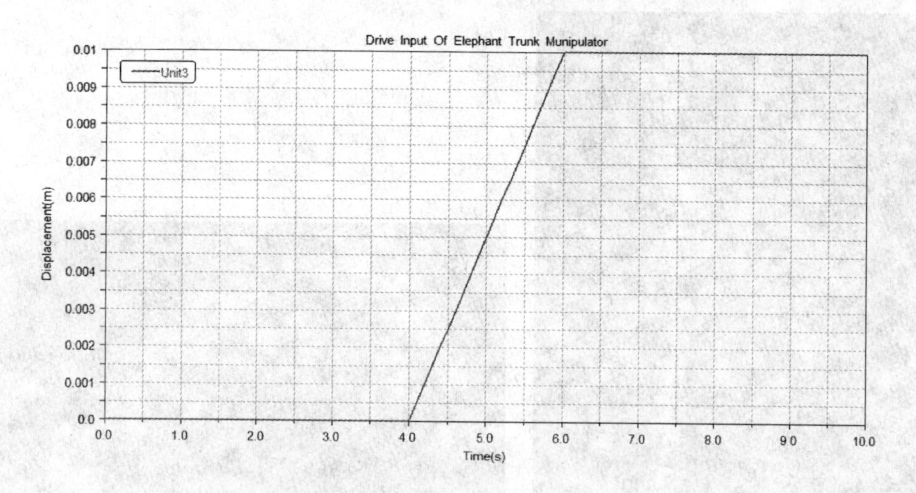

图 3.34 受控节 3 驱动输入位移——时间曲线

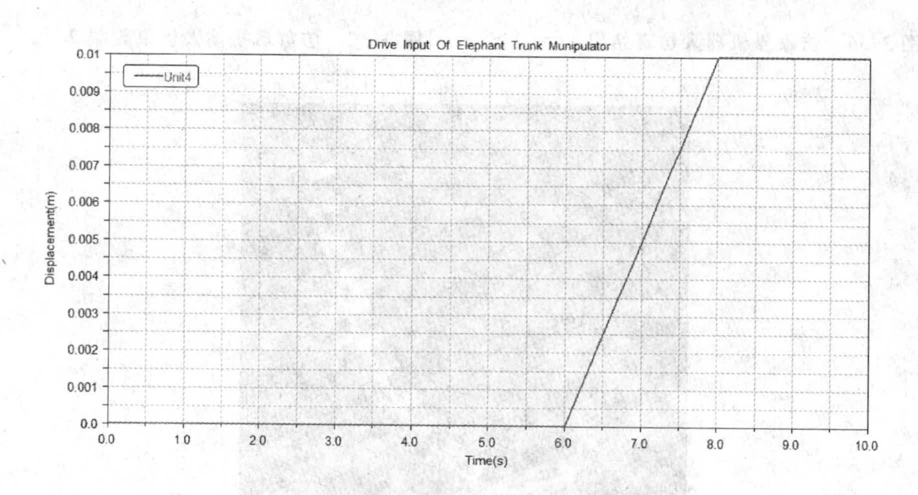

图 3.35 受控节 4 驱动输入位移——时间曲线

设定仿真的步长为 0.01 s，仿真时间为 1 s，则仿真得到的结果如图 3.36～图 3.38 所示。

模型可以通过指定不同的驱动输入实现不同方式的运动。但需要注意的是，驱动输入设定时，要防止同时牵拉控制同一节的位置相对的钢索，以免造成该节驱动条件冲突，影响仿真的正常进行。

利用上面步骤建立的仿象鼻机器人模型可以模拟给定条件下的机器人姿态，并可以进一步通过 ADAMS 与 Matlab 的联合仿真，实现对机器人的姿态的精确控制仿真。此外还可以通过定义基节固定的位置，进一步研究仿象鼻机器人在不同初始条件下的运动学和动力学问题，并可以通过联合仿真实现对控制算法的验证。

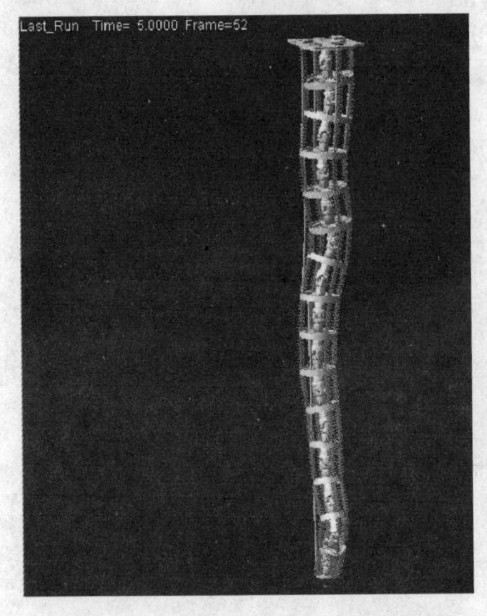

图 3.36 仿象鼻机器人仿真结果 1

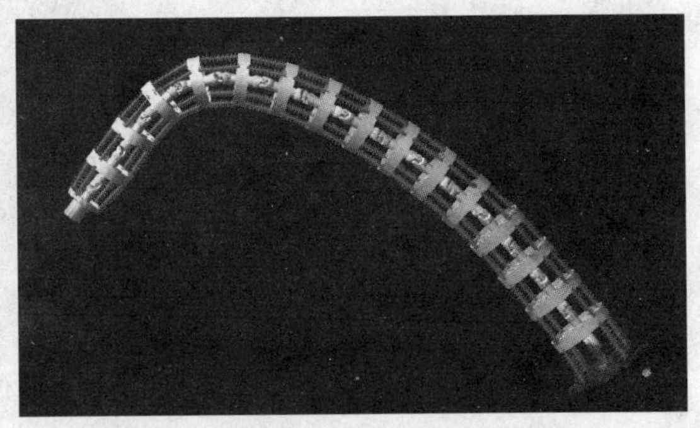

图 3.37 仿象鼻机器人仿真结果 2

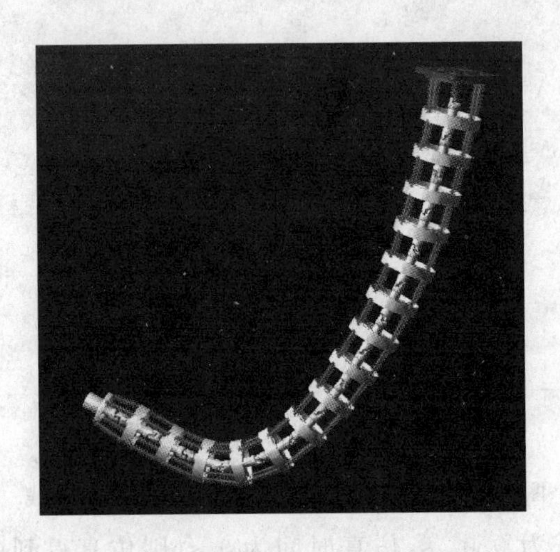

图 3.38 仿象鼻机器人仿真结果 3

创意点睛

将仿生理论与柔性体机器人设计相结合是本章所研究的仿象鼻机器人的最大特点。在阅读了本章之后，读者还应掌握在计算机仿真软件辅助下进行机器人运动分析的思想。

第4章

六足爬行机器人避障控制技术

六足机器人是一种集电子技术、机械设计技术、控制技术和感测技术于一体的新型足式爬行机器人。该类型机器人具有多个自由度，由于其落足点是离散的，故能在足尖点可达域范围内灵活调整行走姿态，并合理选择支撑点，因而具有更高的避障和越障能力。避障控制技术是六足机器人实现智能化的基础。

4.1 六足爬行机器人简介

图 4.1 和图 4.2 是六足爬行机器人的三维造型图和原理样机。该机器人采用对称布置的双三足结构，每条腿具有两个转动关节，其中根关节用于侧摆，胯关节用于俯仰。每条腿的各个关节上分别安装着一台舵机，通过相应关节舵机的运动，实现机器人各足的足尖点在可达域内任意一点的自由定位。机器人还配备有红外线传感器，用于检测障碍物。

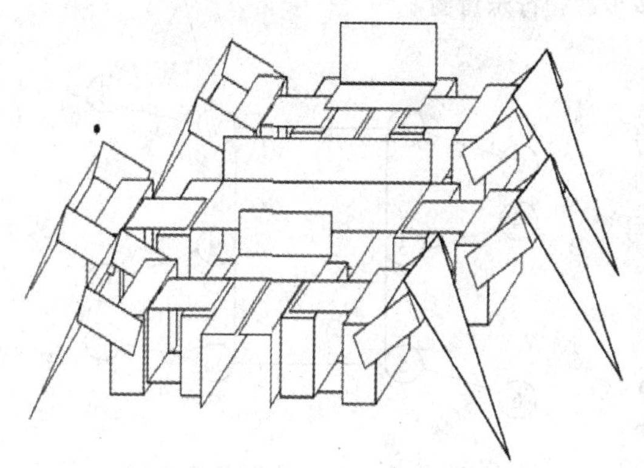

图 4.1 六足爬行机器人造型图

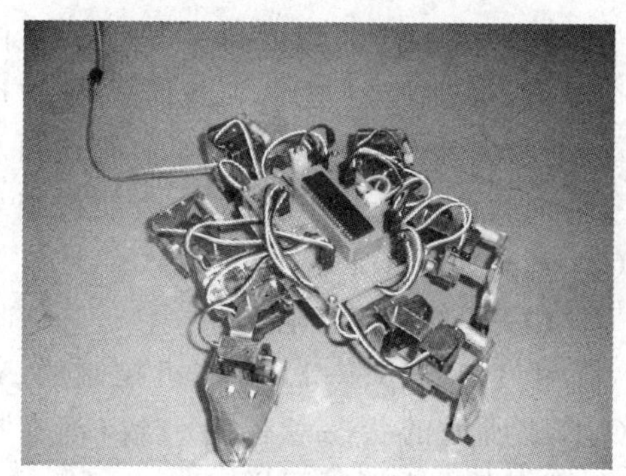

图 4.2 六足爬行机器人原理样机

该机器人的主要性能指标如下：

- 重量：460 g；
- 尺寸：160 mm×100 mm×40 mm；
- 平均行走速度：0.06 m/s；

- 平均功率：6 W；
- 探测响应时间：0.5 s；
- 可实现前进、后退、左转和右转等运动方式。

4.2 六足爬行机器人运动分析

如图 4.3 所示，六足爬行机器人采用三角步态爬行前进。图中，机器人的根关节在水平方向上运动，胯关节在垂直方向上运动，此时，B、D、F 足为摆动足，A、C、E 足原地不动，只是支撑身体向前。

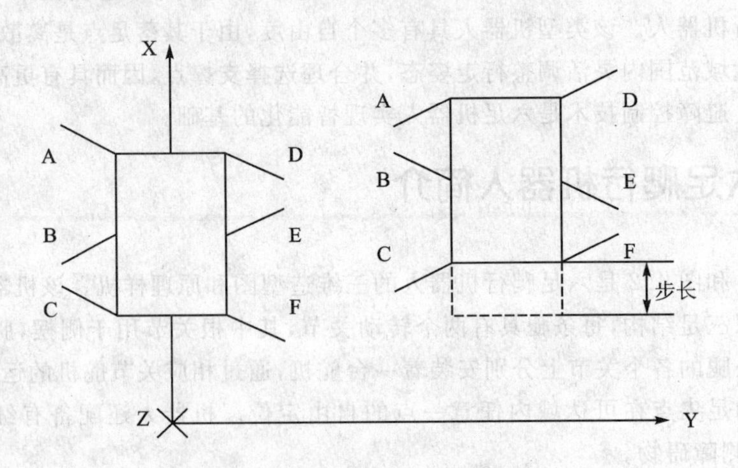

图 4.3 三角步态爬行示意图

在六足爬行机器人每条腿上装有两个舵机，分别控制根关节和胯关节的运动，舵机安装呈正交状态，构成垂直和水平方向的自由度。分别给 12 个舵机编号(1～12)，如图 4.4 所示。

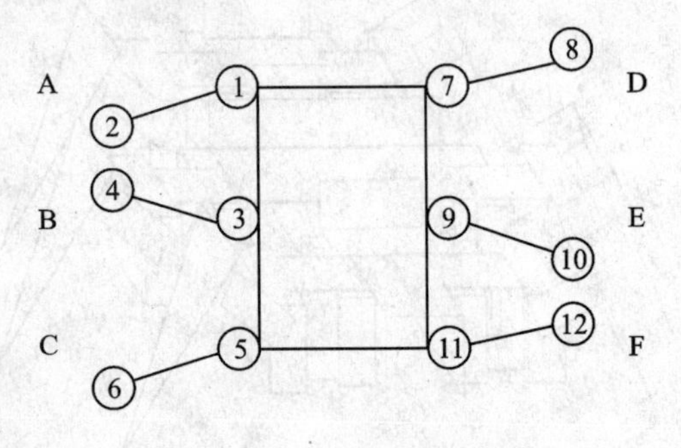

图 4.4 舵机安装示意图

(1) 直线行走步态分析

由 1、2、5、6、9、10 号舵机控制的 A、C、E 腿所处的状态总保持一致(都在摆动，或者都在支撑)；同样，3、4、7、8、11、12 号航机所控制的 B、D、F 腿的状态也保持一致。当处在一个三角形内的 3 条腿在支撑时，另外 3 条腿正在摆动。支撑的 3 条腿使得身体前进，而摆动的腿对身体没有力和位移的作用，只是使得小腿向前运动，做好接下去支撑的准备。步态函数的占空系数为 0.5，支撑相和摆动相经过调整，达到满足平坦地形下的行走步态要求和稳定裕度需求。

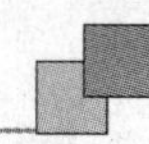

(2) 转弯步态分析

所设计的六足爬行机器人采用以一中足为中心的原地转弯方式实现转弯，图4.5为右转的示意图，图中E腿为支撑中足。右转弯运动的过程如下：首先A、C、E腿抬起，然后A、C腿向前摆动，E腿保持不动，B、D、F腿支撑；A、C、E腿落地支撑，同时B、D、F腿抬起保持不动；A、C腿向后摆动。在整个运动过程中，B、D、E、F不做前后运动，只是上下运动。

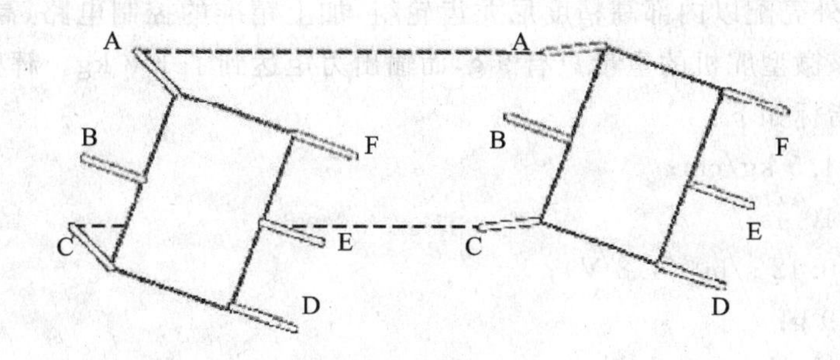

图4.5　六足爬行机器人转弯过程示意图

4.3　控制系统硬件平台设计与实现

4.3.1　驱动舵机

六足爬行机器人采用舵机驱动。舵机是一种结构简单的、集成化的直流伺服系统，其内部结构由直流电机、减速齿轮、电位计和控制电路组成。舵机采用的驱动信号是脉冲比例调制信号(PWM)，即在通常为20 ms的周期内，输入以0.5～2.5 ms变化的脉冲宽度，对应的转角范围为0°～180°，脉冲宽度与转角呈线性关系。控制信号线提供一定脉宽的脉冲时，其输出轴保持在相对应的角度上。若舵机初始角度状态在0°位置，那么电机只能朝一个方向运动，所以初始化的时候，应将所有电机的位置定在90°的位置。六足机器人腿部偶数舵机转轴为垂直运动，控制机器人腿部抬起和放下；奇数舵机转轴为水平转动，控制机器人腿部前进和后退。

标准的舵机有三条导线，分别是：电源线、地线和控制线(见图4.6)。电源线和地线用于提供舵机内部直流电机和控制线路所需的能源，电压通常介于4～6 V，(一般取5 V)，给舵机供电电源应能具有足够的功率。控制线的输入是一个宽度可调的周期性方波脉冲信号，方波脉冲信号的周期为20 ms(即频率为50 Hz)。当方波的脉冲宽度改变时，舵机转轴的角度发生改变，角度变化与脉冲宽度的变化成正比。某型舵机的输出轴转角与输入信号的脉冲宽度之间

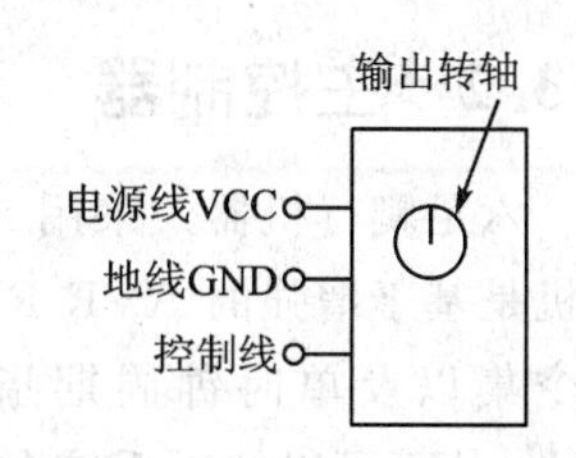

图4.6　舵机连线示意图

的关系可用图 4.7 表示。

从上述舵机转角的控制方法可看出，舵机的控制信号实质上是一个可变宽度的方波信号(PWM)。该方波信号可由 FPGA、模拟电路或单片机来产生。采用 FPGA 成本较高，用模拟电路来实现则电路较复杂，不适合作多路输出。一般采用单片机作舵机的控制器。

六足爬行机器人的驱动舵机采用辉盛 SG90 舵机(见图 4.8)。该舵机采用高强度 ABS 透明外壳配以内部高精度尼龙齿轮组，加上精准的控制电路、高档轻量化空心杯电机使该微型舵机的重量只有 9 g，而输出力矩达到了 1.8 kg。辉盛 SG90 舵机的基本性能指标如下：

- 扭矩：1.5 kg/cm；
- 死区：10 μs；
- 转速：0.12 s/60°(4.8 V)；
- 重量：9 g；
- 尺寸：21.5 mm×11.8 mm×22.7 mm；
- 工作电压：4.8～6 V。

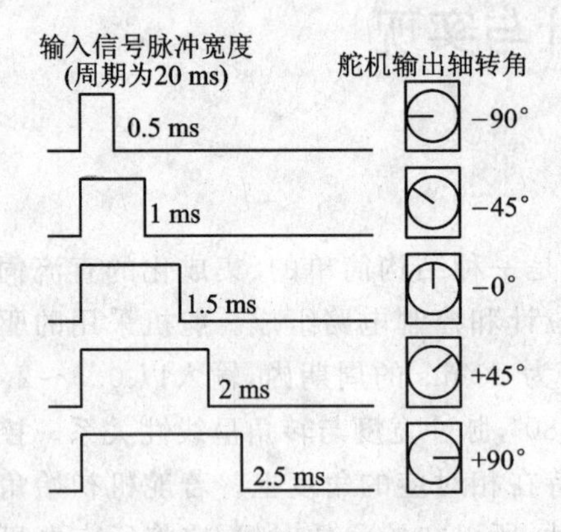

图 4.7 输出轴转角与输入信号的脉冲宽度之间的关系

图 4.8 辉盛 SG90 舵机

4.3.2 主控制器

六足爬行机器人采用 AVR 单片机 ATmega16 作为其主控制器。ATmega16 单片机是基于增强的 AVR RISC 结构的低功耗 8 位 CMOS 微控制器。由于其先进的指令集以及单时钟周期指令执行时间，ATmega16 的数据吞吐率高达 1 MIPS/MHz，从而可以缓减系统在功耗和处理速度之间的矛盾。

ATmega16 AVR 内核具有丰富的指令集和 32 个通用工作寄存器。所有的寄存器都直接与计算逻辑单元(ALU)相连接，使得一条指令可以在一个时钟周期内同时访问两个独立的寄存器。这种结构大大提高了代码效率，并且具有比普通的 CISC 微控制器高 10 倍的数据吞吐率。

ATmega16 有如下特点：16 KB 的系统内可编程 Flash（具有同时读/写的能力，即 RWW），512 B EEPROM，1 KB SRAM，32 个通用 I/O 口线，32 个通用工作寄存器，用于边界扫描的 JTAG 接口，支持片内调试与编程，3 个具有比较模式的定时器/计数器（T/C），片内/外中断，可编程串行 USART，有起始条件检测器的通用串行接口，8 路 10 位具有可选差分输入级可编程增益（TQFP 封装）的 ADC，具有片内振荡器的可编程看门狗定时器，一个 SPI 串行端口以及 6 个可以通过软件进行选择的省电模式。

当工作于空闲模式时，CPU 停止工作，而 USART、两线接口、A/D 转换器、SRAM、T/C、SPI 端口以及中断系统继续工作；当处于掉电模式时，晶体振荡器停止振荡，除了中断和硬件复位之外，所有功能都停止工作；在省电模式下，异步定时器继续运行，允许用户保持一个时间基准，而其余功能模块处于休眠状态；当处于 ADC 噪声抑制模式时，终止 CPU 和除了异步定时器与 ADC 以外所有 I/O 模块的工作，以降低 ADC 转换时的开关噪声；在 Standby 模式下，只有晶体或谐振振荡器运行，其余功能模块处于休眠状态，使得器件只消耗极少的电流，同时具有快速启动能力；在扩展 Standby 模式下，则允许振荡器和异步定时器继续工作。

ATmega16 AVR 单片机是以 Atmel 高密度非易失性存储器技术生产的。片内 ISP Flash 允许程序存储器通过 ISP 串行接口，或者通用编程器进行编程，也可以通过运行于 AVR 内核之中的引导程序进行编程。引导程序可以使用任意接口将应用程序下载到应用 Flash 存储区（Application Flash Memory）。在更新应用 Flash 存储区时引导 Flash 区（Boot Flash Memory）的程序继续运行，实现了 RWW（同时读/写）操作。

为了获得最高的性能以及并行性，AVR 采用了 Harvard 结构，具有独立的数据和程序总线。程序存储器里的指令通过一级流水线运行。CPU 在执行一条指令的同时读取下一条指令，快速访问寄存器文件（包括 32 个 8 位通用工作寄存器），访问时间为一个时钟周期，从而实现了单时钟周期的 ALU 操作。在典型的 ALU 操作中，两个位于寄存器文件中的操作数同时被访问，然后执行运算，结果再被送回到寄存器文件，整个过程仅需一个时钟周期。寄存器文件里有 6 个寄存器，可以用作 3 个 16 位的间接寻址寄存器指针的寻址数据空间，实现高效的地址运算，其中一个指针还可以作为程序存储器查询表的地址指针。这些附加的功能寄存器即为 16 位的 X、Y、Z 寄存器。ALU 支持寄存器之间以及寄存器和常数之间的算术和逻辑运算。ALU 也可以执行单寄存器操作。运算完成之后状态寄存器的内容得到更新以反映操作结果。

程序存储器空间分为两个区：引导程序区（Boot 区）和应用程序区。这两个区都有专门的锁定位以实现读和读/写保护，用于写应用程序区的 SPM 指令必须位于引导程序区。在中断和调用子程序时，返回地址的程序计数器(PC)保存于堆栈之中。堆栈位于通用数据 SRAM 中，因此其深度仅受限于 SRAM 的大小。AVR 有一个灵活的中断模块，控制寄存器位于 I/O 空间。状态寄存器里有全局中断使能位，每个中断在中断向量表里都有独立的中断向量。各个中断的优先级与其在中断向量表中的位置有关，中断向量地址越低，优先级越高。I/O 存储器空间包含 64 个可以直接寻址的地址，作为 CPU 外设的控制寄存器、SPI 以及其他 I/O 功能。

ATmega16 AVR 单片机的引脚图如图 4.9 所示，其端口功能说明如下：

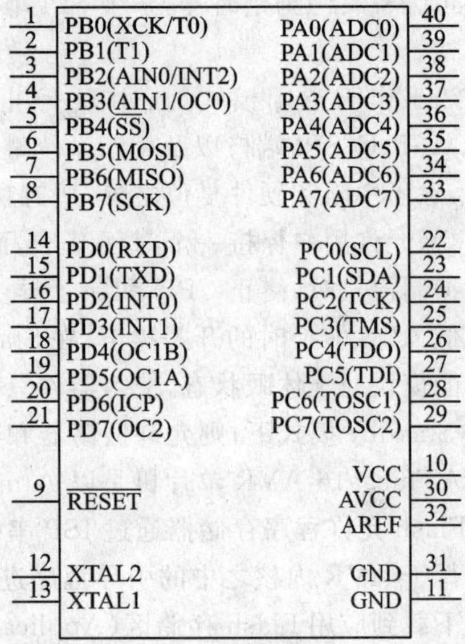

➢ VCC：电源正；

➢ GND：电源地；

➢ 端口 A(PA7～PA0)：作为 A/D 转换器的模拟输入端。端口 A 为 8 位双向 I/O 口，具有可编程的内部上拉电阻。其输出缓冲器具有对称的驱动特性，可以输出和吸收大电流。作为输入使用时，若内部上拉电阻使能，则端口被外部电路拉低时将输出电流。在复位过程中，系统时钟还未起振，端口 A 处于高阻状态。

➢ 端口 B(PB7～PB0)：为 8 位双向 I/O 口，具有可编程的内部上拉电阻。其输出缓冲器具有对称的驱动特性，可以输出和吸收大电流。作为输入使用时，若内部上拉电阻使能端口被外部电路拉低时将输出电流。在复位过程中，系统时钟还未起振，端口 B 处于高阻状态。

1 PB0(XCK/T0)
2 PB1(T1)
3 PB2(AIN0/INT2)
4 PB3(AIN1/OC0)
5 PB4(SS)
6 PB5(MOSI)
7 PB6(MISO)
8 PB7(SCK)
14 PD0(RXD)
15 PD1(TXD)
16 PD2(INT0)
17 PD3(INT1)
18 PD4(OC1B)
19 PD5(OC1A)
20 PD6(ICP)
21 PD7(OC2)
9 RESET
12 XTAL2
13 XTAL1
PA0(ADC0) 40
PA1(ADC1) 39
PA2(ADC2) 38
PA3(ADC3) 37
PA4(ADC4) 36
PA5(ADC5) 35
PA6(ADC6) 34
PA7(ADC7) 33
PC0(SCL) 22
PC1(SDA) 23
PC2(TCK) 24
PC3(TMS) 25
PC4(TDO) 26
PC5(TDI) 27
PC6(TOSC1) 28
PC7(TOSC2) 29
VCC 10
AVCC 30
AREF 32
GND 31
GND 11

图 4.9　ATmega16 AVR 单片机的引脚图

➢ 端口 C(PC7～PC0)：为 8 位双向 I/O 口，具有可编程的内部上拉电阻。其输出缓冲器具有对称的驱动特性，可以输出和吸收大电流。作为输入使用时，若内部上拉电阻使能，则端口被外部电路拉低时将输出电流。在复位过程中，系统时钟还未起振，端口 C 处于高阻状态。如果 JTAG 接口使能，则复位出现引脚 PC5(TDI)、PC3(TMS)与 PC2(TCK)的上拉电阻被激活。

➢ 端口 D(PD7～PD0)：为 8 位双向 I/O 口，具有可编程的内部上拉电阻。其输出缓冲器具有对称的驱动特性，可以输出和吸收大电流。作为输入使用时，若内部上拉电阻使能，则端口被外部电路拉低时将输出电流。在复位过程中，系统时钟还未起振，端口 D 处于高阻状态。

➢ RESET：复位输入引脚。持续时间超过最小门限时间的低电平将引起系统复位。

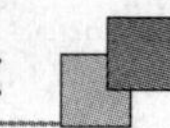

➢ XTAL1:反向振荡放大器与片内时钟操作电路的输入端。
➢ XTAL2:反向振荡放大器的输出端。
➢ AVCC:是端口 A 与 A/D 转换器的电源。不使用 ADC 时,该引脚应直接与 VCC 连接。使用 ADC 时,应通过一个低通滤波器与 VCC 连接。
➢ AREF:A/D 的模拟基准输入引脚。

4.3.3　电源模块设计

六足爬行机器人采用双电源供电。舵机内部是直流电机驱动,在带载时启停的瞬间会产生较大的峰值电流,需要将舵机供电电源与 MCU 和 IC 的供电电源分开,双线供电能保证控制电路不受驱动电路产生不稳定脉冲的干扰。

为保证驱动器电源输入的稳定性,结合电路抗干扰技术,需要采用合适方法保证电路抗脉冲干扰、抗低频干扰、抗共模干扰的能力,使 12 个电机的多驱动系统能够稳定工作。

电源采用镍氢电池(7.4 V,1 200 mA,15 CC);控制电路电源输入由 1117 低压差电压调节转换电路提供(见图 4.10);驱动电路电源由 LM2596 直流开关电压转换电路提供(见图 4.11)。

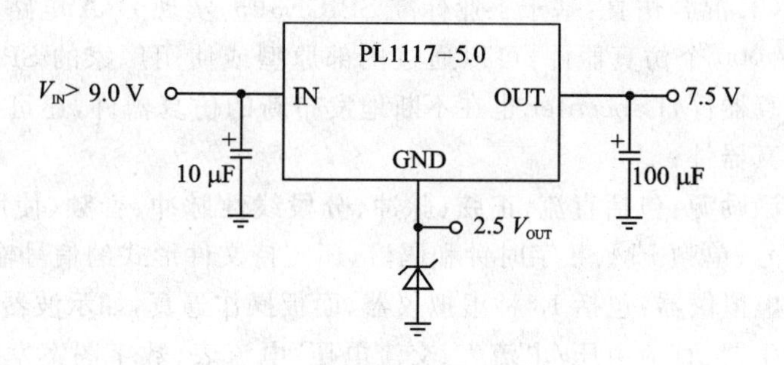

图 4.10　控制电路电源

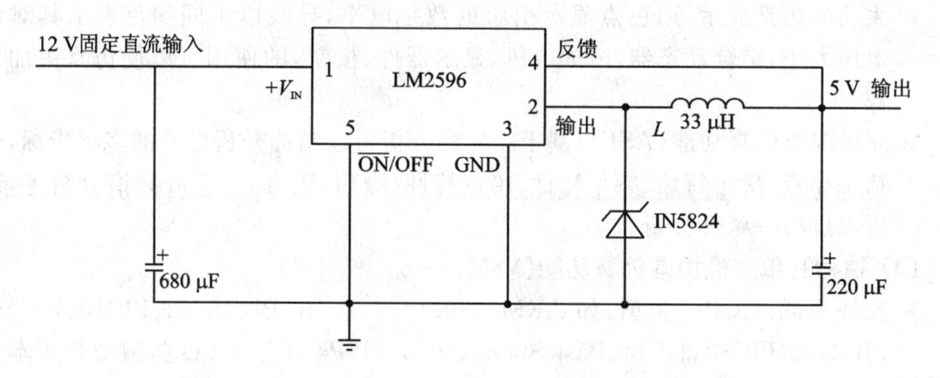

图 4.11　驱动电路电源

4.3.4 基于 Proteus 软件的控制系统仿真

Proteus 是世界上著名的 EDA 仿真软件，从原理图布图、代码调试到单片机与外围电路协同仿真，一键切换到 PCB 设计，真正实现了从概念到产品的完整设计。它是将电路仿真软件、PCB 设计软件和虚拟模型仿真软件三合一的设计平台，其处理器模型支持 8051、HC11、PIC10/12/16/18/24/30/DsPIC33、AVR、ARM、8086 和 MSP430 等。在编译方面，它也支持 IAR、Keil 和 MPLAB 等多种编译器。

Proteus 软件主要有以下功能。

(1) 智能原理图设计(ISIS)

➢ 丰富的器件库：超过 27 000 种元器件，可方便地创建新元件；

➢ 智能的器件搜索：通过模糊搜索可以快速定位所需要的器件；

➢ 智能化的连线功能：自动连线功能使连接导线简单快捷，大大缩短绘图时间；

➢ 支持总线结构：使用总线器件和总线布线使电路设计简明清晰；

➢ 可输出高质量图纸：通过个性化设置，可以生成印刷质量的 BMP 图纸，可以方便地提供 WORD、POWERPOINT 等多种文档使用。

(2) 完善的电路仿真功能(ProSPICE)

➢ ProSPICE 混合仿真：基于工业标准 SPICE3F5，实现 D/A 电路的混合仿真；

➢ 超过 27 000 个仿真器件：可以通过内部原型或使用厂家的 SPICE 文件自行设计仿真器件，Labcenter 也在不断地发布新的仿真器件，还可导入第三方发布的仿真器件；

➢ 多样的激励源：包括直流、正弦、脉冲、分段线性脉冲、音频(使用 wav 文件)、指数信号、单频 FM、数字时钟和码流，还支持文件形式的信号输入；

➢ 丰富的虚拟仪器：包括 13 种虚拟仪器，面板操作逼真，如示波器、逻辑分析仪、信号发生器、直流电压/电流表、交流电压/电流表、数字图案发生器、频率计/计数器、逻辑探头、虚拟终端、SPI 调试器、I^2C 调试器等；

➢ 生动的仿真显示：用色点显示引脚的数字电平，导线以不同颜色表示其对地电压大小，结合动态器件(如电机、显示器件、按钮)的使用可以使仿真更加直观、生动；

➢ 高级图形仿真功能(ASF)：基于图标的分析可以精确分析电路的多项指标，包括工作点、瞬态特性、频率特性、传输特性、噪声、失真、傅里叶频谱分析等，还可以进行一致性分析。

(3) 独特的单片机协同仿真功能(VSM)

➢ 支持主流的 CPU 类型：如 ARM7、8051/52、AVR、PIC10/12、PIC16、PIC18、PIC24、dsPIC33、HC11、BasicStamp、8086、MSP430 等，CPU 类型随着版本升级还在继续增加，如也将支持 CORTEX、DSP 处理器；

➢ 支持通用外设模型：如字符 LCD 模块、图形 LCD 模块、LED 点阵、LED 七段

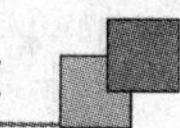

显示模块、键盘/按键、直流/步进/伺服电机、RS-232 虚拟终端、电子温度计等等，其 COMPIM(COM 口物理接口模型)还可以使仿真电路通过 PC 机串口和外部电路实现双向异步串行通信；

➢ 实时仿真：支持 UART/USART/EUSARTs 仿真、中断仿真、SPI/I²C 仿真、MSSP 仿真、PSP 仿真、RTC 仿真、ADC 仿真、CCP/ECCP 仿真；
➢ 编译及调试：支持单片机汇编语言的编辑/编译/源码级仿真，内带 8051、AVR、PIC 的汇编编译器，也可以与第三方集成编译环境(如 IAR、Keil 和 Hitech)结合，进行高级语言的源码级仿真和调试。

(4) 实用的 PCB 设计平台

➢ 原理图到 PCB 的快速通道：原理图设计完成后，一键便可进入 ARES 的 PCB 设计环境，实现从概念到产品的完整设计；
➢ 先进的自动布局/布线功能：支持器件的自动/人工布局，支持无网格自动布线或人工布线，支持引脚交换/门交换功能使 PCB 设计更为合理；
➢ 完整的 PCB 设计功能：最多可设计 16 个铜箔层、2 个丝印层、4 个机械层(含板边)，灵活的布线策略供用户设置，自动设计规则检查，3D 可视化预览；
➢ 多种输出格式的支持：可以输出多种格式文件，包括 Gerber 文件的导入或导出，便利地与其他 PCB 设计工具的互转(如 Protel)和 PCB 板的设计与加工。

根据 4.3.1～4.3.3 小节所述的硬件平台搭建方法，将其在 Proteus 软件中实现，如图 4.12 所示。图中，AVR 单片机的 C[0～7]和 B[0～3]端口用于控制 12 路舵机，A0、E1、E2、D[0～7]端口分别与 1602 显示调试屏幕相连，便于仿真调试。

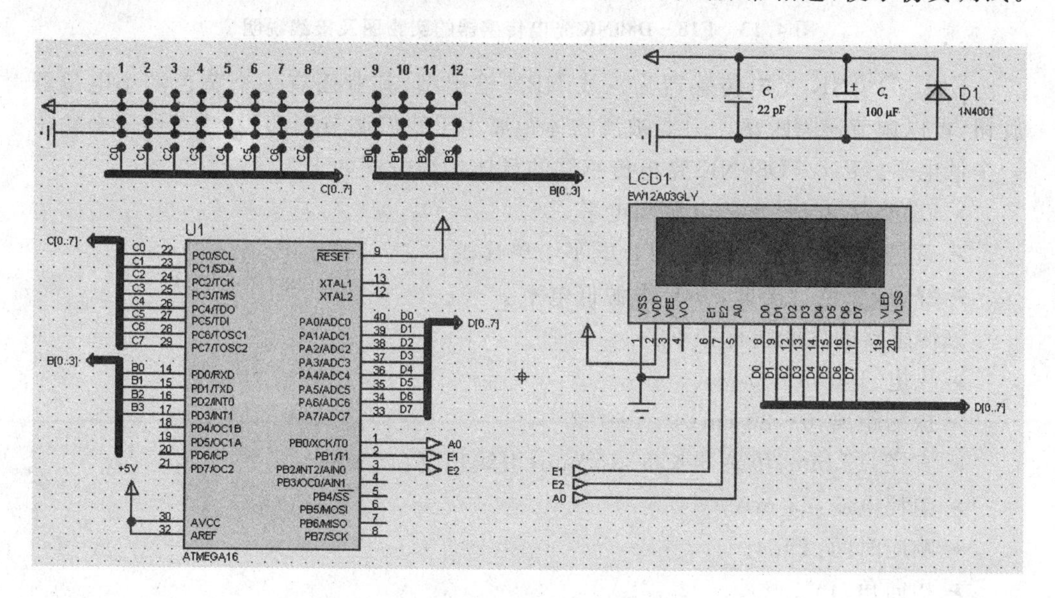

图 4.12 基于 Proteus 软件的控制系统硬件仿真

4.4　障碍物探测传感器

六足爬行机器人障碍物探测传感器采用 E18－D80NK 光电传感器。这是一种集发射与接收于一体的光电传感器。检测距离可以根据要求进行调节。该传感器具有受可见光干扰小、价格便宜、易于装配、使用方便等特点，可应用于机器人避障。E18－D80NK 光电传感器的实物图及接线说明如图 4.13 所示。

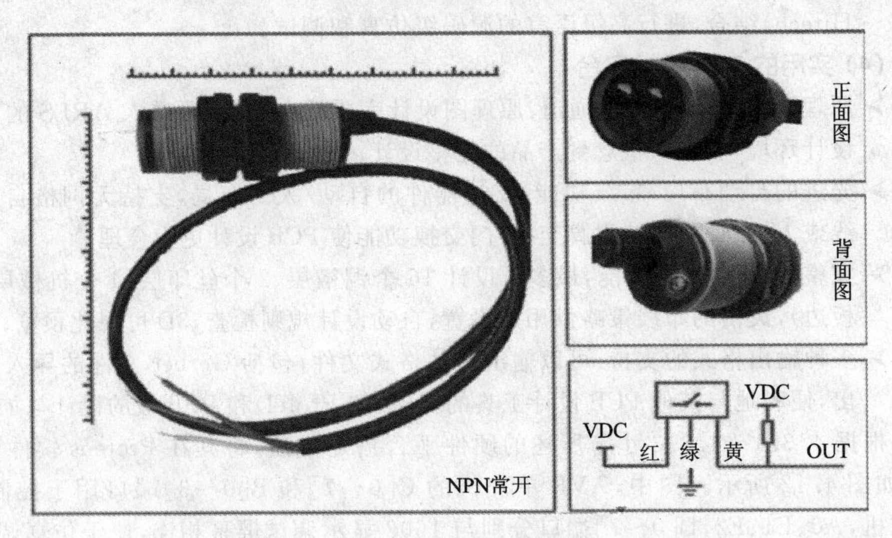

图 4.13　E18－D80NK 光电传感器的实物图及接线说明

E18－D80NK 光电传感器为三线 NPN 输出型，其背面有一个黄色的小电位器旋钮，可以调节避障距离。只要被测物体距离小于我们调节到的距离，黄线就会输出一个低电平。E18－D80NK 光电传感器的具体接线方法如下：

- 红色：接 4.5～5 V 电源高电平；
- 黄色：接单片机，输出 TTL 电平给单片机；
- 绿色(黑色)：接地，0 V 电源低电平。

该传感器的性能指标如下：

- 供电：100 mA/5 V；
- 探测距离：0～80 cm；
- 直径：17 mm；传感器长度：45 mm；引线长度：45 cm；
- 消耗电流：25 mA；
- 响应时间：2 ms；
- 指向角：15°；
- 工作环境：－25～55 ℃。

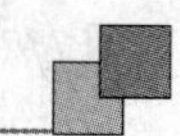

4.5　控制系统软件设计与实现

软件设计的主要功能是使机器人在向前行进的过程中能够避开障碍物，即对 12 个舵机进行调度和控制。要避开障碍物，首先应探测到障碍物，其次能绕开障碍物，这就要求机器人能完成前进、后退、左右转弯等动作。动作协调完美性的实现，要求了在任一时刻能够做出 12 个舵机的同步动作控制。

软件设计中首先将前进、后退、左右转弯等高层动作分解，具体到完成每一个动作各个舵机所要完成的动作和时序。采用模块化的设计思想，将对所有舵机的调度做成一个独立的模块，所有的高层动作都是通过调用底层舵机控制的模块来完成。多个舵机的控制是采用多舵机分时控制的思想来实现的。程序采用 C 语言模块化程序设计的基本思路，程序模块如下。

(1) 驱动模块

12 路 PWM 驱动信号通过软件计数法实现多路输出，利用 MCU 片内定时器和 I/O 模块控制输出多路占空比可调的 PWM 控制信号。由于单片机在某一时刻只能对一个中断进行响应，所以一个单片机驱动多个舵机的条件是每个舵机产生的中断时间间隔必须相互错开。由于在舵机的驱动周期内的 2 次电平变化的最短时间是高电平的脉宽时间，即 0.5～2.5 ms，那么在不产生冲突的情况下，若分时对多个舵机产生驱动信号，则最多可实现的驱动舵机数量为 20/2.5＝8。就是说一个单片机最多可以控制 8 个舵机运行在完整转角空间中。采用多舵机分时控制的思想，可实现对 12 个舵机的协调控制。将 12 个舵机分成两组，定时器 0 控制舵机 1～6，定时器 1 控制舵机 7～12，每个定时器在一个周期内将产生 12 次定时器中断。多舵机分时控制使数据即使发生错误也很难连续起来，大大提高整体的纠错能力。

(2) 动作模块

将计算得到的机器人运动数据封装为前进、后退、左转、右转的动作函数子程序。设计电机控制的速度伺服、角度伺服程序，采用流程控制法调用动作函数。

(3) 传感器模块

传感器检测使用 AVR 单片机片内引脚中断资源，并且对不稳定信号进行数字滤波处理，增加控制系统的稳定性。

采用数字滤波算法克服随机误差主要有如下优点：

➢ 数字滤波是由软件程序实现的，不需要硬件，因此不存在阻抗匹配的问题；
➢ 对于多路信号输入通道，可以共用一个软件“滤波器”，从而降低仪表的设计成本；
➢ 只要改变滤波器程序或元算参数，就能方便地改变滤波特性，这对于低频脉冲干扰和随机噪声的克服特别有效。

在对六足爬行机器人测距传感器滤波时，需要考虑抗干扰性和实时性两大因素，在此，采用算术平均滤波法，其 C 语言程序段如下：

```
/**算术平均滤波法**/
/* N为进行平均运算的每组采样值的数量，依据实际情况可以改变 */
#undef N
#define N 12 //设置每组参与平均运算的采样值个数

char filter_3(){
    int  sum = 0; //求和变量，用于存储采样值的累加值
    char count;//采样数据读入的下标变量
    for(count = 0;count<N;count + + ) //连续读入 N个采样值，并累加
    {
      sum + = get_ad();
      delay();
    }
    return (char)(sum/N); //讲累加值进行平均计算作为返回值
}
```

(4) 1602 液晶显示调试模块

1602 液晶显示模块显示程序运行情况，是程序调试的重要工具。通过单片机 I/O 口引脚发送数据，指令信息，显示当前舵机实时运行状态。

(5) 全局控制上位机程序

整合多模块，形成系统化控制结构图如 4.14 所示。

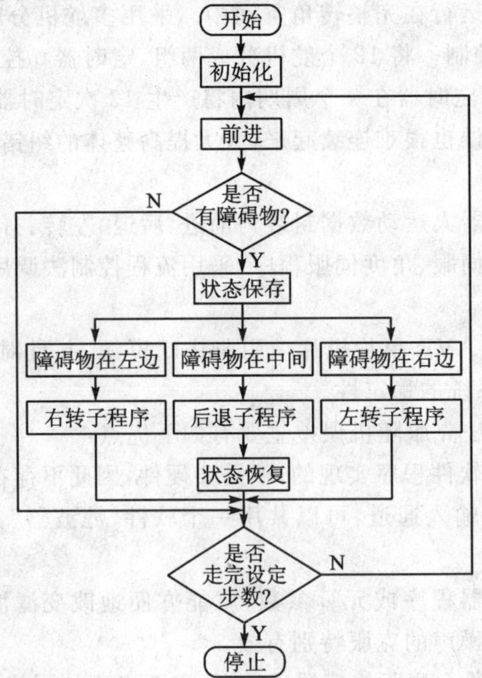

图 4.14　六足爬行机器人避障控制流程图

六足爬行机器人的相关避障控制程序见附录2,图4.15为机器人爬行运动时的照片。

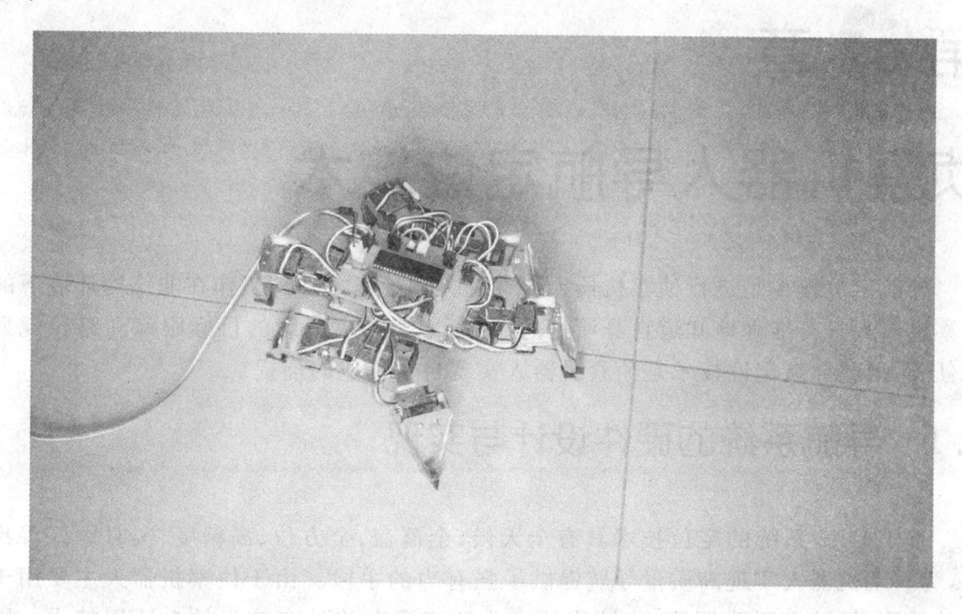

图4.15 机器人爬行时的照片

创意点睛

如何对12个舵机进行协调控制是六足机器人运动控制的难点。本节的创新点是:采用多舵机分时控制的思想,实现对12个舵机的协调控制。将12个舵机分成两组,定时器0控制舵机1～6,定时器1控制舵机7～12,每个定时器在一个周期内将产生12次定时器中断。多舵机分时控制可以大大提高整体的纠错能力。

第5章

侦察机器人导航定位技术

导航定位技术是进行侦察机器人研究的关键技术之一。工作在非结构环境下的侦察机器人只有准确地知道自身所处的位置，才能完成后续的目标跟踪和路径规划等任务，因此导航定位技术是侦察机器人实现自主作业的前提。

5.1 导航系统的硬件设计与实现

基于GPS系统的定位技术具有全天候、全覆盖、全方位、高精度、实时性好等特点，为移动机器人实现高质量导航提供了强有力的手段。由于侦察机器人主要用于战地侦察、星球探测等领域，非结构的作业环境要求其具有较强的自适用能力。因此，该机器人在作业过程中实时、准确地获取自身的位置信息是必要的，还要能根据自身位置、目标信息和障碍物的分布进行路径规划，此外还应具有体积小、功耗低、抗干扰能力强等特点。

本节根据侦察机器人的结构特性、工作任务和作业环境的要求，搭建了一套基于嵌入式数字信号处理器(DSP)的导航系统的硬件平台。该硬件平台主要包括GPS接收天线、GPS信号接收板、电平转换及通信电路和嵌入式数字信号处理模块。GPS接收天线及信号接收板用于接收GPS系统的卫星信号，并将定位信息通过电平转换及通信电路传输至嵌入式数字信号处理模块进行数据融合、处理，经处理后的信息送入机器人的主控制器，主控制器将处理后的结果通过无线网卡传输到上位机，同时，根据该结果对各电机进行协调控制。侦察机器人导航系统硬件平台的组成及其工作过程如图5.1所示。

5.1.1 GPS接收板卡的选择及其性能测试

GPS定位系统由空间卫星星座、地面监控系统和用户接收设备三大部分组成。作为GPS服务的用户，终端接收设备——GPS接收机的选择就显得尤为重要。在选择GPS信号接收板时主要考虑以下几个性能指标。

并行通道：在GPS系统中，最多有12颗卫星是可见的，平均情况下是8颗，这就意味着GPS接收板必须按顺序访问每一颗卫星来获取每颗卫星的信息。并行通道数的多少直接影响到GPS接收板连续追踪每一颗卫星信息的能力。12通道接收板

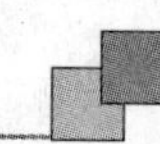

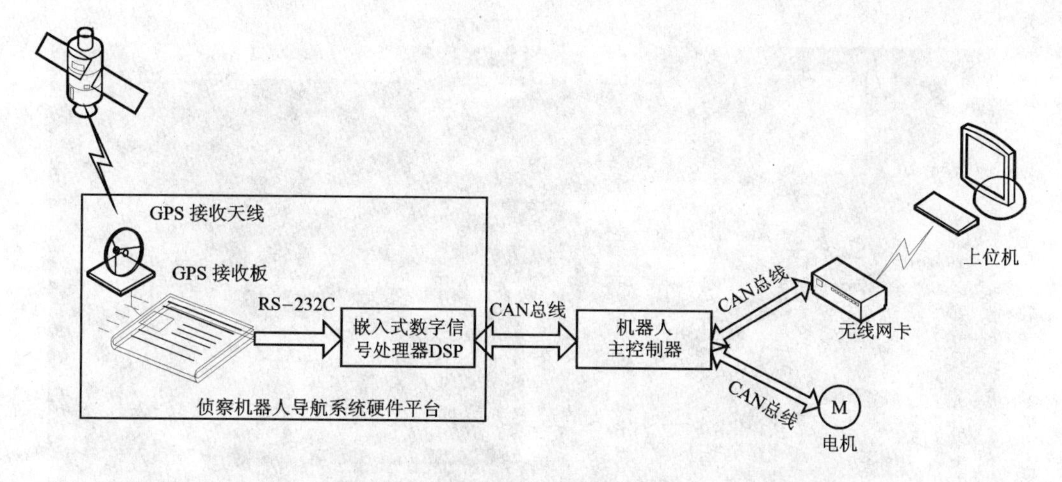

图 5.1　侦察机器人导航系统硬件平台的组成及其工作过程

的优点如下：冷启动和初始化卫星信息的速度快，而且在森林地区也有良好的接收效果。

定位时间：是指重启动 GPS 接收板到确定现在位置所需的时间。GPS 接收板的定位时间包括冷启动时间、温启动时间和热启动时间。定位时间越短，GPS 接收板的性能越高。

定位精度：定位精度是指由 GPS 接收板输出的定位信息与实际位置信息的偏差，是衡量 GPS 接收板的一个重要指标。GPS 接收板的水平位置定位精度范围为 2.93～29.3 m。

物理指标：侦察机器人的结构特性、工作任务和作业环境要求其导航系统中 GPS 接收板的重量轻、体积小、功耗低，具有较好的防振和耐高温的能力。

基于上述选型原则，在对比世界各大 GPS 接收设备生产商的众多产品后，本节选择了加拿大 Novtel 公司的 GPS 接收板卡——Superstar II。

Superstar II 是 Novtel 公司之前的两款接收板卡 Superstar 和 Allstar 的升级产品，是一款可用于多种集成应用的高性能 GPS 接收机板卡，特别为要求高可靠性、低功耗、低成本应用设计的。Superstar II 是目前市场上少有的具有亚米级 DGPS 定位能力的低价位 GPS OEM 接收机板卡。Superstar II 可以在比较苛刻的条件下提供可靠性的数据，且易于集成，还可以通过软件随时升级接收机的功能模块。Superstar II GPS 接收板的实物图如图 5.2 所示。

Superstar II GPS 接收板的主要特点有：

① 载波相位跟踪功能和支持 SBAS(Satellite Based Augmentation System，卫星增强系统)功能。Superstar II 具有 12 通道的码相位与载波相位跟踪功能，可输出最高达 5 Hz 的位置、速度和时间(PVT)解算数据和高达 10 Hz 的原始观测数据，可以输出可调的、精度为 50 ns(典型值)的 1 PPS 信号。Superstar II 还支持标准的 SBAS

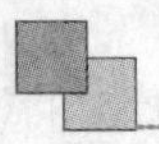

图 5.2 Superstar II GPS 接收板的实物图

基本功能，能接收 WAAS（Wide Area Augmentation System，广域增强系统）、EGNOS(European Geostationary Navigation Overlay Service，欧洲静地星导航重叠服务)、MSAS(Multi－Function Satellite Augmentation System，日本多功能卫星系统)等差分修正信号，实现 DGPS 功能。

② 体积小、功耗低。作为 Superstar 的更新换代产品，Superstar II 以 46 mm×71 mm 的尺寸更适合小系统的应用。板卡还分别有 3.3 V 和 5V 两个版本，对应的低功耗为 0.5 W 和 0.8 W。

③ 灵活的应用接口。Superstar II 板卡可以采用传输效率较高的 Novtel 二进制数据格式或工业标准的 NMEA 数据格式用于系统集成。而其 DGPS 差分修正信号采用 RTCM SC－104 格式标准。

Superstar II GPS 接收板具体的性能指标如表 5.1 所列。

表 5.1 Superstar II GPS 接收板的性能指标

性 能	指 标			
定位精度	单点 L1	<5 m CEP	WAAS L1	<1.5 m CEP
测量精度	L1 C/A 码	75 cm RMS	L1 载波相位	1 cm RMS
数据传输率	测量	10 Hz	定位	5 Hz
定位时间	热启动	15 s	冷启动	120 s
	温启动	45 s	信号重捕	<1 s

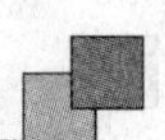

续表 5.1

性 能	指 标			
物理特性	尺寸	46 mm×71 mm×13 mm	重量	22 g
	输入电压	+5 V DC	功耗	0.8 W
接口	1个 TTL 口	300～19 200 bps	天线接口	MCX 母头
温度	工作温度	−30～+75 ℃	储存温度	−40～+85 ℃

为了测试 Superstar II 的实际定位精度,做了多次实验。测量方法采用相对定位法,即先定一起点,经一已知距离后到达另一点,使用 Superstar II 测出两点定位信息,再转换成对应距离,两者进行比较。实验地点选在无遮挡的空旷场所,实验数据分析如表 5.2 和表 5.3 所列。所用到的参数是地球平均半径 6 371.004 km,地球赤道半径 6 378.140 km,地球极地半径 6 356.755 km。数据分析过程采用了一定的近似处理,把地球当作理想椭球,并不计高度,以水平面为准。

表 5.2 南北方向定位实验数据分析

项 目	经度(E)	HDOP	经度(E)	HDOP	经度(E)	HDOP
起点	3 957.508 7	1.2	3 957.455 0	1.2	3 957.508 9	1.3
终点	3 957.455 0	1.2	3 957.508 9	1.3	3 957.454 9	1.2
测量距离/m	99.296 6		99.666 3		100.075 5	
误差/m	−0.703 4		−0.333 7		0.148 67	

其中,起点和终点的实际距离为 100 m。

表 5.3 东西方向部分实验数据分析

项 目	纬度(N)	HDOP	纬度(N)	HDOP	纬度(N)	HDOP
起点	11 618.752 5	1.5	11 618.752 6	1.6	11 618.752 4	1.5
终点	11 618.724 9	1.3	11 618.725 1	1.3	11 618.724 8	1.5
测量距离/m	51.035 2		50.850 2		50.036 2	
误差/m	1.035 2		0.850 2		0.036 2	

其中,起点和终点的实际距离为 50 m。

还对 Superstar II 接收板的热启动时间作了测试,在距离上次定位小于两个小时内启动 Superstar II 接收板后只要 63 s 就能再次进行定位。

从以述实验数据分析结果可知,Superstar II GPS 接收板的定位误差仍然存在。影响 GPS 精度的主要因素有:

① 大气层中电离层和对流层对 GPS 信号的延时;

② GPS 卫星钟差和星历误差;

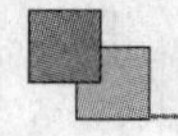

③ 接收机的钟差。

除此之外，多径效应与 Superstar II 板卡上的处理器算法问题也是造成误差的原因。

从整体来讲，Superstar II GPS 接收板的定位误差控制在 3%之内，能够满足侦察机器人导航定位的要求。

5.1.2 信号处理器芯片的选择及外围电路设计

Superstar II GPS 接收板卡输出的是实时的定位信息，包括经度、纬度、高度、UTC 时间等，这些数据只有通过处理后才能用于机器人导航。常用的嵌入式处理器芯片有单片机、DSP 数字信号处理芯片和 ARM 微处理器。

单片机是单片微型计算机(Single Chip Microcomputer，SCM)的简称。单片机是在一块芯片上集成了一台微机的基本部分，即集成了 CPU、RAM、ROM、时钟、定时/计数器和 USART、I²C、SPI 等多种功能的串行和并行 I/O 接口，还有不少配置了 A/D、D/A 转换器，集成 USB、CAN 等控制接口功能。单片机的最大特点就是单片化，体积大大减小，从而大大降低功耗和成本，提高可靠性。单片机的外设资源如此丰富，很适合于控制领域，所以也被称为微型控制器(Micro Control Unit，MCU)。

DSP(Digital Signal Processor)数字信号处理器具有单片机的所有性能特征。DSP 适合数字信号处理的各种运算方法，具有密集型、高速度、高精度的数据处理能力。DSP 的实时运行速度可达每秒执行数以千万条复杂指令。DSP 的这一特点与它的特殊结构是分不开的。首先，DSP 采用哈佛总线结构，程序和数据空间分开，可以同时访问指令和数据，还广泛使用了流水线技术，具有良好的并行特性，所以具有高速运算能力。而单片机采用冯·诺依曼结构，构成的处理器系统结构复杂，乘法运算速度慢，难以胜任运算量大的实时控制任务；其次，DSP 采用的是专门设计的适合于数字信号处理的指令系统，指令集中的每条指令功能强大，可编程简单；再者，DSP 片内有硬件乘法器，可以在单指令周期内完成一次乘法和加法，具有低开销或无开销的循环、跳转的硬件支持以及快速的中断处理和硬件 I/O 处理。

与前面两者相似，ARM(Advance RISC Machine)也是在一块芯片上集成了微机的基本功能。ARM 是采用 RISC 架构的 32 位微处理器，具有以下特点：

① 体积小、低功耗、低成本、高性能；

② 支持 Thumb(16 位)/ARM(32 位)双指令集，能很好地兼容 8 位/16 位器件；

③ 大量适用寄存器，指令执行速度快；

④ 大多数数据操作都在寄存器中完成；

⑤ 寻址方式简单，执行效率高；

⑥ 指令长度固定；

⑦ 对操作系统的支持较好。

ARM 多适合于以下领域：嵌入式控制、消费/教育类多媒体和移动式应用。

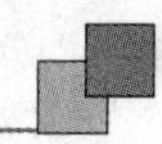

归纳来说，单片机适宜相对简单的以控制为主的处理过程，DSP是面向高性能、高重复性和数值运算密集型的实时处理，ARM则适合复杂、多任务的实时控制系统。

在侦察机器人导航系统中，既要实时接收GPS定位信息，同时还要做坐标转换、浮点数运算等定位数据的处理，数据处理的精度也要求较高，所以选择DSP芯片作为处理器。

美国TI公司是当今世界上最大的DSP芯片供应商，占全球市场的50%的份额。TMS320系列是TI公司重要的通用DSP系列。该系列主要分为TMS320C2000系列、TMS320C5000系列和TMS320C6000系列，这些也是TI公司主推的3个大系列。其中C2000系列属于定点控制器，具有大量的外设资源，是针对控制应用最佳化的DSP。C5000系列属于定点、低功耗DSP芯片，主要用于通信、数据处理和消费电子领域，最适合个人与便携式上网和无线通信应用。C6000系列以高性能著称，最适合宽度网络和数字影像应用。

最后经过比较，选用C5000系列的TMS320VC5509A DSP芯片。

TMS320VC5509A芯片具有以下特征：

① 高性能、低功耗、定点运算、高速度。

➢ 在1.5 V电压、144/200 MHz时钟下为6.94/5 ns的指令周期；

➢ 一个指令周期执行单条/两条指令；

➢ 双乘法器；

➢ 双ALU；

➢ 3条内部数据/操作读总线和两条内部数据/操作写总线。

② 128K×16位片上RAM。

➢ 8块的4K×16位DARAM(64 KB)；

➢ 24块的4K×16位SARAM。

③ 32K×16位片上ROM(64 KB)。

④ 8M×15位最大可寻址外部存储器空间(同步DRAM)。

⑤ 16位的扩展并行总线存储器。

➢ 带GPIO功能的外部存储器接口(EMIF)；

➢ 带GPIO功能的16位并行EHPI。

⑥ 丰富的片上外设资源。

⑦ 符合IEEE 1149.1标准的JTAG接口。

⑧ 1.5 V的内核供应电压和2.5～3.6 V的I/O口供应电压。

TMS320VC5509A与Superstar II的数据传输采用的是RS-232C总线。RS-232C总线是一种串行通信总线标准，是数据终端设备(DTE，Data Terminal Equipment)和数据通信设备(DCE，Data Communication Equipment)之间的接口标准。1969年由美国电子工业协会(EIA)制定的一个标准。不同厂家生产的设备只要具

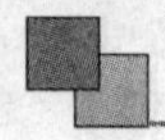

有 RS-232C 标准接口，则不需要任何转换电路，就可以互相连接。用该标准进行数据传输时，由于线路的损耗和噪声干扰，传输距离一般不超过 15 m。最大传输速率 10 kb/s。

RS-232C 总线标准规定，对于发送端，用－5～－15 V 表示逻辑"1"，用＋5～＋15 V表示逻辑"0"，内阻为几百欧姆，可以带 2 500 pF 的电容负载。负载开路时电压不得超过±25 V；对于接收端，电压低于－3 V 表示逻辑"1"，高于＋3 V 表示"0"，输入阻抗在 3～7 kΩ 范围内。

由于 RS-232C 的逻辑电平与 TTL 逻辑电平不兼容，所以必须进行电平转换。MAX232 芯片是美国 MAXIM 公司生产的、包含两路接收器和驱动器的 IC 芯片。MAX232 芯片内部有一个电源电压变化器，可以把输入的＋5 V 电源电平转换成 RS-232C 逻辑电平，所以采用此芯片的串行通信系统只需要单一的＋5 V。

MAX232 芯片的引脚结构及接口电路如图 5.3 所示。

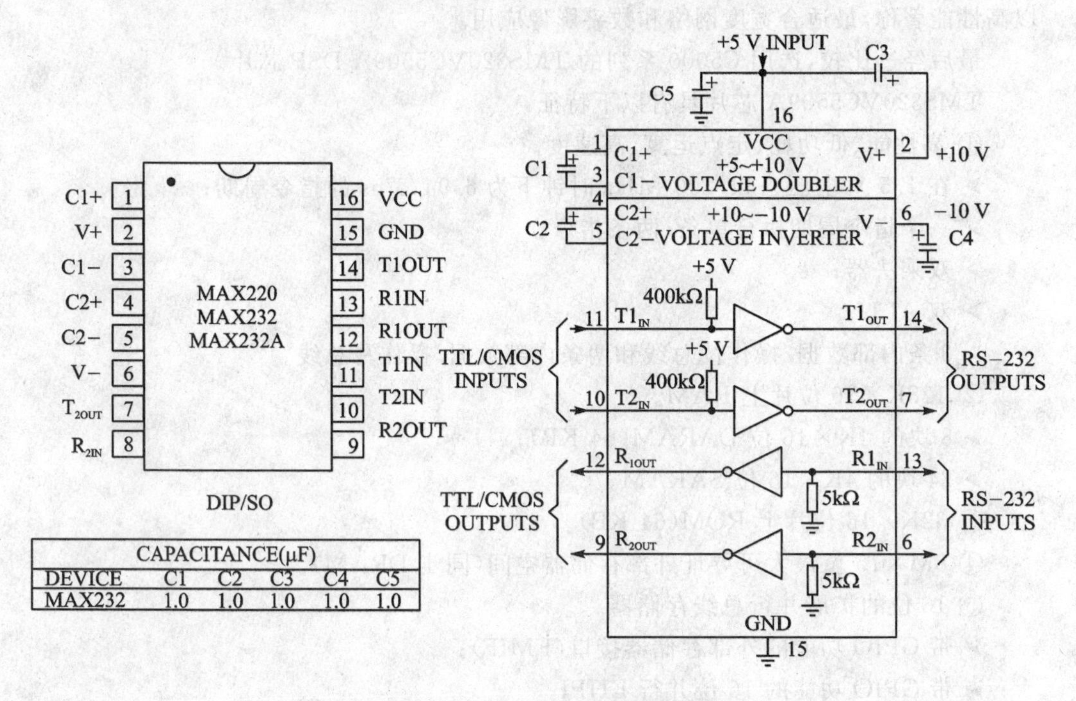

CAPACITANCE(μF)					
DEVICE	C1	C2	C3	C4	C5
MAX232	1.0	1.0	1.0	1.0	1.0

图 5.3　MAX232 芯片的引脚结构及接口电路

Superstar II 板卡输出的定位信号已经经过电平转换芯片 MAX232 转换成了 RS-232C 逻辑电平，所以对应的 TMS320VC5509A 必须也是输出 RS-232C 逻辑电平。但是 TMS320VC5509A 没有集成通用同步收发(SCI)模块，所以必须使用 UART 外围设备——基于工业标准 TL16C550 的异步通信模块。

TL16C550 是带自动流控制的异步通信模块，支持单字符、交替 FIFO 模式。DSP 的运行速度远高于 RS-232C 数据传输的速度，可以通过对接收和发送的数据

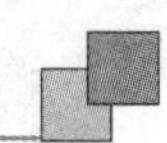

缓冲来减小处理器的软件开销，提高系统的效率。接收和发送 FIFO 最多可以存储 16 字节的数据。所有的逻辑功能都在 TL16C550 芯片上完成，使系统的负担最小。

TL16C550 芯片有三种封装形式：N PACKAGE、PT PACKAGE 和 FN PACKAGE。本设计设计使用的是 N PACKAGE 封装，如图 5.4 所示。

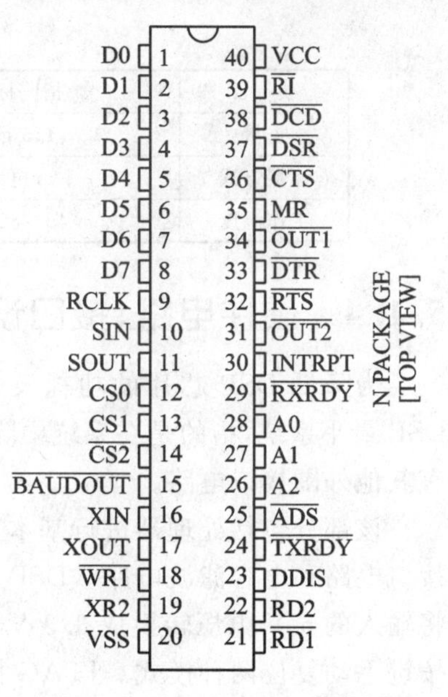

图 5.4 N PACKAGE 封装图

TL16C550 的主要功能为：在接收外部期间或 MODEM 的数据时完成串行到并行的转换；在接收 CPU 的状态时，完成数据的并行到串行的变换，并进行串行发送；在 ACE 器件工作的任何状态下，CPU 可以读和通报 ACE 器件的状态，通报的状态信息包括：传输操作正在进行过程中、操作状态、遇到何种错误等，TL16C550 的内部包含一个可编程的波特率发生器，波特率为 16×内部输入时钟频率。

5.1.3 GPS 信号接收天线

GPS 信号接收天线也是机器人导航定位系统的重要组成部分，性能良好的 GPS 信号接收天线可提高系统的抗干扰能力和降低测量误差。

经过反复论证和比较，侦察机器人导航系统采用 WXJ－G503 导航/授时型磁吸式天线（见图 5.5），具有体积小、增益高、安装方便等特点。该设备优化了接收右旋极化信号的性能，良好的外形设计可以有利于低仰角信号的接收；这些特性降低了由电磁干扰和多路径效应带来的误差。WXJ－G503GPS 信号接收天线具体的性能指标如表 5.4 所列。

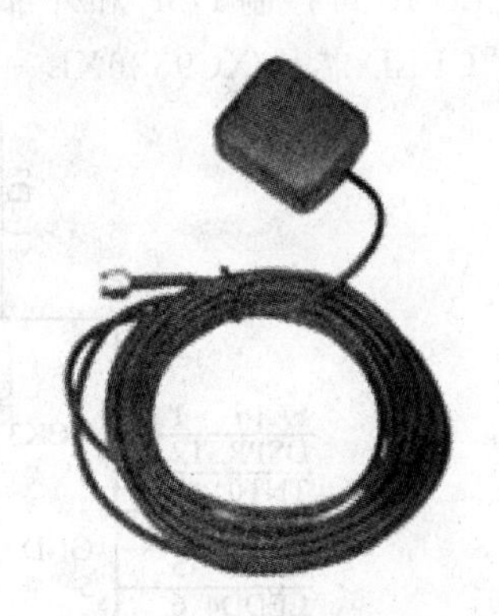

图 5.5 WXJ－G503 导航/授时型磁吸式天线

表 5.4 WXJ－G503GPS 信号接收天线

项 目	指 标	项 目	指 标
频率范围	(1 575±5)MHz	极化方式	右旋圆极化
天线增益	－3 dB	放大增益	28 dB
噪声系数	1.5 dB	功率损耗	(5±0.5)V
干扰抑制	20 dB	体积	49 mm×49 mm×19 mm

续表 5.4

项 目	指 标	项 目	指 标
重量	115 g	安装方式	磁吸附
连接方式	5 m 电缆	供电方式	3 V、5 V 兼容
工作温度	−45～85 ℃	储存温度	−50～90 ℃

5.1.4 硬件电路、接口设计及其性能测试

为降低 DSP 芯片的功耗及外围电路的复杂程度，采用 DSP 最小系统。所谓 DSP 最小系统，指的是在系统中除了 DSP 芯片及使其能正常工作的必要电路外，没有其他外围接口电路。

该部分包括处理器进行基本工作的电路：电源电路、晶振电路、复位电路、JTAG 接口电路和电容滤波电路。DSP 芯片所需为低电压 3.3 V，采用芯片 TLV1117－33 将输入的 5 V 电压转换成 3.3 V。晶振频率为 12 MHz。复位电路包含上电复位和按键手动复位两种模式。JTAG 接口用以硬件仿真和程序下载。电容滤波除去一些数字信号干扰。

存储器扩展接口(EMIF)是 DSP 扩展片外资源的主要接口，它提供了一组控制信号和地址数据线，可以扩展各类存储器和寄存器映射的外设。

EMIF 可控制 DSP 和外部存储器之间的数据传输。这里涉及的外部存储器为通过 CPLD 芯片 XC9536XL－VQ44 扩展的 TL16C550 芯片，如图 5.6 所示。

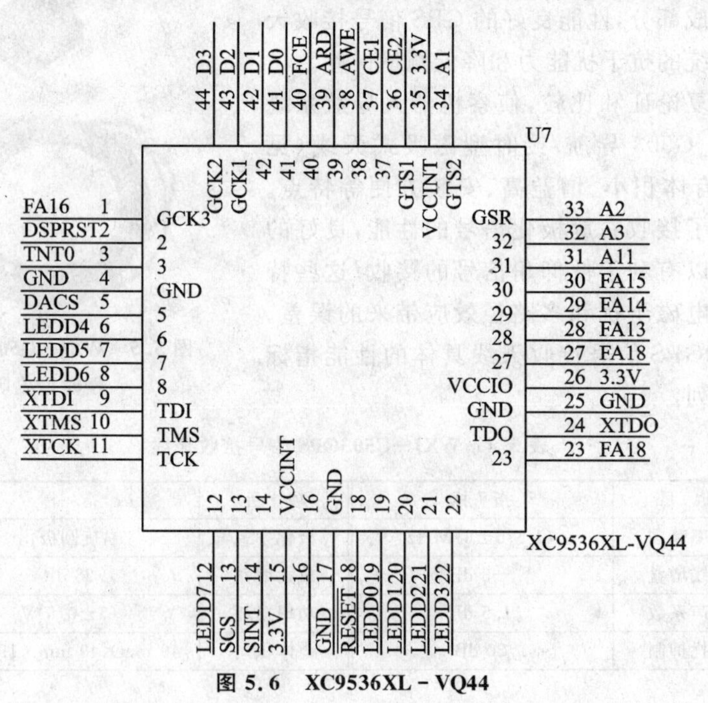

图 5.6 XC9536XL－VQ44

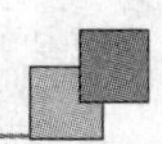

该部分主要包括数据缓冲电路、异步通信模块电路和电平转换电路，三部分分别选用的芯片为双向总线收发器 SN74VC245、TL16C550C 和 MAX232，如图 5.7 所示。只需要将 DB9 接头与 Superstar II 相接，就完成了所有硬件的连接。

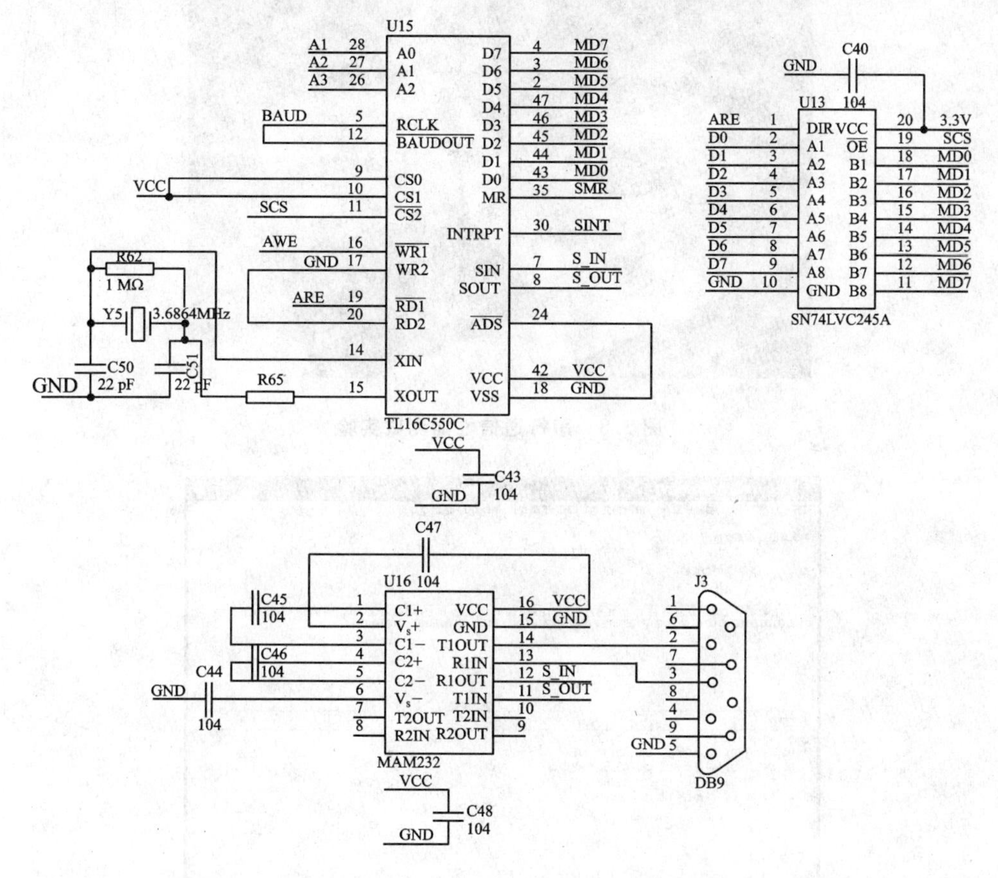

图 5.7　SN74VC245、TL16C550C 和 MAX232 芯片及其外围电路

串行通信测试包括处理器对板卡的命令测试和板卡对处理器的命令回复和输出数据的测试。

通信命令测试时，根据 Superstar II 的串行通信协议，编写了相应的命令发送程序。测试命令有初始化连接、设置主端口通信模式、请求数据（含多种数据格式，并且每种数据格式都含单次输出数据和连续输出数据）。测试结果理想，处理器能够随意发送命令设定 Superstar II 的各种通信设置或数据格式。

回复或数据测试时，根据 Superstar II 的两种串行通信协议，编写了相应的数据接收程序。接收包括 UTC 标准时、经度、纬度、高度、HDOP、VDOP、卫星数目、定位模式等有效数据。

串行通信性能测试实验如图 5.8 所示，数据收发界面如图 5.9 所示。测试结果表明，处理器与 Superstar II 接收机板卡的通信效果良好，能够满足实时性的要求。

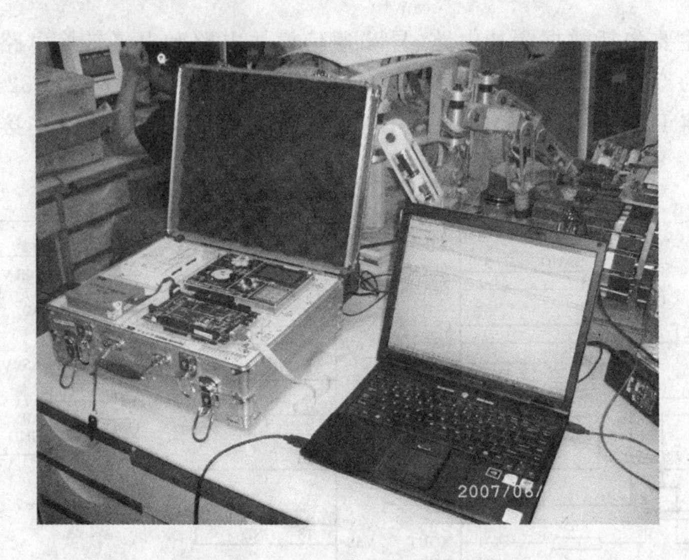

图 5.8　串行通信性能测试实验

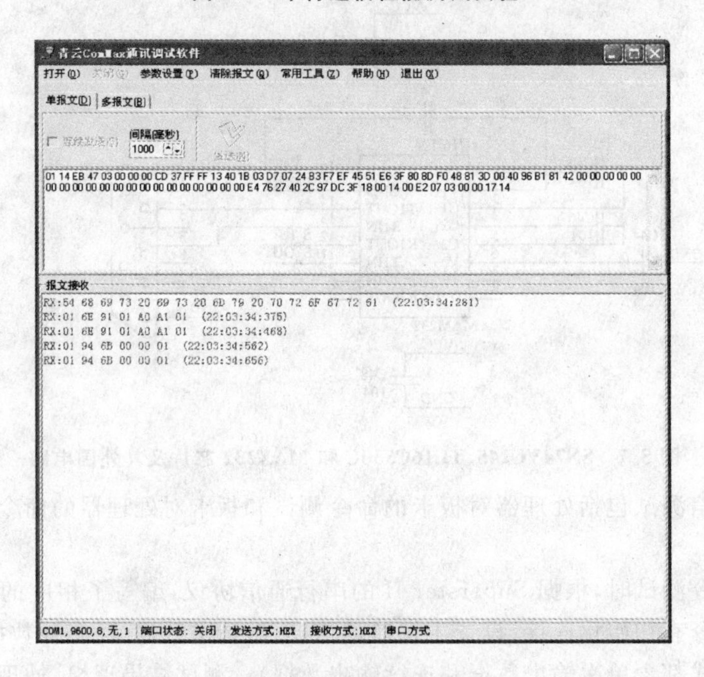

图 5.9　数据收发界面

5.2　导航系统的软件设计与实现

软件设计是侦察机器人导航系统的重要组成部分，良好的软件设计可以提高导航系统的准确性、实时性和抗干扰性，优化航迹。

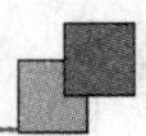

侦察机器人导航系统的软件设计主要包括：GPS定位数据采集、数据坐标转换和导航算法设计。GPS定位数据采集主要完成基于GPS通信协议数据的采集，提取经度、纬度和速度等有用信息；通过数据坐标转化将采集到的经度、纬度信息转换成机器人导航平面的坐标；所设计的导航算法用于提高导航系统的鲁棒性，优化侦察机器人运动轨迹。

5.2.1　GPS定位数据采集

串行通信可以分为同步串行通信和异步串行通信。

同步串行通信以字节为单位，即每次传输一个字节的数据。同步串行通信要求接收器和发送器之间有同一个时钟脉冲信号。其数据通信的数据传输格式如图5.10所示。

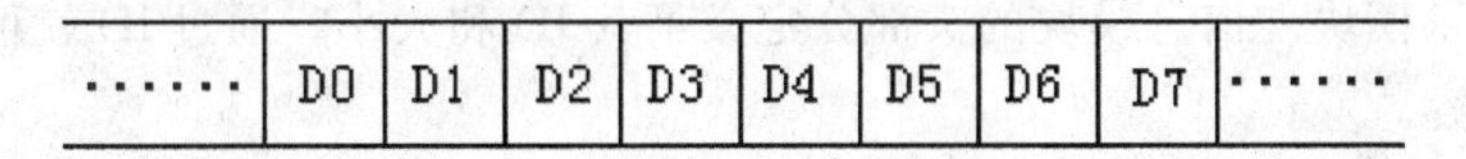

图5.10　同步串行通信数据传输格式

异步串行通信以帧为单位，即每次传输一个数据帧。异步串行通信通过特定的帧格式和内部时钟电路实现数据的正确传送。其帧格式如图5.11所示。

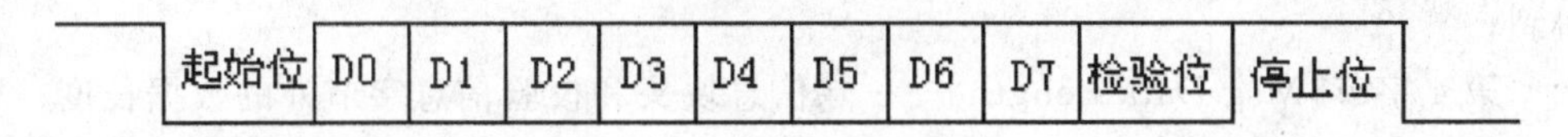

图5.11　异步串行通信数据传输格式

串行通信的数据帧说明：

- 起始位：串行数据发送端通过发送一个起始位而开始数据帧的传送；
- 数据位：位于起始位后，串行通信协议规定：数据位的低位在前，高位在后。可以根据需要设定数据长度为5、6、7或8位；
- 奇偶校验位：用于检验数据传送的正确性，可以根据需要设定为奇数校验、偶校验或无校验；
- 停止位：表示一个数据帧传送的结束，可以根据需要设定为1位、1.5位或2位；
- 位时间：表示一个位所占据的时间长度；
- 波特率：表示每秒传播的数据位数，单位为bit/s。

Superstar II GPS接收板有两种串行数据通信模式：Binary（二进制）协议模式和NEMA协议模式。

两种模式的串行数据传输的物理层都是RS-232通信接口。采用异步传输，1个起始位、8个数据位、无校验和1个停止位，默认的波特率为9 600。

NMEA协议是为了在不同的GPS导航设备中建立统一的RTCM（海事无线电

技术委员会)标准,由美国国家海洋电子协会(NEMA,The National Marine Electronics Association)制定。

NMEA 协议有 0180、0182 和 0183 这 3 种,0183 是前两种的升级,也是 Superstar II 采用的格式。NMEA-0183 的语句以"$"为语句起始标志,"GPGGA/GPGSA/GPRMC"等为信息块的识别 ID#,","为域分隔符,"*"为检验和识别符,后面的两位数为校验和,"<CR>/<LF>"为终止符。NEMA-0183 采用 ASCII 码传输,每个字符或数字都用对应的 ASCII 码表示,如果接收也采用 ASCII 码接收观测就很直观。

CMC_Binary 协议是 Novtel 公司为了串行通信方便而制定的串行数据传输标准。数据传输采用二进制。

CMC_Binary 协议的采用高位先传输、低位后传输的位传输顺序。传输的是不同大小的信息模块。信息模块的头部分定义了其 ID 和大小。通过 ID 就可以知道该信息块的内容。

信息块的结构如下定义:

第 1 字节[SOH]——开始头字节,0x01;

第 2 字节[ID#]——信息块的 ID 号,表明信息块的内容;

第 3 字节[Cmpl ID #]——ID# 的补充,可以通过 255-ID# 或 255⊗ID# 得到;

第 4 字节[Msg Data Length]——除信息块头和校验信息字节外的数据长度;

第 5 字节[数据字节 1];

第 6 字节[数据字节 2];

…

[Checksum]LSB——校验低字节;

[Checksum]MSB——校验高字节。

就这两个协议的数据接收情况,分别编写了相应的接收程序,两者的接收情况如图 5.12 和图 5.13 所示。

```
报文接收
RX:01 6E 91 01 20 21 01  (16:29:57:000)
RX:01 6E 91 01 20 21 01  (16:29:57:187)
RX:24 50 4D 43 41 47 2C 30 30 35 2C 30 2C 47 53 41 2C 30 30 31 2C 52 4D 43 2C 30 30 31 0D 0A
(16:29:57:406)
RX:24 50 4D 43 41 47 2C 30 30 35 2C 30 2C 47 53 41 2C 30 30 31 2C 52 4D 43 2C 30 30 31 0D 0A
(16:29:57:625)
TX:$GPRMC,131754.00,A,3957.4975,N,11618.7523,E,0.0,0.0,280407,,*34  (16:29:58:156)
RX:01 BB AB  (16:29:58:218)
RX:33 39 35 37 2E 34 39 37 35 2C 4E 2C 31 31 36 31 38 2E 37 35 32 33  (16:29:58:453)
        经度                          纬度
```

图 5.12 根据 NMEA-0813 协议的数据接收情况

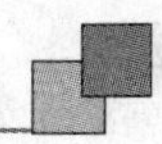

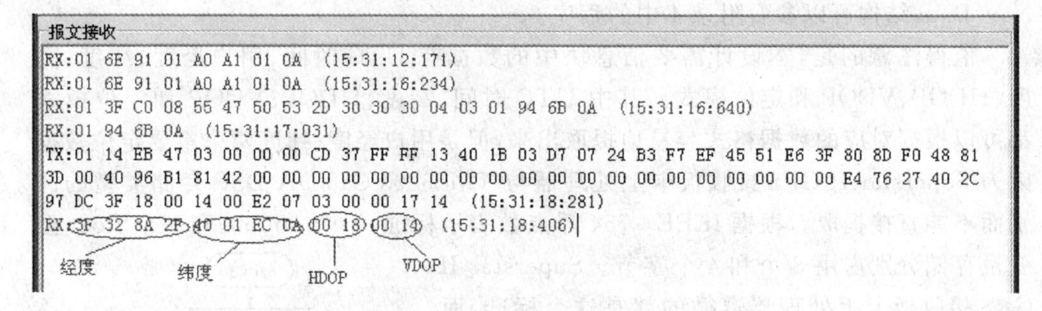

图 5.13　根据 CMC_Binary 协议的数据接收情况

可以看到,采用 CMC_Binary 协议接收的数据多,单个信息块的传输信息量大,所用的时间少(比 NEMA－0183 协议的接收时间少 172 ms),传输效率高。基于这个优点,本节采用的就是 Novtel 的 CMC_Binary 协议。

CMC_Binary 协议的信息块分为主处理器到接收器和接收器到主处理器两种。对本设计来说,主处理器为 TMS320VC5509A,接收器为 Superstar II GPS 接收板卡。

根据本次设计要求,选用了以下数据信息块:

➢ ID＃63——初始化连接;

➢ ID＃110——设定主端口模式;

➢ ID＃20——请求导航数据。

由此对应有以下主处理器命令格式(数据表示都是十六进制):

➢ 初始化连接——01 3F C0 08 55 47 50 53 2D 30 30 30 04 03;

➢ 设置 CMC_Binary 模式,波特率 9 600——01 6E 91 01 A0 A1 01;

➢ 请求单次导航数据——01 14 6B 00 00 01;

➢ 请求连续导航数据——01 94 6B 00 00 01。

对以上的命令,除设置串行通信协议模式外,接收器都有相应的回复。从 ID＃20 数据信息块中,就可以获得机器人定位所需要的经度、纬度、高度等定位信息。

由 Superstar II 的 Datesheet 可知,其 ID＃20 是用户坐标的定位数据信息块,所以数据采集程序也就是读取该信息块,并提取出其中的需要的有效信息。ID＃20 的信息块格式请参看附录 3。

从其格式表可知,该信息块共 77 字节(包括 4 个字头,71 个信息字节和 2 个校验字节),所以信息块的前 4 个字节为 01 14 EB 47。在接收程序中将上述 4 个字节定义为该信息块的识别 ID,当连续接收到这 4 个字节时便可确定后面的 73 个字节都是信息块的内容,所以全部接收并存储到缓冲区 buffer 数组中。

为了提高数据接收的效率,程序定义了一个名为 Nav_Data 的结构,大小与接收缓冲区也即信息块的大小相同。Nav_Data 结构根据信息块的内容依次定义了各个数据类型。这样只要将 buffer[77]转换成 Nav_Data 结构就可以获得各个定位数据。

Nav_Data 结构可以参看附录 4 中的程序。

值得注意的是，本设计需要信息块中的数据有 UTC 时间、用户经度、纬度、高度、HDOP、VDOP 和定位模式。其中 UTC 时间、高度、HDOP、VDOP 和定位模式都可以根据对应的数据格式容易地提取出来，但是用户经度、纬度两个重要定位数据因为 Superstar II GPS 接收板卡上处理器与 TMS320VC5509A DSP 存储类型的区别而不能直接提取。根据 IEEE－754 浮点数表示标准，一个 double 和一个 float 型变量存储分别占用 8 个和 4 个字节。Superstar II GPS 接收板卡上处理器遵循的就是这个标准，而 DSP5509A 处理器不区分二者的存储格式，无论 double 还是 float 都采用 4 个字节的 IEEE－754 标准中 float 的格式。因此，对用户经度、纬度这两个在 Superstar II GPS 接收板卡上处理器以 8 字节存储的变量需要编写程序进行数据转换。

图 5.14 是 GPS 定位数据采集实验实物图，图 5.15 是程序流程图，程序见附录 4。

图 5.14　基于 TMS320VC5509A DSP 的 GPS 定位数据采集实验

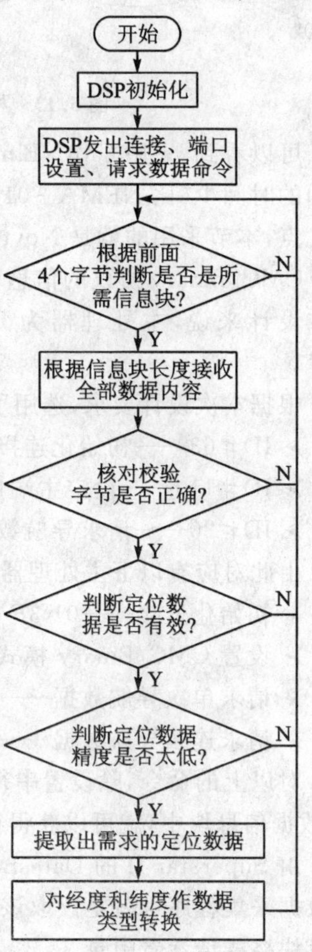

图 5.15　读取并提取 GPS 定位信息的程序流程图

5.2.2　数据坐标转换

由于 Superstar II GPS 接收板卡接收到的定位数据使用的是 WGS－84 坐标参考系，所提供的经度、纬度和高度等信息难以用于机器人的导航，所以需要进行坐标转换，将其转化为机器人导航可以利用的数据。

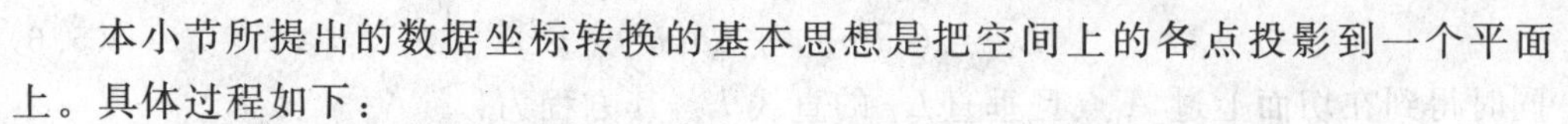

本小节所提出的数据坐标转换的基本思想是把空间上的各点投影到一个平面上。具体过程如下：

如图 5.16 和图 5.17 所示，$A(m,n,p)$为起始点，$B(m_0,n_0,p_0)$为目标点。

假设地球是以 a、b 为长轴、短轴的标准扁椭球体，其方程为：

$$\frac{x^2}{a^2}+\frac{y^2}{a^2}+\frac{z^2}{b^2}=1 \tag{5.1}$$

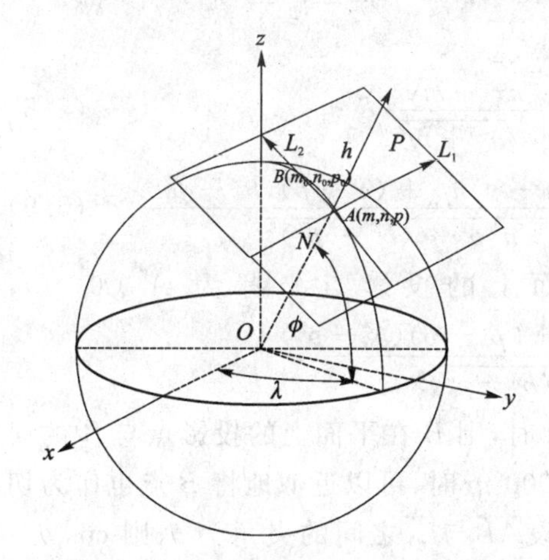

图 5.16　坐标转换示意图

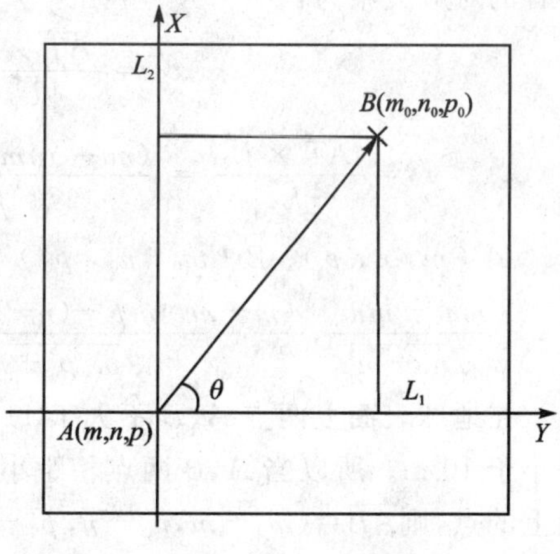

图 5.17　转换后的坐标平面

过 A 点作椭球的切面，则该切面方程为：

$$\frac{mx}{a^2}+\frac{ny}{a^2}+\frac{pz}{b^2}=1 \tag{5.2}$$

切面的法向量$\overrightarrow{n}$为$\left(\frac{m}{a^2}、\frac{n}{a^2}、\frac{p}{b^2}\right)$。

过 A 点且平行 xoy 平面的平面 $z=p$ 与切面相交，得到一条直线 L_1，则 L_1 的一般方程为：

$$\begin{cases}\frac{mx}{a^2}+\frac{ny}{a^2}+\frac{pz}{b^2}=1\\ z=p\end{cases} \tag{5.3}$$

将式(5.3)写成直线标准方程：

$$\frac{x-m}{n}=\frac{y-n}{-m}=\frac{z-p}{0} \tag{5.4}$$

向量$\overrightarrow{L_1}(n,-m,0)$与直线 L_1 平行。

作向量$\overrightarrow{n}$与$\overrightarrow{L_1}$的叉积，得到在切面上又垂直直线 L_1 的向量$\overrightarrow{L_2}$：

$$\begin{vmatrix} n & -m & 0 \\ \frac{m}{a^2} & \frac{n}{a^2} & \frac{p}{b^2}\end{vmatrix}=\left(-\frac{mp}{b^2},-\frac{np}{b^2},\frac{m^2+n^2}{a^2}\right) \tag{5.5}$$

化简得：

$$\overrightarrow{L_2} = (-mp, -np, b^2 - p^2) \tag{5.6}$$

同时得到在切面上过 A 点且垂直 L_1 的直线 L_2，其方程为：

$$\frac{x-m}{-mp} = \frac{y-n}{-np} = \frac{z-p}{b^2-p^2} \tag{5.7}$$

这样就可以由 L_1、L_2 建立一个以 A 为原点的平面坐标系。

对于三维坐标系上的任意一点 $T(x,y,z)$ 在该投影平面上的坐标为 $T'(x',y')$，两者的对应关系为：

$$x' = \frac{\overrightarrow{AT} \times \overrightarrow{L_1}}{|\overrightarrow{L_1}|} = \frac{nx-my}{\sqrt{n^2+m^2}} \tag{5.8}$$

$$y' = \frac{\overrightarrow{AT} \times \overrightarrow{L_2}}{|\overrightarrow{L_2}|} = \frac{(m-x)mp+(n-y)np+(z-p)(b^2-p^2)}{\sqrt{m^2p^2+n^2p^2+(b^2-p^2)^2}} \tag{5.9}$$

$A(m,n,p)$、$B(m_0,n_0,p_0)$ 在平面上的投影点坐标为 $A'(0,0)$，$B'=\left(\frac{nm_0-mn_0}{\sqrt{n^2+m^2}}, \frac{(m-m_0)mp+(n-n_0)np+(p_0-p)(b^2-p^2)}{\sqrt{m^2p^2+n^2p^2+(b^2-p^2)^2}}\right)$。

在地球表面上两点 A、B 不大于 11 314 m 时，则 B 在平面上的投影点与 B 的误差小于 10 m。所以当 A、B 两点相距小于 10 000 m 时，可以近似地将 B 点也作为切面上的点，则$\overrightarrow{AB}=(m_0-m, n_0-n, p_0-p)$。设$\overrightarrow{AB}$与$\overrightarrow{L_1}$之间的夹角为 θ，则 $\cos\theta=\frac{\overrightarrow{AB}\times\overrightarrow{L_1}}{|\overrightarrow{AB}|\times|\overrightarrow{L_1}|}$，所以：

$$\theta = \cos^{-1}\left(\frac{m_0n-n_0m}{\sqrt{(m_0-m)^2+(n_0-n)^2+(p_0-p)^2}\cdot\sqrt{n^2+m^2}}\right) \tag{5.10}$$

图 5.18 是坐标转换程序流程图，程序见附录 4。

5.2.3 实时航迹修正

在基于 GPS 定位信息的导航过程中，从理论上讲只要机器人的初始位置和目标的位置确定，便可确定机器人运动的最优路径，机器人按此路径运行便可到达目标。实际上，由于 GPS 的定位信息的偏差、机器人转弯角度误差和外界因素的影响的存在，按照根据 GPS 接收板提供的定位数据计算出的航迹往往偏离目标，如图 5.19 所示。

为使机器人能够根据 GPS 提供的定位数据计算出的航迹逼近目标，本小节提出了基于 GPS 定位数据的实时航迹修正算法。

该算法的基本原理如下：如图 5.20 所示，A_1 为机器人当前点位置，B 为目标点位置。为叙述方便，

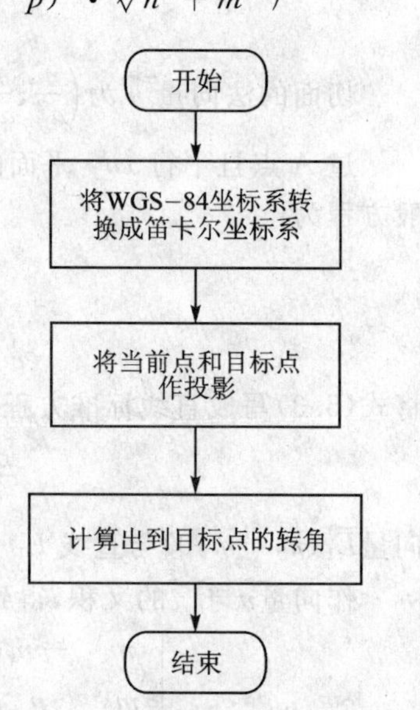

图 5.18 坐标转换程序流程图

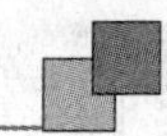

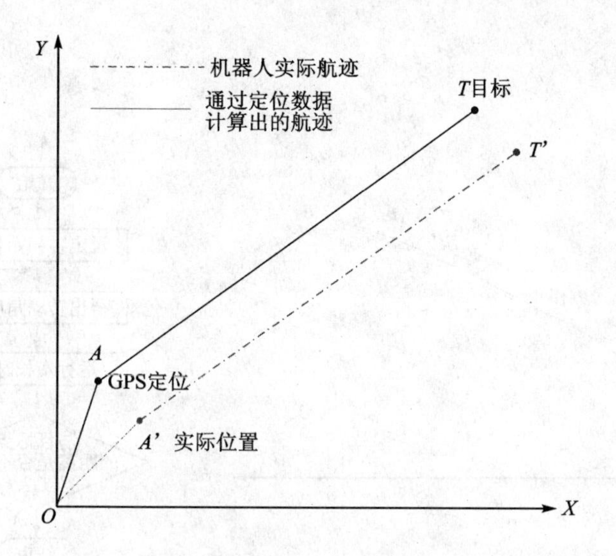

图 5.19　基于 GPS 接收板提供的定位数据计算出的航迹偏离目标的示意图

以下各目标点位置均设在第一象限，其他象限的情况可以类似得出。机器人以恒定的速度 v 运动，各步的运动时间为 t，所以步长 $l=v*t$。机器人自 A_1 点开始运动，起始速度 $\overrightarrow{v}$ 与 X 轴正向的夹角为 θ_1，$\overrightarrow{A_1B}$ 与 X 轴正向的夹角为 θ_0，两角之间相差 $\mathrm{d}\theta=\theta_1-\theta_0$。运行时间 t 后，机器人到达 A_2 点，此时，机器人作 $\mathrm{d}\theta$ 转动，角度变为 $\theta_1-\mathrm{d}\theta=\theta_0$。此时 $\overrightarrow{A_2B}$ 与 X 轴正向的夹角为 θ_2，而 $\mathrm{d}\theta=\theta_2-\theta_1$。再运行时间 t 后，机器人到达 A_3 点，此时，机器人作 $\mathrm{d}\theta$ 转动，角度变为 $\theta_2-\mathrm{d}\theta=\theta_1$。此时 $\overrightarrow{A_2B}$ 与 X 轴正向的夹角为 θ_3，而 $\mathrm{d}\theta=\theta_3-\theta_2$……机器人一直这样运动下去，直到当其所在点与目标点 B 的距离小于或等于允许误差 L_0 时，机器人停止运动。该算法的前提条件是机器人在各步的达到点时速度方向能立刻作小幅度转动。

算法的流程图如图 5.21 所示。

图 5.22 是在 MATLAB 软件当中该算法的仿真结果，起始点为 $A_1(0,0)$，目标点为 $B(10,10)$，直线 $\theta_0=\pi/4$。机器人的运动轨迹与起始转角 θ_1、θ_0 的差 $\mathrm{d}\theta$ 和运动速率 v 有关，从仿真结果可知当 $\mathrm{d}\theta$ 越小且 v 越小，则运动路径的稳定性越好。所以 $\mathrm{d}\theta$ 应尽量小，当 $\mathrm{d}\theta=0$ 时，运动路径将与理想路径重合。但是 v 越小却使得所需步长越多，控制运算过程也越复杂。仿真结果表明，随着机器人运动时间的增加，最终趋于目标。

机器人运动受多种误差的影响，其中包括运动速率的不恒定引起的误差，地面的不平整引起的误差等，此时，运动路径不仅与 $\mathrm{d}\theta$、v 有关，还与误差范围有关。

图 5.23 是加上随机误差的仿真结果。由仿真结果可知，v 越大、误差越大，机器人运动轨迹的稳定性越差，而此时 $d\theta$ 的影响相对减弱。在一定的误差范围内，机器人根据该算法仍能趋于目标点。

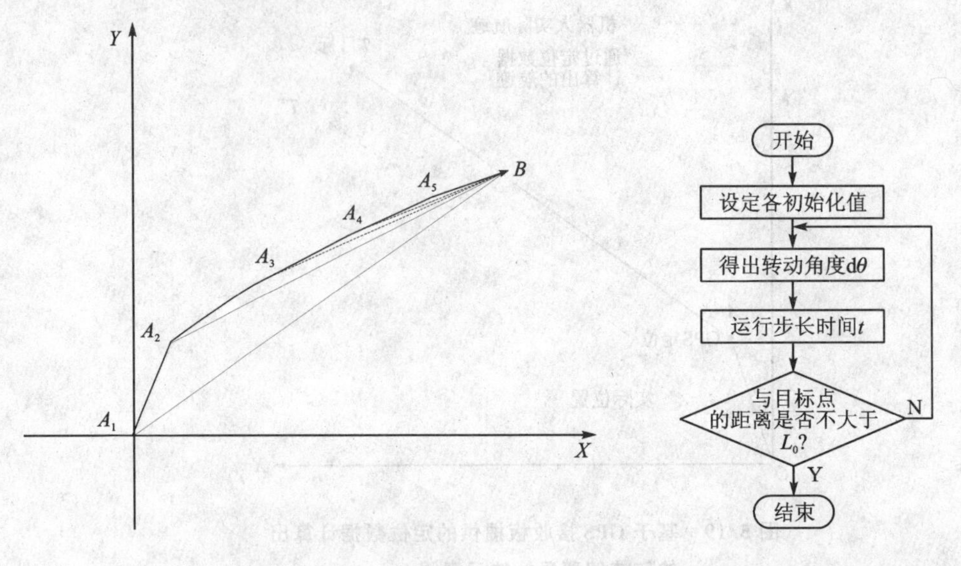

图 5.20　基于 GPS 定位数据的实时航迹修正算法示意图

图 5.21　基于 GPS 定位数据的实时航迹修正算法流程图

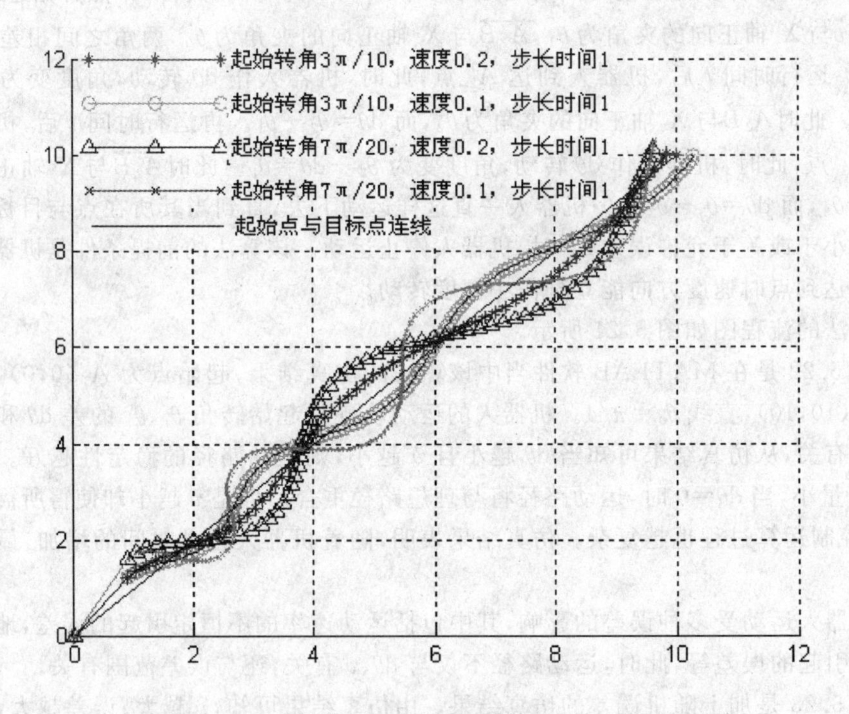

图 5.22　基于 GPS 定位数据的实时航迹修正算法仿真结果

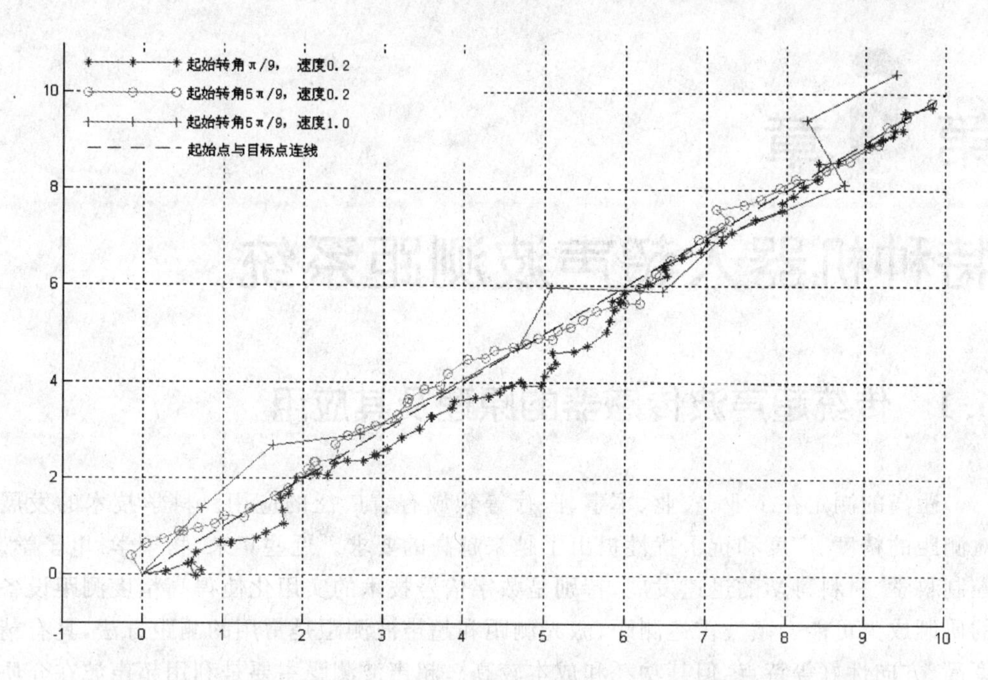

图5.23　加入随机误差的基于GPS定位数据的实时航迹修正算法仿真结果

创意点睛

➢ 搭建了以嵌入式数字信号处理器DSP为信息处理核心的侦察机器人导航定位系统，该导航定位系统与传统的以PC机为核心的导航定位系统相比具有体积小、功耗低等特点；

➢ 采用Marconi Binary协议读取GPS接收器的定位数据，提出并采用"切面投影定位法"对GPS提供的定位数据进行坐标转换，并根据转换后的结果对机器人的航迹进行修正，有效地提高了导航数据采集与处理的实时性。

第6章

特种机器人超声波测距系统

6.1 传统超声波传感器的原理及其应用

距离的测定在工业、农业、军事、医疗等领域有着广泛的应用。科学技术的发展对测距的精度、广度和抗干扰性提出了越来越高的要求。近些年来，物理学、电子学、控制科学、材料科学的迅速发展，特别是数字信号技术的实用化使得高精度测距设备的研制成为可能。微波雷达测距、激光测距和超声波测距是常用的测距方法，具有精度高、方向性好等特点，但其功耗和成本较高。超声波测距主要是利用超声波在介质中传播时表现出来的良好性质进行距离测量。超声波测距为非接触式的检测方式，不受光线、被测对象颜色的影响，在较恶劣的环境中(如含粉尘时)具有一定的适应能力；此外，超声波传感器具有成本低廉、结构简单、体积小等特点，因此广泛应用于军事、工业、民用等领域，如汽车防撞、机器人路径规划、工业距离测定、水位液位量测和混凝土结构探伤等。

超声波测距利用的是超声波近似直线传播和反射的特性，目前常用的测距方式是单脉冲方式。超声波换能器在单脉冲的触发下将超声波发射出去，超声波在介质中传播到被测物体后被反射。超声波换能器接收到反射回波信号，确定出超声波从发射到接收的渡越时间，通过下式：

$$L = \frac{1}{2}V_s \cdot T_r \tag{6.1}$$

来确定物体离超声波传感器的距离 L。其中，V_s 为超声波在介质中传播的速度，T_r 为渡越时间。

超声波是一种机械波，在弹性介质中传播时其振动频率在 20 000 Hz 以上。利用超声波进行物体的距离测量以实现定位是蝙蝠等一些生物作为防御及捕捉生存的手段。人们采用仿生学原理，将超声波测距运用到人类生产、生活的各个领域当中。例如，用人造超声源在海水里发射，由回射超声波进行探测海洋中潜艇的位置、鱼群以及确定海底暗礁等障碍物的形状及远近。利用人造超声波在固体里传播的时间确定物体的长度以及超声波在固体里遇到障碍物界面上的反射波来确定物体内部损伤的位置，称为无损探伤。由于利用超声波传感器进行测距具有方向性好、结构简单、体积小等特点，广泛应用于移动机器人避障和导航过程中。

由比利时 K. U. L. 大学研制的 LIAS 自主机器人使用的接近觉传感器为超声波测距传感器。LIAS 机器人及其传感器布局如图 6.1 和图 6.2 所示。在 LIAS 机器人四周安装有 14 个 Polaroid 超声波传感器，用于对周围环境检测、定位。Polaroid 超声波传感器发射出 49.1 kHz 的调频超声波脉冲，超声波遇到物体后返回接收器。从发射脉冲到检测到第一次回波的渡越时间和传感器到目标的距离成正比。Polaroid 超声波传感器的发射和接收由一个换能器完成，检测范围为 41 cm～10.5 m，波束扩散角为 22°。

图 6.1　LIAS 自主机器人

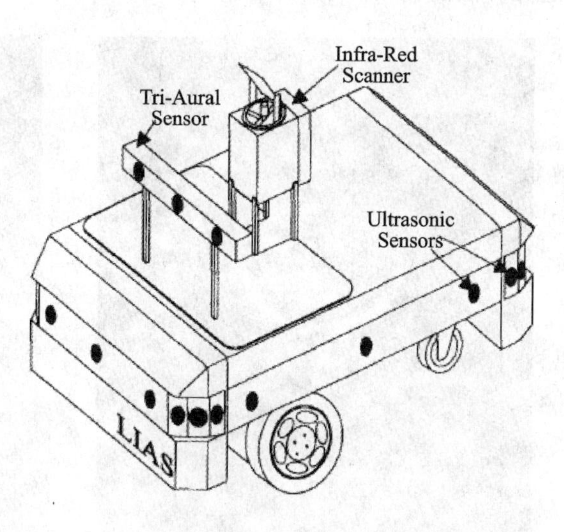

图 6.2　LIAS 机器人传感器布局图

比利时安特卫普大学的研究人员最近成功地利用生物仿生学制造出了一个蝙蝠机器人（见图 6.3），这个蝙蝠虽然没有电影里蝙蝠侠眩目的外表，但是它却是人类生物仿生学的一个不小成就，因为该机器人具备了和蝙蝠一样的利用超声波辨别方位的能力。

由保时洁开发的智能保洁机器人（见图 6.4）利用了超声波测距的原理，通过向前进方向发射超声波脉冲，并接收相应的返回声波脉冲，对障碍物进行判断；通过以单片机为核心的控制器实现对超声波发射和接收的选通控制，并在处理返回脉冲信号的基础上加以判断，

图 6.3　蝙蝠机器人

选定相应的控制策略；通过驱动器驱动步进电机，带动驱动轮，从而实现避障功能。与此同时，由其自身携带的小型吸尘部件，对经过的地面进行必要的吸尘清扫。

图 6.5 所示的机器人是由沈阳自动化所研制的基于复合机构的非结构环境移动机器人，是我国第一台采用计算机融合红外、超声、视觉、电子陀螺和语音等传感器信息控制的具有一定自主能力的轮-腿-履带复合型移动机构的机器人。在机器人的四周装有 11 个超声波传感器，为了弥补其探测盲区，又另加了 7 个红外线传感器。超声和红外传感器采集的车体附近的障碍物距离信息经过滤波、归一化处理之后作为避障算法的输入。

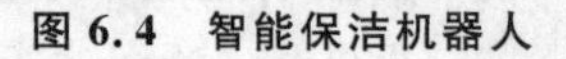

图 6.4 智能保洁机器人

图 6.5 复合机构的非结构环境移动机器人

综上所述，世界各国已经深刻认识到超声波测距技术的重要性，正在积极地开展这方面的研究工作，有些实验室和研究所已研究出基于超声波测距技术的智能化较高的机器人。

从资料中也可以发现，环境因素（如温度、湿度和压强）对超声波测距产生的影响已成为超声波测距技术发展的瓶颈。为提高超声波测距的精度，国内外学者作了大量的理论研究和实验论证。温度补偿法是常用的测距误差修正方法。该方法在大量实验的基础上得出超声波的传播速度与温度的关系：

$$V = 331.4 \cdot \sqrt{\frac{T + 273.16}{273.16}} \tag{6.2}$$

式中：T 为测量环境的温度，V 表示温度为 T 时超声波传播的速度。用 V 来代替式(6.1)中的 V_s 从而求出物体的距离 L。温度补偿法虽可以减小环境温度对测距的影响，但其存在一定的局限性。首先，式(6.2)是在理想状况下即气压为 1 标准大气压，湿度为 25 %的环境下得出的超声波传播速度与温度之间的关系，不具有普适

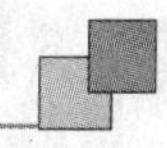

性。其次，温度补偿法引入了一个新的变量 T，因此相应的测距装置需添加相应的温度传感器或温度补偿电路、A/D 转换电路，增加了测距装置和数据采集的复杂程度。温度传感器或温度补偿电路、A/D 转换电路的精度也会给测距精度产生一定的影响。最后该方法也不能解决渡越时间的捕获、提高测量距离和抗干扰性等问题。

特种机器人的避障与路径规划是超声波测距的一个重要应用领域。特种机器人通常在非结构环境中进行作业，因而必需提高其全面感知外部环境及实时避障的能力，这就要求特种机器人超声波探测系统具有精度高、测量距离远、抗干扰能力强和功耗低等特点。

6.2　伪随机序列及其自相关函数

伪随机序列是一个具有一定周期的取值为 0 和 1 的离散码序列，具有与随机噪声相似的尖锐自相关函数特性，但并非真正随机，而是按一定的规律周期性变化的序列。m 序列是伪随机序列的一种，是由移位寄存器反馈连接产生的最大线性长度的序列，其特征多项式为：

$$f(x) = c_0 + c_1 x + c_2 x^2 + \cdots\cdots + c_n x^n = \sum_{i=0}^{n} c_i x^i \tag{6.3}$$

互相关函数是两个信号之间相似性的一种量度。两个长为 N 的实离散时间周期序列 $x(n)$ 与 $y(n)$ 的互相关函数可由下式计算得出。

$$r_{xy}(\tau) = \sum_{n=0}^{N-1} x(n) y(n+\tau) \tag{6.4}$$

其中，τ 为延迟时间。如果 $x(n)$ 和 $y(n)$ 是同一信号，则称 $r_{xx}(\tau)$ 为信号 $x(n)$ 的自相关函数，即：

$$r_{xx}(\tau) = \sum_{n=0}^{N-1} x(n) x(n+\tau) \tag{6.5}$$

由式(6.5)可知，m 序列的自相关函数为：

$$r(\tau) = \begin{cases} 1 & \tau = 0 \\ -\dfrac{1}{P} & \tau \neq 0 \end{cases} \tag{6.6}$$

其中，P 为 m 序列的周期。

基于 m 序列进行距离测量具有如下优点：

① 抗干扰能力强。由式(6.6)可知，当伪随机序列的周期足够大时，其自相关函数具有尖锐的二电平特性，接近于 δ 函数。基于伪随机序列自相关性的新型超声波测距系统，正是利用伪随机序列尖锐的自相关函数特性来测量发射码和接收码之间的延时，从而计算出渡越时间。在测量的过程中，绝大多数噪声与伪随机序列都不相关，这些噪声都可以通过计算收发序列的相关函数来抑制。如图 6.6 所示的 m 序列其周期为 31 个码元宽度，一个周期内的码元为“0 0 0 1 0 0 1 0 1 1 0 0 1 1 1 1 1 0 0 0

1101111010 10”,其自相关函数如图 6.7 所示,其与随机噪声的互相关函数如图 6.8 所示。从图 6.7 中可以看出,该 m 序列的自相关函数在第 32 个采样点时出现了尖锐的突变峰值,而其与随机噪声的互相关函数中没有出现这种现象。

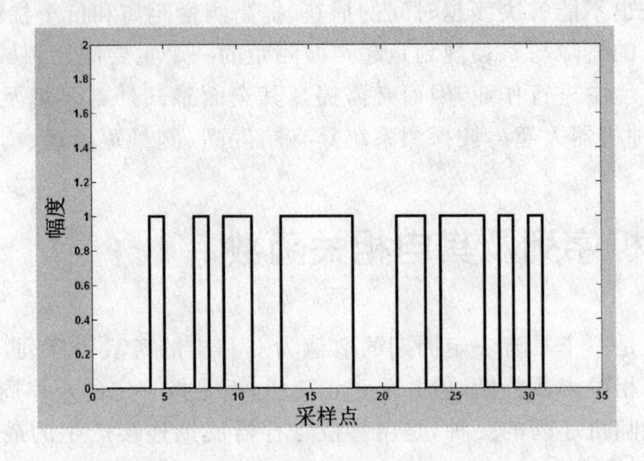

图 6.6　*m* 序列一个周期内的码元

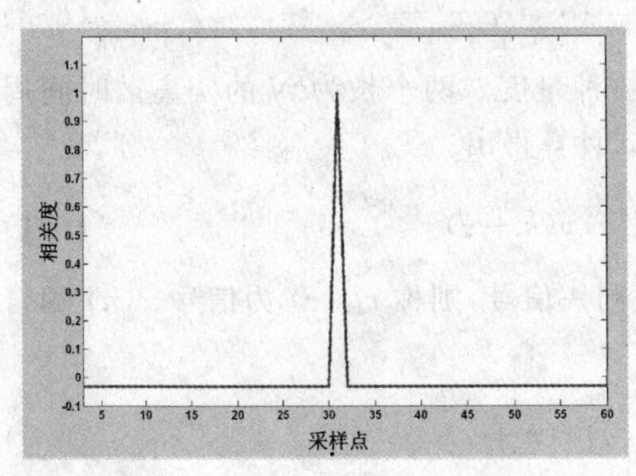

图 6.7　*m* 序列的自相关函数

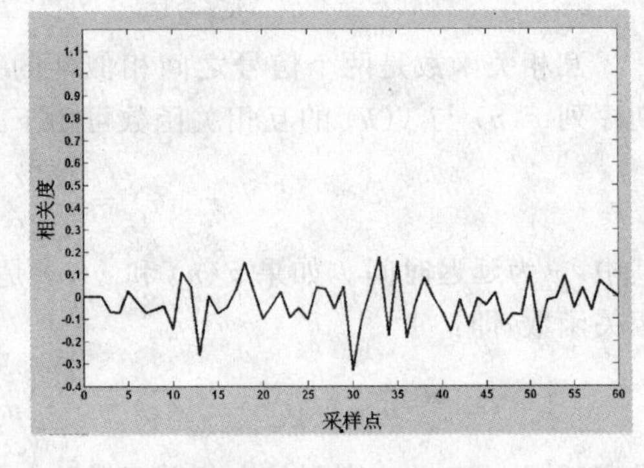

图 6.8　*m* 序列的与随机噪声的互相关函数

② 有良好的距离分辨能力。基于 m 序列进行距离测量的公式为:

$$S = \frac{1}{2}V_s NW \tag{6.7}$$

其中,V_s是超声波传播的速度,N 为收发两个序列的相位差($N=1,2,3\cdots,P$,P 为 m 序列的周期),W 为码元宽度。根据式(6.7)可得测量的最大距离为:

$$S_{\max} = \frac{1}{2}V_s PW \tag{6.8}$$

由式(6.8)可知,在超声波传播速度 V_s和码元宽度 W 一定的情况下,可以通过增大 m 序列的周期来提高测量的最大距离;而基于单脉冲的进行测距时,只能依靠提高发射功率来提高测量的最大距离。

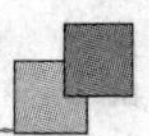

③ 易于产生和实现。m 序列可通过软件编程，通过微处理器（如单片机、DSP）的输入/输出口产生；也可直接通过硬件（如数字逻辑电路、现场可编程门阵列 FPGA）产生。

6.3　新型超声波测距系统的测距原理

新型超声波测距系统由三个模块组成：渡越时间确定模块、超声波传播速度实时测量模块和信息融合模块。

6.3.1　渡越时间的测定

准确地确定渡越时间是实现超声波传感系统实现准确测距的前提，这里是基于 m 序列良好的自相关性来测定渡越时间的。渡越时间测定的过程如下：由 TMS320VC5509A DSP 产生的 m 序列通过通用 I/O 引脚输出，激励超声波发射电路将其转换成对应的超声波信号发射出去，超声波遇到目标会反射回来，超声波接收模块将其滤波、放大后，通过序列还原模块还原成对应的离散序列，并与本地码发生模块产生的 m 序列进行相关运算。记录下相关函数值取值最大时的本地 m 序列与接收到信号的还原后 m 序列的相位差 N，渡越时间 T_r 可由下式计算得出。

$$T_r = N \cdot W \tag{6.9}$$

6.3.2　超声波传播速度的实时测量

渡越时间实时测量模块是由一对超声波换能器和长方体目标组成。一对超声波换能器用于收发超声波，长方体目标距超声波换能器的距离已知，设为 d。超声波换能器在发射电路的激励下产生超声波，发出的超声波遇到长方体目标后反射回超声波换能器，该过程渡越时间 T_{r_0} 的测定原理如 6.2 节所述，则超声波实时的传播速度可由下式计算：

$$V_s = \frac{2d}{T_{r_0}} = \frac{2d}{N_0 \cdot W} \tag{6.10}$$

6.3.3　信息融合模块

信息融合模块主要由 TMS320VC5509A DSP 组成，TMS320VC5509A 是 TI 公司生产的一种高性能、低功耗的定点 DSP，其主要负责 m 序列的生成、相关运算以及障碍物距离的计算。由 6.3.2 和 6.3.3 小节的讨论可知，障碍物的距离 S 可由下述公式计算：

$$S = \frac{1}{2}V_s \cdot T_r = \frac{1}{2} \cdot \frac{2d}{T_{r_0}} \cdot T_r = \frac{d}{T_{r_0}} \cdot Tr = \frac{d \cdot N}{N_0} \tag{6.11}$$

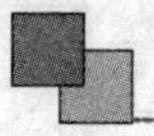

6.4 新型超声波测距系统的硬件电路

新型超声波测距系统的硬件电路主要包括三部分:发射电路、接收电路和数据采集电路。硬件电路原理框图如图 6.9 所示,其中由 TMS320VC5509A DSP 把存储在其内部的伪随机码作为使能信号加到 NE555 定时器上,控制 NE555 发射出带有伪随机二进制序列的信号来驱动超声波换能器。当由 NE555 发出高电平信号时,超声波换能器发出信号;当 NE555 发出低电平信号时,超声波换能器就不发出信号,从而实现用伪随机序列信号调制超声波信号。回波到达超声波换能器后经过前端放大、带通滤波、后级放大、整流电路、采集电路后以脉冲的形式回到 TMS320VC5509A DSP 中。

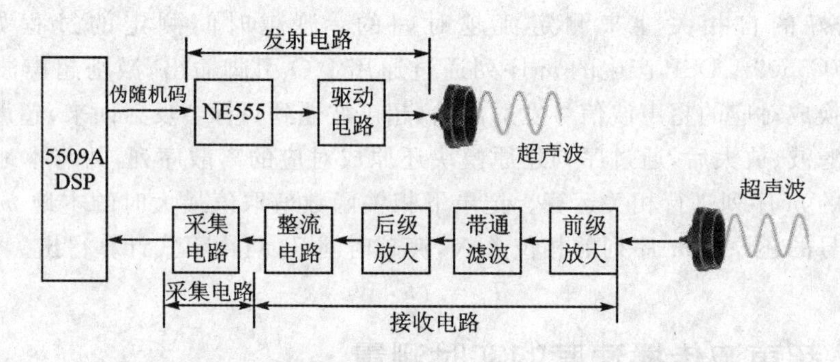

图 6.9 新型超声波测距系统硬件电路原理框图

6.4.1 超声波测距系统主控板的设计

该测距系统的主控板(见图 6.10)是一个可扩展的 DSP 最小系统板,主要由 DSP 主控芯片和一些基本的外围电路组成。主控芯片是本测距系统的重要组成部分,本测距系统采用 TI 的 TMS320VC5509A 系列的 DSP。

TMS320VC5509A 是一个基于 TMS320C55x 的 16 位的定点数字信号处理器。它内部有两个乘法累加单元(MAC),双 MAC 可以在一个时钟周期可以完成两个 17 bit×17 bit 的 MAC 运算。同时 40 bit 的 ALU 可以完成 32 bit 的运算,或两个 16 bit 的运算。第二个 16 bit 的 ALU,用于通用的算术运算,增加了并行性和加法的灵活性。5509A 沿用了 C54x DSP 的高代码密度的标准指令集,通过可扩展的指令长度(8～48 bit)将编译后代码的长度减小了 30%,并且优化了内存的使用。由于使用 C55x 内核,该产品的性能达到 400 MIPS,功耗只有 C54 系列 DSP 的 1/6。其 CPU 内部总线包括:1 组程序总线、3 组数据读总线、2 组数据写总线、外围总线和 DMA 总线,这些总线在特定的情况下(总线不冲突)可以提供在一个时钟周期内的 3 个数据读操作和两个数据写操作。程序的存取使用 24 位的程序地址总线和 32 位程序读总线,这些功能单元通过 3 个 16 位的数据读总线从存储器中读取数据。程序和数据写使用16位的数据写总线，数据写总线与24位数据写地址总线联系在一起，5509A的其他总线供DMA和外围控制器使用。5509A提供128K×16 bit的片内RAM，减少了功耗较大的片外存取，同时它还具有一个外部存储器接口（EMIF），支持低成本的外部存储器例如SDRAM，还有一些外设包括USB、实时时钟、看门狗和I^2C设备；DSP有3个多通道缓冲串口（McBSP），每个可以支持128通道速度可达每秒100兆位，并且还支持6个DMA通道。每个时钟周期可进行两次存取，使吞吐量达到C54x系列DSP的10倍，并且软件与C54x系列完全兼容。

外围电路主要包括电源模块、数据存储模块、时钟信号模块、复位电路模块。

其中电源采用的是TPS73HD318/301，为DSP提供3.3 V的I/O电压和1.6 V的核电压；采用AT25F1024作为外部ROM，其容量为1 MB，用于脱机启动DSP；整个系统的时钟由一个12 MHz的有源晶振提供，系统的RTC由一个32 768 kHz的无源晶振提供；复位电路用的是MAX706。

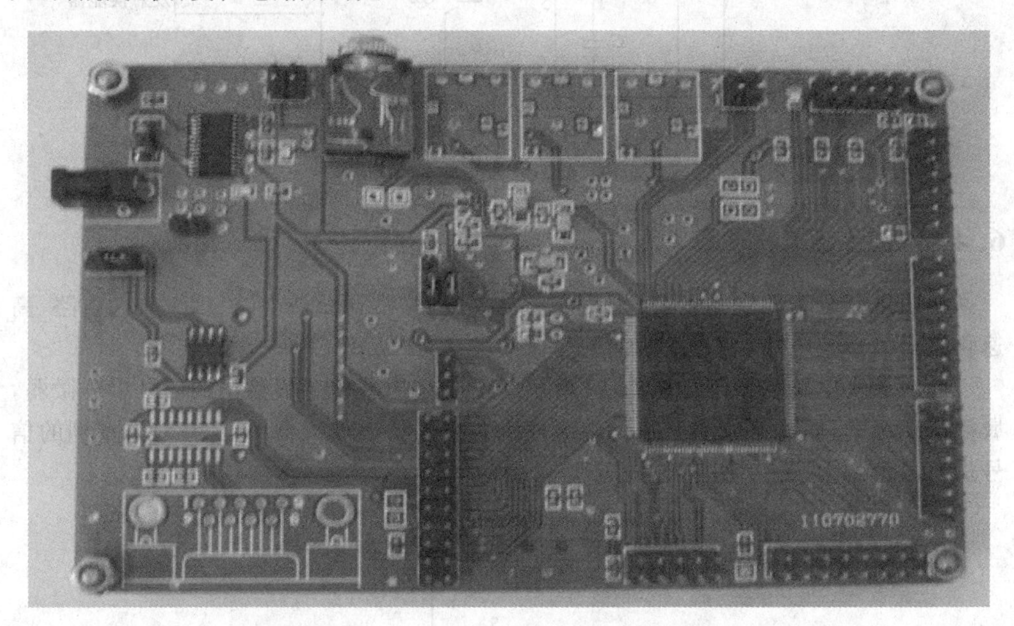

图6.10 超声波测距系统主控板的实物图

6.4.2 发射电路

图6.11所示的是新型超声波测距系统的发射电路，激励信号源由一个NE555定时器发出，伪随机码作为调制信号由DSP发出，接到NE555的使能引脚上，以激励NE555定时器发出40 kHz的方波信号。NE555发出的激励信号经过一个NPN/PNP型晶体管的互补功率放大电路，加到一个由MOSFET构成的放大电路上。MOSFET实质上是高速开关器件，受到输入输出间的耦合、配线等寄生电感的影响而不稳定，因此必须插入一个门极电阻R_4。为了保证MOSFET能够很好地实现开

关动作，在其前级采用了 NPN/PNP 型晶体管互补功率驱动电路。在与 DSP 的接口处用光耦进行隔离，光耦在这里起到保护和匹配电压的作用。为使 NE555 发出的激励信号的频率达到超声波换能器的谐振频率，取 $R_1 = 1\ \text{k}\Omega$，$R_2 = 1.72\ \text{k}\Omega$，$R_3 = 16\ \text{k}\Omega$，$C_1 = 0.01\ \mu\text{F}$。

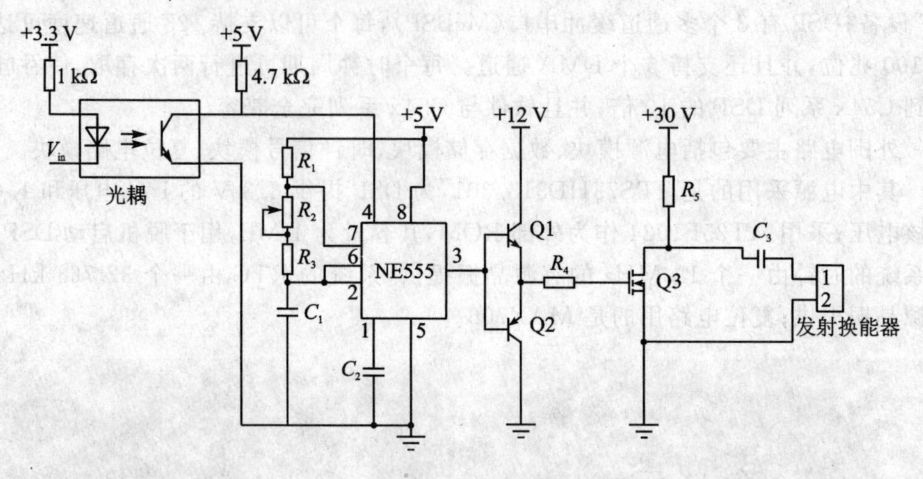

图 6.11　发射电路

6.4.3　接收电路

接收电路分为四个部分，分别是前级放大电路、带通滤波电路、后级放大电路、高速化绝对值转换电路。

前级放大电路的原理如图 6.12 所示。由于超声波传感器输出的信号十分微弱，属于毫伏级的，因此必须对其进行前级放大。采用仪表放大器 AD620 对采集到的信号进行放大，放大的倍数为 100 倍。

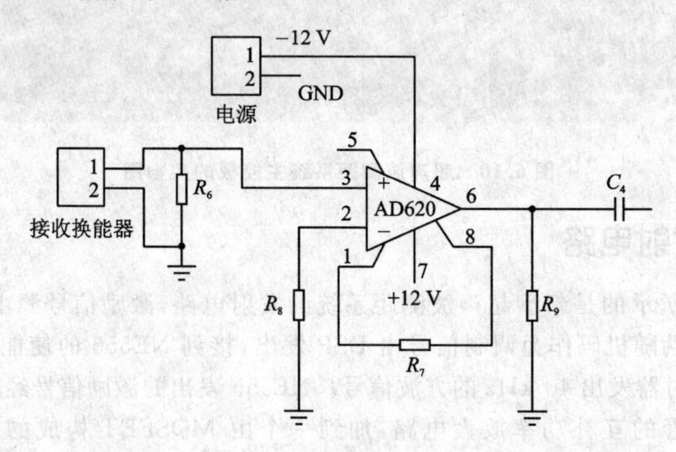

图 6.12　前级放大电路

带通滤波电路部分为一个压控电压源的二阶带通滤波器(见图 6.13),因为超声波信号的中心频率为 40 kHz,所以带通滤波器的中心频率 f_0 也选为 40 kHz。将相关的数据代入,经计算可得带通滤波器的品质因数 $Q=19.3$,具有良好的选择性。

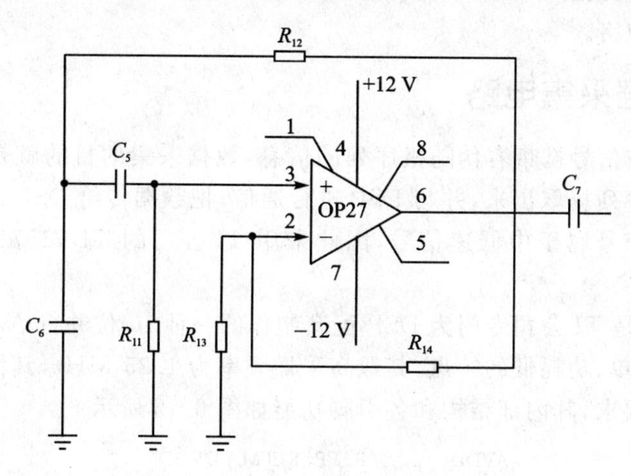

图 6.13　带通滤波电路

后级放大部分是对滤波后的信号进一步放大,目的是把信号放大到可以被后续电路进行处理的程度,采用集成运算放大器对滤波后的信号放大 10 倍。

通过后级放大器所接收到的超声波回波信号是带有伪随机序列的信号,采用高速化绝对值转换电路将伪随机序列从超声波形中解调出来。通过高速化绝对值电路能够把回声信号处在负半轴的部分转到正半轴,以提高信号的有效值,从而得出所需要的伪随机序列。绝对值转换电路如图 6.14 所示,当输入信号为负时,D1 截止,D2 导通,U1 为倒相放大器;U2 为正向放大器,当输入信号为正时,D1 导通,D2 截止,

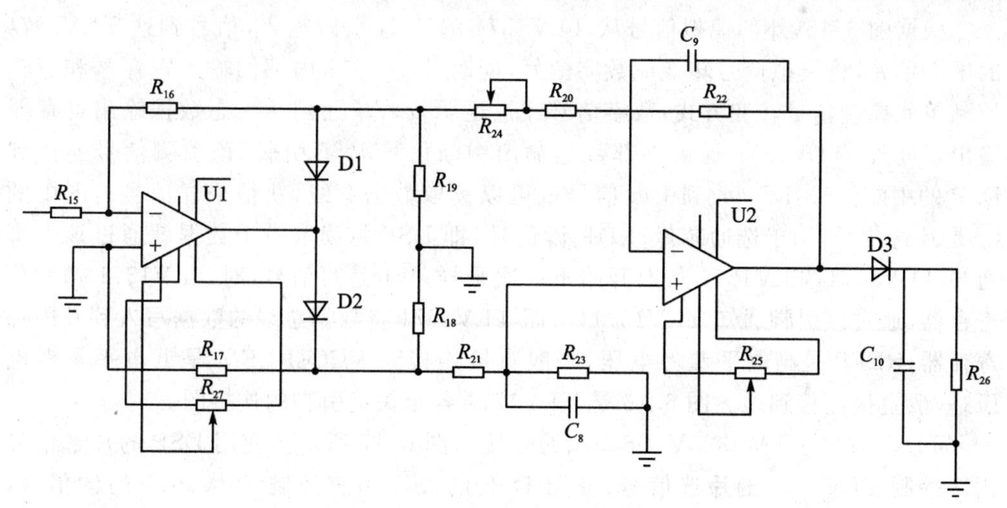

图 6.14　高速化绝对值转换电路

U1 为倒相放大器,U2 也为倒相放大器。因此无论输入信号的电压极性如何,其输出总是正电压,且幅值不变。如前所述,超声波回波信号经过绝对值变换电路以后,负电压被翻转为正电压,且频率倍增,然后通过二极管 D3、电容 C_{10} 组成的检波电路对新波形进行包络。

6.4.4 数据采集电路

超声波回波信号携带着伪随机序列的信息,数据采集的目的就是要从超声波信号中把伪随机序列提取出来,并与 DSP 进行通信,把数据传给 DSP 进行处理。由于超声波的回波信号属于中低速信号,因此采用 TI 公司的 TLV1571 作为数据采集芯片。

TLV1571 是 TI 公司专门为 DSP 配套制作的一种 10 位并行 A/D 转换器,具有速度高、接口简单、功耗低的特点,其最高采样频率为 1.25 MHz,其性能能够很好地满足本系统的要求,其内部结构和各引脚功能如图 6.15 所示。

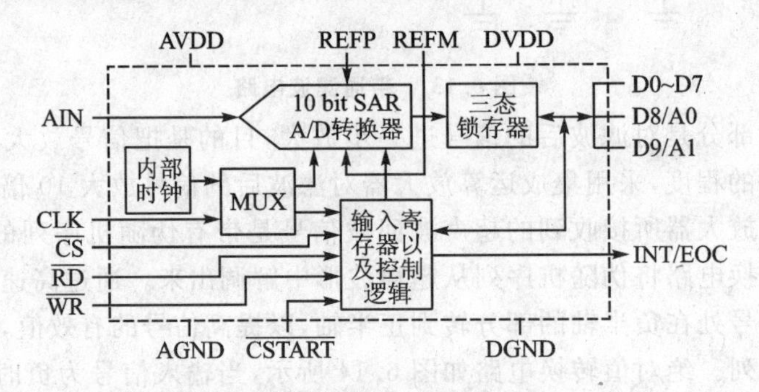

图 6.15 TLV1571 内部结构

根据图 6.15,外部模拟信号从 TLV1571 的 AIN 引脚输入,信号到达 TLV1571 的中心单元,将模拟信号转变成数字信号,同时 TLV1571 内部的输入寄存器和逻辑控制单元控制信号转变方式,数字信号经过逻辑校验单元到达三态数据输出寄存器输出。此外,TLV1571 提供外部数据输出中断信号 INT 引脚,该引脚信号连接到 DSP 的中断信号,DSP 收到中断信号就可以读取数据总线,获得采样信号。图中的 $\overline{\text{CS}}$是片选信号,用于选通芯片;$\overline{\text{RD}}$是读信号,即 DSP 每读取一个数据就通过该引脚通知 TLV1571,TLV1571 从而开始下一次采样;$\overline{\text{WR}}$是写信号,对 TLV1571 初始化寄存器,通过该引脚通知 TLV1571,从而 TLV1571 将数据总线的数据写入到其内部寄存器;REFP 是高电平参考电压,一般直接连接到 VCC;REFM 是低电平参考电压,一般直接连接到地。图 6.16 是 TLV1571 各个关键引脚的连接图。

TLV1571 与 TMS320VC5509A 的连接如图 6.17 所示。使用 DSP 的片选信号 CE2 控制 TLV1571 的片选信号;使用 DSP 的$\overline{\text{ARE}}$引脚控制 TLV1571 的读信号,$\overline{\text{AWE}}$引脚控制写信号;DSP 的数据总线的低 10 位与 TLV1571 的数据总线直接相连,DSP 的外部中断 2 信号和 TLV1571 的中断信号相连。在连接 DSP 与 TLV1571

的过程中必须对不同的电平信号进行匹配，由于 5509A 的 I/O 是 3.3 V 的逻辑电压。所以要保证 TLV1571 也是 3.3 V 逻辑的，TLV1571 的输入电压是有一定范围的，范围在 2.7～5.5 V，随之采样频率也会发生变化，输入 3 V 时采样频率为 625 kHz，输入为 5 V 时采样频率为 1.25 MHz，为了能够在满足采样频率的同时还要能够做到和 DSP 的电平匹配，我们选用输入电压为 3.3 V，因此，TLV1571 的最大量程就是 3.3 V。

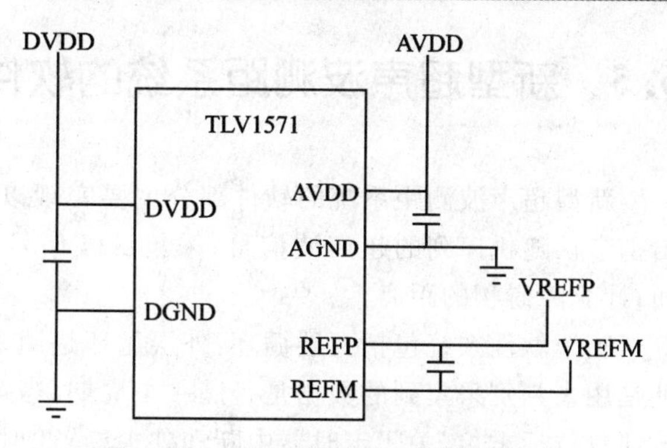

图 6.16　TLV1571 的关键引脚的连接

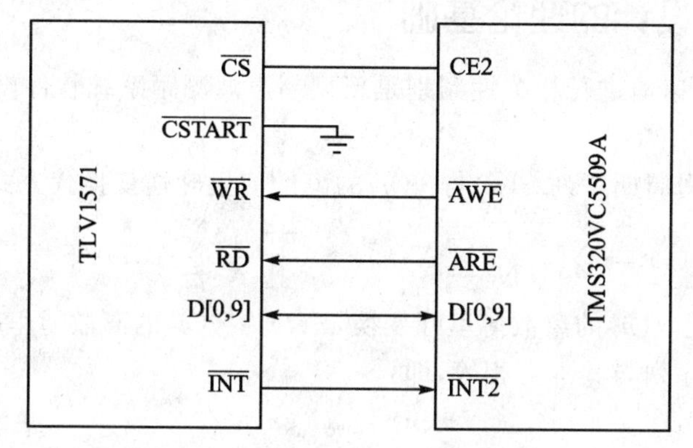

图 6.17　TLV1571 与 DSP 的连接

根据 6.4.2～6.4.4 小节的设计与分析，制作出的外围电路的实物如图 6.18 所示。

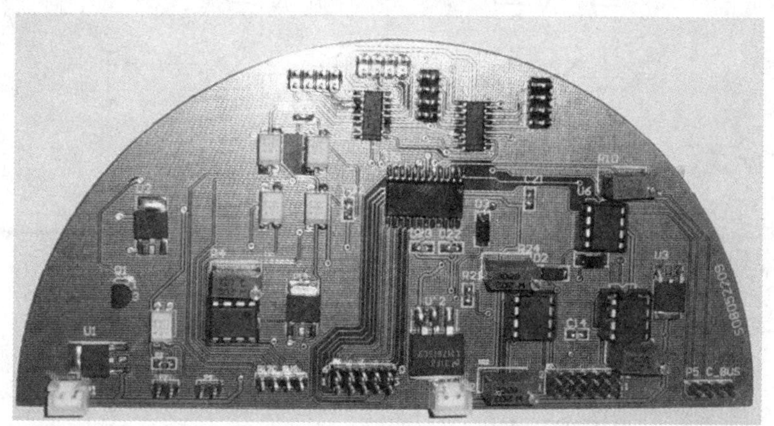

图 6.18　外围电路实物图

6.5 新型超声波测距系统的软件设计

新型超声波测距系统的软件部分主要实现以下几个功能：控制超声波换能器发出携带伪随机序列的超声波信号；采集回波信号；进行相关性判别并计算出渡越时间；计算障碍物的距离。

整个软件系统包括两层循环：外层循环是用来输出各个传感器的距离值；内层循环是用来判别采集到的数据是否满一个周期，当采集到的数据达到一个周期以后，系统便置位标志位，关闭定时器中断和外中断，此时也就停止了数据的发射与接收，并开始顺序执行相关判断程序、距离计算程序，最后输出距离值，并且清除标志位，进行下一次同样的循环。

6.5.1 软件设计的理论基础

如何准确、快速地进行相关性判别是新型超声波测距系统软件设计的核心，对其详细讨论如下：

将实离散时间周期序列 $x(n)$ 与 $y(n)$ 的离散傅里叶逆变换代入式(6.4)中可得：

$$r_{xy}(\tau) = \sum_{n=0}^{N-1}\left[\frac{1}{N}\sum_{k=0}^{N-1}X(k)\mathrm{e}^{\mathrm{j}\frac{2\pi}{N}kn}\right]\left[\frac{1}{N}\sum_{l=0}^{N-1}Y(l)\mathrm{e}^{\mathrm{j}\frac{2\pi}{N}l(n+\tau)}\right] \tag{6.12}$$

其中，$X(k)$ 为 $x(n)$ 的离散傅里叶变换，$Y(l)$ 为 $y(n)$ 的离散傅里叶变换。由于实序列的共轭复数序列与其本身相等，即：

$$x(n) = x^*(n) \tag{6.13}$$

所以，将 $x(n)$ 的共轭复数序列 $x^*(n)$ 取其离散傅里叶变换 $X^*(k)$ 代入式(6.12)中得：

$$\begin{aligned} r_{xy}(\tau) &= \sum_{n=0}^{N-1}\left[\frac{1}{N}\sum_{k=0}^{N-1}X^*(k)\mathrm{e}^{-\mathrm{j}\frac{2\pi}{N}kn}\right]\left[\frac{1}{N}\sum_{l=0}^{N-1}Y(l)\mathrm{e}^{\mathrm{j}\frac{2\pi}{N}l(n+\tau)}\right] \\ &= \frac{1}{N}\sum_{k=0}^{N-1}\sum_{l=0}^{N-1}X^*(k)Y(l)\mathrm{e}^{\mathrm{j}\frac{2\pi}{N}l\tau}\left[\frac{1}{N}\sum_{n=0}^{N-1}\mathrm{e}^{\mathrm{j}\frac{2\pi}{N}n(l-k)}\right] \end{aligned} \tag{6.14}$$

其中，

$$\frac{1}{N}\sum_{n=0}^{N-1}\mathrm{e}^{\mathrm{j}\frac{2\pi}{N}n(l-k)} = \begin{cases}1 & l=k \\ 0 & l\neq k\end{cases} \tag{6.15}$$

因此，式(6.14)可化简为：

$$\begin{aligned} r_{xy}(\tau) &= \sum_{n=0}^{N-1}x(n)y(n+\tau) = \frac{1}{N}\sum_{k=0}^{N-1}X^*(k)Y(k)\mathrm{e}^{\mathrm{j}\frac{2\pi}{N}k\tau} \\ &= \mathrm{IDFT}\{X^*(k)Y(k)\} \\ &= \mathrm{IDFT}\{X(k)Y(k)\} \end{aligned} \tag{6.16}$$

由式(6.16)可知，判断两列实周期序列的互相关性，可通过对这两列序列的离散

傅里叶变换的乘积进行离散傅里叶逆变换求得。因此，本小节采用基于FFT的相关判别算法来判断本地码序列和接收到的序列是否相关，以提高相关判别的实时性，具体步骤如下：

① 将本地码序列 $x(n)$ 进行FFT变换求得 $X(k)$；

② 将采集到的回波进行采样得到离散序列 $y(n)$，将该离散序列进行快速傅里叶变换求得 $Y(k)$；

③ 计算 $R_{xy}(k)=X(k)Y(k)$；

④ 对 $R_{xy}(k)$ 进行快速傅里叶逆变换(Inverse Fast Fourier Transform，IFFT)，得 $r_{xy}(\tau)$，并判断 $r_{xy}(\tau)$ 是否有峰值脉冲出现，若有峰值脉冲出现，则跳转到步骤⑤，否则跳转到步骤②；

⑤ 计算时延。

若伪随机序列的长度为 N，直接采用式(6.4)进行相关性判别运算，其运算量为 N^2 次实数乘法和 N^2 次实数加法。采用基于FFT的相关判别算法可使计算量降至 $(3N\log_2 N+N)$ 次乘法和 $(3N\log_2 N+N)$ 次加法。这里使用TMS320VC5509A DSP作为相关函数的运算单元，其数据处理能力强大，芯片内部具有硬件乘法器，提供专门的FFT指令，使得FFT算法实现的速度很快，有效地提高了实时性。

6.5.2　DSP的初始化程序设计

为了能够使DSP正常运行，就必须对DSP的各个寄存器模块进行初始化配置，这些配置主要包括以下几个方面：初始化DSP时钟；初始化GPIO接口和EMIF接口；初始化中断；初始化链接配置文件。下面分别加以介绍。

(1) 初始化DSP时钟

DSP时钟发生器，通过CLKIN引脚获得输入时钟，对DSP提供时钟信号。时钟有两种主要的工作模式，分别为旁路模式和锁定模式。其中锁定模式是指输入时钟既可以乘以或除以一个系数来获得期望的输出频率，并且输出时钟相位与输入信号锁定；旁路模式是指把DSP内部的PLL旁路掉，这样输出时钟的频率就等于输入时钟的频率除以1、2、4，该模式主要用来降低功耗。

由于系统应用的时钟频率大于晶振提供的频率，因此主要应用锁定模式。可以通过设定CLKMD寄存器来完成相映的操作。

将输入时钟频率乘以CLKMD中PLL MULT的值，再除以PLL DIV的值。PLL MULT的范围是2～31。最后可以得到提供给DSP的时钟频率。

$$\text{输出频率}=(\text{PLL MULT}/(\text{PLL DIV}+1))\times\text{输入时钟频率}$$

```
void CLK_init()
{
    ioport unsigned int * clkmd;
    clkmd = (unsigned int * )0x1c00;
```

```
    * clkmd = 0x2513;        // 晶振 12MHz// 144MHz = 0x2613
}
```

上面的一段初始化程序为设定 DSP 时钟为 120 MHz。对于 12 MHz 的晶振而言，在 TMS320VC5509A DSP 内部最大倍频为 144 MHz。

(2) 初始化 GPIO 口和 EMIF 接口

在本系统中，为了使接口更加方便灵活，需要 DSP 提供一些通用输入/输出口。5509A 片内提供了 8 个通用输入/输出口，GPIO0～GPIO7，通过设置 IODIR 寄存器可以分别设置 8 个口为输入或是输出，IODATA 寄存器可以监控输入引脚的逻辑状态，并且设定输出引脚的逻辑状态。要想配置某个引脚为输入，就要把 IODIR 寄存器相应位清 0，然后读相应的 IODATA 寄存器中的位，便可得到该引脚的逻辑状态；如果设置为输出，就把 IODIR 寄存器相应的位置 1，然后把要输出的逻辑状态赋值给 IODATA 寄存器中相应的位。IODIR 在 DSP 内的映射地址为 0x3400，IODATA 在 DSP 内的相映地址为 0x3401。

EMIF 接口提供了 DSP 与外部存储设备之间的无缝接口，它控制了 DSP 和外部存储器之间的所有数据传输。EMIF 接口支持 3 种类型的存储器，分别为异步存储器、同步突发 SRAM 和同步 DRAM。同时它支持 4 种类型的访问，分别为程序的访问、32 bit 数据的访问、16 bit 数据的访问和 8 bit 数据的访问。

TLV1571 属于异步存储设备，由于它是 10 位的 ADC，因此它的访问类型为 16 bit 数据类型。所以在设置的时候要符合 TLV1571 的性质。

对于 TLV1571 主要应用到的 EMIF 引脚为 $\overline{\mathrm{AWE}}$、$\overline{\mathrm{ARE}}$数据总线和地址总线。其中数据总线对于 16 bit 宽的存储器只连接引脚 A[21:1]。

针对 TLV1571 的特点，我们要对 CE 空间控制寄存器 CE2_1 进行配置，主要配置 CE2_1 的 MTYPE 域，配置成 001，也就是 16 bit 异步存储器模式。同时在读 CE2 空间的数据时，要按字地址进行读取，其地址范围为 0x400000～0x5fffff。

(3) 初始化中断

本系统用到的中断包括定时器中断和外部中断，初始化时主要配置中断管理寄存器和中断向量表。

中断管理寄存器主要包括四个寄存器分别为中断向量指针(IVPD、IVPH)、中断标志寄存器(IFR0、IFR1)、中断使能寄存器(IER0、IER1)、调试中断使能寄存器(DBIER0、DBIER1)。

```
Void INTR_init( void )                    //初始化中断管理寄存器函数
{
    IVPD = 0xd0;
    IVPH = 0xd0;
    IER0 = 0x18;
    DBIER0  = 0x18;
```

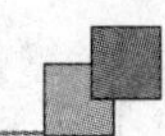

```
    IFR0 = 0xffff;
    asm(" BCLR INTM");
}
```

上面为一段初始化中断的程序,IVPD 和 IVPH 是两个中断向量指针,它们指向程序空间的中断向量。它们和内存配置文件中的中断向量的首地址直接对应,它们的表示方法不同,在链接配置文件中用的是字节地址。

VECT:0＝0x0d000,1＝0x100,这里要改成字地址,整体右移两位,就变成了 0xd0;

IER0＝0x18,是使能定时器 1 中断和外中断 2;

IFR0＝0xffff,是对所有的中断标志寄存器置位;asm(" BCLR INTM"),是清除所有的中断标志位。

要想使中断能够顺利跳转,就必须写中断向量表。VC5509A 默认向量表从程序区 0 地址开始存放,根据 IPVD 和 IPVH 的值确定向量表的实际地址。中断向量表是 DSP 程序的重要组成部分,当有中断发生并且处于允许状态时,程序指针就跳转到中断向量表中对应的中断地址。由于中断服务程序一般较长,通常中断向量表存放的是一个跳转指令,指向实际的中断服务程序。

中断向量表中每项为 8 个字,存放一个跳转指令,跳转指令中的地址为相映服务程序的入口地址。第一个向量表的首项为复位向量,即 CPU 复位操作完成后自动进入执行的程序入口。

服务程序在服务操作完成后,清除相应中断标志,返回,完成一次中断服务。

中断向量表均用汇编语言编写。

```
.ref _c_int00                   ;该句就指明了中断向量的 C 程序入口地址
rsv:                            ;重启中断
    B _c_int00                  ;调入 C 程序入口地址
    NOP
    .align 8
tint:
    B _Timer                    ;跳转至 Timer 函数
    nop
    .align 8
int2:
    b _XINT                     ;跳转至 XINT 函数
    nop
    .align 8
```

(4) 初始化链接配置文件

链接配置文件确定了程序链接成最终可执行代码时的选项,其中最常用的也是必须的有两条:存储器的分配和指定程序入口。下面是本系统的链接配置文件。

```
MEMORY
{
    DARAM:  o = 0x100,   l = 0x7f00
    VECT:   o = 0x8000,  l = 0x100
    DARAM2: o = 0x8100,  l = 0x7f00
    SARAM:  o = 0x10000,  l = 0x30000
    SDRAM:  o = 0x40000,  l = 0x3e0000
}
SECTIONS
{
    .text:      {} > DARAM
    .vectors: {} > VECT
    .trcinit: {} > DARAM
    .gblinit: {} > DARAM
    frt:       {} > DARAM
    .cinit:     {} > DARAM
    .pinit:     {} > DARAM
    .sysinit: {} > DARAM
    .bss:       {} > DARAM2
    .far:       {} > DARAM2
    .const:     {} > DARAM2
    .switch:    {} > DARAM2
    .sysmem:    {} > DARAM2
    .cio:       {} > DARAM2
    .MEM$obj: {} > DARAM2
    .sysheap: {} > DARAM2
    .sysstack {} > DARAM2
    .stack:     {} > DARAM2
}
```

6.5.3 DSP 定时器的设置

通用定时器由两个计数器组成，提供了 20 bit 的动态范围：一个 4 bit 的预定标计数器和一个 16 bit 的主计数器。图 6.19 是通用计时器的原理图。

该计时器有两个计数寄存器（PSC 和 TIM）和两个周期寄存器（TDDR 和 PRD）。在计时器初始化或计时器重新装入过程中，周期寄存器的内容会被复制到计数寄存器中。

预定标计数器由输入时钟驱动，这个输入时钟可以是 CPU 时钟或外部时钟，本系统采用 CPU 时钟输入。每个时钟周期，PSC 减 1，当 PSC 减为 0 时，TIM 会自动减 1。当 TIM 减为 0，一个周期后，计时器会向 CPU 发出中断请求，这时的中断便为定时器中断。计时器发出这些信号的速率为：

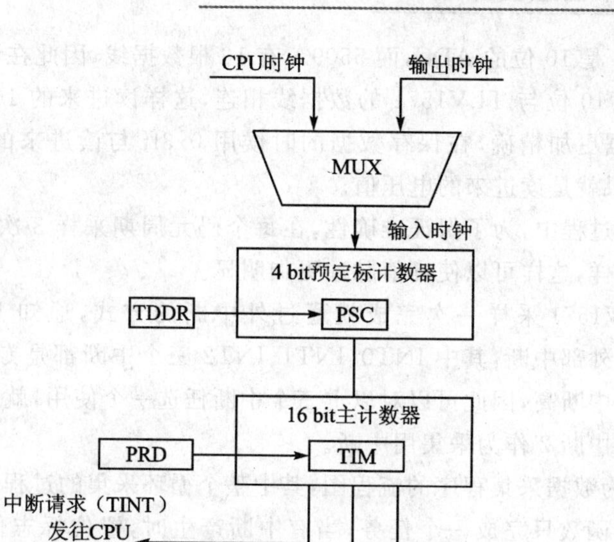

图 6.19　通用计时器的原理图

$$\text{TINT} = \frac{\text{输入时钟频率}}{(\text{TDDR}+1)\times(\text{PDR}+1)} \tag{6.17}$$

通过置位 TCR 中的自动装入 bit(ARB)，将计时器配置为自动装入模式。在这种情况下，每当计时器计数减为 0，预定标和计数器的值都会重新装入。为了在自动装入模式下，计时器的输出引脚能正常工作，计时器的周期[(TDDR+1) ×(PRD+1)]必须大于或等于 4 个时钟周期。

6.5.4　DSP 数据采集程序设计

根据 TLV1571 的时序图，对其进行如下操作：

① DSP 选通 TLV1571(置信号$\overline{\text{CS}}$为低)，同时写入两个寄存器的值到 TLV1571(置$\overline{\text{WR}}$为低)，往地址 0x400000～0x5fffff 写数据或读数据均可以置 CE2 为低，同时选通$\overline{\text{CS}}$。

② 等待 TLV1571 产生中断信号($\overline{\text{INT}}$信号产生下降沿)，一般在初始化之后的 6 个时钟周期后才会有第一次中断产生。

③ DSP 响应 TLV1571 的中断，读入数据到其内部存储器，数据读完后 DSP 通知 TLV1571，TLV1571 得到读入完成信号($\overline{\text{RD}}$引脚电平为低)后，开始下一次采样。

在响应中断过程中，TLV1571 留出 6 个指令周期等待 DSP 读数据，直到 DSP 收到 $\overline{\text{RD}}$为低信号，TLV1571 才开始下一次采样。

在对 TLV1571 读或写的同时，必须保证 TLV1571 的$\overline{\text{CS}}$为低，同时还必须保证其他外部 I/O 空间的片选信号为高，从而避免将数据写到其他外部设备中。

TLV1571 是 10 位的 ADC，而 5509A 有 16 根数据线，因此在读数据的时候可以把数据线的低 10 位与 TLV1571 的数据线相连，这样读进来的 16 位数的高 6 位无效，为了使数据更加精确，在保存数据的时候用 0x3ff 与读进来的数据进行“与”运算，得到的结果就是读进来的电压值。

在采样的过程中，为了保证准确性，在每个码元周期采样 3 次，取其和值作为对一个码元的采样，这样可以使峰值脉冲更加明显。

每当 TLV1571 采样一次完成就通过外中断的方式，通知 DSP 进行读数据，5509A 有五个外部中断，其中 INT0、INT1、INT2 三个中断都是专用的，它们的优先级都比定时器中断高，因此可以对以上三个中断任选一个使用，就可以满足要求。本系统采用外部中断 2 作为采集用中断。

图 6.20 为数据采集程序的流程图，其中整个循环采集的过程是在主函数中完成的。外部中断函数只完成一个任务，当有中断产生时，置位标志位，供主函数读取。定时器中断函数主要有三个任务，分别为发射伪随机序列的一个码元、采集接收到的一个码元和存储本地序列的一个码元。这样可以保证本地码和接收码的同步性，为做自相关运算提供了可靠的前提条件。

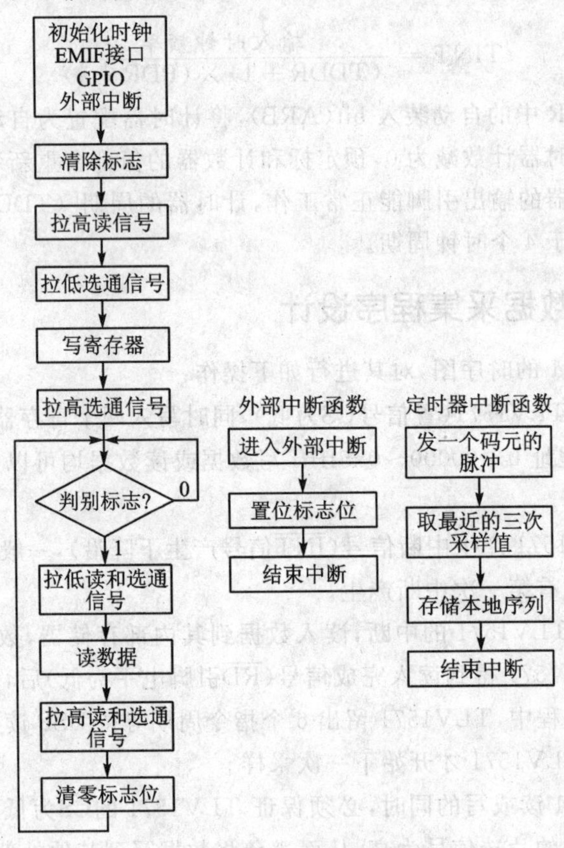

图 6.20　数据采集流程图

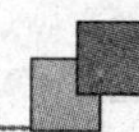

基于 TLV1571 的数据采集程序如下：

```
/*****************************************************************
 TLV1571 - ADC 的采集程序。                                    *
接法 IO - - CS,AWE - - WR,GPIO - - RD,D[0 - 9] - - D[0 - 9]       *
*****************************************************************/
#include "5509.h"
#define DATA   (*((unsigned int*)0x400000))//A1 的地址
/*声明函数*/
void INTR_init( void );
unsigned int ADC[256];
unsigned int uWork = 0,j;
int Flag,i;
main()
{
    Flag = 0;                        //标志位清 0
    i = 0;
    CLK_init();
    SDRAM_init();
    INTR_init();
    (*iodir)| = 0x0ff;               //I/O 口 output
    asm(" nop ");
    (*iodata)| = 0x0f;               //把 RD 信号拉高
    asm(" nop ");
    (*iodata)& = 0xff0f;             //拉低 CS
    DATA = 0x0080;                   //写 CR0 寄存器,软件启动模式,内部时钟
    asm(" nop ");
    asm(" nop ");
    asm(" nop ");
    asm(" nop ");
    asm(" nop ");
    asm(" nop ");
    asm(" nop ");
    asm(" nop ");
    DATA = 0x0140;                   //2 倍时钟
    asm(" nop ");
    asm(" nop ");
    asm(" nop ");
    asm(" nop ");
    asm(" nop ");
    asm(" nop ");
```

```
    asm(" nop ");
     ( * iodata)| = 0x00f0;//拉高 CS
    asm(" nop ");
    asm(" nop ");
    while ( 1 )
    { if (Flag = = 1)
        {Flag = 0;                    //清除标志
        ( * iodata)& = 0x0ff00;      //RD = 0,cs = 0
        asm(" nop ");
        asm(" nop ");
        uWork = DATA;                 //读 ADC 数据
        ADC[i] = uWork&0x3ff;         //取低 10 bit 有效
        i + + ;
        i % = 256;
        asm(" nop ");
        ( * iodata)| = 0x0ff;         //把 RD 信号拉高,产生上升沿。启动 ADC,cs = 1
        }

    }
}
void interrupt XINT()
{
Flag = 1;
}
void INTR_init( void )
{
    IVPD = 0x80;
    IVPH = 0x80;
    IER0 = 8;
    DBIER0 = 8;
    IFR0 = 0xffff;
    asm(" BCLR INTM");

}
```

6.5.5 伪随机序列的产生与相关运算

伪随机序列的产生与相关运算的核心程序如下：

```
#include "5509.h"
#define DATA   ( * ((unsigned int * )0x400000))/ * 使 CE2 变低,0x400000～0x60000 都可
                                                  表示 ADC * /
```

```
// 定义指示灯寄存器地址和寄存器类型
void INTR_init( void );
void TIMER_init(void);

int Flag;
int i,j,k,m,q;
unsigned int PN_code[31] = {0,0,0,1,0,0,1,0,1,1,0,0,1,1,1,1,1,0,0,0,1,1,0,1,1,1,
0,1,0,1,0};
unsigned int receive_code[31];
unsigned int local[31];
signed int ADC[3];//用于取平均值
unsigned int uWork = 0;
main()
{
    i = 0,k = 0,j = 0,Flag = 0,m = 0,q = 0;
    CLK_init();          //100 MHz
    SDRAM_init();        //EMIF initialization
    INTR_init();
    TIMER_init();
    ( * iodir)| = 0x0ff; //将 I/O 设为输出
    ( * iodata)| = 0x0ff;
    for(j = 0;j<31;j + + )
    {receive_code[j] = 0;}
    ADC[0] = 0;
    ADC[1] = 0;
    ADC[2] = 0;
    DATA = 0x0080;       //写 CR0 寄存器,软件启动模式,内部时钟
    asm(" nop ");
    asm(" nop ");
    asm(" nop ");
    asm(" nop ");
    asm(" nop ");
    asm(" nop ");
    asm(" nop ");
    asm(" nop ");
    DATA = 0x0140;       //2 倍时钟
    asm(" nop ");
    asm(" nop ");
    asm(" nop ");
    asm(" nop ");
    asm(" nop ");
    asm(" nop ");
```

```
    asm(" nop ");
while (1)
    { if (Flag = = 1)
        {Flag = 0;                    //清除标志
         asm(" nop ");
         asm(" nop ");
         uWork = DATA;                //读 ADC 数据
         ADC[i] = uWork&0x3ff;        //取低 10 bit 有效
         i + + ;
         i % = 3;
         asm(" nop ");
        }
         asm(" nop ");
    }
}
void interrupt Timer()                //同步采集本地码和接收码
{
    if(PN_code[k] = = 1)
      ( * iodata)| = 0x0f0;           //输出低 4～7 位
      else( * iodata)& = 0x0ff0f;
      q + + ;
      if(q>40)                        //等待回波到来之后再采集
      {
    receive_code[m] = (ADC[0] + ADC[1] + ADC[2]);
    local[m] = PN_code[k];
    m + + ;
    m % = 31;}
    k + + ;
    k % = 31;
    asm(" nop ");
 }
void INTR_init( void )
{
    IVPD = 0xd0;/ * VECT : o = 0x0d000,如果 VECT : o = 0x0100,则可赋值 0x0001,从字节
                地址转换成字地址就右移两位 * /
    IVPH = 0xd0; //同上
    IER0 = 0x18; //使能 IE4 和 IE3,对应 TINT0 和 INT2
    DBIER0 = 0x18;//使能临界时间中断;
    IFR0 = 0xffff;/ * 清除以前的标志,因为当一个可屏蔽中断的要求到达 CPU 时,一个
                IFR 的相应标志置 1,为了以后的读取方便,先将其所有标志位清零 * /
```

```
    asm(" BCLR INTM");
}
void TIMER_init(void)//set the cycle (49999 + 1) * (1 + 1)times than the CPU cycle;so
the delay time is 1ms
{
    ioport unsigned int *tim0; //对寄存器操作用 ioport
    ioport unsigned int *prd0;
    ioport unsigned int *tcr0;
    ioport unsigned int *prsc0;
    tim0 = (unsigned int *)0x1000;
    prd0 = (unsigned int *)0x1001;
    tcr0 = (unsigned int *)0x1002;
    prsc0 = (unsigned int *)0x1003;
      *tcr0 = 0x04f0;
      *tim0 = 0;
      *prd0 = 0x0c34f;          //49999
      *prsc0 = 1;               //set tddr = 1;有最大值
      *tcr0 = 0x00e0;           //set TLB = 0;因为计数器已经装入值
}
void interrupt XINT()
{
    Flag = 1;
}
```

6.6 测距误差补偿

由于收发电路和信号处理器在对信号的处理过程中均会对回波信号产生一定的影响，产生一个固定的时延 Δt，从而产生一定的测量误差。对系统的延迟时间的校正算法如下：

设 L_1、L_2 为两个已知的固定距离，超声波在这两个固定的距离中传播的渡越时间为 t_1、t_2，则超声波在 L_1、L_2 距离内往返传播所需要的时间实际上分为 $t_1-\Delta t$ 和 $t_2-\Delta t$。

$$L_1 = \frac{1}{2}V_s(t_1 - \Delta t) \tag{6.18}$$

$$L_2 = \frac{1}{2}V_s(t_2 - \Delta t) \tag{6.19}$$

由式(6.18)和式(6.19)可得：

$$\Delta t = \frac{L_2 t_1 - L_1 t_2}{L_2 - L_1} \tag{6.20}$$

在计算超声波传播的渡越时间的过程中，需要将采集到的一个周期序列与本地序列进行相关性判别运算，在每次运算中算出的结果都取码元宽度的整数倍。但在大多数情况下，超声波传播的渡越时间都不是码元宽度的整数倍，这样就造成了测量结果偏大。这个误差的最大值为一个码元宽度的时间所传输的距离，最小值为0。为了减小误差，可以在每一个测量的结果上减去半个码元时间所传输的距离，这样就可以把确定渡越时间时产生的误差的最大值减小到半个码元时间内超声波传输的距离。

6.7 原理样机及其性能测试

6.7.1 DSP控制板的调试

由于DSP控制板是自行设计的，因此为了能够使系统更好的运行，必须对要用到的DSP的各个模块进行测试。本测距系统主要用到了DSP的定时器中断，外部中断，GPIO，CE使能，读信号及写信号线。对于这些模块的测试可以分三个程序进行测试。

(1) GPIO和定时器中断的测试

本程序主要是用来实现用定时器计时，在GPIO引脚上发出方波信号。我们通过对定时器设定中断时间为5 ms，设定GPIO2为输出，这样就得到了一个周期为100 Hz的方波信号。所测波形如图6.21所示。

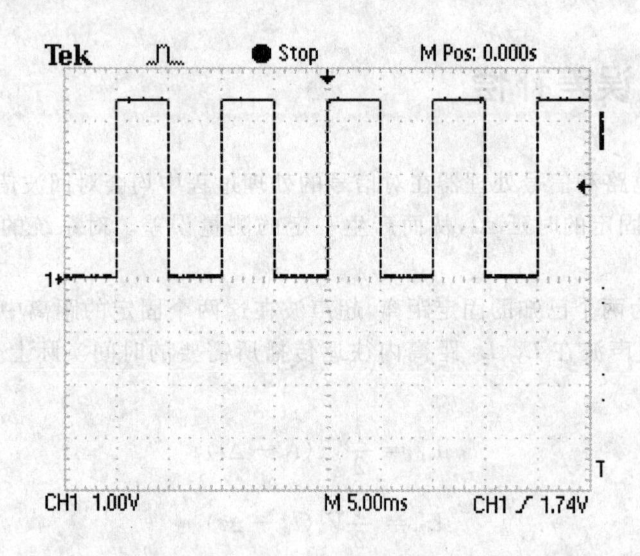

图6.21 GPIO输出波形

通过上面的波形可以看出，本系统的GPIO和定时器性能完好。

(2) 外中断的程序测试

5509A 的外部中断是低电平触发的，本程序的思路是给 INT2 一个低电平，在中断程序中由 XF 输出一个高信号，控制一个发光二极管闪烁。手动把 INT2 与地接触，会观察到 XF 附近的发光二极管的状态随着 INT2 与地接触的次数改变，说明该系统和软件流程均正常。

(3) CE 使能和读写数据引脚的测试

本测试程序的思路是在一个 while 循环中，反复地对一个地址进行读/写来看 CEn 信号和读/写数据信号的电平变化。用示波器读三个引脚的电平，如图 6.22 和图 6.23 所示。

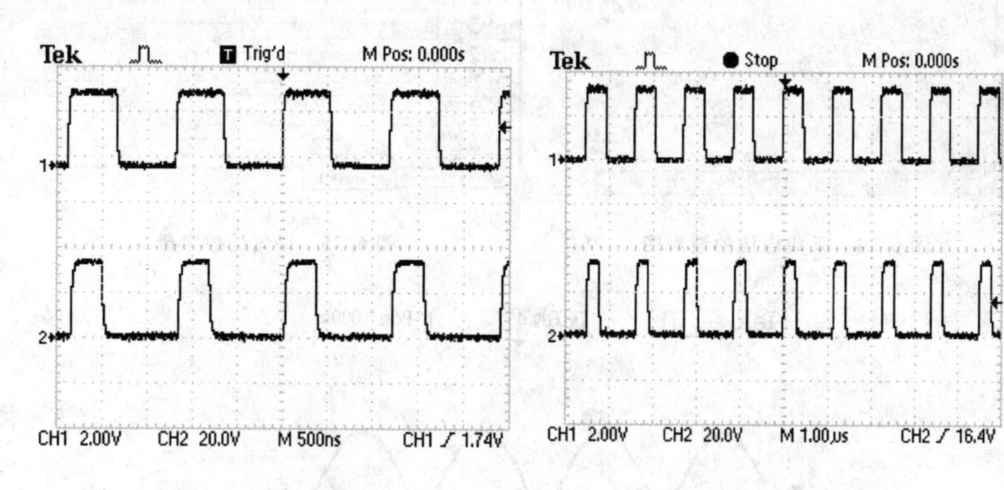

图 6.22 CE 与读信号变化　　　　图 6.23 CE 与写信号变化

图中，下方的方波信号为 CE 使能信号，上面的信号为数据的读信号与写信号。从图中可以看出不管发生数据读还是数据写，CEn 引脚都会被自动拉低，当读写完毕后引脚又会被自动拉高；而读信号只有在发生读数据的时候才会被拉低，之后又被自动拉高，同样写信号会在写数据的时候被自动拉低，之后又被自动拉高。

6.7.2 DSP 采集模块的调试

按照 TLV1571 的工作时序编写采集程序，在该程序中，把采集到的数放在一个 ADC[256]的数组里。图 6.24 和图 6.25 是采集到的波形图和数组中保存的具体的电压数字量。

我们所加的电压为 1.6 V，TLV1571 的工作电压为 3.3 V，10 bit 的 ADC 满量程采集到的数字量为 1 024，因此 1.6 V 的采样值为 497，因此图 6.24、图 6.25 显示的采集数据是正确的。

在本系统中要采集的信号是经过处理后的超声波回波信号，超声波的频率为 40 kHz，经过翻转处理后的频率翻倍为 80 kHz，其波形图如图 6.26 所示。

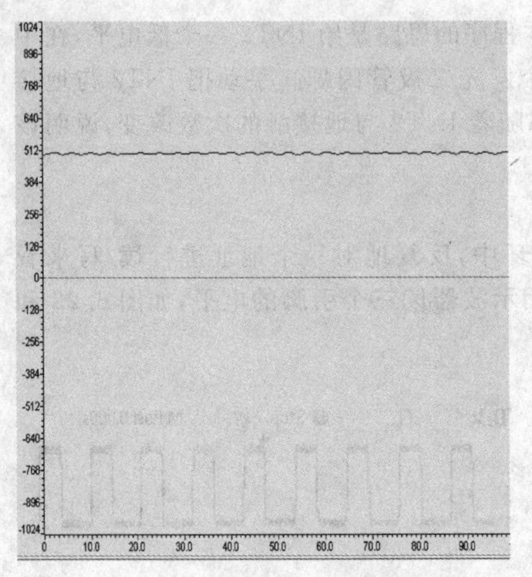

图 6.24　采集电压的波形图

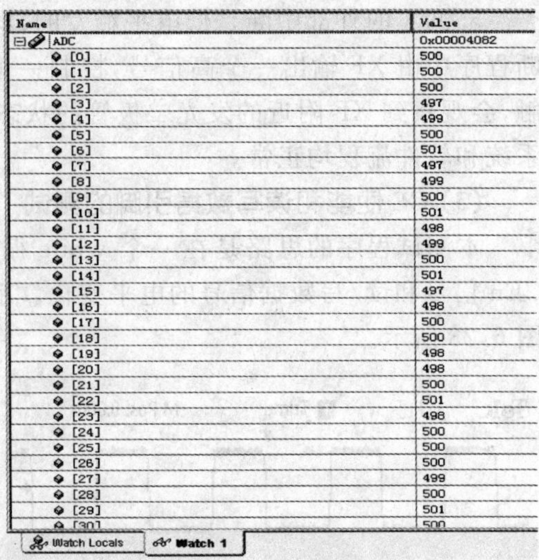

Name	Value
ADC	0x00004082
[0]	500
[1]	500
[2]	500
[3]	497
[4]	499
[5]	500
[6]	501
[7]	497
[8]	499
[9]	500
[10]	501
[11]	498
[12]	499
[13]	500
[14]	501
[15]	497
[16]	498
[17]	500
[18]	500
[19]	498
[20]	498
[21]	500
[22]	501
[23]	498
[24]	500
[25]	500
[26]	500
[27]	499
[28]	500
[29]	501
[30]	500

Watch Locals　Watch 1

图 6.25　采集的数字量

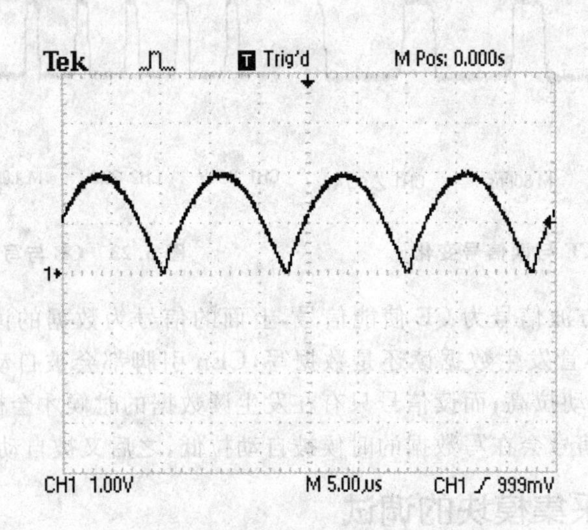

图 6.26　经绝对值处理的超声波信号

通过本采集系统对上面的波形采样，其结果如图 6.27 和图 6.28 所示，通过对信号的采样结果可以看到，本采集模块能够很好地还原上述波形，性能良好，能够满足本测距系统的要求。

6.7.3　外围测距电路的调试

对超声波信号进行调制的伪随机信号由 DSP 发出，在本实验中为了能有更好地观察波形，采取的伪随机的周期为 15，码元宽度为 1 ms，该序列为“1，1，1，1，0，0，0，

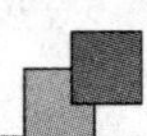

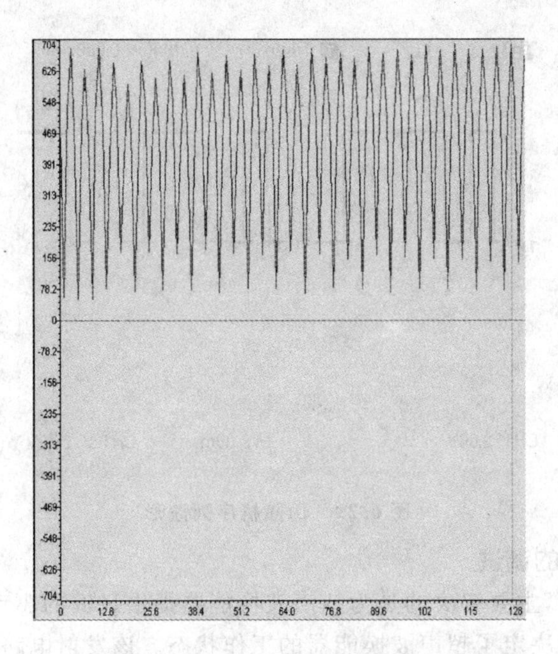

图 6.27　采集超声波回波信号的时域图

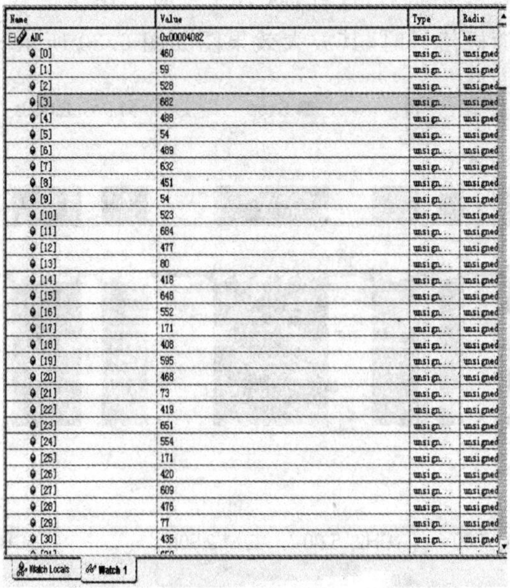

Name	Value	Type	Radix
ADC	0x00004082	unsign...	hex
[0]	460	unsign...	unsigned
[1]	59	unsign...	unsigned
[2]	528	unsign...	unsigned
[3]	682	unsign...	unsigned
[4]	488	unsign...	unsigned
[5]	54	unsign...	unsigned
[6]	489	unsign...	unsigned
[7]	632	unsign...	unsigned
[8]	451	unsign...	unsigned
[9]	54	unsign...	unsigned
[10]	523	unsign...	unsigned
[11]	684	unsign...	unsigned
[12]	477	unsign...	unsigned
[13]	80	unsign...	unsigned
[14]	418	unsign...	unsigned
[15]	648	unsign...	unsigned
[16]	552	unsign...	unsigned
[17]	171	unsign...	unsigned
[18]	408	unsign...	unsigned
[19]	595	unsign...	unsigned
[20]	468	unsign...	unsigned
[21]	73	unsign...	unsigned
[22]	419	unsign...	unsigned
[23]	651	unsign...	unsigned
[24]	554	unsign...	unsigned
[25]	171	unsign...	unsigned
[26]	420	unsign...	unsigned
[27]	609	unsign...	unsigned
[28]	476	unsign...	unsigned
[29]	77	unsign...	unsigned
[30]	435	unsign...	unsigned
[31]	[illegible]		

Watch Locals　Watch 1

图 6.28　采集超声波回波信号的数字量

1,0,0,1,1,0,1,0”由 DSP 发出的伪随机序列,经过光耦隔离后,在示波器上的显示波形如图 6.29 所示。

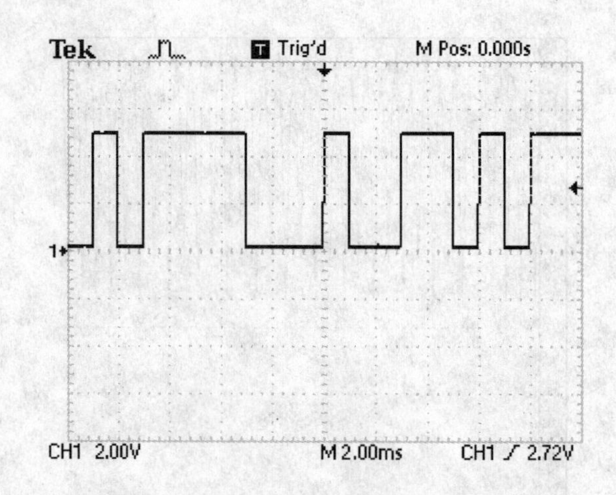

图 6.29 伪随机序列波形

(1) 发射电路的调试

在发射电路中，主要解决的是为超声波换能器提供足够的驱动能力，因此升压模块性能的好坏直接决定了超声波换能器的工作状态。该发射电路的升压部分采用了高速的 MOSFET，保证了升压后的驱动信号不失真，同时加入了 NPN－PNP 推挽驱动电路，加大了电流的承受能力，这样使 NE555 能工作在正常状态。当在使能端接入图 6.29 所示的伪随机信号时，其放大效果图如图 6.30 所示。

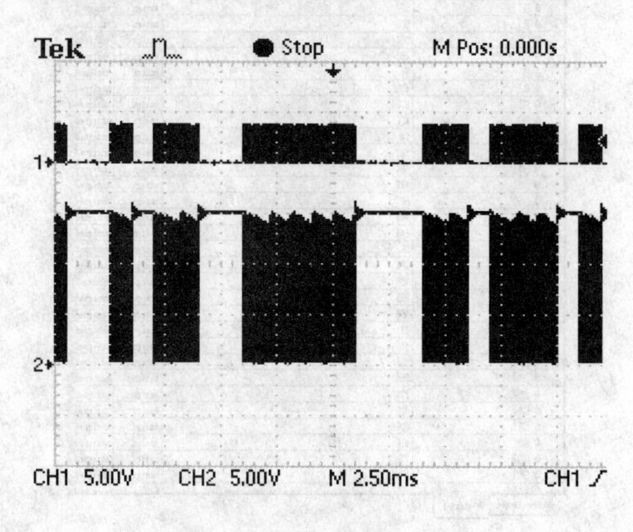

图 6.30 放大电路效果图

通过图 6.30 可以看出，得到的驱动波形为经过伪随机信号调制的方波信号，并且放大效果良好。虽然经过放大后的波形与原波形反向，但是作为驱动信号不影响超声波探头工作，能够顺利地把伪随机序列加载到超声波信号上。

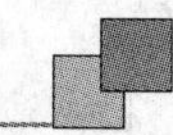

(2) 接收电路的调试

接收电路的任务主要是接收经过伪随机序列调制的超声波信号,并经过一系列的电路处理,解调出能够被 DSP 处理的伪随机序列信号。这些处理主要包括放大滤波、整形包络和数字采样三个步骤。

为了便于后续分析,首先要先测试从接收超声波换能器上得到的信号,接收探头经过阻抗匹配后得到如图 6.31 所示的图形。

观察图 6.31,该回波信号是携带着伪随机序列的超声波信号,图中左边两条竖线之间的黑色部分显示的是 40 kHz 超声波信号,该信号是在伪随机序列为"1,1,1,1"时发出的波形;右边两条竖线之间的部分为伪随机序列为"0,0,0"时发出的,该部分信号属于超声波换能器的拖尾信号。

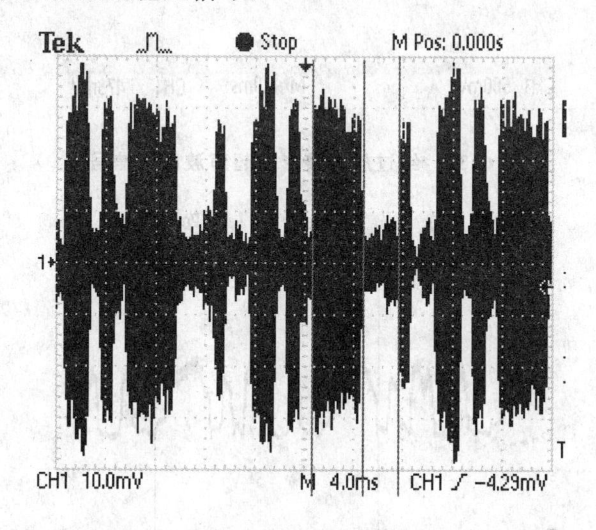

图 6.31　接收探头接收到的信号

经过探头接收到的信号,是 40 kHz 的正弦信号,这样的信号不利于进行采样处理,因为该系统的采集模块只能采集正电压信号,所以在后续电路上要对回波信号进一步处理,使其能够满足要求。通过放大滤波和整形电路,就可以得到我们能够处理的波形,示波器采样图如图 6.32 所示。

为了保证系统有更高的可靠性,在上述电路之后加了包络电路,使信号具有了更高的有效值,并降低了系统余波的有效值,这样能使系统采样得到的信号更加准确,经过包络后的波形如图 6.33 所示。

通过观察图 6.33 的包络波形,我们可以很容易地分辨出其中携带的伪随机序列,该伪随机序列为"1,1,1,1,0,0,0,1,0,0,1,1,0,1,0",可以看出图中两条竖线之间的部分便为一个周期。这个结果和 DSP 发射的伪随机序列完全吻合,这样也验证了这个系统的正确性与可行性。通过上述的处理以后,该信号能更好地被采样和识别。

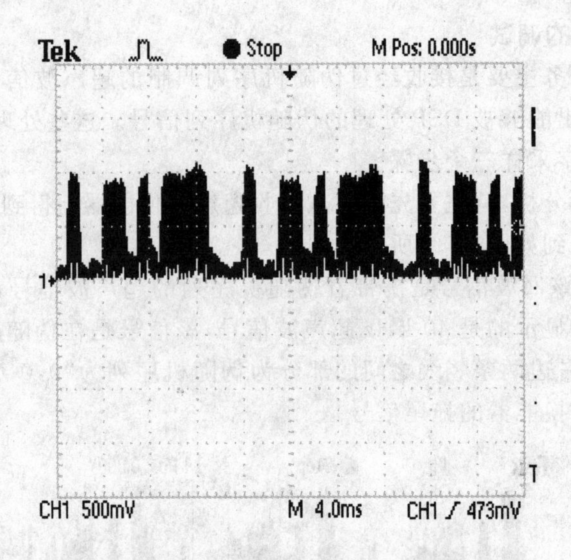

图 6.32　经过放大整形的超声波回波信号

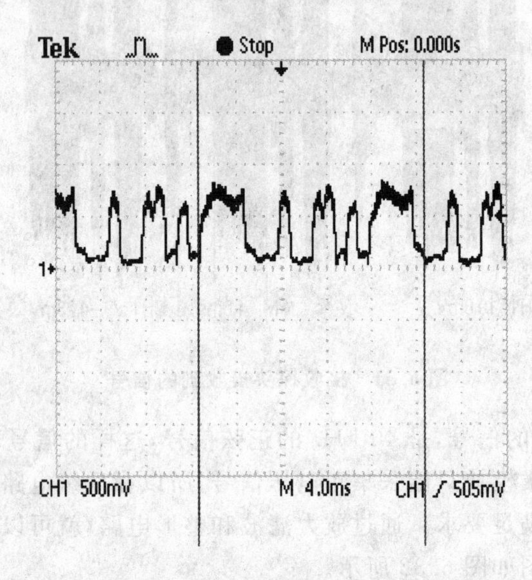

图 6.33　超声波回波信号包络图

(3) 整体性能测试及实验结果

在分别调试好各个模块以后,要对整个系统的性能进行综合测试。经过前期实验,我们测得该测距模块能对 0.4～7 m 的距离范围有很好的响应。实验表明码元宽度为 1 ms 可以达到相对较好的测试效果,伪随机码的周期要根据测试距离的长短确定。

测距模块的原理样机如图 6.34 和图 6.35 所示。

在实验室条件下采用的障碍物为一个长方体纸箱,尺寸为 20 cm×80 cm×

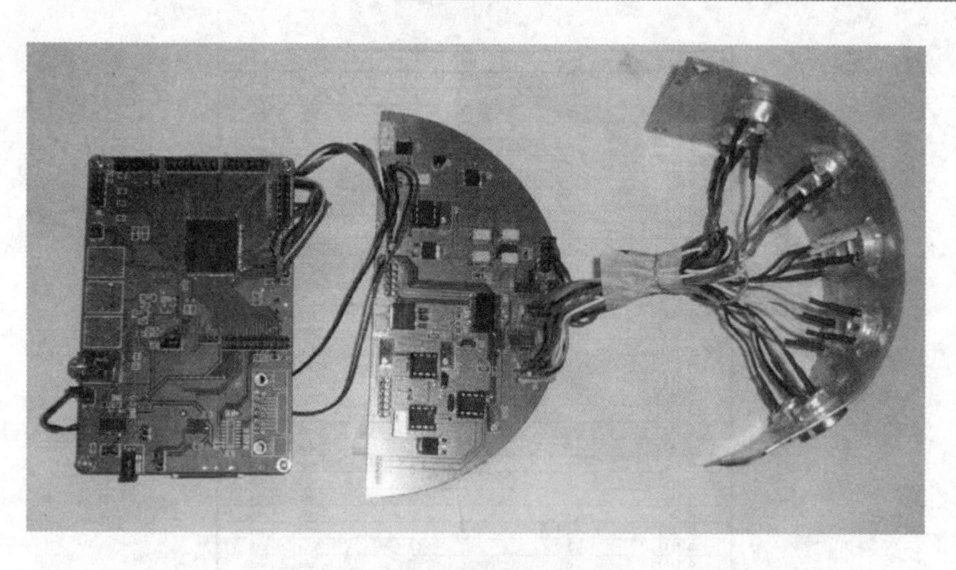

图 6.34　测距模块俯视图

图 6.35　测距模块侧视图

80 cm，室温 18 ℃，湿度为 40%。第一次实验，选取码元周期为 15，障碍物距离为 2 m，选通中间一路接收探头进行测试，测试数据如图 6.36 和图 6.37 所示。

Name	Value	Type	Radix
⊟ receive_code	0x000068DD	uns...	hex
[0]	702	uns...	uns...
[1]	542	uns...	uns...
[2]	78	uns...	uns...
[3]	654	uns...	uns...
[4]	68	uns...	uns...
[5]	942	uns...	uns...
[6]	776	uns...	uns...
[7]	723	uns...	uns...
[8]	659	uns...	uns...
[9]	36	uns...	uns...
[10]	104	uns...	uns...
[11]	162	uns...	uns...
[12]	587	uns...	uns...
[13]	35	uns...	uns...
[14]	34	uns...	uns...
⊟ local	0x000068EC	uns...	hex
[0]	1	uns...	uns...
[1]	0	uns...	uns...
[2]	0	uns...	uns...
[3]	1	uns...	uns...
[4]	1	uns...	uns...
[5]	0	uns...	uns...
[6]	1	uns...	uns...
[7]	0	uns...	uns...
[8]	1	uns...	uns...
[9]	1	uns...	uns...
[10]	1	uns...	uns...
[11]	1	uns...	uns...
[12]	0	uns...	uns...
[13]	0	uns...	uns...
[14]	0	uns...	uns...

图 6.36　采集到的数据

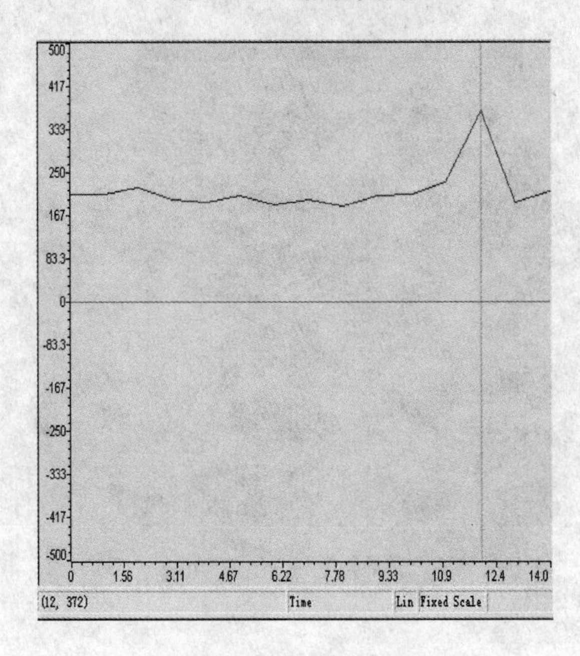

图 6.37　信号自相关图

图 6.36 的数据为采集到的回波信号和相应的本地伪随机码序列，二者之间是同步采集的。图 6.37 是对两个序列做单极性的自相关运算的波形图，从图中可以看出尖峰脉冲出现在相位为 12 的时候。

由于当地的温度为 18 ℃，所以声速取为 342.2 m/s，实测距离为 2.053 2 m。

码元周期为 15，能测得的最大距离为 2.566 5 m，按照上述方法，增加码元周期可以测得的距离更远。周期选为 31，障碍物的距离为 3.80 m，测距数据见图 6.38 和图 6.39。

Name	Value	Type	Radix
⊟ receive_code	0x000068A7	uns...	hex
[0]	83	uns...	uns..
[1]	1380	uns...	uns..
[2]	171	uns...	uns..
[3]	42	uns...	uns..
[4]	340	uns...	uns..
[5]	374	uns...	uns..
[6]	1568	uns...	uns..
[7]	36	uns...	uns..
[8]	351	uns...	uns..
[9]	1479	uns...	uns..
[10]	631	uns...	uns..
[11]	1362	uns...	uns..
[12]	1448	uns...	uns..
[13]	208	uns...	uns..
[14]	41	uns...	uns..
[15]	1472	uns...	uns..
[16]	1458	uns...	uns..
[17]	1500	uns...	uns..
[18]	1559	uns...	uns..
[19]	1534	uns...	uns..
[20]	448	uns...	uns..
[21]	501	uns...	uns..
[22]	109	uns...	uns..
[23]	1547	uns...	uns..
[24]	1552	uns...	uns..
[25]	480	uns...	uns..
[26]	1563	uns...	uns..
[27]	1539	uns...	uns..
[28]	1621	uns...	uns..
[29]	141	uns...	uns..
[30]	1803	uns...	uns..
⊞ local	0x000068C6	uns...	hex

图 6.38 回波数据

Name	Value	Type	Radix
⊞ receive_code	0x000068A7	uns...	hex
⊟ local	0x000068C6	uns...	hex
[0]	1	uns...	uns..
[1]	1	uns...	uns..
[2]	0	uns...	uns..
[3]	1	uns...	uns..
[4]	1	uns...	uns..
[5]	1	uns...	uns..
[6]	0	uns...	uns..
[7]	1	uns...	uns..
[8]	0	uns...	uns..
[9]	1	uns...	uns..
[10]	0	uns...	uns..
[11]	0	uns...	uns..
[12]	0	uns...	uns..
[13]	0	uns...	uns..
[14]	1	uns...	uns..
[15]	0	uns...	uns..
[16]	0	uns...	uns..
[17]	1	uns...	uns..
[18]	0	uns...	uns..
[19]	1	uns...	uns..
[20]	1	uns...	uns..
[21]	0	uns...	uns..
[22]	0	uns...	uns..
[23]	1	uns...	uns..
[24]	1	uns...	uns..
[25]	1	uns...	uns..
[26]	1	uns...	uns..
[27]	1	uns...	uns..
[28]	0	uns...	uns..
[29]	0	uns...	uns..
[30]	0	uns...	uns..

图 6.39 本地码元序列

图 6.40 为回波与本地序列的自相关波形，从图中可以看出，超声波在空气中的渡越时间为 23 个码元相位，依此得出的测试距离为 3.935 3 m。

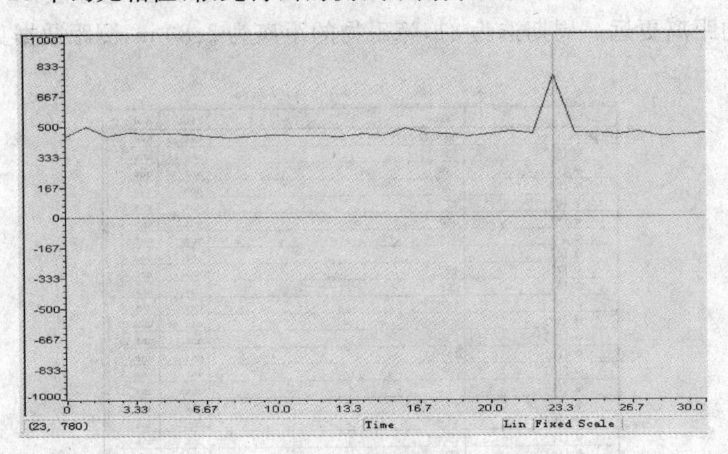

图 6.40 自相关波形

创意点睛

本章的创新点如下：提出了基于伪随机序列自相关性的模块化新型超声波测距系统的设计方法，并完成了新型超声波测距系统原理样机的研制与性能测试。该超声波测距系统主要包括超声波传播速度实时测量模块、渡越时间确定模块和信息融合模块；基于伪随机序列良好的自相关特性，有效地抑制了外界噪声的干扰，可准确地测量出超声波的传播速度和渡越时间，进而计算出障碍物的距离。超声波测距系统以高性能、低功耗的数字信号处理器为核心，采用基于 FFT 的相关性判别方法，提高了实时性；改进了超声波接收电路，采用高速化绝对值电路代替传统的检波电路，可高效地从接收到的超声波信号中解调出伪随机序列。该超声波测距系统的研制突破了传统超声波传感器的技术瓶颈，可用于特种机器人在干扰存在的非结构环境中对障碍物距离的检测。新型超声波测距系统已获国家发明专利（发明专利授权号：ZL200810106359.1）。

第 7 章

警用机器人视觉系统及目标跟踪技术

7.1 机器人视觉概述

计算机技术、人工智能技术以及其他高新技术的飞速发展和不断应用,使机器人在功能和技术层次上得到极大的提升。人们欣喜地看到,由于采用了一系列最新的科技成果,机器人的功能更加丰富,机器人的性能更加出色,机器人的用途更加广泛,在众多的高新技术中,视觉技术就是最为典型的代表之一。机器人视觉技术的持续发展,推动了机器人概念的延伸。在研究和开发各种新型机器人,尤其是那些将在未知及不确定环境下作业的机器人的过程中,人们逐步认识到机器人技术的本质是感知、决策、行动和交互技术的结合,而要机器人能够实现正确的感知,机器人视觉技术将起到至关重要的作用。

20 世纪 50 年代,机器视觉技术从统计模式识别的基础上开始启航,当时的工作主要集中在二维图像的分析和识别上,如光学字符识别、工件表面、显微图片和航空图片的分析、解释等。20 世纪 60 年代,学者 Roberts 通过计算机程序,从数字图像中提取出诸如立方体、棱柱等多面体的三维结构,并对物体形状及物体的空间关系进行了描述。此项工作开创了以理解三维场景为目的的三维机器视觉的研究。此外,Roberts 对积木世界的创造性研究也给了人们很大的启发,人们相信,一旦由白色积木玩具组成的三维世界可以被理解,就可以推广到理解更复杂的三维场景。此后,人们对积木世界进行了深入的研究,并建立了各种数据结构和推理规则。到了 20 世纪 70 年代,已经出现了一些视觉应用系统。这是机器视觉发展的早期过程。

随着机器视觉技术的不断发展和推进,近些年来,国内外很多科研机构在机器人视觉方面取得了优异成果。Urbie 战术侦察机器人(见图 7.1)是由美国 DARPA 资助,由 JPL 的机器视觉研发小组牵头,并由 JPL、iRobot 公司、卡内基-梅隆大学和南加州大学共同研制成功的城市侦察机器人。该机器人主要用于城市地形的战术侦察,也可用于紧急事态处理、拯救行动等;能替代人在核污染、生化污染的城市环境下自动或遥控运行。Urbie 机器人配备了多种传感器,包括双目立体视觉系统、三轴陀螺仪、加速计、GPS、激光测距仪。其中双目立体视觉系统采用了视场角为 97°×74°的摄像机,其电子快门可由程序控制,以适应各种光照条件。除此之外,还装配了一个全向摄像机 Omnicam(见图 7.2),可以实时采集 360°场景信息,其图像经过展开,可为遥控操作员提供全景图像。

图 7.1 Urbie 战术侦察机器人

图 7.2 Urbie 机器人的全方向摄像机

由美国卡内基-梅隆大学研制的月球探测地面实验车 Nomad(见图 7.3)是视觉传感器在机器人当中的典型应用。在该机器人中,用于导航的视觉系统有三套。两套立体视觉系统位于车体顶部的桅杆上,第三套则位于车体前部靠下的位置。Nomad 机器人还有一套激光测距系统来辅助立体视觉系统以实现视觉导航,其路径规划算法是 Stenz 开发的动态 D 路径规划方法,定位算法为单元格地图匹配算法。

机器视觉最终的研究目标就是使计算机能像人那样通过视觉观察和理解世界,具有自主适应环境的能力,这一目标任重道远,必须经过长期努力、不懈奋斗才能实

图 7.3　月球探测地面实验车 Nomad

现。因此，在实现该最终研究目标以前，人们的中期研究目标是建立一种视觉系统，这个系统能够依据视觉敏感和反馈以某种程度的智能完成一定的任务，目前人们的研究正处于这一阶段。

7.2　机器人视觉系统的基本原理

机器人视觉系统是指使机器人具有视觉感知功能的系统。机器人视觉可以通过视觉传感器获取环境的二维图像，并通过视觉处理器进行分析和解释，进而转换为符号，让机器人能够辨识物体，并确定其位置。机器人视觉广义上称为机器视觉，其基本原理与计算机视觉类似。计算机视觉研究视觉感知的通用理论、视觉过程的分层信息表示和视觉处理各功能模块的计算方法。而机器视觉侧重于研究以应用为背景的专用视觉系统，只提供对执行某一特定任务相关的景物描述。

机器人视觉系统硬件主要包括图像获取和视觉处理两部分，而图像获取由照明系统、视觉传感器、A/D 转换器和帧存储器等组成。根据功能不同，机器人视觉可分为视觉检验和视觉引导两种。

典型的机器人视觉系统一般包括：光源、图像采集装置、图像处理单元（或图像采集卡）、图像分析处理软件、监视器、通信输入/输出单元等，其基本构成如图 7.4 所示。

实际上，图像的获取是将被测物体的可视化图像和内在特征转换成能被计算机处理的数据，这种转换的过程及其效果直接影响到视觉系统工作的稳定性及可靠性。被测物体图像的获取一般涉及光源、相机和图像处理单元（或图像捕获卡）。

光源是影响机器视觉系统输入的重要因素，因为它影响着输入数据的质量和至少 30%的应用效果。由于没有通用的机器视觉照明设备，所以针对每个特定的应用实例，要选择相应的照明装置，以达到最佳的照明效果。许多工业用的机器视觉系统利用可见光作为光源，这主要是因为可见光容易获得，价格低廉，且便于操作。常用

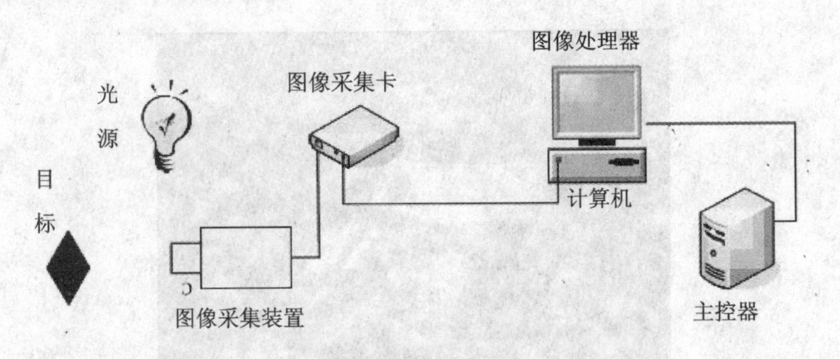

图 7.4 典型的机器人视觉系统组成示意图

的可见光源包括白帜灯、日光灯、水银灯和钠光灯。但是，这些光源的最大缺点是光能不能保持稳定。以日光灯为例，在使用的第一个 100 小时内，光能将下降 15%，随着使用时间的增加，光能还将不断下降。因此，如何使光能在一定的程度上保持稳定，是实用化过程中急需解决的现实问题。另一个方面，环境光将改变这些光源照射到物体上的总光能，使输出的图像数据存在噪声，一般采用加装防护屏的方法，减少环境光的影响。由于存在上述问题，在现今的工业应用中，对于某些要求严格的检测任务，常采用 X 射线、超声波等不可见光作为光源。

由光源构成的照明系统按其照射方式可分为背向照明、前向照明、结构光照明和频闪光照明等。其中，背向照明是将被测物放在光源和相机之间，其优点是能够获得高对比度的图像；前向照明是将光源和相机位于被测物的同侧，该方式的优点是便于安装；结构光照明是将光栅或线光源等投射到被测物上，根据它们产生的畸变，解调出被测物的三维信息；频闪光照明是将高频率的光脉冲照射到物体上，要求相机的扫描速度与光源的频闪速度同步。

对于机器人视觉系统来说，图像是唯一的信息来源，而图像的质量是由光学系统的合理选择所决定的。通常，由于图像质量低劣引起的误差不能用软件纠正。机器视觉技术把光学部件和成像电子结合在一起，并通过计算机控制系统来分辨、测量、分类和探测正在通过自动处理系统的部件。光学系统的主要参数与图像传感器的光敏面的格式有关，一般包括光圈、视场、焦距、F 数等。

视觉传感器实际上是一个光电转换装置，即将图像传感器所接收到的光学图像转化为计算机所能处理的电信号。光电转换器件是相机的核心器件。目前，典型的光电转换器件包括真空电视摄像管、CCD、CMOS 图像传感器等。

CCD(Charged Coupled Device)是目前机器视觉最为常用的图像传感器，集光电转换及电荷存储、电荷转移、信号读取于一体，是典型的固体成像器件。CCD 的突出特点是以电荷作为信号，而不同于其他器件是以电流或者电压为信号。这类成像器件通过光电转换形成电荷包，而后在驱动脉冲的作用下转移、放大输出图像信号。典型的 CCD 相机由光学镜头、时序及同步信号发生器、垂直驱动器、模/数信号处理电路组成。

CMOS(Complementary Metal Oxide Semiconductor)图像传感器的开发最早出现在20世纪70年代初。20世纪90年代,随着超大规模集成电路(VLSI)制造工艺技术的持续发展,其研发步伐不断加快。CMOS图像传感器将光敏元阵列、图像信号放大器、信号读取电路、模/数转换电路、图像信号处理器及控制器集成在一块芯片上,还具有局部像素的编程随机访问的优点。目前,CMOS图像传感器以其良好的集成性、低功耗、宽动态范围和输出图像几乎无拖影等特点而得到广泛应用。

在机器视觉系统中,视觉传感器的主要功能是将光敏元件所接收到的光信号转换为电压的幅值信号输出。若要得到能被计算机处理与识别的数字信号,还需对视频信息进行量化处理。图像采集卡是进行视频信息量化处理的重要工具。图像采集卡主要完成对模拟视频信号的数字化过程。视频信号首先经低通滤波器滤波,转换为在时间上连续的模拟信号;按照应用系统对图像分辨率的要求,采用采样/保持电路对视频信号在时间上进行间隔采样,把视频信号转换为离散的模拟信号;然后再由A/D转换器转变为数字信号输出。图像采集/处理卡在具有模/数转换功能的同时,还具有对视频图像进行分析和处理的功能,并可同时对相机进行有效的控制。

需要指出,机器视觉系统中,视觉信息的处理技术主要依赖于图像处理方法,它包括图像增强、数据编码和传输、平滑、边缘锐化、分割、特征抽取、图像识别与理解等内容。经过这些处理后,输出图像的质量可得到相当程度的改善,既改善了图像的视觉效果,又便于计算机对图像进行分析、处理和识别。

机器人视觉的优点在于:

① 实现非接触测量。对观测与被观测者都不会产生任何损伤,从而提高了系统的可靠性。

② 具有较宽的光谱响应范围。机器视觉可以利用专门的光敏元件,观察人眼无法看到的景象,从而扩展了人眼的视觉范围。

③ 可长时间工作。人眼难以长时间对同一对象进行观察。机器人视觉系统则可长时间、不疲倦地执行观测、分析与识别任务,并可应用于恶劣的工作环境。

7.3 警用机器人

本节所要研究的视觉系统及目标跟踪技术的载体是变结构警用机器人,主要用于反恐防暴作业时的可疑建筑物内侦察与监控。该警用机器人具有体积小、重量轻、结构可变等特点,其最大特点是在行进的同时能够改变形状(见图7.5),以适应地形的变化。变结构警用机器人的性能指标参数如表7.1所列。

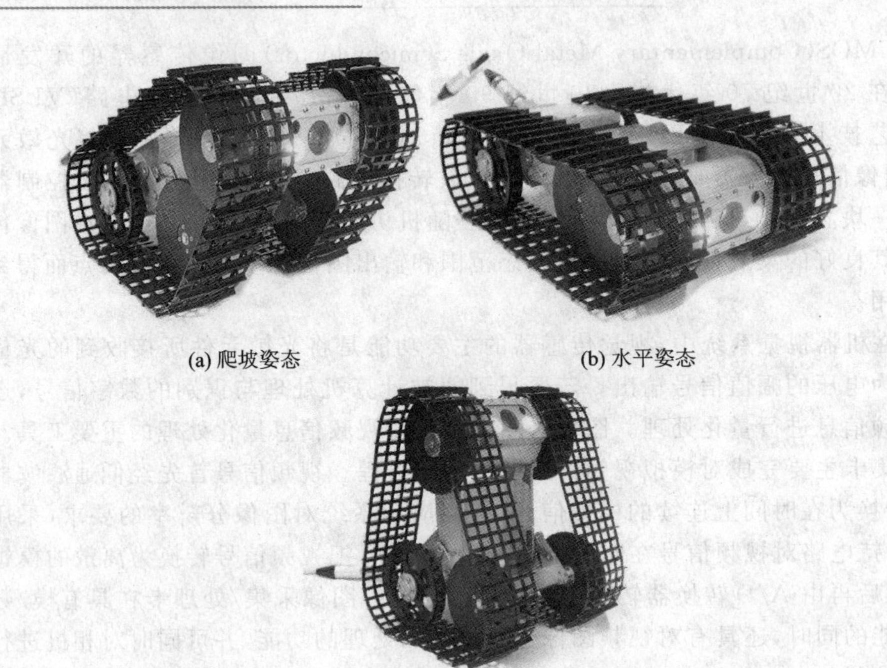
(a) 爬坡姿态

(b) 水平姿态

(c) 最高姿态

图 7.5 警用机器人结构变换示意图

表 7.1 警用机器人性能指标

项　目	指　标
外形尺寸（$L \times W \times H$）	300 mm×210 mm×70 mm
重量	1.6 kg
最高速度	0～5 m/min
爬坡角度	25°
转臂旋转角度范围	±90°

7.4 警用机器人视觉系统

视频采集装置采用 VCSBC4016 复合式可见光/红外线传感器，可每秒钟获得 32 帧 640×480 像素的图像。视觉信息处理系统则以 TMS320DM6437 为处理核心，原理图如图 7.6 所示。

TMS320DM6437 是专门为高性能、低成本视频应用开发的 32 位定点 DSP 达芬奇（DaVinci）技术的处理器。该器件采用 TI 第 2 代超长指令字（VLIW）结构（VelociTI.2）的 TMS320C64x+DSP 内核，主频可达 700 MHz，支持 8 个 8 位或 4 个

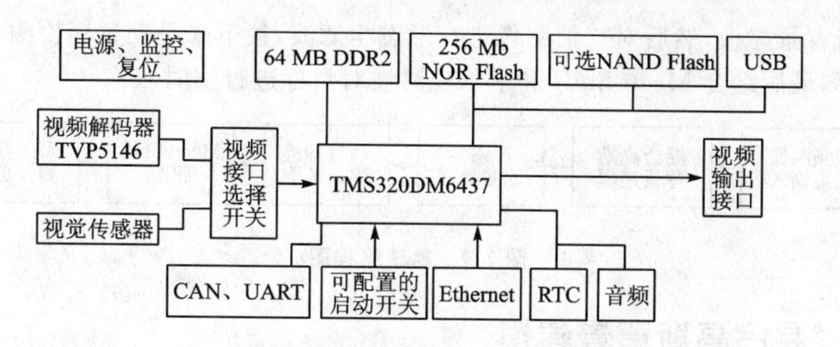

图 7.6 视觉信息处理示意图

16 位并行 MAC 运算，峰值处理能力高达 5 600 MIPS，其主要性能指标如下：

- VelociTI.2 结构 DSP 内核，先进超长指令字（VLIW）；
- C64x+指令集特性；
- C64x+ L1/L2 存储器结构口；
- 外部存储器接口（EMIF）；
- 增强型直接存储器访问控制器（EDMA）：64 个独立通道；
- 1 个 64 位看门狗定时器；
- 2 个 UART（带 RTS 和 CTS 流控信号）；
- 主/从 I^2C 总线控制器；
- 两个多通道缓冲串行接口（McBSP）；
- 多通道音频串行接口（McASP0）；
- 高端 CAN 控制器（HECC）；
- 16 位主机接口（HPI）；
- 32 位、33 MHz、3.3 V PCI 主从接口；
- 10/100 Mb/s 以太网 MAC（EMAC）；
- VLYNQ 接口（FPGA 接口）；
- VLYNQTM 接口（FPGA 接口）；
- 片上 ROM Bootloader；
- 独特的节电模式；
- 灵活的 PLL 时钟产生器；
- 多达 111 个 GPIO（与其他功能复用）。

7.5 目标跟踪算法及其实现

7.5.1 算法的整体流程

目标跟踪算法的流程如图 7.7 所示，首先对采集的视频图像采用混合高斯模型算法进行背景建模，然后对二值图像进行形态学滤波，接下来是动目标检测和选取待跟踪目标，最后结合 Mean Shift 和卡尔曼滤波对目标进行实时跟踪。

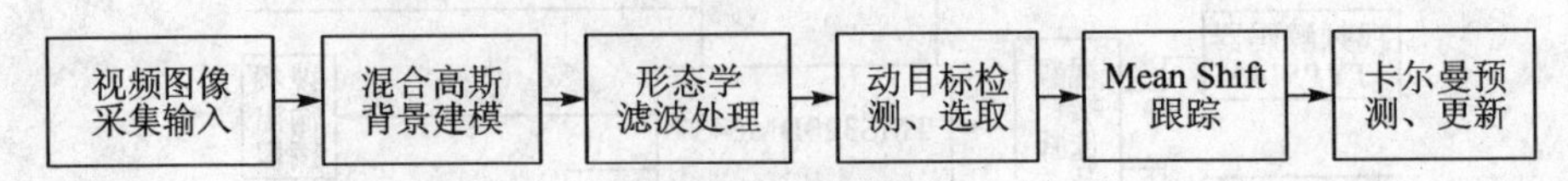

图 7.7　算法流程图

7.5.2　混合高斯背景建模

背景的复杂性往往会给动目标检测带来很大困难，比如光线变化、树叶摇曳、阴影干扰等，这些都影响到跟踪的准确性和可靠性。本小节采用混合高斯背景建模方法，该方法能很好地区别导致每一帧视频图像中像素点变化的原因是背景物体的变化还是前景物体的运动。基于高斯混合模型背景提取的原理如下：

在视频流的帧图像中对每一个像素点进行混合高斯建模，该混合高斯模型使用 $K(K=3,4,5)$ 个高斯分布统计视频流每帧中相同像素点的特征。混合高斯背景模型是有限个高斯函数的加权和。即设在最近帧的像素值为 $(X_1, X_2, \cdots, X_t)$，其中 X_t 为 t 时刻的像素值，则其 K 个混合高斯分布的概率密度函数为：

$$p(X_t) = \sum_{k=1}^{k} \omega_{k,t} \cdot g(X_t, \mu_{k,t}, \sum\nolimits_{k,t})$$

$$g(X_t, \mu_{k,t}, \sum\nolimits_{k,t}) = [(2\pi)^{\frac{d}{2}} |\mathrm{Cov}_{k,t}|^{\frac{1}{2}}]^{-1} \times \exp\left[-\frac{1}{2}(X_t - \mu_{k,t})^T \cdot \sum\nolimits_{k,t}^{-1} (X_t - \mu_{k,t})\right]$$

其概率密度函数参数为：

$$(\omega_{1,t}, \cdots, \omega_{K,t}; \mu_{1,t}, \cdots, \mu_{K,t}; \sum\nolimits_{1,t}, \cdots, \sum\nolimits_{K,t})$$

其中，$\omega_{K,t}$，$\mu_{K,t}$，$\mathrm{Cov}_{k,t}$ 分别为第 K 个高斯分布在 t 时刻的权值、均值向量和协方差矩阵。K 为高斯分布的数量，而且 $\omega_{1,t}, \cdots, \omega_{K,t}$ 满足条件：

$$\sum_{k=1}^{k} \omega_{k,t} = 1$$

假设像素点 RGB 色彩空间的值相互独立并且具有相同的方差，则有下面等式：

$$\mathrm{Cov}_{k,t} = \sigma_k^2 \boldsymbol{I} = \sigma_k^2 \begin{pmatrix} 1 & \cdots & 0 \\ \cdots & \cdots & \cdots \\ 0 & \cdots & 1 \end{pmatrix}$$

针对视频流帧图像序列中的新样本点 X_{t+1}，取 X_{t+1} 像素的当前值 $ImageData(X_{t+1})$，将它与内存分配给它的 K 个高斯模型的均值 $\mu_{k,t}$ 逐一进行比较，看它与其中哪一个高斯模型匹配。其匹配原则为：

$$|ImageData(X_{i+1}) - \mu_{k,t}| = \xi \cdot \sigma_{k,t} \tag{7.1}$$

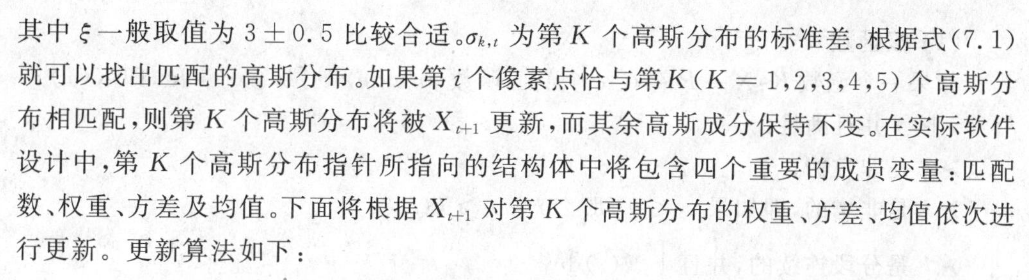

其中 ξ 一般取值为 3 ± 0.5 比较合适。$\sigma_{k,t}$ 为第 K 个高斯分布的标准差。根据式(7.1)就可以找出匹配的高斯分布。如果第 i 个像素点恰与第 $K(K=1,2,3,4,5)$ 个高斯分布相匹配，则第 K 个高斯分布将被 X_{t+1} 更新，而其余高斯成分保持不变。在实际软件设计中，第 K 个高斯分布指针所指向的结构体中将包含四个重要的成员变量：匹配数、权重、方差及均值。下面将根据 X_{t+1} 对第 K 个高斯分布的权重、方差、均值依次进行更新。更新算法如下：

$$\omega_{k,t+1} = (1-\alpha) \cdot \omega_{k,t} + \alpha \cdot (M_{k,t})$$

$$M_{k,t} = \begin{cases} 1, \text{匹配成功} \\ 0, \text{匹配失败} \end{cases}$$

其中，α 为高斯模型的学习率。

$$\mu_{k,t} = (1-\rho) \cdot \mu_{k,t} + \rho \cdot X_{i+1}$$

$$(\sigma_{k,t+1})^2 = (1-\rho) \cdot (\sigma_{k,t})^2 + \rho \cdot (X_{t+1} - \mu_{k,t})^{\mathrm{T}} \cdot (X_{t+1} - \mu_{k,t})$$

其中，$\rho = \alpha \cdot g(X_{t+1}, \mu_{k,t}, \sigma_{k,t}^2)$。

在更新完各个高斯分布的参数后，接着需要计算 K 个高斯分布的 ω/σ 值，并按优先级 ω/σ 从大到小进行排序。根据排序好的高斯分布来确定最能表征背景特征的高斯分布，其确定算法为：取前面权值较大的高斯分布来表示背景分布，即：

$$B = \arg\min_b \left(\sum_{k=1}^{b} \omega_{k,t} > T \right)$$

其中，阈值 T 代表当前像素被判为背景的先验概率值。实验中 T 的取值比较重要，如果 T 值太小，多高斯模型就会退化为单高斯模型；如果 T 值太大，则描述背景的高斯分布个数变多，这会导致系统将运动目标也看作背景。在多数研究中，都取 $T=0.8$ 左右。这样，就完成了基于高斯混合模型的背景建模。

基于上述分析，余下的 $K-B$ 个高斯分布就被定位为前景目标，即：

$$F = K - B$$

7.5.3 形态学处理

经过混合高斯背景建模，得到的二值图像中的前景区域不一定都是真正的动目标。由于噪声的干扰以及目标与背景图像之间往往有小部分颜色和灰度相似，那么二值图像中通常含有许多孤立的点、孤立的区域、零星的空穴等。因此，一方面需要将属于运动目标的离散点连接起来，另一方面又要去除噪声点。对二值图像进行膨胀和腐蚀形态学滤波来消除这些干扰，去除存在的小噪声块，同时填补运动目标内可能因为漏检而出现的空穴。

7.5.4 基于 Mean Shift 的目标跟踪

基于 Mean Shift 进行目标跟踪的基本原理如下所述。

(1) 核函数

如果一个函数 $K:X \to R$ 存在一个剖面函数(profile) $k:[0,\infty] \to R$,即 $K(x)=k(\|x\|^2)$ 并且满足:

➢ k 是非负的;

➢ k 是非增的,即如果 $a<b$,那么 $k(a)\geqslant k(b)$;

➢ k 是分段连续的,并且 $\int_0^\infty k(r)\mathrm{d}r<\infty$。

那么,函数 $K(x)$ 就被称为核函数(Kernel)。常用的核函数及其剖面函数如图 7.8 所示。

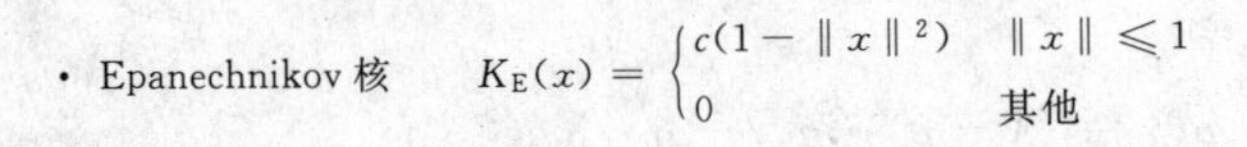

· Epanechnikov 核 $K_E(x)=\begin{cases} c(1-\|x\|^2) & \|x\|\leqslant 1 \\ 0 & 其他 \end{cases}$

· Uniform Kernel 核 $K_U(x)=\begin{cases} c & \|x\|\leqslant 1 \\ 0 & 其他 \end{cases}$

· Normal Kernel 核 $K_N(x)=c\cdot\exp\left(-\frac{1}{2}\|x\|^2\right)$

图 7.8 常见的核函数及其剖面函数

(2) Mean Shift 向量

定义 d 维空间 R^d 中的样本集合 $\{x_i\}$,$i=1,\cdots,n$,$K(x)$ 表示该空间的核函数,窗口的半径为 h,则在点 x 处的多变量核密度估计可表示为:

$$f(x)=\frac{1}{nh^d}\sum_{i=1}^{n}K\left(\frac{x-x_i}{h}\right)$$

核函数 $K(x)$ 的剖面函数为 $k(x)$,使得 $K(x)=k(\|x\|^2)$。把核密度估计写成基于剖面函数的形式,则有:

$$\hat{f}_{h,K}(x)=\frac{1}{nh^d}\sum_{i=1}^{n}k\left(\left\|\frac{x-x_i}{h}\right\|^2\right)$$

这个表达式就是一般 Mean Shift 算法计算特征值概率密度时常用的公式,可以通过对核密度梯度进行估计来寻找数据集合中密度最大数据的分布位置。

利用核函数的可微性,得到核函数密度梯度估计:

$$\hat{\nabla} f_{h,K}(x)\equiv\nabla\hat{f}_{h,K}(x)=\frac{2c_{k,d}}{nh^{d+2}}\sum_{i=1}^{n}(x-x_i)k'\left(\left\|\frac{x-x_i}{h}\right\|^2\right)$$

定义 $g(x)=-k'(x)$ 为 $k(x)$ 的负导函数,除了个别有限点,剖面函数 $k(x)$ 的梯度对所有 $x\in[0,\infty)$ 均存在。由 $g(x)$ 可以导出新的核函数 $G(x)=g(\|x\|^2)$。将 $g(x)$ 代入公式中可得:

$$\nabla \hat{f}_{h,K}(x)=\frac{2c_{k,d}}{nh^{d+2}}\sum_{i=1}^{n}(x-x_i)g\left(\left\|\frac{x-x_i}{h}\right\|^2\right)$$

$$=\frac{2c_{k,d}}{nh^{d+2}}\left[\sum_{i=1}^{n}g\left(\left\|\frac{x-x_i}{h}\right\|^2\right)\right]\left[\frac{\sum_{i=1}^{n}x_i g\left(\left\|\frac{x-x_i}{h}\right\|^2\right)}{\sum_{i=1}^{n}g\left(\left\|\frac{x-x_i}{h}\right\|^2\right)}-x\right] \tag{7.2}$$

可以看出式(7.2)包含两项，都具有特殊含义，第二个中括号前为第一项，表示在 x 点处基于核函数 $G(x)$ 的无参密度估计：

$$\hat{f}_{h,G}(x)=\frac{c_{g,d}}{nh^{d}}\sum_{i=1}^{n}g\left(\left\|\frac{x-x_i}{h}\right\|^2\right) \tag{7.3}$$

式(7.2)第二括号内为第二项，表示 Mean Shift 向量，即使用核函数 $G(x)$ 作为权值的加权平均与 x 的差：

$$m_{h,G}(x)=\frac{\sum_{i=1}^{n}x_i g\left(\left\|\frac{x-x_i}{h}\right\|^2\right)}{\sum_{i=1}^{n}g\left(\left\|\frac{x-x_i}{h}\right\|^2\right)}-x \tag{7.4}$$

核函数 $K(x)$ 称为核函数 $G(x)$ 的阴影函数(Shadow)。Epanechnikov 核是 Uniform 核的影子。若选用 Epanechnikov 核，由图 7.8 可知其对应的 $G(x)$ 的剖面函数 $g(x)$ 为：

$$g(x)=-k'(x)=\begin{cases}1 & \|x\|\leqslant 1\\ 0 & \text{其他}\end{cases}$$

这时，Mean Shift 向量可以表示为：

$$m(x)=\frac{1}{n}\sum_{i=1}^{n}(x_i-x)$$

图 7.9 很好地说明了上式的意义：中间的实心黑点表示 x 点，也就是核函数的中心点。周围的空心白点是样本点 x_i；箭头表示样本点相对于核函数中心点 x 的偏移量，平均的偏移量指向样本点最密的方向，也就是梯度方向。

因此，Mean Shift 向量应该转移到样本点相对于点 x 变化最大的地方，其方向也就是密度梯度方向。

一般而言，离 x 越近的采样点对估计 x 周围的统计特性越重要，因此引入了核函数的概念，$g\left(\left\|\frac{x-x_i}{h}\right\|^2\right)$ 就是对每个采样点的权值，所以式(7.4)就是在核函数 $g(x)$ 加权下的 Mean Shift 向量。

下面证明 Mean Shift 向量的方向是密度的梯度方向，即密度变化最大的方向。由式(7.3)和式(7.4)，可以得到：

$$\hat{\nabla} f_{h,K}(x)=\frac{2c_{k,d}}{h^2 c_{g,d}}\hat{f}_{h,G}(x)m_{h,G}(x) \tag{7.5}$$

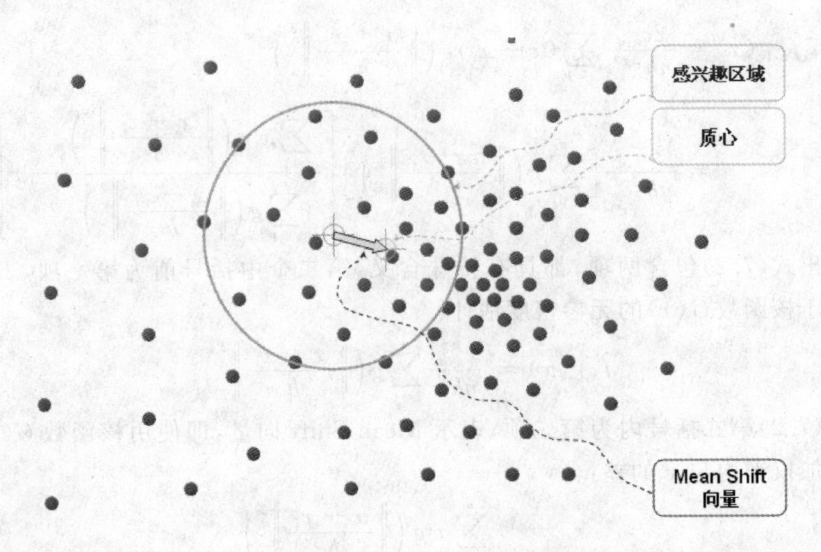

图 7.9 Mean Shift 示意图

稍加变形有：

$$m_{h,G}(x) = \frac{1}{2}h^2 c \frac{\hat{\nabla} f_{h,K}(x)}{\hat{f}_{h,G}(x)} \tag{7.6}$$

式(7.6)表明，在点 $G(x)$ 处基于核函数的 Mean Shift 向量 $m_{h,G}(x)$ 与基于核函数 $K(x)$ 的标准化密度梯度估计仅差一个常量的比例系数。所谓标准化是式(7.4)中的分母项，其分子项是密度梯度估计，梯度是指密度变化最大的方向，所以 Mean Shift 向量总是指向密度增加最大的方向。

(3) Mean Shift 算法

Mean Shift 算法的过程是：给定一个初始点 x，核函数 $G(x)$，容许误差 ε，通过迭代方法，不断地沿着概率密度的梯度方向移动，最终收敛到数据空间中密度的峰值。迭代时的步长不仅与梯度大小有关，还和该点的概率密度有关，是一个变步长的梯度上升算法。

(4) 基于 Mean Shift 的目标跟踪

设 A 是嵌入在 n 维欧式空间 x 中的有限集合。在 $x \in X$ 处的 Mean Shift 矢量定义为：

$$ms = \frac{\sum_a k(a-x)w(a)a}{\sum_a k(a-x)w(a)} - x,\ a \in A$$

式中，k 是核函数，W 是权重。在 X 处计算出的 Mean Shift 矢量 ms 反向指向卷积曲面的梯度方向：

$$J(x) = \sum_a g(a-x)w(a)$$

式中：g 是 k 的影子核。沿着 ms 方向不断移动核函数中心位置直至收敛就可以找到

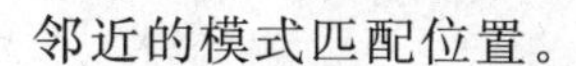
邻近的模式匹配位置。

为了下面叙述方便，首先给出以下几个定义。

定义1　在一帧图像中，目标所在的图像区域称为目标区域，用 F 表示。F 以外的图像区域称为背景区域，用 B 表示；包含 F，且面积最小的圆形区域的圆心称为目标的形心；称同时包含目标图像区域 F 和 B 的区域 T 为跟踪窗口。假设 F、B 各自对应的颜色直方图中的非零子项位置不重合，也即目标与背景有着明显的颜色差异。在车辆监控等很多实际场合，上述假设基本上都是成立的。

定义2　给定跟踪窗口 T，设 $\{X_i\}_{i=1,\cdots,n}$ 是以其中心为原点的像素坐标，则 T 包含图像的核直方图 $P=\{p_i\}_{i=1,\cdots,m}$ 定义为 $p_\mu = C\sum_{i=1}^{n}(\|X_i/r\|^2)\delta[q(X_i)-\mu]$。其中，$\delta$ 是 Kronecker delta 函数。映射 $q:R^2\to\{1,\cdots,m\}$ 把相应位置处像素的颜色进行 m 级量化。C 为归一化常数。通过约束条件 $\sum_{\mu=1}^{m}p_\mu=1$ 可得 $C=1/\sum_{i=1}^{n}k(\|X_i/r\|^2)$。$r$ 称为核函数 k 的窗宽，同时也是跟踪窗口 T 的半径。

定义3　两个具有 m 个分量的核直方图 P_i 和 P_j 的相似性用 Bhattacharyya 系数 $\rho=\sum_{l=1}^{m}\sqrt{p_l^i p_l^j}, i\neq j$ 表示。其中，p_l^i 和 p_l^j 分别是两个核直方图中对应分量的值。

当目标图像采用核直方图建模时，给定模型与候选图像核直方图之间的相似性可以通过 Bhattacharyya 系数来度量，从而使跟踪问题转化为 Mean Shift 模式匹配问题。基于 Mean Shift 的目标跟踪的原理如图 7.10 和图 7.11 所示。

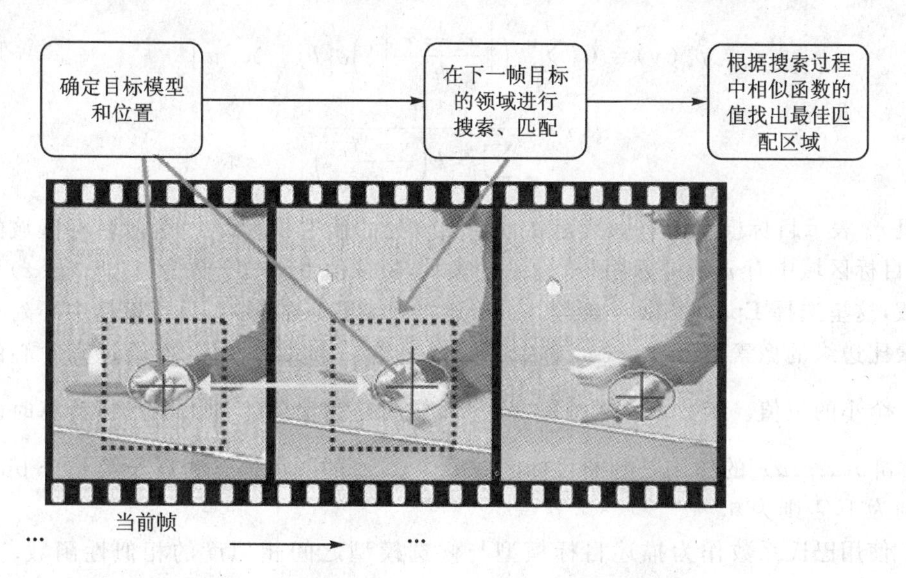

图 7.10　基于 Mean Shift 进行目标跟踪的流程

在检测出的运动区域内选取一个面积较大的作为目标区域，将其从当前图像中分割，作为目标模型。然后建立候选模型，对运动目标在接下来每帧中可能包含的区

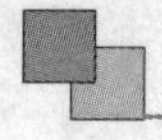

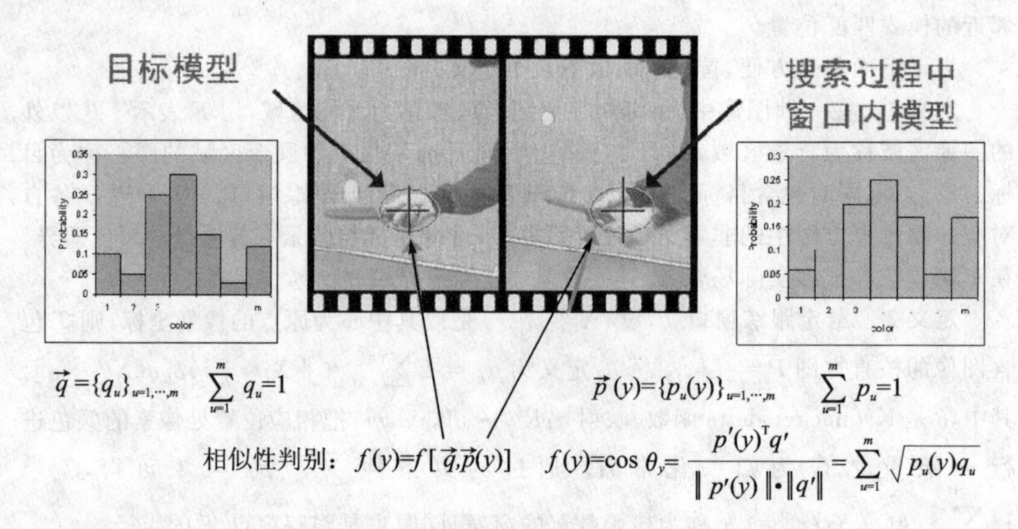

图 7.11　相似性判断

域的描述称为候选模型。目标模型和候选模型的建模如下：

$$\hat{q}_u = C\sum_{i=1}^{n} k\left(\left\|\frac{x_0 - x_i}{h}\right\|^2\right)\delta[b(x_i) - u]$$

$$C = \frac{1}{\sum_{i=1}^{n} k\left(\left\|\frac{x_0 - x_i}{h}\right\|^2\right)}$$

$$\hat{p}_u(y) = C_h\sum_{i=1}^{n_h} k\left(\left\|\frac{x_0 - x_i}{h}\right\|^2\right)\delta[b(x_i) - u]$$

$$C_h = \frac{1}{\sum_{i=1}^{n_h} k\left(\frac{y - x_i{}^2}{h}\right)}$$

这里 $\hat{q}_u$ 表示目标模型，$\hat{p}_u(y)$表示在候选点 y 处的候选模型。x_0 表示目标区域的中心，目标区域中有 n 个像素用$\{x_i\}_{i=1,\cdots,n}$表示，特征值 bin 的个数为 m 个。$k(x)$为核函数，这里选择 Epanechikov 函数。由于遮挡或者背景的影响，目标模型中心附近的像素比边缘的像素更可靠，$k(x)$对中心的像素给一个大的权值，而给远离中心的像素一个小的权值。函数 $k(x)$中$\left\|\frac{x_0 - x_i}{h}\right\|$的作用是为消除不同大小目标计算时的影响。$\delta[b(x_i - u)]$的作用是判断目标区域中像素 x_i 的颜色值是否属于第 u 个 bin，属于则为 1，否则为 0。

使用巴氏系数作为描述目标模型与候选模型之间相似度的相似性函数，其定义为：

$$\hat{\rho}(y) = \sum_{u=1}^{m}\sqrt{\hat{p}_u(y)\hat{q}_u}$$

相似性函数值在 0～1 内，该值越大，表示两个模型越相似。在当前帧中不同的

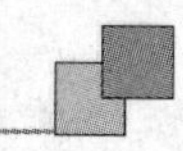

候选区域计算得到的候选模型，使它最大的候选区域即是目标在本帧中的最终位置 y。

7.5.5　卡尔曼滤波器预测 Mean Shift 起始点

由于相似性函数在 y_0 处进行泰勒展开，这就限制了起始点 y_0 和 y 点的距离不能太大。如果目标运动过快，Mean Shift 跟踪效果不好。因此采用卡尔曼滤波器来解决该问题。利用前 $k-1$ 帧中目标中心的位置信息作为卡尔曼滤波器的观测值，首先用卡尔曼滤波器预测 k 帧目标的位置，作为 Mean Shift 算法中目标的起始点，Mean Shift 会在这点的邻域内找到目标最优的位置，再以该点作为卡尔曼滤波器的观测值，进行下一帧的运算。

7.5.6　算法的程序实现与优化

在 DM6437 DSP 上运行 DSP/BIOS 实时操作系统、背景建模算法、目标检测算法、跟踪算法。程序从 main()开始，系统依次完成各个软硬件模块的初始化，建立视频输入、视频编码输出，并且获取第一帧图像。完成这一系列工作以后，main()返回。系统进入 DSP/BIOS 调度时间，让视频处理主线程来完成一帧一帧的视频分析。

视频处理主线程是整个程序的核心，主要包括混合高斯建模、形态学处理、动目标检测、Mean Shift 跟踪和卡尔曼预测与更新五个模块。由于本小节关注的是视频目标的实时跟踪，因此关于混合高斯建模、形态学处理、动目标检测等算法，在实现的时候采用了 TI 的 VLIB 库中 API 函数来完成。这些 API 函数都是经过高效优化的，为后续的跟踪算法的处理节省了大量的时间和资源，使得整个实现能够获得高效和实时性。

下面详述 Mean Shift 跟踪和卡尔曼滤波相结合算法的实现步骤，其流程设计如图 7.12 所示。

① 自动初始化：利用动目标检测算法得到目标块信息(包括目标的形心坐标和目标块的大小，计算目标模型的 RGB 颜色直方图；

② 在下一帧视频图像中，利用卡尔曼滤波器的状态向量中的 x 与 y 方向的位置和速度信息来预测当前帧中候选模型的起始点；

③ Mean Shift 迭代：利用三种不同大小的目标搜索窗在相同的位置计算候选模型的颜色直方图，并计算 Mean Shift 向量至收敛点；

④ 巴氏系数计算：在每次的 Mean Shift 迭代过程中，计算三种不同搜索窗的候选模型与目标模型之间的巴氏系数，经过不断迭代，三种巴氏系数会达到稳定值；

⑤ 取三种巴氏系数中的最大值 mbha，将其与一个较大的相似度门限 R 比较，若 mbha$<R$，说明目标模型与候选模型匹配，跟踪有效；

⑥ 把 Mean Shift 迭代算法获得的目标信息作为卡尔曼的测量向量，进行卡尔曼

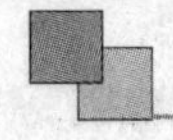

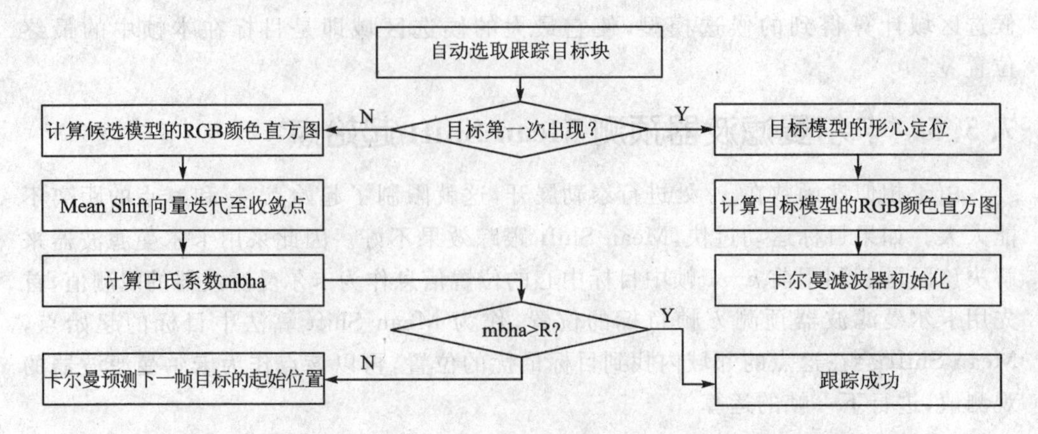

图 7.12　Mean Shift 和卡尔曼滤波相结合算法的实现流程设计

的更新，得到当前时刻状态向量的新估计，用于下一帧的迭代匹配。

为了满足实时跟踪的需要，结合 C64x＋DSP 内核的特点，通过优化存储器的存取效率和提供程序的并行化程序来缩短程序运行所需要的指令周期数，加速代码的运行，对算法的实现进行了大量的编程方面的优化。具体的编程优化工作包含以下几个方面。

(1) 使用 VLIB 库

在优化过程中，本文采用了 TI 提供的 VLIB 库函数来对视频处理主线程中的混合高斯背景建模、腐蚀、膨胀、动目标检测、卡尔曼预测和更新等算法进行优化。VLIB 是 TI 公司针对视频处理 DSP 推出的高度优化的函数库，能方便地供用户使用具有极高效的代码。表 7.2 是使用 VLIB 函数后对每个像素点处理所消耗的指令周期统计。由该表可以看出，采用 VLIB 函数，大大提高了程序的运行速度，为视频的实时处理提供了很好的基础。

表 7.2　VLIB 日库的函数消耗的指令周期统计

算法中使用 VLIB 库的 API 函数	指令周期	
VLIB_mixtureOfGaussiansS16	31.30	cycles/pixel
VLIB_dilate_bin_cross	0.27	cycles/pixel
VLIB_erode_bin_square	0.29	cycles/pixel
VLIB_createConnectedComponentsList	1.1－5.2	cycles/pixel
VLIB_kalmanFilter_2x4_Predict	154	cycles
VLIB_kalmanFilter_2x4_Correct	327	cycles
VLIB_convertUYVYint_to_YUVpl	0.4	cycles/pixel

(2) Cache 的使用

由于高性能 DSP 的片内高速存储资源有限，因此在系统实现时存储器的管理对

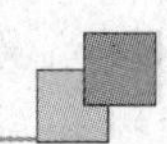

提高整个系统的优化是非常重要的。为了满足算法的实时性，使用Cache来进行优化是很有必要的。下面使用两种方法来解决算法实现时发生的Cache牺牲问题：

第一种方法是选择合适的数据类型，以减少内存需要。视频图像中很多数据都可以用16位来表示，这与32位相比可节省一半内存消耗，而且小数据类型容易实现汇编的SLMD。

第二种方法是优化视频处理链。视频处理中的数据流是顺序的，即前一个函数的输出将作为下一个函数的输入。函数1的当前输入在L1D中，输出数据将被存放在低一级的存储空间(L2或外部存储器)，函数2在读取数据时会发生牺牲。为减少该类的Cache牺牲问题，可以将函数1的输出写入L1D，则该部分数据可以直接重新访问而不会发生CPU停止。

经优化后的Mean Shift程序和Kalman滤波程序如例程7.1、例程7.2所示。

【例程7.1】 Mean Shift程序。

```
// 均值偏移算法使用RGB彩色空间信息进行匹配
#include <std.h>
#include <log.h>
#include <stdlib.h>
#include <string.h>
#include <stdio.h>
#include <mem.h>
#include <math.h>
#include <VLIB_prototypes.h>
#include <VLIB_testUtils.h>
#include <ivot.h>
// 提取RGB信息用到的数组,详见VLIB使用手册介绍
short coeff[] = { 0x2000, 0x2BDD, - 0x0AC5, - 0x1658, 0x3770 };
// 提取出图像帧的一块,读取出R、G、B信息,分别放在三个数组里
BOOL extract_RGB_from_frame(unsigned char * inputFrame,
                            unsigned short * RGBpl,
                            int imageWidth,
                            int imageHeight,
                            int pitch,
                            int centerX, //提取时的中心X
                            int centerY) //提取时的中心Y
{
    int startX;
    int startY;
    int i;
    int pixNum;
    unsigned char * windowStart;
```

```
    unsigned char * R;
    unsigned char * G;
    unsigned char * B;
    // YUV 视频帧中物体的起始位置的 x 和 y 坐标
    startX = centerX * 2 - imageWidth; // 写成(centerX - imageWidth/2) * 2
    startY = centerY - imageHeight/2;
    // 注意 YUV 信号中每四字节表示两个像素,因此每行中包括 1 280 个字节
    windowStart = inputFrame + 1280 * startY + startX;
    // 如果物体跑到镜头视野外,则返回 FALSE,告知程序物体失踪
    if ((startX <= 0)||(startY <= 0)
        ||(startX + imageWidth >= 1280)
        ||(startY + imageHeight >= 480))
        return FALSE;
    pixNum = imageWidth * imageHeight;
    R = (unsigned char *)MEM_alloc(0, sizeof(unsigned char) * pixNum, 8);
    G = (unsigned char *)MEM_alloc(0, sizeof(unsigned char) * pixNum, 8);
    B = (unsigned char *)MEM_alloc(0, sizeof(unsigned char) * pixNum, 8);
    // 提取 RGB 信息
    VLIB_convertUYVYint_to_RGBpl(windowStart,
                                 imageWidth,
                                 pitch,
                                 imageHeight,
                                 coeff,
                                 R,
                                 G,
                                 B);
    // 将 RGB 信息统一放入 RGBpl 中,排列顺序为 R、G、B
    for (i = 0; i < pixNum; i++)
    {
        RGBpl[0          + i] = (unsigned short)(R[i]);
        RGBpl[pixNum + i] = (unsigned short)(G[i]);
        RGBpl[2 * pixNum + i] = (unsigned short)(B[i]);
    }
    MEM_free(0, R, sizeof(unsigned char) * pixNum);
    MEM_free(0, G, sizeof(unsigned char) * pixNum);
    MEM_free(0, B, sizeof(unsigned char) * pixNum);
    return TRUE;
}
// 多维向量的直方图统计
void histogram_statistics(unsigned short * RGBpl, //欲统计部分的 YUV 值 planar,尺寸
                                                  //6 倍于像素值矩阵
                  int numPoints,
```

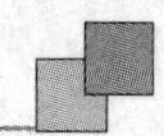

```
                    unsigned short * H) //统计结果 H 的尺寸是 binY * binU * binV
{
    unsigned short numB[3] = {10, 10, 10};
    // 65 536/256 像素值都在 255～0,详见 VLIB 使用说明手册中的例子
    unsigned short normVals[3] = {256, 256, 256};
    unsigned short * internalBuffer;
    unsigned short * internalH;
    internalBuffer = (unsigned short * ) MEM _ alloc (0, sizeof (unsigned short) *
numPoints, 8);
    internalH = (unsigned short * )MEM_alloc(0, sizeof(unsigned short) * 1000, 8);
    memset(internalBuffer, 0, sizeof(unsigned short) * numPoints);
    memset(H, 0, sizeof(unsigned short) * 1000);
    memset(internalH, 0, sizeof(unsigned short) * 1000);
    //多维直方图统计,最终结果保存在 H 中,尺寸为 10 * 10 * 10  = 1000
    VLIB_histogram_nD_U16(RGBpl,// YUV planar
                          numPoints,
                          3,        //维数
                          1,        //权重
                          numB,
                          normVals,
                          internalBuffer,
                          internalH,
                          H);
    MEM_free(0, internalBuffer, sizeof(unsigned short) * numPoints);
    MEM_free(0, internalH, sizeof(unsigned short) * 1000);
}
// 计算灰度统计表的 L1 距离作为判定物体失踪的依据
unsigned int L1_distance_calculating(
                  short * H1, //第一个统计结果
                  short * H2, //第二个统计结果
                  int numB)   //灰度统计中 bin 的个数,多级直方图则为几个 bin 的乘积
{
    // 存放最终结果
    unsigned int D;
    // 计算 H1 和 H2 的 L1 距离,结果保存在 D 中返回
    VLIB_L1DistanceS16(H1, H2, numB, &D);
    return D;
}
// 构建 wi 的查询表
void calculate_proportion(unsigned short * targetH,      //目标模型灰度统计结果
                  unsigned short * candidateH, //候选模型灰度统计结果
                  unsigned short * finalH, //统计结果的比值的平方根数组 UQ8.8 格式
```

```
                int numB) //bin的个数
{
    int i;
    float a, b, c, d;
    // 构建wi查询表,详细内容参见EL-IVOT实验指导书中关于均值漂移算法的说明
    for (i = 0; i < numB; i++)
    {
        a = (float)(targetH[i]);
        b = (float)(candidateH[i]);
        // 为避免除数为0的错误,修改,使b始终大于0
        if (b == 0)
            b = 1;
        c = a/b;
        d = 256 * sqrt(c);
        // d肯定处于一定范围内,暂时设置为UQ8.8
        finalH[i] = (unsigned short)(d);
    }
    return;
}
// 由位置y0求位置y1
void calculating_the_next_center(
        unsigned short * candidateImage, //以y0中心,宽为width,高为height区域
        unsigned short * targetH,        //目标灰度统计结果
        unsigned short * candidateH,     //候选灰度统计结果
        int preX,                        //旧的x坐标
        int preY,                        //旧的y坐标
        int * nextX,                     //新的x坐标,计算结果
        int * nextY,                     //新的y坐标,计算结果
        int width,                       //区域宽度
        int height)                      //区域高度
{
    int i, j, k;
    // wi
    int wi;
    unsigned short * finalH;
    int pixNum;
    // 矩形区域的左上角位置
    int startX, startY;
    // 迭代一次后新的中心点坐标
    int newX, newY;
    // y1迭代公式里的分母∑xi和∑yi
    int totalW;
```

```
    finalH = (unsigned short * )MEM_alloc(0, sizeof(unsigned short) * 1000, 8);
    // 构建 wi 查询表,将结果保存在 finalH 中
    calculate_proportion(targetH, candidateH, finalH, 1000);
    newX = 0;
    newY = 0;
    startX = preX - width/2 + 1;
    startY = preY - height/2 + 1;
    pixNum = width * height;
    // totalX = height * (startX + startX + width - 1) * width/2;
    // totalY = width * (startY + startY + height - 1) * height/2;
    totalW = 0;
    // 根据 meanshift 迭代公式计算下一时刻时,中心点所在的位置
    for (i = 0; i < height; i + + )
    {
        for (j = 0; j < width; j + + )
        {
            // wi 在 qu/pu(y0)中的索引
            k = (candidateImage[width * i + j])/(255/10)  //Y 所在的 bin 的序号
+ ((candidateImage[pixNum + width * i + j])/(255/10)) * 10 //U 所在的 bin 的编号
+ ((candidateImage[2 * pixNum + width * i + j])/(255/10)) * 100; //V 所在的 bin 的编号
            wi = finalH[k]; //注意这里 wi 的定点小数格式
            newX + = wi * (j + startX);
            newY + = wi * (i + startY);
            totalW + = wi;
        }
    }
    newX = newX/totalW;
    newY = newY/totalW;
    * nextX = newX;
    * nextY = newY;
    // 释放内存
    MEM_free(0, finalH, sizeof(unsigned short) * 1000);
}
// 3 维向量 Mean Shift 迭代,把迭代求得的最后区域内的模型和目标模型的 L1 距离返回
unsigned int meanshift_iteration( unsigned short * qu, //目标模型的灰度特征
                                  unsigned char * nextFrame, //下一帧图像数据
                                  int centerX,               //上帧图像目标模型的位置坐标
                                  int centerY,
                                  int * nextX,               //下帧图像目标模型的位置坐标
                                  int * nextY,
                                  int eps,                   //迭代停止条件
                                  int pitch,                 //一帧图像的宽度
```

```
                        int width,              //目标区域的高宽
                        int height)
{
    // rho0 和 rho1 分别代表 y0 和 y1 处候选模型与目标模型之间的距离
    unsigned int rho0, rho1;
    // y0 位置的灰度统计结果
    unsigned short * puy0;
    // y1 位置的灰度统计结果
    unsigned short * puy1;
    // y0 及 y1 处的候选模型
    unsigned short * candidateModule0;
    unsigned short * candidateModule1;
    // 迭代中用到的暂存坐标
    int tempPreX, tempPreY;
    int tempNextX, tempNextY;
    // 判别物体是否跑出镜头视野
    BOOL ifInSight = TRUE;
    tempPreX = centerX;
    tempPreY = centerY;
    puy0 = (unsigned short * )MEM_alloc(0, sizeof(unsigned short) * 1000, 8);
    puy1 = (unsigned short * )MEM_alloc(0, sizeof(unsigned short) * 1000, 8);
    candidateModule0 = (unsigned short * )MEM_alloc(0, sizeof(unsigned short) * 3 *
width * height, 8);
    candidateModule1 = (unsigned short * )MEM_alloc(0, sizeof(unsigned short) * 3 *
width * height, 8);
multiiteration:
// 提取 y0 点周围的部分作为候选模型
ifInSight = extract_RGB_from_frame(nextFrame, candidateModule0, width, height,
pitch, tempPreX, tempPreY);
/ * 如果物体跑到镜头视野外,自动结束该迭代过程,并返回一个 L1 距离的极大值,告知程
序物体已失踪 * /
    if (ifInSight = = FALSE)
        return 32767;
    // 统计 y0 点的候选模型的直方图特征
    histogram_statistics(candidateModule0, width * height, puy0);
    // 计算 qu 和 puy0 的 L1 距离
    rho0 = L1_distance_calculating((short * )qu, (short * )puy0, 1000);
    // 计算 y1
calculating_the_next_center(candidateModule0, qu, puy0, tempPreX, tempPreY,
&tempNextX, &tempNextY, width, height);
/ * 提取 y1 点周围的部分作为候选模型,迭代结束时,y1 点对应的灰度统计特性 puy1 是最
新的候选模型 * /
```

```
    extract_RGB_from_frame(nextFrame, candidateModule1, width, height, pitch,
tempNextX, tempNextY);
    // 统计 y1 点的候选模型的直方图特征
    histogram_statistics(candidateModule1, width * height, puy1);
    // 计算 qu 和 puy1 的 L1 距离
    rho1 = L1_distance_calculating((short *)qu, (short *)puy1, 1000);
    // 检验过程,防止发散
    if (rho0 < rho1)
    {
        tempNextX = (tempNextX + tempPreX)/2;
        tempNextY = (tempNextY + tempPreY)/2;
    }
    else
    {
    }
    // 如果两次算出的坐标足够接近,则停止迭代,否则,用 y1 代替 y0,继续迭代
    // 为防止意外,可以再限定一个最大迭代次数
    if (((tempNextX - tempPreX) * (tempNextX - tempPreX) + (tempNextY - tempPreY)
* (tempNextY - tempPreY)) > eps)
    {
        tempPreX = tempNextX;
        tempPreY = tempNextY;
        goto multiiteration;
    }
    else
    {

    }
    // 释放空间
    MEM_free(0, puy0, sizeof(unsigned short) * 1000);
    MEM_free(0, puy1, sizeof(unsigned short) * 1000);
    MEM_free(0, candidateModule0, sizeof(unsigned short) * 3 * width * height);
    MEM_free(0, candidateModule1, sizeof(unsigned short) * 3 * width * height);
    // 找到迭代后的中心点
    * nextX = tempNextX;
    * nextY = tempNextY;
    return rho1;
}
//一旦目标失踪,则在屏幕内全局搜索一次,计算所有点的 L1 距离,寻找最近的一个计算结
//束后,两个参数中保留着距离最近的模型的中心点,这时看该模型是否与目标模型的差超
//过阈值一旦超过,则认为目标彻底失踪,返回 FALSE,否则,返回 TRUE,并将中心点赋给下一
//次迭代
```

```
unsigned int global_searching (unsigned char * frame, // 搜索进行的视频帧
                         int pitch,                  //间距
                         int * finalX,               //最优点 x 坐标
                         int * finalY,               //最优点 y 坐标
                         int horzInter,              //水平和垂直方向的扫描间隔
                         int vertInter,
                         int imageWidth,
                         int imageHeight)            //帧的高宽
{
    int i, j;
    // 暂存 L1 距离
    unsigned int tempL1Distance = 0;
    // 保存最小的那个 L1 距离,序号保存在 tempID 里
    unsigned int minL1Distance = 32767;
    unsigned int tempX, tempY = 0;
    // 搜索的始末点,都是在 640 * 480 帧中像素点的位置
    int startOfX = 0;
    int startOfY = 0;
    int endOfX = 0;
    int endOfY = 0;
    // RGB 区域
    unsigned short * rgbpl;
    // 灰度直方图统计
    unsigned short * histo;

    rgbpl = (unsigned short * )MEM_alloc(0, sizeof(unsigned short) * 3 * width *
height, 8);
    histo = (unsigned short * )MEM_alloc(0, sizeof(unsigned short) * 1000, 8);
    // 并非每个点都要被计算,视频帧是有范围的,而且边界的部分不考虑
    // 横向留出 8 的裕度,纵向留出 4 的裕度,为防止宽、高为奇数
    startOfX = width/2 + 8;
    endOfX = imageWidth - width/2 - 8;
    startOfY = height/2 + 4;
    endOfY = imageHeight - height/2 - 4;

    // 全局搜索最接近目标模型的区域
    for (i = startOfY; i <= endOfY; i += vertInter)
    {
        for (j = startOfX; j <= endOfX; j += horzInter)
        {
// 在整个视频帧中找寻距离与目标模型最近的那个区域,得到该区域的中心点,同时将它
//与目标模型的 L1 距离返回
            extract_RGB_from_frame(frame, rgbpl, width, height, pitch, j, i);
```

```
            histogram_statistics(rgbpl, width * height, histo);
            tempL1Distance = L1_distance_calculating((short *) quHistoMulti,
(short *)histo, 1000);
            if (tempL1Distance < minL1Distance)
            {
                minL1Distance = tempL1Distance;
                tempX = j;
                tempY = i;
            }
            else
            {
            }
        }
    }
    * finalX = tempX;
    * finalY = tempY;
    return minL1Distance;
}
// 更新的程序,用于更新目标模型,为了减少噪声影响,更新只发生在物体被再次找到之后
void target_model_update(unsigned short * target, //目标模型,保留更新后的目标模型
                        unsigned short * candidate, //最新的候选模型
                        int numB,                   //模型的数目
                        unsigned short weight)      // UQ 0.16,权重
{
    int i;
    for (i = 0; i <numB; i + +)
    {
        // 实时更新,采用加权移动平均的公式
        target[i] = (unsigned short) (((unsigned int) target[i] * (unsigned int)
(0xFFFF - weight) + (unsigned int)candidate[i] * (unsigned int)weight)>>16);
    }
}
// 寻找目标物体的程序
BOOL find_the_object(unsigned short * qu, //目标模型的灰度特征
                    unsigned char * nextFrame, //下一帧图像数据
                    int centerX,          //上帧图像目标模型的位置坐标
                    int centerY,
                    int * nextX,          //下帧图像目标模型的位置坐标
                    int * nextY,
                    int eps,    //迭代停止条件,一旦计算出的目标模型位置坐标与上
                                //一帧的位置坐标距离小于这个值,迭代即完毕
```

```
                int pitch,          //一帧图像的宽度
                int imageWidth,     //目标区域的高宽
                int imageHeight)
{
    // 比较物体失踪是的 L1 距离
    unsigned int rho, rhoMin;
    // 过程中用到的暂存中心点坐标
    int tempNextX, tempNextY;
    // 用于更新目标模型的模型及其灰度统计特性
    unsigned short * candidateModule;
    unsigned short * puy;
    // 均值漂移迭代,迭代结束后 nextX 和 nextY 中保存着计算得出的 x、y 坐标
    rho = meanshift _ iteration ( qu, nextFrame, centerX, centerY, &tempNextX,
&tempNextY, eps, pitch, width, height);
/ * 检验是否失踪,在上述过程结束后,rho1 保存着迭代终点处物体的模型与目标模型的巴氏距离。因此,比较 rho1 和 L1DistanceThreshold 就可得知是否失踪,如 rho1 > BDistanceThreshold,则认为暂时失踪。但是,如果反应太敏感就会丧失被遮挡时仍可跟踪的健壮性,因此,当延时变量超出最大值时,才认为物体失踪。下面的两段程序保证:只有当 rho1 在连续大于 L1DistanceThreshold,达到 missingIdleMax 帧时才开展全局搜索。这过程中只要 rho1 有一次回到了小于 L1DistanceThreshold 的状态,就需要让 missingIdle 复位 * /
    if (rho > L1DistanceThreshold)
    {
        missingIdle + = 1;
    }
    else if (rho < L1DistanceThreshold)
    {
        missingIdle = 0;
    }
    else
    {
    }
    // 在延时变量超过最大值时开展全局搜索
    if (missingIdle > missingIdleMax)
    {
    // 开始进行一次全局搜索
    // 为了防止在计算时高速球处于旋转状态而继续旋转,要在计算前停止高速球的移动
        missingIdle = 0;
        pan_tilt_move(5);
        rhoMin = global_searching(nextFrame, pitch, &tempNextX, &tempNextY, 12, 8,
imageWidth, imageHeight);
        if (rhoMin > ((L1DistanceThreshold>>2) * 5))
```

```
        {
/* 如果在视频帧中搜索到的距离目标模型最近的区域的候选模型与目标模型的L1距离依
然很大,甚至超过了L1距离阈值的1.25倍(用户可自行修改),则认为物体彻底失踪 */
            return FALSE;
        }
        else
        {
            *nextX = tempNextX;
            *nextY = tempNextY;
        //不要轻易更新目标模型,更新仅在物体丢失,运用全局搜索时发现物体后进行
            puy = (unsigned short *)MEM_alloc(0, sizeof(unsigned short) * 1000, 8);
            candidateModule = (unsigned short *)MEM_alloc(0, sizeof(unsigned
short) * 3 * width * height, 8);
            extract_RGB_from_frame(nextFrame, candidateModule, width, height,
pitch, tempNextX, tempNextY);
            histogram_statistics(candidateModule, width * height, puy);
            // 更新模型
            target_model_update(qu, puy, 1000, 0x1000);
            MEM_free(0, puy, sizeof(unsigned short) * 1000);
            MEM_free(0, candidateModule, sizeof(unsigned short) * 3 * width * height);
            return TRUE;
        }
    }
    else
    {
        // 取得最终值
        *nextX = tempNextX;
        *nextY = tempNextY;
        return TRUE;
    }
}
```

【例程 7.2】 Kalman 滤波程序。

```
// 在已知上帧目标重心点的位置的前提下,确定本帧图像中目标可能处在的位置
// 2×4 卡曼滤波器,观测向量为x,y坐标值,目标向量是x,y坐标和x,y方向速度
// 矩阵A除了对角线之外,还有几个元素不为0,这就保证了速度对位置移动的影响
#include <std.h>
#include <log.h>
#include <stdlib.h>
#include <string.h>
#include <stdio.h>
#include <VLIB_prototypes.h>
```

```
#include <VLIB_testUtils.h>
#include <ivot.h>
//2×4 卡尔曼滤波器的参数矩阵,初始化过程相当于建立如下矩阵,单列在下面、方便观看
/*
//状态变换矩阵 A short 型 SQ15.0
static short A[16] = {  0x0001, 0x0000, 0x0002, 0x0000,
                        0x0000, 0x0001, 0x0000, 0x0002,
                        0x0000, 0x0000, 0x0001, 0x0000,
                        0x0000, 0x0000, 0x0000, 0x0001};

//观测模型 H short SQ15.0
static short H[8] = {  0x0001, 0x0000, 0x0000, 0x0000,
                       0x0000, 0x0001, 0x0000, 0x0000};

//先验误差相关矩阵,P short SQ13.2
static short PM[16] = {  0x0010, 0x0000, 0x0000, 0x0000,
                         0x0000, 0x0010, 0x0000, 0x0000,
                         0x0000, 0x0000, 0x0010, 0x0000,
                         0x0000, 0x0000, 0x0000, 0x0010};

//过程噪声协方差矩阵 Q short SQ13.2
static short Q[16] = {  0x0008, 0x0000, 0x0000, 0x0000,
                        0x0000, 0x0008, 0x0000, 0x0000,
                        0x0000, 0x0000, 0x0008, 0x0000,
                        0x0000, 0x0000, 0x0000, 0x0008};

//观测噪声协方差矩阵 R short SQ15.0
static short R[4] = {  0x0001, 0x0000,
                       0x0000, 0x0001};

//预测误差相关矩阵,P short SQ13.2
static short P[16] = {  0x0000, 0x0000, 0x0000, 0x0000,
                        0x0000, 0x0000, 0x0000, 0x0000,
                        0x0000, 0x0000, 0x0000, 0x0000,
                        0x0000, 0x0000, 0x0000, 0x0000};

//真实状态向量 X short SQ10.5 都赋值为 0,实际应用中,赋值为坐标位置
static short XM[4] = {  0x0000, 0x0000, 0x0000, 0x0000};
//预测状态向量 X short SQ10.5
static short X[4] = {  0x0000, 0x0000, 0x0000, 0x0000};
//卡尔曼增益 K short SQ0.15
static short K[8] = {  0x0000, 0x0000,
                       0x0000, 0x0000,
                       0x0000, 0x0000,
                       0x0000, 0x0000};
```

```
// 被追踪物体的属性,中心点 x,y 坐标及 x,y 方向的速度分量。同时也是 Kalman 里的 Z 的
// 来源前两个元素
static short state[4] = {0, 0, 0, 0};
 */
// Kalman 滤波器用
// 残差
short Residual[2] = {0x0000, 0x0000};
// 观测值
short Z[2] = {0x0000, 0x0000};
// Kalman 滤波器
VLIB_kalmanFilter_2x4 KF;

// 卡尔曼滤波器的初始化
void set_the_Kalman()
{
    VLIB_kalmanFilter_2x4 * KFtest = &KF;
    memset(KFtest->transition, 0, sD_2x4 * sD_2x4 * sizeof(short));
    memset(KFtest->errorCov, 0, sD_2x4 * sD_2x4 * sizeof(short));
    memset(KFtest->predictedErrorCov, 0, sD_2x4 * sD_2x4 * sizeof(short));
    memset(KFtest->processNoiseCov, 0, sD_2x4 * sD_2x4 * sizeof(short));
    memset(KFtest->measurementNoiseCov, 0, mD_2x4 * mD_2x4 * sizeof(short));
    memset(KFtest->measurement, 0, sD_2x4 * mD_2x4 * sizeof(short));
    memset(KFtest->state, 0, sD_2x4 * sizeof(short));
    memset(KFtest->predictedState, 0, sD_2x4 * sizeof(short));
    memset(KFtest->kalmanGain, 0, sD_2x4 * mD_2x4 * sizeof(short));
    memset(KFtest->temp1, 0, sD_2x4 * sD_2x4 * sizeof(short));
    memset(KFtest->temp2, 0, sD_2x4 * sD_2x4 * sizeof(short));
    memset(KFtest->temp3, 0, sD_2x4 * sD_2x4 * sizeof(short));
    // 对 KFtest 赋初值,相当于构造了前面列出的那些参数矩阵
    KFtest->transition[0] = 1;
    KFtest->transition[2] = 2;
    KFtest->transition[5] = 1;
    KFtest->transition[7] = 2;
    KFtest->transition[10] = 1;
    KFtest->transition[15] = 1;
    KFtest->measurement[0] = 1;
    KFtest->measurement[5] = 1;
    KFtest->errorCov[0] = 10 * 4;
    KFtest->errorCov[5] = 10 * 4;
    KFtest->errorCov[10] = 10 * 4;
    KFtest->errorCov[15] = 10 * 4;
    KFtest->processNoiseCov[0] = 8;
```

```
    KFtest->processNoiseCov[5] = 8;
    KFtest->processNoiseCov[10] = 8;
    KFtest->processNoiseCov[15] = 8;
    KFtest->measurementNoiseCov[0] = 1;
    KFtest->measurementNoiseCov[3] = 1;

    VLIB_kalmanFilter_2x4_Predict( KFtest );
    Z[0] = movingCenter.x * 32;
    Z[1] = movingCenter.y * 32;
    VLIB_kalmanFilter_2x4_Correct( KFtest, Z, Residual );
}
// 使用 Kalman 滤波器来预测运动物体可能位于的位置
// 为保证精度,注意此函数参数 terminal 是 SQ10.5 形式
void new_location_predict(point * terminal) // Kalman 滤波器预测出的值
{
    VLIB_kalmanFilter_2x4 * KFtest = &KF;
    // 卡尔曼滤波器的预测
    VLIB_kalmanFilter_2x4_Predict( KFtest );
    // state 是卡尔曼滤波器与外界的接口,state[0]和 state[1]给出运动物体的横纵坐标
    terminal->x = (int)(KFtest->state[0] / 32);
    terminal->y = (int)(KFtest->state[1] / 32);
}
// 卡尔曼滤波器校正
void location_correct(point * terminal) //用计算出的实际值进行 Kalman 滤波器的校正
{
    VLIB_kalmanFilter_2x4 * KFtest = &KF;
    // 卡尔曼滤波器的校正
    Z[0] = (short)(terminal->x * 32);
    Z[1] = (short)(terminal->y * 32);
    VLIB_kalmanFilter_2x4_Correct( KFtest, Z, Residual );
```

创意点睛

基于 DM6437EVM 平台,利用 TI 公司的 VLIB 函数,实现了结合 Mean Shift 和卡尔曼滤波的警用机器人对特定目标的跟踪算法,并且利用多种优化策略来提高算法效率,满足了算法的实时性、高效性。

第8章

移动机器人路径规划技术及其Mobotsim仿真

8.1 什么是机器人路径规划技术

所谓移动机器人路径规划技术,就是机器人根据自身传感器对环境的感知,自行规划出一条安全的运行路线,同时高效完成作业任务。路径规划是移动机器人技术领域中不可缺少的组成部分,根据机器人对环境信息知道的程度不同,可分为两种类型:环境信息完全知道的全局路径规划和环境信息完全未知或部分未知的局部路径规划。

移动机器人路径规划主要解决三个问题:

① 使机器人能从初始点运动到目标点;

② 用一定的算法使机器人能绕开障碍物,并且经过某些必须经过的点完成相应的作业任务;

③ 在完成以上任务的前提下,尽量优化机器人运行轨迹。

机器人路径规划技术是智能移动机器人研究的核心内容之一,起始于20世纪70年代。路径规划方法的分类也呈现多样化,可以分为基于地图的全局路径规划方法和基于传感器的局部路径规划方法;也可以分为传统路径规划方法与智能路径规划方法。

8.2 机器人路径规划方法概述

8.2.1 自由空间法

运用自由空间法进行移动机器人路径规划的基本原理是:采用预先定义的如广义锥形和凸多边形等基本形状构造自由空间,并将自由空间表示为连通图,通过搜索连通图来进行路径规划。自由空间的构造方法是:从障碍物的一个顶点开始,依次作其他顶点的链接线,删除不必要的链接线,使得链接线与障碍物边界所围成的每一个自由空间都是面积最大的凸多边形;连接各链接线的中点形成的网络图即为机器人可自由运动的路线。其优点是比较灵活，起始点和目标点的改变不会造成连通图的重构，缺点是复杂程度与障碍物的多少成正比，且有时无法获得最短路径。

8.2.2 图搜索法

图搜索法视移动机器人为一点，将机器人、目标点和多边形障碍物的各顶点进行组合连接，并保证这些直线均不与障碍物相交，这就形成了一张图，称为可视图。由于任意两直线的顶点都是可见的，从起点沿着这些直线到达目标点的所有路径均是运动物体的无碰路径。搜索最优路径的问题就转化为从起点到目标点经过这些可视直线的最短距离问题。运用优化算法，可删除一些不必要的连线以简化可视图，缩短搜索时间。该方法虽然能够求得最短路径，但需要假设忽略移动机器人的尺寸大小，使得机器人通过障碍物顶点时离障碍物太近甚至接触，并且搜索时间长。切线图法和 Voronoi 图法对可视图法进行了改造。切线图（见图 8.1(a)）用障碍物的切线表示弧，因此是从起始点到目标点的最短路径的图，即移动机器人必须几乎接近障碍物行走。其缺点是如果控制过程中产生位置误差，移动机器人碰撞的可能性会很高。图 8.1(b)中的 Voronoi 图用尽可能远离障碍物和墙壁的路径表示弧。由此，从起始节点到目标节点的路径将会增长，但采用这种控制方式时，即使产生位置误差，移动机器人也不会碰到障碍物。

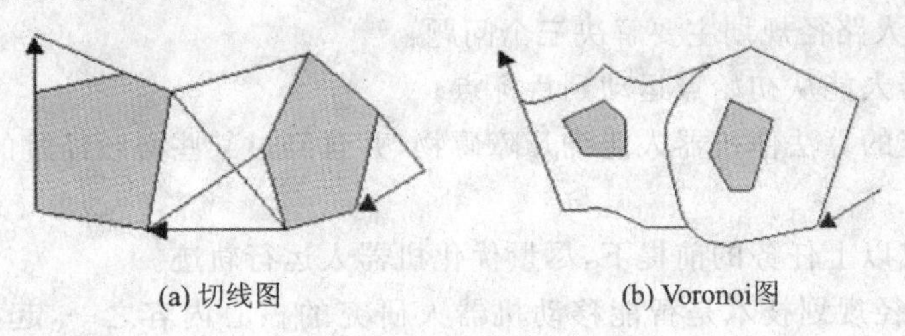

图 8.1　切线法与 Voronoi 图法

8.2.3 栅格法

栅格法是将机器人周围空间分解为相互连接且不重叠的空间单元——栅格(cell)，由这些栅格构成一个连通图，依据障碍物占有情况，在此图上搜索一条从起始栅格到目标栅格无碰撞的最优路径。这其中根据栅格处理方法的不同，又分为精确栅格法和近似栅格法，后者也称概率栅格法。精确栅格法是将自由空间分解成多个不重叠的单元，这些单元的组合与原自由空间精确相等，如图 8.2就是常用的一种精确栅格分解法——梯形栅格分解。

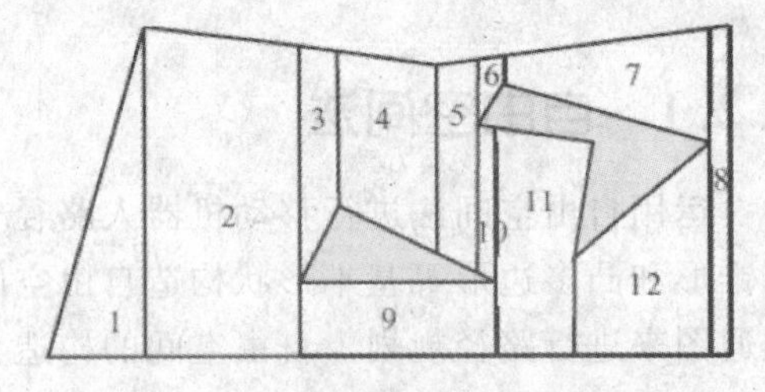

图 8.2　梯形栅格分解示意图

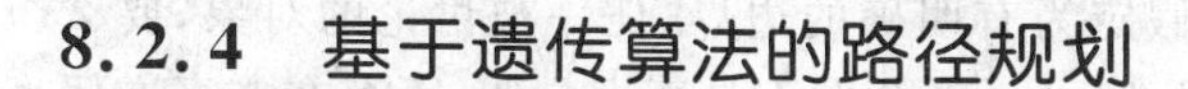

8.2.4　基于遗传算法的路径规划

遗传算法是最早应用于组合优化问题的智能优化算法，该算法及其派生算法在机器人路径规划研究领域已得到应用。在遗传算法较好解决旅行商问题（TSP）的基础上，许多学者进一步将蚁群优化算法引入到水下机器人（UV）的路径规划研究。

8.2.5　人工势场法

人工势场法是由 Khatib 提出的一种虚拟力法。其基本思想是将移动机器人在环境中的运动视为一种在虚拟人工受力场中的运动。障碍物对移动机器人产生斥力，目标点产生引力，引力和斥力周围由一定的算法产生相应的势，机器人在势场中受到抽象力作用，抽象力使得机器人绕过障碍物。该法结构简单，便于低层的实时控制，在实时避障和平滑的轨迹控制方面，得到了广泛应用，其不足在于存在局部最优解，容易产生死锁现象，因而可能使移动机器人在到达目标点之前就停留在局部最优点。

8.2.6　基于模糊逻辑的路径规划

模糊逻辑法模拟驾驶员的驾驶思想，将模糊控制本身具有的鲁棒性与基于生理学的“感知-动作”行为结合起来，避开了传统算法中存在的对移动机器人的定位精度敏感、对环境信息依赖性强的缺点、对处理未知环境下的规划问题，显示了很大的优越性。鉴于基于模糊逻辑的路径规划有上述优越性，8.3 节主要介绍基于模糊逻辑的路径规划，8.4 节给出基于 Mobotsim 的仿真程序。

8.3　模糊逻辑及其实现流程

控制论的创始人维纳曾经说过：“人类之所以能够超过任何最完善的机器，是因为人类具有模糊概念的能力”。模糊逻辑是通过模仿人的思维方式来表示和分析不确定、不精确信息的方法和工具。

人们在日常生活中运用模糊逻辑解决问题的例子有很多。例如：我们在喝水时，如果觉得水太热，会适当加一些凉水；相反，如果水太冷，就会适当加一些热水。这里的“冷”、“热”、“适当”都是一些模糊的概念，是基于我们的经验提出的。这种基于模糊逻辑的处理很快就可以使水达到合适的温度，使问题的解决变得简单、快捷。但是，如果在调节水温时要准确测量水温、并通过数学公式计算添加的水量，就会把简单的问题变得很复杂。

糊模逻辑是对二值逻辑的扩充，其具有渐变的隶属关系（见图 8.3）。下面，就对二值逻辑和模糊逻辑做一个比较。

经典二值逻辑：所有的分类都被假定为有明确的边界；任一被讨论的对象，要么属于这一类，要么不属于这一类（有界性）。一个命题不是真即是假，不存在亦真亦假或非真非伪的情况（确定性）。

模糊逻辑：一个集合可以有部分属于它的元素（渐变性）；一个命题可能亦此亦彼，存在着部分真部分伪（模糊性）。

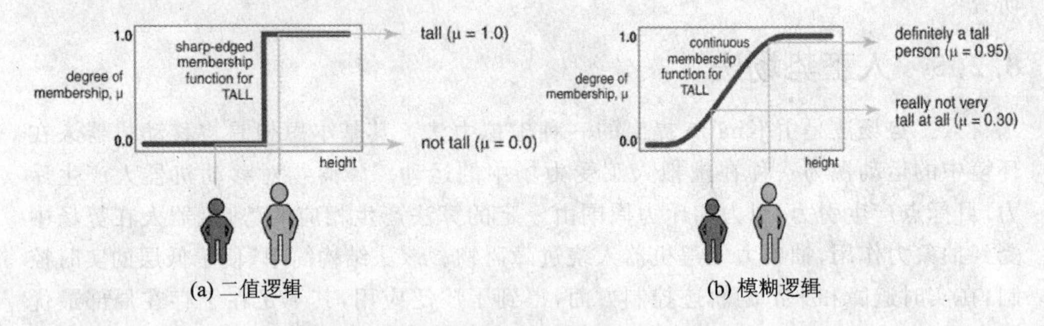

图 8.3　二值逻辑与模糊逻辑的联系与区别

模糊逻辑本身并不模糊，它并不是“模糊的”逻辑，而是用来对“模糊”（现象、事件）进行处理，以消除模糊的逻辑。在模糊逻辑推理中，工作过程分为三个阶段：“模糊化”、“模糊推理”和“解模糊化”，如图 8.4 所示。

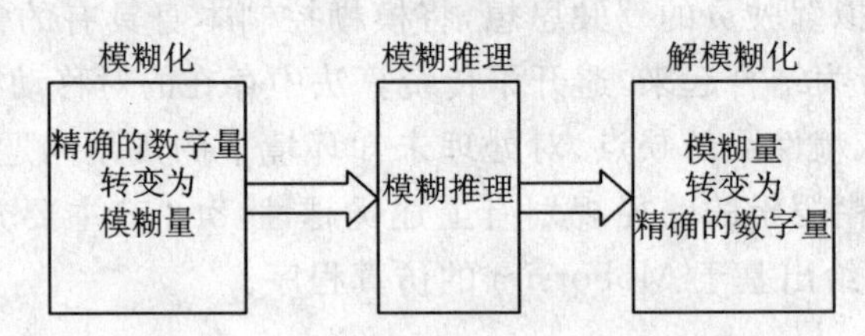

图 8.4　模糊逻辑推理的三个阶段

“模糊化”是指输入/输出变量按各种分类被安排成不同的隶属度。如在调节水温的例子中，输入为温度，根据其高低被安排成：冷、凉、暖和热；输出为加水量，根据其多少被安排成：少许、适中和较多。

“模糊推理”是指输入变量被加到一个 if - then 的控制规则的集合中。按各种控制规则进行推理，将结果合成在一起，产生一个“模糊推理输出”集合。模糊推理是不确定性推理方法之一，它是一种以模糊判断为前提，运行模糊语言规则，推理出一个新的、近似的模糊判断结论的方法。决定是不是模糊逻辑推理并不是看前提和结论中是否使用了模糊概念，而是看推理过程是否具有模糊性，具体表现在推理规则是不是模糊的。

“解模糊化”是指对模糊推理输出进行解模糊判决，即在一个输出范围内，找到一个被认为最具有代表性的、可直接驱动控制装置的确切的输出控制值。

主要有四种常用的方法：

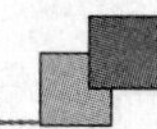

① 重心法，是取模糊隶属函数曲线与横坐标所围面积的重心作为代表点。

② 最大隶属度法。在推理结论的模糊集合中，取隶属度最大的那个元素作为输出。

③ 系数加权平均法。对所有元素的隶属度系数进行加权平均后的结果作为输出。

④ 隶属度限幅元素平均法。用所确定的隶属度值 α，对隶属度函数曲线进行切割，再对切割后等于该隶属度的所有元素进行平均，以平均值作为输出。

基于模糊逻辑的推理流程如下：

① 确定输入的隶属度。对于每一精确输入值，通过使用隶属函数进行模糊化处理，以获得每一输入的隶属度。

② 建立控制规则。

③ 求出每一控制规则的强度（权重）。

④ 确定每一结论标记的模糊输出。

⑤ 求模糊输出控制量。

8.4 基于模糊逻辑的移动机器人实现及其 Mobotsim 仿真

8.4.1 Mobotsim 仿真软件介绍

Mobotsim 仿真软件是一款二维移动机器人路径规划仿真软件，其界面如图 8.5 所示。

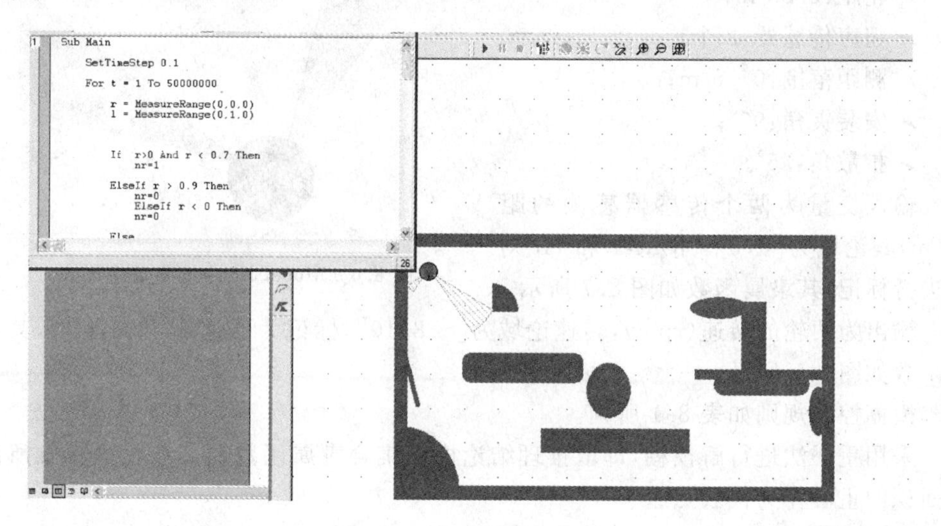

图 8.5 Mobotsim 界面图

该软件具有如下功能：

- 可以增加任意数量的移动机器人和障碍物；
- 障碍物的形状多样，并且可以添加自己定义的障碍物的形状；
- 可以将测距传感器（如超声波传感器）添加到机器人上；
- 移动机器人的相关参数可以自行设定（如机器人平台的直径、车轮直径、两车轮之间的距离、机器人所携带传感器的数量、传感器的位置、每个传感器的探测距离及扩散角度等）；
- 可用 BASIC macro 进行编程，与 VB 兼容；
- 对程序可以设置断点、进行单步调试；
- 可方便地进行基于模糊逻辑、神经网络和遗传算法的路径规划的仿真。

Mobotsim 的使用步骤如下：

① 设置障碍物形状及位置；

② 设置机器人的数量；

③ 设置机器人传感器位置、性能及轮子的距离；

④ 用 BASIC macro 进行编程；

⑤ 调试，观察仿真结果。

8.4.2 基于模糊逻辑的路径规划在 Mobotsim 仿真软件中的实现

在 Mobotsim 中，设置机器人（见图 8.6）的基本参数如下：

- 小车直径：0.5 m；
- 轮距：0.35 m；
- 超声传感器：2 个；
- 测距范围：0～5 m；
- 安装夹角：90°；
- 扩散角：25°。

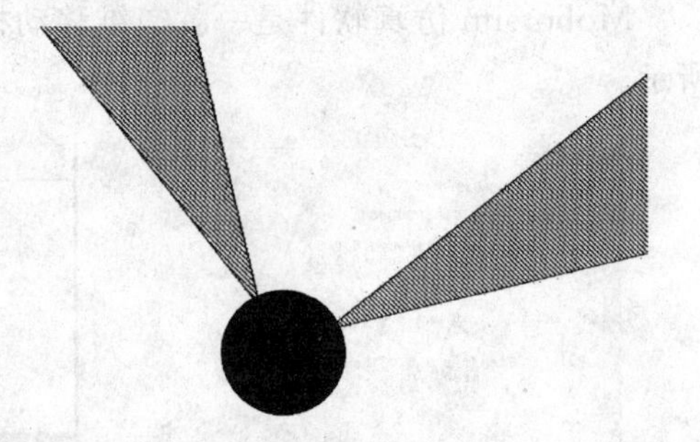

图 8.6 Mobotsim 中的移动机器人

输入变量为两个传感器感测的距离（m）其论域为[0,5]，用 near 和 far 对其进行标记，其隶属函数如图 8.7 所示。

输出为两轮的转速（rpm），转速论域为[−8,10]，标记为低速 L 和高速 H，其隶属函数如图 8.8 所示。

模糊控制规则如表 8.1 所列。

采用重心法进行解模糊，即取推理结论模糊集合隶属函数曲线与横坐标轴所围成面积的重心作为代表点：

$$u=\frac{\int x\mu_N(x)\mathrm{d}x}{\int \mu_N(x)\mathrm{d}x}$$

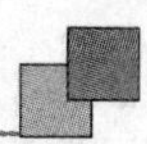

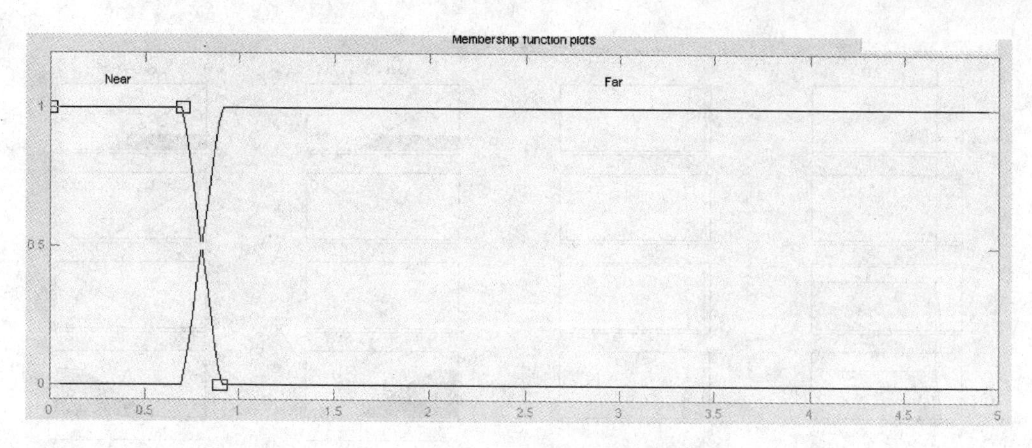

图 8.7　两输入传感器的隶属度函数

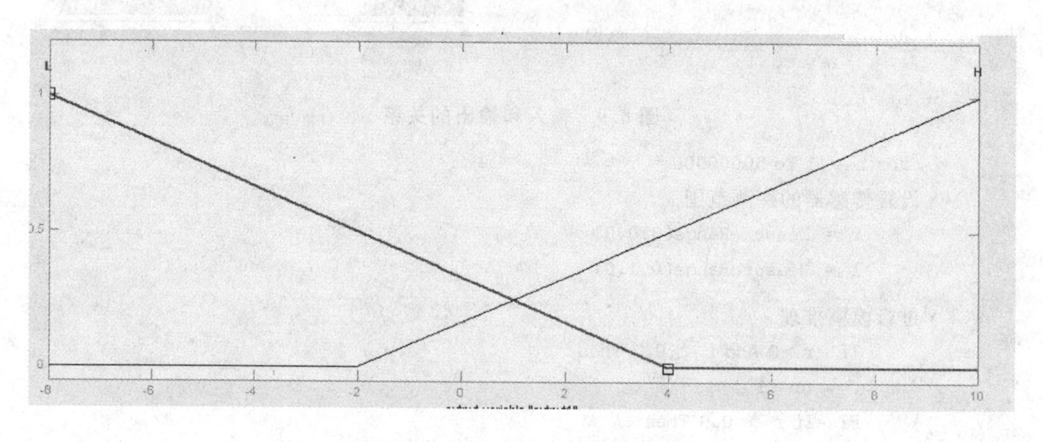

图 8.8　两输出轮的隶属度函数

表 8.1　模糊控制规则

left_senor	right_senor	左　轮	右　轮
n	n	L	L
n	f	H	L
f	f	H	H
f	n	L	H

该模糊控制系统中，输入和输出的关系如图 8.9 所示。

通过 BASIC macro 将上述规则及解模糊化的过程进行编程，具体程序如下：

```
Sub Main
/ * 设置步长 * /
    SetTimeStep 0.1
```

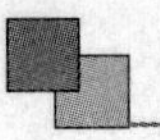

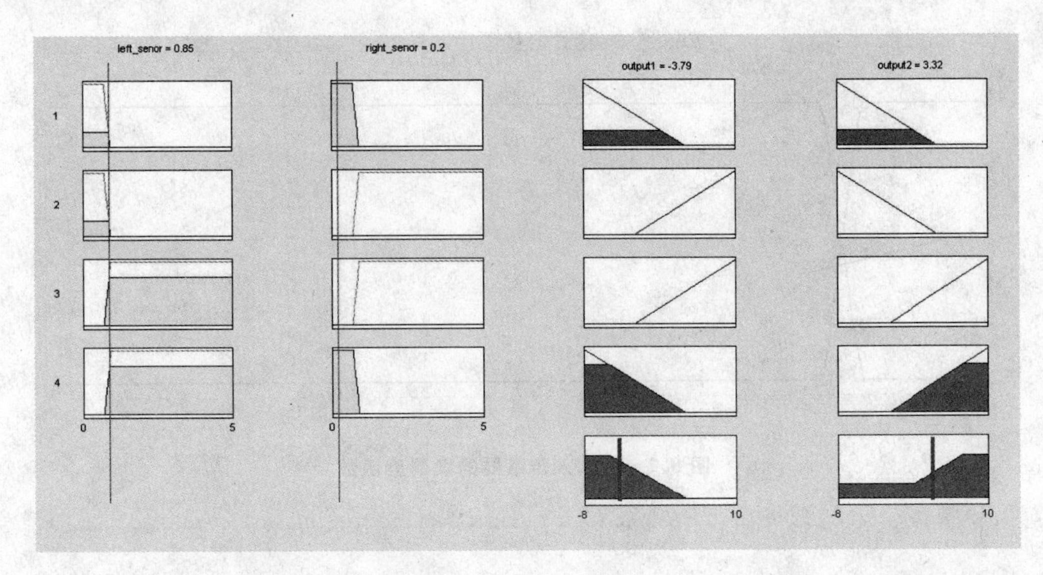

图 8.9　输入和输出的关系

```
    For t = 1 To 50000000
/*设置传感器的探测范围*/
        r = MeasureRange(0,0,0)
        l = MeasureRange(0,1,0)
/*进行模糊推理*/
        If  r>0 And r < 0.7 Then
            nr = 1
        ElseIf r > 0.9 Then
            nr = 0
            ElseIf r < 0 Then
            nr = 0
        Else
            nr = 4.5 - 5 * r
        End If
         If r>0 And r < 0.7 Then
            fr = 0
        ElseIf r > 0.9 Then
            fr = 1
            ElseIf r < 0 Then
            fr = 1
        Else
            fr = 5 * r - 3.5
        End If
        If l>0 And l < 0.7 Then
            nl = 1
```

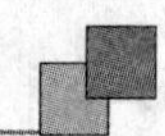

```
        ElseIf l > 0.9 Then
            nl = 0
            ElseIf l < 0 Then
            nl = 0
        Else
            nl = 4.5 - 5 * l
        End If
         If l>0 And l < 0.7 Then
            fl = 0
        ElseIf l > 0.9 Then
            fl = 1
            ElseIf l < 0 Then
            fl = 1
        Else
            fl = 5 * l - 3.5
        End If
If nl>nr Then
nn = nr
Else
nn = nl
End If
If nl>fr Then
nf = fr
Else
nf = nl
End If
If fl>nr Then
fn = nr
Else
fn = fl
End If
If fl>fr Then
ff = fr
Else
ff = fl
End If
```

移动机器人路径规划的仿真结果如图 8.10～图 8.12 所示。

创意点睛

基于模糊逻辑的移动机器人路径规划将模糊控制本身具有的鲁棒性与基于生理学的“感知-动作”行为结合起来，避开了传统算法中存在的对移动机器人的定位精度敏感、对环境信息依赖性强的缺点，对处理未知环境下的规划问题，显示了很大的优越性。

图 8.10　移动机器人路径规划的仿真结果 1

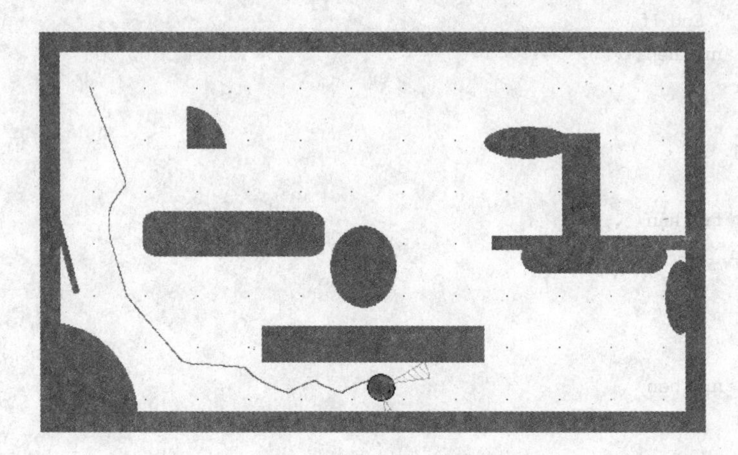

图 8.11　移动机器人路径规划的仿真结果 2

图 8.12　移动机器人路径规划的仿真结果 3

第 9 章

四旋翼无人飞行机器人

四旋翼飞行器,也称四旋翼直升机或十字翼直升机,是由 4 个转子推动飞行的直升机。通过改变每个转子的相对速度改变推力,从而改变每个扭矩实现对方向和速度的控制。四旋翼飞行器发展了近一个世纪,从原来机械时代直径十几米长、几米高的庞然大物,到当今电子时代直径几十厘米甚至更小的微型"碟形"飞行器。其实用性也从原来单纯的运载工具,发展为现在集军用、商用和民用多位一体的无人驾驶工具。

早在 1907 年,由 Breguet - Richet 发明的世界上第一架四旋翼飞行器"Gyroplane No. 1"升上了天空。20 世纪末,美国贝尔波音公司将固定四旋翼直升机概念和以倾转旋翼概念为基础的 C - 130 中型军用运输机转子的结构体两者相结合,实现了四旋翼飞行器军事新型机的应用,提高了飞行器的作战能力。21 世纪,随着网络信息技术的飞速发展,美国 Parrot AR Drone 和苹果公司推出了通过 iPhone 手机蓝牙、WiFi 控制四旋翼飞行器飞行的新产品。

9.1 四旋翼飞行器简介

四旋翼飞行器是一种六自由度的垂直起降直升机,因此非常适合静态和准静态条件下飞行。但是,从另一方面来说,四旋翼直升机有 4 个输入,同时却有 6 个输出,所以它又是一种欠驱动系统(欠驱动系统是指少输入多输出系统)。通常的旋翼式直升机具有倾角可以变化的螺旋桨,而四旋翼直升机与此不同,它的前后和左右两组螺旋桨的转动方向相反,并且通过改变螺旋桨速度来改变升力,进而改变四旋翼直升机的姿态和位置。

四旋翼飞行器实际是一种具有 4 个螺旋桨推进器的直升机,并且 4 个螺旋桨呈十字交叉结构,如图 9.1 所示。

四旋翼飞行器的动作是通过改变 4 个螺旋桨产生的升力来控制的。传统的旋翼式直升机通过改变螺旋桨的旋转速度、叶片攻击角(倾斜角)和叶片轮列角,从而既可以调整升力的大小又可以调整升力的方向。与传统的旋翼式直升机不同,四旋翼飞行器只能够通过改变螺旋桨的速度来实现各种动作。尽管四旋翼飞行器的螺旋桨倾角是固定的,但是由于螺旋桨是用弹性材料制成的,因此可以通过空气阻力扭曲螺旋

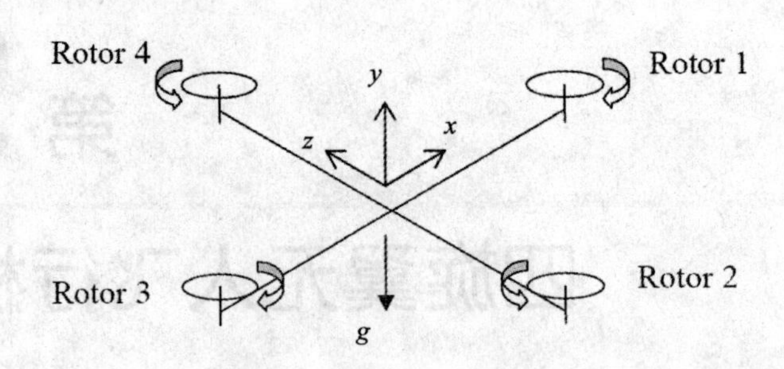

图 9.1 四旋翼飞行器结构图

桨来改变倾角。总之,升力是 4 个螺旋桨速度的合成效应,而旋转力矩则是由 4 个螺旋桨速度的差异效应引起的。

四旋翼直升机通过平衡 4 个螺旋桨产生的力来实现稳定的盘旋以及精确飞行。单个螺旋桨的旋翼式直升机(同时具有一个用于抵消感应力矩的尾部螺旋桨)在复杂环境下飞行是非常危险的,因为裸露的螺旋桨叶片很可能会碰到某些周围的物体,并因此导致旋翼式直升机的坠毁。此外,即使是富有经验的飞行员也很难使这样的直升机靠近物体。而四旋翼直升机可以完成这样的动作,是因为相对于一般的单螺旋旋翼式直升机,它可以采用更小的螺旋桨,进而使飞行变得更加安全,不至于使裸露在外面的螺旋桨刮到周围物体而坠毁。此外,4 个螺旋桨产生的推力较单个螺旋桨产生的推力能更好地实现飞行器的静态盘旋。

四旋翼直升机是一种由 4 个输入力产生 6 个自由度方向运动的欠驱动旋翼式直升机。它是一种依靠空气动力学的飞行器,并且产生反运动的力也很小。同时,四旋翼直升机具有高度耦合的动特性:一个螺旋桨速度的改变将导致至少 3 个自由度方向上的运动。例如,减小右面螺旋桨的速度将会导致直升机向右滚动,因为左右升力出现了不平衡;同时也会导致直升机向右偏航,因为左右为一组的螺旋桨和前后为一组的螺旋桨产生的力矩出现了不平衡;此外,滚动又将会导致直升机向右的平移,因为此时螺旋桨的力是指向左方和下方的,偏航进一步的又会引起平移,从而改变了前进的方向。四旋翼无人飞行器的优点是:螺旋桨机械结构简单、有效承载增加、回转效应减小;缺点是:重量增加、能量消耗能加。

9.2 四旋翼飞行器工作原理

四旋翼飞行器是固联在刚性十字交叉结构上由 4 个独立电机驱动的螺旋桨组成的系统,如图 9.2 所示。

尽管有 4 个驱动,但因为四旋翼直升机具有 6 个坐标输出,所以仍然是欠驱动和动力不稳定的系统。沿着任意给定方向的独立运动,飞行器如果没有给予足够多的

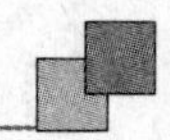

运动驱动，那么该飞行器就是欠驱动的。因此为了实现全部的运动控制目标，必然存在旋转力矩与平移系统的耦合。由图 9.2 可以看出，两组螺旋桨(1,3)和(2,4)以相反的方向旋转。通过改变螺旋桨速度，就可以改变升力并产生各种动作。同时增加或减小 4 个螺旋桨的速度可产生垂直运动。相反地改变 2 和 4 螺旋桨的速度可产生滚动以及相应的侧向运动。同理，俯仰运动和相应的侧向运动则来自于 1 和 3 螺旋桨速度的相反改变。偏航运动则更加复杂，因为它来自于每对螺旋桨反力矩的差异。向上或向下的动作是同时增加或减小所有 4 个螺旋桨推力来控制的。前后螺旋桨推力的差异产生俯仰力矩，导致前后动作的转换。同样，左右动作的转换是通过左右螺旋桨推力的差异来获得的。

下面简要地介绍一下四旋翼飞行器的工作原理。从图 9.3 可以看出，同时增大或减小 4 个螺旋桨的速度可以产生垂直的动作；从图 9.4 可以看出，保持对角线上一组螺旋桨速度不变，与此同时另外一组螺旋桨一个速度增大，一个速度减小就会产生俯仰和滚动的姿态；偏航姿态的产生可以从图 9.5 看出，它来自于两组螺旋桨阻力矩的差异。具体分析如表 9.1 所列。

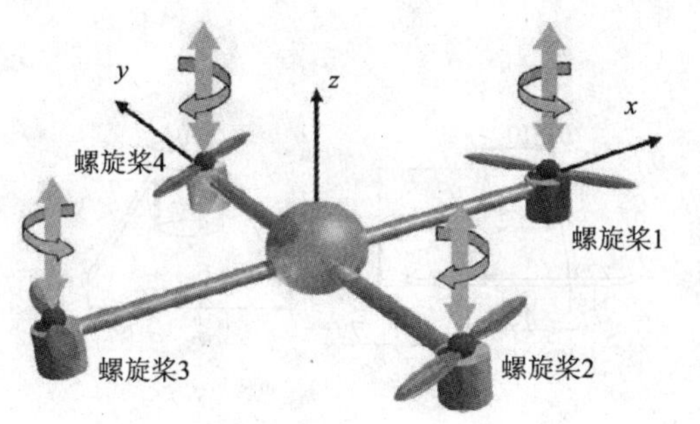

图 9.2　四旋翼飞行器工作原理图

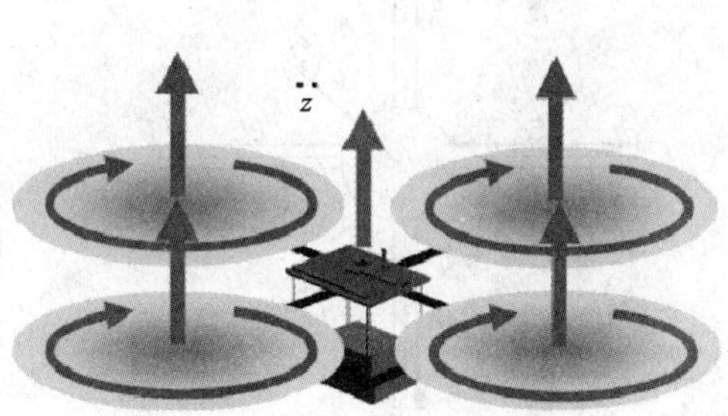

图 9.3　垂直位置控制

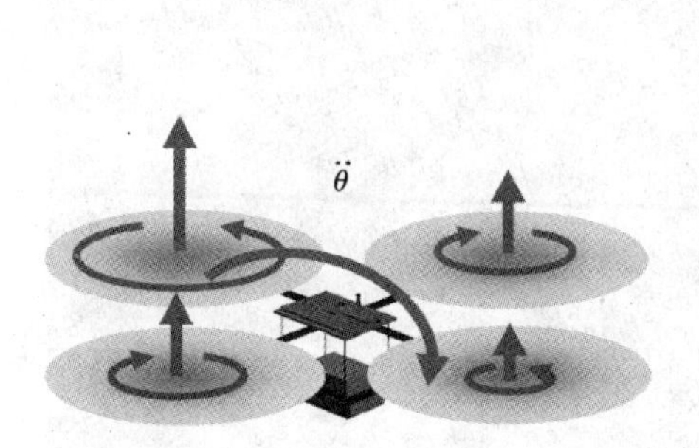

图 9.4　俯仰和滚动姿态控制

图 9.5　偏航姿态控制

表 9.1 螺旋桨速度控制表

动 作	螺旋桨 1	螺旋桨 2	螺旋桨 3	螺旋桨 4
俯仰	+	0	−	0
滚动	0	−	0	+
偏航	+	−	+	−
向上	+	+	+	+

9.3 四旋翼飞行器的机身设计

四轴飞行器的机身设计见图 9.6，机械结构（见图 9.7 和图 9.8）需保证匀质性、对称性和稳定性。匀质性要求材料的质地均匀，对称性要保证机械架构三维上的对称性，稳定性要求机械器件连接牢固，并且在起飞和着陆时机架有抗击能力。机身支架的材料使用硬质铝管。

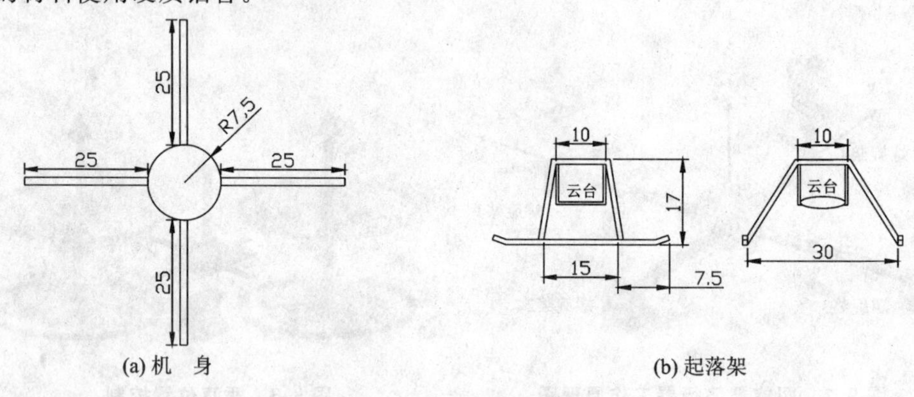

(a) 机 身　　(b) 起落架

图 9.6 四旋翼飞行器的机身设计

图 9.7 机体机械结构 1

图 9.8 机体机械结构 2

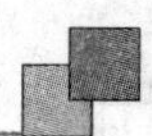

9.4 四旋翼飞行器的控制系统

9.4.1 四旋翼飞行器系统总体架构

飞行器系统包括动力驱动系统、飞行主控系统和无线遥控模块。其中动力驱动系统主要由无刷直流电机、Atmega8 芯片、霍尔器等构成；飞行器主控系统主要是由 Atmega16 芯片、传感器和陀螺仪等构成；无线遥控模块主要是由 2.4 GHz 的遥控器构成。四旋翼飞行器系统架构如图 9.9 所示。

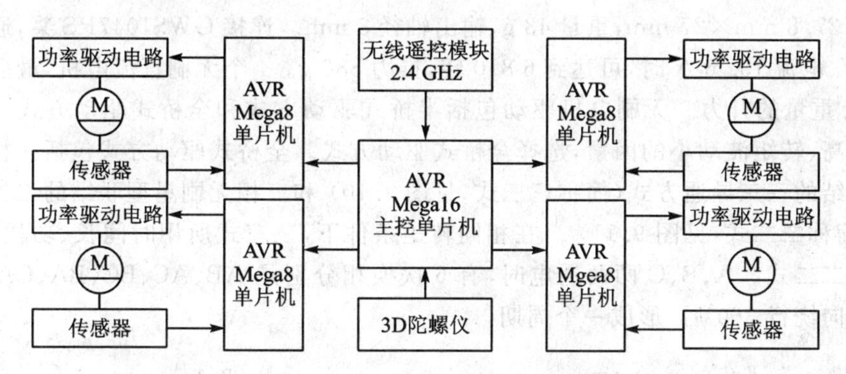

图 9.9 四旋翼飞行器整体系统架构

9.4.2 四旋翼飞行器系统硬件选择

(1) 控制芯片选择

本系统应用 AVR 单片机系列中的 Atmega16 和 Atmega8 芯片。芯片采用哈佛结构的精简指令集，汲取了 PIC(Peripheral Interface Controller)和 C8051 的优点，运行速度快，抗干扰性强，功耗低，速度高，片上资源丰富。每条指令处理速度可达到 1 MIPS/MHz，缓减了系统在功耗和处理速度之间的矛盾。工作电压 2.7～5.5 V，含有多通道 10 位 A/D 转换器、EEPROM、多通道的 PWM 定时计数器、异步同步串口等强大功能。Atmega8 主要应用于 PWM 信号输出实现对无刷电机的驱动。Atmega16应用于控制 Atmega8、接收无线通信模块信号和采集陀螺仪信号。

(2) 陀螺仪芯片选择

陀螺仪使用 ENC－03RC 角速度传感器，分别测量四轴飞行器中三轴角速度信息和加速度信息。ENC－03RC 内部使用小双压电陶瓷振子，其结构简单紧密、体积小、功耗低。ENC－03RC 应用科里奥利力原理工作，通过相互正交的振动和转动引起的交变科里奥利力产生电信号，再将角速度和加速度信息传递给主控制芯片。为减轻温度漂移(由于环境温度变化影响陀螺仪)，在 VCC、VREF 连接电容进行消除。3 个陀螺仪输出端分别接入 Atmega16 引脚 PC0(ADC0)、PC1(ADC1)、PC2

(ADC2)处理。经过 A/D 采样确定当前陀螺仪输出值,再判断当前的角速度和加速度。通过当前值和初始位置的比较进行反馈,系统可对 X 轴、Y 轴、Z 轴偏离进行校正。

(3) 无刷直流电机驱动

飞行器电机选择无刷直流电机(BLDC,Brushless Direct Current motors)。其在家电、汽车、航空、消费、医疗、工业自动化设备及仪器仪表等行业的应用,有很大优势。无刷直流电机的使用寿命在几万小时,能满足飞行器类对长时间高转速的性能要求。无刷电机通过数字变频控制,可控性强,转速可达 1～10 000 rad/s,能节约大量电能,噪声小,维护方便。无刷直流电机选用 XXD 公司 KV1000/2212 电机。外形尺寸 27.8 mm×27 mm,重量 48 g,输出轴径 3 mm。连接 GWS1047RS 桨,通电电压 11 V、电流 15. 6 A 时,可达到 6 810 转,推力 886 g。4 个无刷直流电机,最多可提供 3 kg 重量的升力。无刷电机驱动包括半桥式驱动方式和全桥式驱动方式。考虑到功率高、转矩波动小的因素,选择全桥式驱动方式。全桥式驱动方式包括三相无刷星型联结的三三导通方式(简称三三式,见图 9.10) 和三相无刷星型联结的二二导通方式(简称二二式,见图 9.11) 。在相同转矩条件下,三三式所用时间长、功耗大,因此选择二二式。A、B、C 两两通电时,有 6 次换相分别是 AB、AC、BC、BA、CA、CB,转子方向绕行 360°后,形成一个周期。

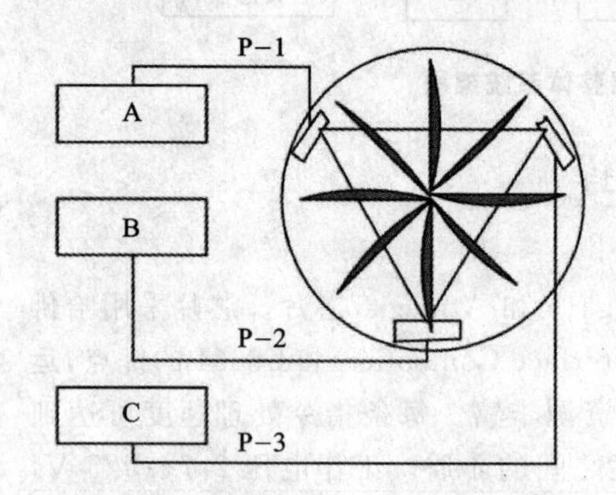

图 9.10　无刷直流电机三三式连接

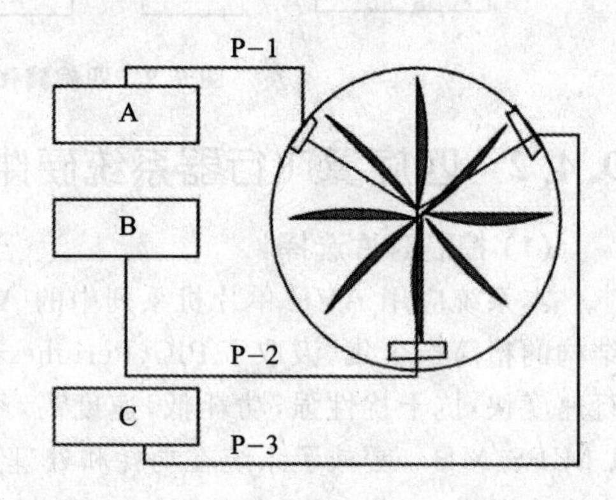

图 9.11　无刷直流电机二二式连接

驱动无刷电机时,电压和电流较大时会产生热量升温,因此,选择 MOSFET 管作为功率管而不选择 IGBT 管。上拉电阻接到＋10～＋15 V 电源上,提高输出电平驱动 MOSFET 管。在电子输入端和 MOSFET 间加一级晶体管,以加速功率场效应管的导通速度,降低功耗。图 9.12 和图 9.13 为电机输出电压和 PWM 信号相位幅值关系。

在无刷直流电机控制系统中,检测转子位置方法采用端电压法。其基本思想是检测非导通相绕组反电势,获得过零点。由于直接测量绕组反电势的难度很大,没有从中间点 Y 电机连接引线,而是从端口获得。因为端口处电压,存在高次谐波混叠,

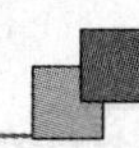

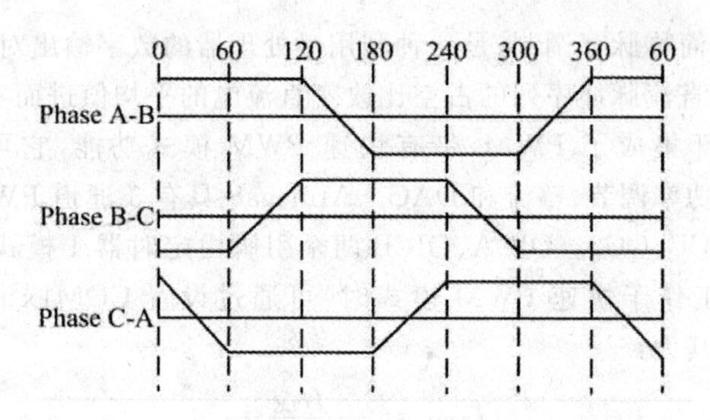

图 9.12 无刷直流电机二二式三相电压原理图

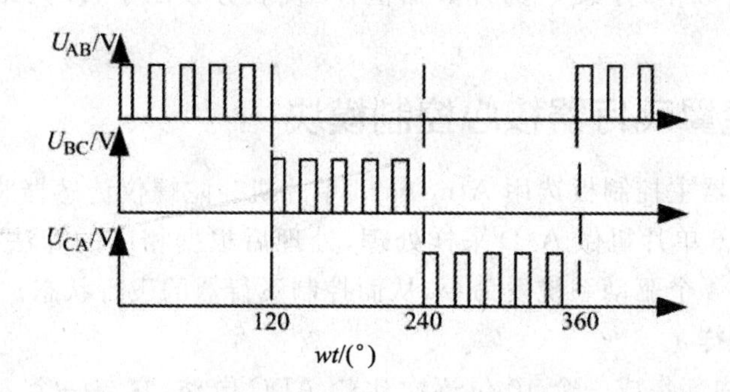

图 9.13 PWM 对应的二二式三相电压图

所以需要低通滤波器对输出电压过滤。

无刷直流电机输出端接入 Atmega8 芯片 PD6 端口。接口 PD6（AIN0）内置模拟比较器的比较输入端子。如果输入端口 PD6 电压大于系统设置的电压，则说明已经过零点；反之，则说明还没有过零点。

(4) 动力电源选择

飞行器动力电源选用锂铁电池。电源电压 11.1 V，倍率 20 C，内阻 3.2～4 mΩ，重量 175 g±5 g。

(5) 无线控制模块选择

四旋翼飞行器的无线控制模块采用 2.4 GHz 的遥控装置，通过接收机与主控板的连接可以无线远距离地控制四旋翼飞行器的飞行。飞行器在直径 300 m 遥控范围内，可精确接收信号。遥控模块的输入电源为 12 V，发射功率在 20 dB m 以内，编码方式为 GFSK(Gauss Frequency Shift Keying)，通道分辨率为 1 024 级。其频率范围在 2.40～2.48 GHz，输出 PPM(Pulse Position Modulation)信号。本系统需控制副翼、升降和方向的通道。

9.4.3 四旋翼飞行器动力控制系统 PWM 脉冲宽度调制

四旋翼飞行器的动力系统主要是通过 PWM 信号驱动无刷直流电机。PWM 脉冲宽度调制技术，简称脉宽调制，是一种利用微处理器的数字输出对模拟电路进行控制的技术，它通过直流脉冲序列的占空比改变直流电的平均值进而实现变频技术。

Atmega8 内部集成了 PWM，带有快速 PWM 模式功能，它可以产生高频的 PWM 波形，用于功率调节、整流和 DAC。Atmega8 具有 3 通道 PWM 输出口，引脚分别为 OICA、OICB、OC2。OICA、OICB 两个引脚由定时器 1 模式控制，OC2 由定时器 2 控制。当工作于快速 PWM 模式时，可通过设置 COM1x 的比值调节输出 PWM 波形频率，其为：

$$f_{\mathrm{PWM}} = \frac{f_{\mathrm{CLK}}}{N(1+P)} \tag{9.1}$$

其中 f_{CLK} 为时钟频率，计数 P 为计数器值，N 代表分频因子（N 可取 1、8、64、256、1 024）。

9.4.4 四旋翼飞行器核心控制模块

四旋翼飞行器主控制板选用 Atmega16 单片机。陀螺仪传感器将飞行时的信息传递给 Atmega16 单片机做 A/D 采样处理，处理后根据相应的算法得出结果，然后主控制板向其他 4 个驱动系统发命令，从而控制飞行器的飞行状态。

(1) ADC 采样

Atmega16 内部集成一个 10 位逐次比较 ADC 电路，它与一个 8 通道的模拟多路选择器连接，能对以端口 PORTA 为 ADC 输入引脚的 8 路单端模拟输入电压进行采样，单端电压输入以 0 为参考。差分输入方式带有可编程增益放大器，设计选用 A/D 转换前对差分输入电压进行 46 dB 的放大，加强了对信号的采集和处理，从而保证飞行器的稳定飞行。ADC 功能单元由独立的专用模拟电源引脚 AVCC 供电。AVCC 和 VCC 的电压差别不能大于±0.3 V，设计采用外部电源供电，由电源引脚 AREF 接入，AREF 引脚并联一个电容，提高 ADC 的抗噪性能，保证 A/D 采样的准确性和稳定性。

(2) 主控制板对动力驱动板控制

主控控制板和动力控制驱动板的通信采取的是单工方式，Atmega16 上 PD7、PB0、PB1、PB2 引脚分别与 4 个动力驱动板 Atmega8 上 PD2(INT0)引脚连接。PD2(INT0)引脚是外部触发中断端子，有两个作用：作为普通 I/O 端口和外部中断最高优先级，通过外界信号变化使其调用子程序。外部中断系统采用电平变化触发。外部中断触发方式在寄存器 MCUCR 中进行，由 ISC01 和 ISC00 位控制。

9.4.5 四旋翼飞行器数学模型

四旋翼飞行器采用对称式稳定分布结构。通过对四旋翼飞行器的结构形式、工作原理、运动学特征进行分析，建立数学模型。

四旋翼的结构是一种比较简单和直观化的稳定控制型飞行器。通过调节 4 电机转速改变旋翼转速，改变升力的变化调整飞行器的姿态和位置。如图 9.14 所示，M1 和 M3 顺时针旋转，M2 和 M4 逆时针旋转。每个旋翼对机身所施加的反扭矩与旋翼的旋转方向相反，平衡旋翼对机身的反扭矩，抵消陀螺效应。

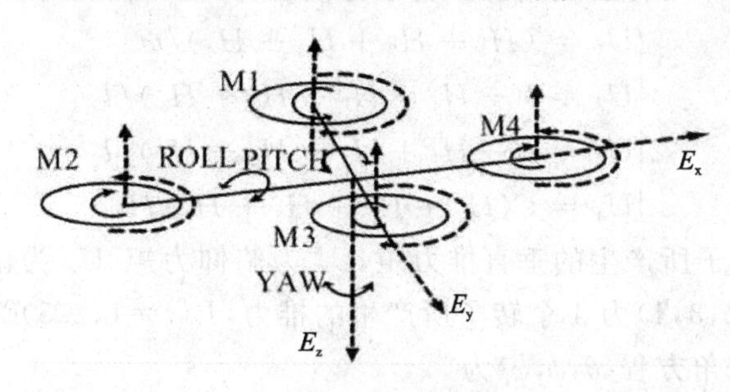

图 9.14　四旋翼无人机工作原理示意图

四旋翼飞行器在空间内有 6 个自由维度，即沿 E_x - ROLL 滚向转动、E_y - PITCH 俯仰转动和 E_z - YAW 偏航方向转动。这 6 个自由度的控制可通过调节改变 M1～M4 电机的转速实现。不同自由度对应的飞行器飞行状态分别是：垂直飞行、俯仰飞行、滚转飞行、偏航飞行、前后飞行和侧向飞行。这里规定沿 x 轴正方向的运动称为向前运动。

四旋翼飞行器共有 4 个推力固定角度转子，代表 4 个输入量，每个输入量均由相应的螺旋桨产生。集体输入量 U_i 是每个电机的推力总和。U_2 影响滚动角旋转，U_3 影响俯仰角，U_4 控制在飞行过程中的偏航角，U_1 影响 z 轴的高度。

系统有 4 个输入输出力和 6 个输出状态(x,y,z,θ,ψ,Φ)，因此四旋翼飞行器是一种欠驱动系统。其中两个转子的旋转方向是顺时针方向，两个是逆时针方向，平衡了飞行所需的偏航运动。重心的力矩补偿是通过使用电机 M1、M3 和 M2、M4 反向旋转建立的。为使四旋翼飞行器从地面飞向空间中的一个固定点，设计建立方向余弦转换矩阵。地面坐标系选择笛卡尔右手定则直角坐标系。

$$R(\varphi,\theta,\psi)=\begin{bmatrix}\cos\psi & -\sin\psi & 0\\ \sin\psi & \cos\psi & 0\\ 0 & 0 & 1\end{bmatrix}\begin{bmatrix}\cos\theta & 0 & \sin\theta\\ 0 & 1 & 0\\ -\sin\theta & 0 & \cos\theta\end{bmatrix}\begin{bmatrix}1 & 0 & 0\\ 0 & \cos\varphi & -\sin\varphi\\ 0 & -\sin\varphi & \cos\varphi\end{bmatrix} \tag{9.2}$$

式中，θ 是沿 E_y - PITCH 俯仰转动的俯仰角，ψ 是沿 E_z - YAW 方向转动的偏航角，φ 是沿 E_x - ROLL 滚向转动的滚向角。动力学模型利用运动方程力和力矩的平衡关系、拉格朗日方法简化模型可写成：

$$\ddot{x}=U_1(\cos\varphi\sin\theta\cos\psi+\sin\varphi\sin\psi)-K_1\dot{x}/m \tag{9.3}$$

$$\ddot{y}=U_1(\sin\varphi\sin\psi\cos\psi-\cos\varphi\sin\psi)-K_2\dot{y}/m \tag{9.4}$$

$$\ddot{z}=U_1(\cos\varphi\cos\psi)-g-K_3\dot{z}/m \tag{9.5}$$

式中，g 代表重力加速度；m 为飞行器的总质量；K_1、K_2 和 K_3 为该系统的阻力系数。

低速时，低速阻力很小，可忽略不计。假定重心在连接处中间。由于重心向上（或向下）移动 d 个单位，使角加速度变得对力量敏感度降低，因此增加了稳定性。稳定性还可以通过转子向中心倾斜而增加。为了方便运算，定义输入为：

$$\begin{cases} U_1 = (H_1 + H_2 + H_3 + H_4)/m \\ U_2 = l(-H_1 - H_2 + H_3 + H_4)/I_1 \\ U_3 = l(-H_1 + H_2 + H_3 - H_4)/I_2 \\ U_4 = C(H_1 + H_2 + H_3 + H_4)/I_3 \end{cases} \tag{9.6}$$

式中，U_1 为 4 个转子所产生的垂直推力矩，U_2 为俯仰力矩，U_3 为偏航力矩，U_4 为滚动力矩，$H_i(i=1,2,3,4)$ 为 4 个转子所产生的推力，$I_i(i=1,2,3)$ 为相对于轴的转动惯量。方程的欧拉角方程(θ,ψ,φ)为

$$\begin{aligned} \ddot{\theta} &= U_2 - lK_4\dot{\theta}/I_1 \\ \ddot{\psi} &= U_3 - lK_5\dot{\psi}/I_2 \\ \ddot{\varphi} &= U_4 - lK_6\dot{\varphi}/I_3 \end{aligned} \tag{9.7}$$

式中，l 为飞行器支架的半径长度；$I_i(i=1,2,3)$代表轴转动惯量；$K_i(i=4,5,6)$代表阻力系数。通过以 X、Y、Z 和 φ 为一组控制输出，能计算系统零动稳定时其他两个角度值。

9.4.6 数字 PID 控制算法及仿真

本系统使用的数字 PID 控制算法，具有较强的灵活性，可以根据试验和经验在线调节参数。P 是比例环节，I 是积分环节，D 是微分环节。微控制处理器是采样控制，只能根据采样时刻偏差值计算控制量进行离散式控制形式。在离散化 PID 过程中令 T 为采样周期，k 为采样序号，连续时间 t 用离散时间 $k\times T$ 表示，用求和形式代替连续时间积分形式，用增量形式代替连续时间微分形式：

$$\begin{aligned} & t \approx kT \\ & \int_0^t e(t)\,\mathrm{d}t \approx T\sum_{j=0}^{k} e(jT) = T\sum_{j=0}^{k} e_j \\ & \frac{\mathrm{d}e(t)}{\mathrm{d}t} \approx \frac{e(kT) - e[(k-1)T]}{T} = \frac{e_k - e_{k-1}}{T} \end{aligned} \tag{9.8}$$

将式(9.8)代入模拟 PID 的计算表达式：

$$u(t) = K_{\mathrm{P}}\left[e(t) + \frac{1}{T_{\mathrm{I}}}\int_0^t e(t)\,\mathrm{d}t + T_{\mathrm{D}}\frac{\mathrm{d}e(t)}{\mathrm{d}t}\right] + u_0 \tag{9.9}$$

其中，K_{P} 为比例系数，T_{I} 为积分常数，T_{D} 为微分常数。

可以得到离散 PID 表达式：

$$u_k = K_{\mathrm{P}}\left[e_k + \frac{T}{T_1}\sum_{j=0}^{k} e_j + \frac{T_{\mathrm{D}}}{T}(e_k - e_{k-1})\right] + u_0 \tag{9.10}$$

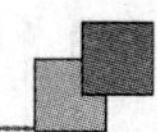

在式(9.10)中，定义积分系数 $K_I = K_P \frac{T}{T_I}$，微分系数 $K_D = K_P \frac{T_D}{T}$。

在电动电机控制系统中，一般采用增量式 PID 算法，根据推理原理可得：

$$u_{k-1} = K_P(\text{error}(k-1)) + K_I \sum_{j=0}^{k} \text{error}(j) + K_D(\text{error}(k) - \text{error}(k-1)) \tag{9.11}$$

将飞行器质量、角度参数带入式(9.11)和式(9.12)，经化简后可得到 $G_\varphi(s) = \frac{77.2}{s^2 + 43.2s}$，经过 MATLAB 仿真后可得到 PID 仿真图(见图 9.15)。

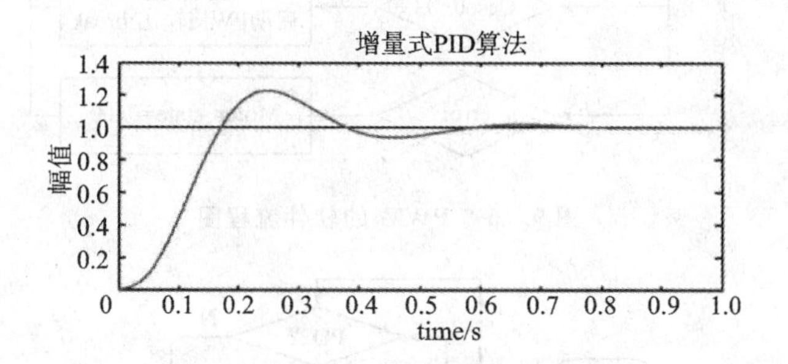

图 9.15　PID 仿真效果图

在调试过程中，系统由于受到电压阈值的限制和放大器饱和度等约束，PID 算法不能达到预期值，必须经过修正才能达到系统要求(称作饱和效应)，即只有在 $u_{k,\min} < u_k < u_{k,\max}$ 范围内满足条件。飞行器在大幅度加减速时，短时间内产生较大的偏差，使 PID 控制运算的积分积累较大，超过系统有效执行范围。为了消除或减弱上述问题，可在偏差较大时，去掉积分过程，避免或减弱饱和效应。实际闭环控制系统中通常使用软件编程，通过一些算法或阈值的设定排除随机噪声干扰，比如算术平均滤波法、移动平均滤波法。这些方法不需要硬件投入，节约了成本。

9.4.7　控制系统软件实现

四旋翼飞行器在起飞、降落时，存在加速和减速。控制时需要改变比较匹配寄存器 OCRX 值，以调节 PWM 信号占空比。飞行时，如果加速度太大，会因短时间内冲量过大对机身造成伤害。这就需要匀变速缓冲，使飞行器能较为平稳地加速或减速。PWM 的软件流程图如图 9.16 所示。

动力驱动系统流程图如图 9.17 所示。这里 PD2 (INT0) 引脚，首先作普通输入接口，然后作外部中断接口。图 9.17 中 beep 作为每次电机工作状态改变时的提示音。ADC 采样软件流程图如图 9.18 所示。

核心控制板对陀螺仪信号采集前需对其进行数字滤波，以避免飞行中一些随机信号的干扰。滤波后单片机可对陀螺仪信号进行检测。

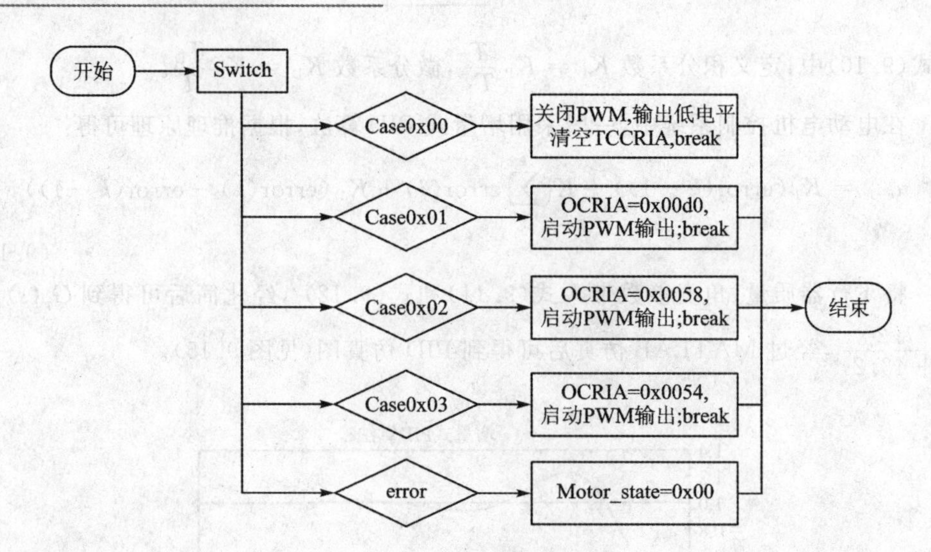

图 9.16　PWM 的软件流程图

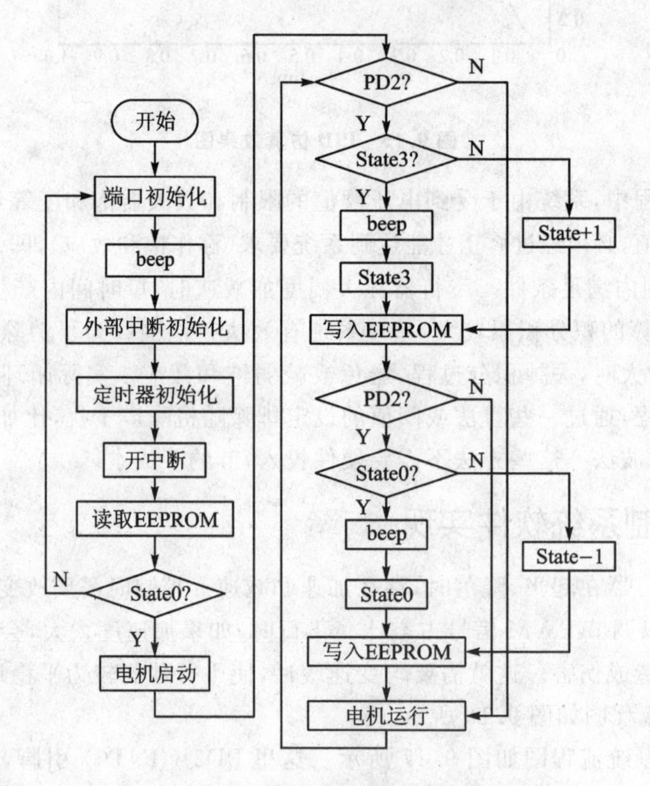

图 9.17　动力驱动系统流程图

四旋翼飞行器无线遥控系统通过无线遥控传输模块接收器与主控板连接，通过 PPM 信号控制。主控板检测 PPM 信号上升沿电位，从而判断是否有信号输入，再根据遥控模块的输入信号完成飞行状态。

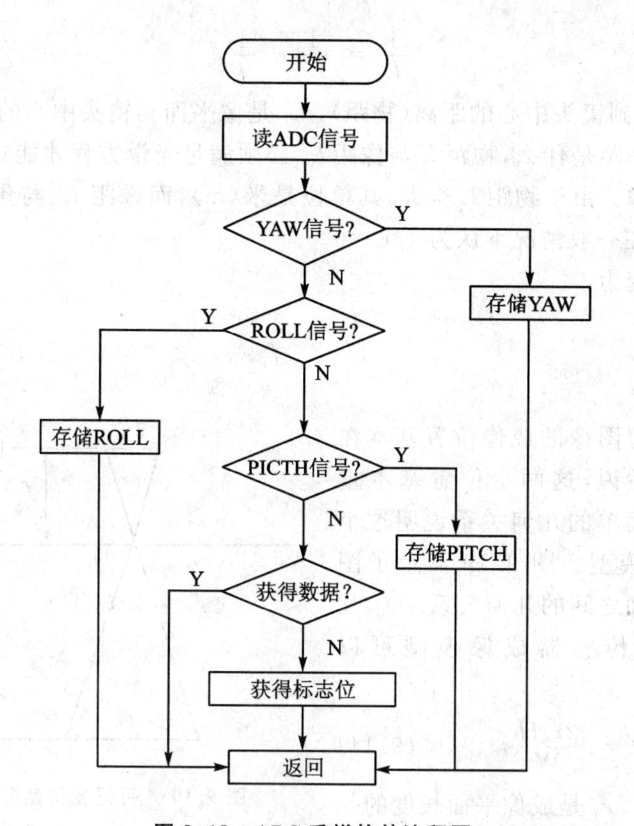

图 9.18　ADC 采样软件流程图

9.5　机载侦察传感器选型

微小型四旋翼飞行器具有体积小巧、机动灵活的特点，因而其在侦察探测领域有着广阔的应用前景。如果想要其完成侦察任务，最重要的一步就是选择合适的机载传感器系统。为了更好地分析可见光机载传感器系统需求，使分析更有适应性和广泛性，现假设飞行器对所侦察目标区域的分辨率要求达到 1 m，图像分辨率为 500×800 像素，焦距范围为 6.3～100 mm。对于给定的某个焦距的情况，我们需要得到飞行器在什么高度下飞行仍然能够满足 1 m 分辨率的要求，这对于不具备自动变焦能力的机载摄像机来说尤为重要。对于一个固定焦距的机载可见光传感器，其分辨率会随着飞行器的高度的增加而减少。所以，对于一个没有变焦的镜头，为了能够满足 1 m 分辨率的要求，必须去研究飞行器高度与可见光焦距之间的关系。

9.5.1　可见光传感器模型

对于针孔可见光传感器光学方程有：

$$\frac{1}{L}=\frac{1}{L'}+\frac{1}{f} \tag{9.12}$$

式中，L 是物体到镜头中心的距离(物距)，L' 是像平面到镜头中心的距离(像距)，f 是焦距。无论焦距是什么，物距 L 与像距 L' 必须满足光学方程才能让可见光传感器获得清晰的影像。由于物距 L 很大，其单位是米(m)，而像距 L' 与焦距的单位是毫米(mm)，所以在一般情况下认为 $1/L=0$。

所以方程变为：

$$\frac{1}{L'}=\frac{1}{f} \tag{9.13}$$

也就是说 $L'=f$。

这个意味着图像的成像位置基本在焦距处，换句话说，这两个位置基本重合。我们使用简单的几何关系说明这个可见光传感器模型。图 9.19 显示了图像平面和物平面之间的几何关系。

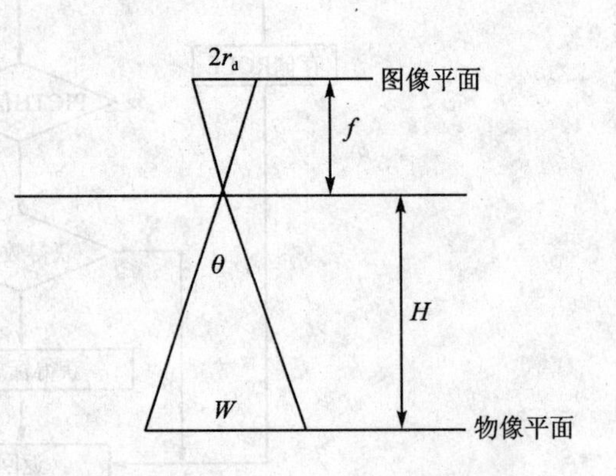

图 9.19　可见光传感器成像模型

从可见光传感器成像模型可以得到：

$$f=\frac{2r_dH}{W} \tag{9.14}$$

式中，f 是焦距，r_d 是成像平面长度的一半，W 是拍摄的物体区域的宽度，H 是从可见光传感器到物体平面的高度。

同时，根据图 9.19 有：

$$\tan\frac{\theta}{2}=\frac{W/2}{H} \tag{9.15}$$

式中，θ 是视场角。

由此，可以得到可见光传感器的视场角与焦距之间的关系：

$$\theta=2\tan^{-1}\left(\frac{r_d}{f}\right) \tag{9.16}$$

9.5.2　分辨率模型

图像中单一像素的分辨率可以通过 CCD 的高度或者宽度得到。选择较小边的 500 像素宽度做计算，因为这个与长度相比可以得到更大的分辨率值。图 9.20 表示视场角与单一像素分辨率之间的几何关系。假设 R_p 是单一像素的分辨率，θ 是视场角，H 是机载照相机所在高度。这时就可以得到：

$$\frac{R_p/2}{H}=\tan\frac{\theta/2}{500} \tag{9.17}$$

由于 $\theta/1\,000$ 的值非常小，故 $\tan\frac{\theta}{1\,000}\approx\frac{\theta}{1\,000}$。

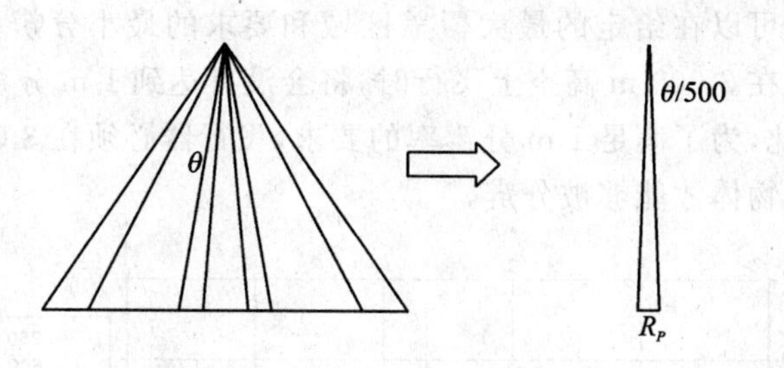

图 9.20　单一像素视场角下的分辨率

这样就可以得到：

$$R_p = \frac{\theta}{500} H \tag{9.18}$$

可以看到，每个像素的分辨率（弧度）是由可见光传感器的高度和视场角决定的。

9.5.3　综合分析

9.4.1 与 9.4.2 小节中计算的结果可以用 3 张不同的图表来表示。图 9.21 表示照相机视场角会随着照相机的焦距增加而减少。

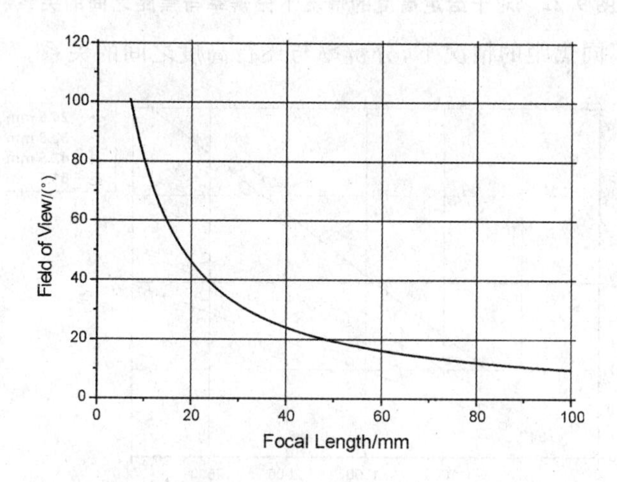

图 9.21　照相机视场角与摄像机焦距之间关系

从图 9.21 中可以看到，视场角在焦距为 6.5～40 mm 的时候快速减小，但是在 40～100 mm，视场角仅大约从 20°下降到 10°。很明显，飞行器将在一个给定的高度的情况下，在 1 m 的分辨率下能看到更多的地面情况。因此，这个曲线可以提供在某个焦距的情况下飞行器的侦察覆盖区域。

图 9.22 是在给定飞行高度的情况下，照相机的分辨率随着焦距的增加而减少。

从图 9.22 中可以看出两个重要的情况。第一，如果飞行器能在 250 m 或者更低的空中巡飞的情况下，对于它的整个任务来说，任何的焦距都将满足分辨率的要求。

因此，最短的焦距可以在给定的最大覆盖区域和要求的最小分辨率的情况下使用。第二，如果飞行器在 3 000 m 高空上飞行时，将会没有达到 1 m 分辨率要求的焦距可以满足要求。因此，为了满足 1 m 分辨率的要求，飞行器必须在 3 000 m 以下的高度下飞行，地面上的物体才能够被分辨。

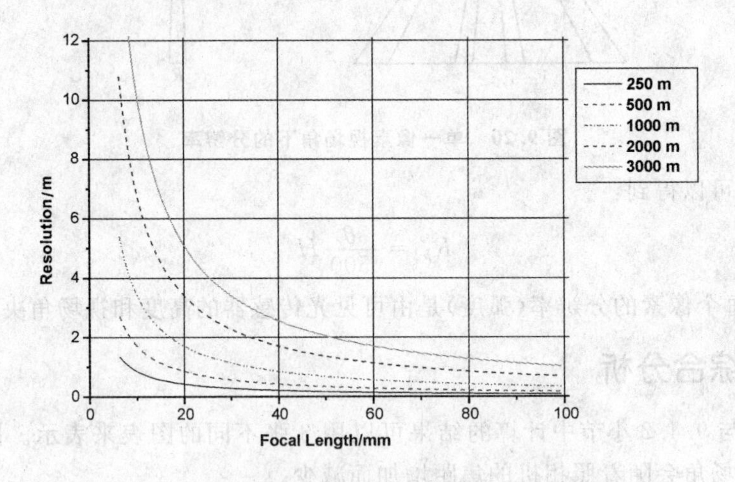

图 9.22　对于给定高度的情况下分辨率与焦距之间的关系

图 9.23 是不同焦距的情况下，分辨率与飞行高度之间的关系。

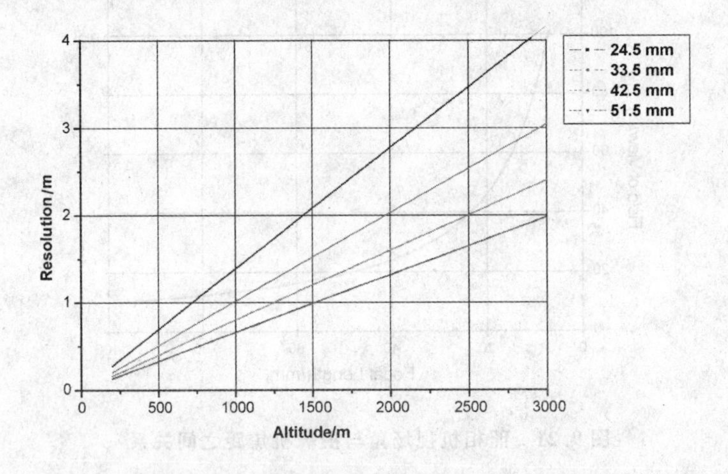

图 9.23　四种选定的焦距情况下分辨率与飞行高度之间的关系

图 9.23 的目的是为了说明在何种情况下，可见光传感器的分辨率可达到 1 m。飞行器可以逐渐地降低高度以达到 1 m 分辨率的水平。图 9.24 说明了对于给定的四个焦距，分辨率随着高度的降低而降低。这四个选取的焦距分别是：24.5 mm、33.5 mm、42.5 mm 和 51.5 mm。24.5 mm 可以被选择为最小的极限值，因为它能在飞行高度非常低的情况下仍然能满足 1 m 的分辨率。51.5 mm 可以被认为是最大的极限值，飞行器不可能携带一个焦距超过 5 cm 的可见光传感器。33.5～42.5 mm

的区域可以选择为符合要求的焦距长度。从图中还可以看到超过 1 500 m 的情况下，没有一个焦距满足分辨率的要求。在 1 500 m 的高度，51.5 mm 焦距基本上可以勉强得出 1 m 的分辨率，但是没有一个更小的焦距在这个高度下能满足要求。在 1 000 m及以下的高度，33.5 mm 或者更大的焦距都能满足分辨率的要求。并且，24.5 mm 焦距在 750 m 高度以上无法满足分辨率的要求。

这 3 个图表是基于飞行器初始传感器的假设需求而分析得出的。焦距为 33.5 mm 的相机符合我们提出的微小型飞行器的可靠性要求，这个焦距可以使飞行器在 3 000 m 的高度达到 3 m 的分辨率，同时在 1 000 m 的时候达到 1 m 的分辨率。因此，飞行器使用一个焦距为 33.5 mm 的照相机从 3 000 m 滑翔到 1 000 m 的时候，它将仍然符合分辨率要求。虽然在比较高的高度情况下降低了分辨率，但是可以得到更大的视场角，这个将为更好地判断搜索区域中的具体事物提供更大的帮助。从图中可以看到，如果在 1 000 m 高度的时候，飞行器打开推进系统开始进行巡航，这个巡航高度将非常合适。因为在这个高度下飞行器很难被肉眼发现，但是同时分辨率同时又能满足要求。

9.6　四旋翼无人飞行器航拍图像拼接技术

通过微小型无人飞行器搭载视觉传感器对特定区域进行航拍，并将航拍得到的图像进行拼接，在地理信息测绘、灾情侦察等民用邻域也有着广泛的用途。

本节基于对尺度、旋转、光照、仿射、视角具有不变性的特征点进行图像拼接。所采用的基不变特征点的图像拼接技术包括四大部分：图像获取；特征点提取与匹配；图像配准；图像融合。

1. 特征点提取

输入的图像序列由于照相机的运动存在着视角和尺度上的噪声。为了克服上述干扰，本节采用了 2004 年 Low 改进的 SIFT 算法完成图像序列特征点的提取。

SIFT 算法又称尺度不变特征点提取方法，其实现主要包含四个步骤：检测尺度空间极值；精炼特征点位置；计算特征点的描述信息；生成本地特征描述符。

先使用高斯滤波器对原始图像进行若干次连续滤波建立第一个尺度组，再把图像减小到原来的一半，进行同样的高斯滤波形成第二个尺度组，之后，重复操作直到图像小于某一给定阈值为止。接下来对每个尺度组中的高斯图像进行差分，形成高斯差分尺度组(DoG 图像)。然后，取这些高斯差分图像中的局部极值，便得到了尺度空间域上的图像特征点。最后，用 128 维的向量(包括位置、尺度、方向等信息)表示每个特征点，这样就生成了用于图像特征匹配的图像特征描述符。该算法是在空间域和尺度域上同时进行特征点的计算与提取的，因此得到的特征点具有尺度不变性，能够正确地提取尺度和视角变化较大的图像序列中存在的特征点，有效地克服了输入图像中的噪声干扰。

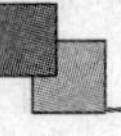

2. 特征点匹配

SIFT 的匹配算法是通过计算两个特征点描述符之间的欧氏距离得到的。即找出与特征点描述符 p_i 欧氏距离最近和次近的两个邻居特征点描述符 q'_i 和 q''_i，然后计算 p_i 与 q'_i 以及 p_i 与 q''_i 两组描述符之间欧氏距离的比值 r。如比值 r 小于规定阈值则视为匹配成功，(p_I, q'_i) 点对则为图像序列中的一对匹配点，否则匹配失败。这种匹配方法简便快捷，但会产生误匹配。因此，这里采用引导互匹配及投票过滤两种技术来提高匹配精度。

(1) 引导互匹配法

该方法的思想是缩小特征点搜索范围，并采用互映射的方法减少错误匹配。假设图像变换矩阵的当前估计为 H，H 规定了第一幅图像中的点 x 在第二幅图像中对极线 H_x 周围的搜索范围。因此，应在第二幅图像的对极线 H_x 周围的一定区域内搜索点 x 的匹配点。此外，根据互映射原理，即匹配点对之间的映射关系的对称性，对于匹配点对 $\{p_i \Leftrightarrow q'_i\}$，在进行匹配映射时，应存在这两点间的对应关系 $\{p_i \rightarrow q'_i\}$ 和 $\{p_i \leftarrow q'_i\}$。因此，最终的匹配结果可表示为：(第一幅图像与第二幅图像进行引导匹配的结果)$\cap$(第二幅图像与第一幅图像进行引导匹配的结果)。

(2) 投票过滤法

使用投票过滤法消除误匹配的理论依据如下：在两幅相关的图像序列中，相机的旋转和尺度变化均相对稳定，因此连接图像中各组匹配点对所形成的向量之间的偏差应符合某一规律。如图 9.24 所示，假设图像 1 中的特征点 p_i 和 p_i 分别与图像 2 中的特征点 q'_i 和 q'_j 相对应，

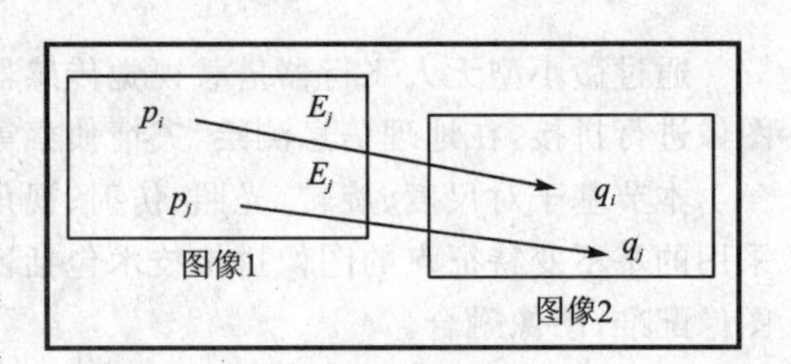

图 9.24　消除误匹配

即 $\{p_i \rightarrow q'_i\}$ 与 $\{p_j \rightarrow q'_j\}$ 是正确的匹配点对，则向量 $E_i = q'_i - p_i$ 与 $E_j = q'_j - p_i$ 应具有相同特性(长度，方向)。这里综合考虑两方面因素，首先计算图像序列中所有匹配点对的横纵坐标距离差的平均值，并将其记为该图像序列组的标准匹配阈值。然后，删除图像序列组中横纵坐标距离差与标准匹配阈值相差太远的匹配点对，即采用删除横纵坐标之差距离平均值太远的错误匹配点对的投票过滤方法来提高匹配精度。

3. 图像配准

图像配准是一种确定待拼接图像间的重叠区域以及重叠位置的技术，它是整个图像拼接的核心。这里采用的是基于特征点的图像配准方法，即通过匹配点对构建图像序列之间的变换矩阵，从而完成全景图像的拼接。为了提高图像配准的精度，采用了 RANSAC 算法对图像变换矩阵进行求解与精炼，达到了较好的图像拼接效果。计算图像间变换矩阵 H 的算法流程如下：

① 在每幅图像中计算特征点。

② 计算特征点之间的匹配。

③ 计算图像间变换矩阵的初始值，RANSAC 鲁棒估计，重复 N 次采样（N 由自适应算法确定）。选择 4 组对应点组成一个随机样本并计算变换矩阵 H；对假设的每组样本对应计算距离 d；计算与 H 一致的内点数，选择具有最多内点数的 H，在数目相等时，选择内点标准方差最小的那个解。

④ 迭代精炼 H 变换矩阵：由划分为内点的所有的匹配重新估计 H，使用 LM 算法来求最小化代价函数。

⑤ 引导匹配：用估计的 H 去定义对极线附近的搜索区域，进一步确定特征点的对应。

⑥ 反复迭代④、⑤直到对应点的数目稳定为止。

设图像序列之间的变换为投影变换：

$$H=\begin{bmatrix} h_0 & h_1 & h_2 \\ h_3 & h_4 & h_5 \\ h_6 & h_7 & 1 \end{bmatrix}$$

设 $p=(x,y)$，$q=q(x',y')$ 是匹配的特征点对，则根据投影变换公式：

$$\begin{bmatrix} x \\ y \\ 1 \end{bmatrix}=\begin{bmatrix} h_0 & h_1 & h_2 \\ h_3 & h_4 & h_5 \\ h_6 & h_7 & 1 \end{bmatrix}\begin{bmatrix} x' \\ y' \\ 1 \end{bmatrix}$$

可用 4 组最佳匹配计算出 H 矩阵的 8 个自由度参数 $h_i=(i=0,1,\cdots,7)$，并以此作为初始值。

为了得到较为精确的 H 初始值，采用了鲁棒的 RANSAC 方法。该方法重复 N 次随机采样，通过寻找匹配误差的最小值得到一组与 H 一致的数目最多的内点，并从这些内点中重新计算出精确的 H 初始值。

由初始 H 值迭代精炼图像间变换矩阵的算法流程如下：

① 对图像 I 中每个特征点(x,y)：计算图像 I' 中的对应点(x',y')；计算对应点之间的误差 $e=I'(x',y')-I(x,y)$；计算 H 各分量相对误差 e 的偏导数；构造 H 增量计算函数$(A+\lambda I)\Delta h=b$。

② 解 H 增量函数得到 Δh，修正 H。

③ 判断误差值 e，若误差减小但未小于阈值，则继续计算新的 Δh，否则增大 λ 值，重新计算 Δh。

④ 当误差 e 小于规定阈值时，停止计算，得到 H。

使用迭代的方法计算所有点对间距离之和 $E=\sum\limits_{i=1}^{N}e_i^2=\sum\limits_{i=1}^{N}[I'(x',y')-I(x,y)]^2$ 的最小值。当距离和 E 值小于规定阈值时，停止迭代，得到最终图像间变换矩阵 H。

为了在较少步骤内迭代收敛到较为精确真实的图像间变换矩阵 H，使用了

Levenberg－Marquardt 非线性最小化迭代算法。该算法主要是通过计算图像间变换矩阵 H 各分量 h_i $(i=0,1,\cdots,7)$ 相对于 e_i 的偏导数：

$$\frac{\partial e}{\partial h_0}=\frac{x}{D}\frac{\partial I'}{\partial x'},\frac{\partial e}{\partial h_1}=\frac{y}{D}\frac{\partial I'}{\partial x'},\frac{\partial e}{\partial h_2}=\frac{x}{D}\frac{\partial I'}{\partial x'},\cdots,$$

$$\frac{\partial e}{\partial h_7}=\frac{y}{D}\frac{\partial I'}{\partial x'}(x'\frac{\partial I'}{\partial x'}+y'\frac{\partial I'}{\partial y'})$$

来构造计算 H 增量的函数 $(A+\lambda I)\Delta h=b$（其中 A 的分量为 $a_{kl}=\sum\frac{\partial e}{\partial h_k}\frac{\partial e}{\partial h_1}$，$b$ 的分量为 $b_k=-\sum e\frac{\partial e}{\partial h_k}$），从而通过获得的 H 增量来逐步精炼 H。

4. 图像融合

根据图像间变换矩阵 H，可以对相应图像进行变换以确定图像间的重叠区域，并将待融和图像注册到一幅新的空白图像中形成拼接图。在融和过程中需要对缝合线进行处理。进行图像拼接缝合线处理的方法有很多种，如颜色插值和多分辨率样条技术等，这里采用了快速简单的加权平滑算法处理拼接缝问题。该算法的主要思想是：图像重叠区域中像素点的灰度值 Pixel 由两幅图像中对应点的灰度值 Pixel_L 和 Pixel_R 加权平均得到，即：Pixel＝$k\times$ Pixel_L＋$(1-k)\times$ Pixel_R，其中 k 是可调因子。图 9.25 为加权平滑算法图。

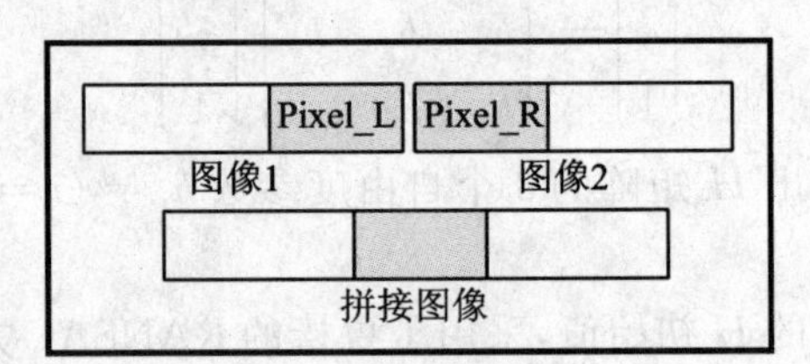

图 9.25　加权平滑算法

通常情况下 $0<k<1$，即在重叠区域中，沿图像 1 向图像 2 的方向，k 由 1 渐变为 0，从而实现重叠区域的平滑拼接。为使图像重叠区域中的点与两幅图像建立更大的相关性，令 $k=\mathrm{d1}/(\mathrm{d1}+\mathrm{d2})$，其中：d1、d2 分别表示重叠区域中的点到两幅图像重叠区域的左边界和右边界的距离。即使用公式：

$$\text{Pixel}=\frac{\mathrm{d1}}{\mathrm{d1}+\mathrm{d2}}\times\text{Pixel\_L}+\frac{\mathrm{d2}}{\mathrm{d1}+\mathrm{d2}}\times\text{Pixel\_R}$$

进行缝合线处理。

5. 微小型无人飞行器航拍图像拼接实验分析

微小型无人飞行器在飞行过程中所采集的图像如图 9.26 所示。

拍摄上述航拍图像时无人机的位姿和位置信息见表 9.2 与图 9.27。采用基于尺度不变特征点图像拼接的过程如图 9.28 所示，拼接效果如图 9.29 所示。

图 9.26　无人机的航拍图像

图 9.26　无人机的航拍图像(续)

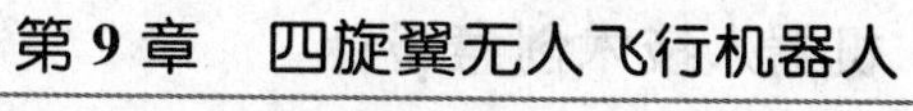

表 9.2　无人机的位姿、位置信息

序　号	纬　度	经　度	高　度	横滚角	俯仰角	航向角	GPS 高度
0330	30.679 52	111.460 92	204.975	5.9	－2.8	221	504.975
0331	30.679 30	111.460 19	207.146	5.1	－0.8	221.5	507.146
0332	30.679 09	111.459 47	209.352	3.4	－0.1	221.3	509.352
0333	30.678 89	111.458 74	209.125	3.6	－1.2	222.3	509.125
0334	30.678 69	111.458 00	211.633	4.9	－4.5	222.9	511.633
0335	30.678 49	111.457 29	213.734	1.1	－1.5	221	513.734
0336	30.678 29	111.456 56	212.891	0.9	－1.7	221.7	512.891
0337	30.678 10	111.455 89	212.329	1.9	－3	222.2	512.329
0338	30.677 91	111.455 24	214.501	0.4	－2.7	221.1	514.501
0339	30.677 71	111.454 58	215.737	1.3	1.3	220.9	515.737
0340	30.677 52	111.453 93	214.948	0.5	－1.9	221.2	514.948
0341	30.677 31	111.453 20	214.545	0.7	－1.3	221.1	514.545
0342	30.677 10	111.452 47	213.245	－0.1	－0.9	221.3	513.245
0343	30.676 92	111.451 81	211.557	2.7	－2.2	222.3	511.557
0344	30.676 73	111.451 15	210.895	4	－2.3	221.5	510.895
0345	30.676 54	111.450 48	208.877	2.4	－1.7	221.8	508.877

图 9.27　无人机的位姿、位置信息在三维地图上的描绘

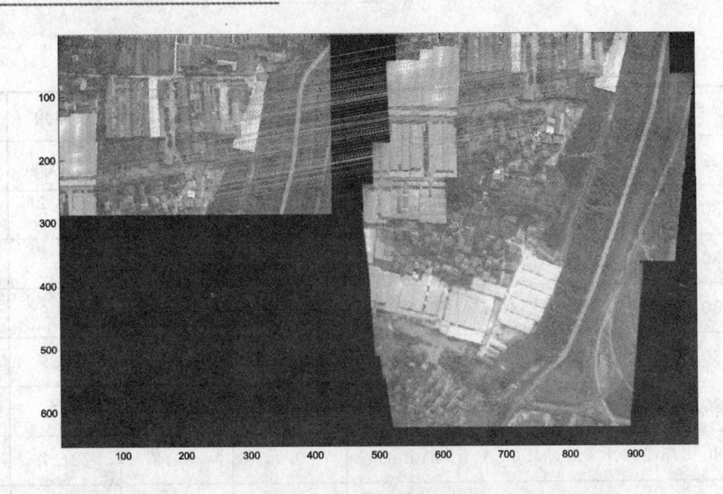

图 9.28　基于尺度不变特征点图像拼接的过程

图 9.29　拼接效果图

创意点睛

通过微小型无人飞行器搭载视觉传感器对特定区域进行航拍，并将航拍得到的图像进行拼接，可为地图测绘、灾情侦察提供信息。本章提出的基于对尺度、旋转、光照、仿射、视角具有不变性的特征点进行图像拼接，具有抗干扰能力强的特点。

第10章 仿生机器鱼

21 世纪是海洋的世纪，各国均十分重视在海洋开发及其相关领域中运用机器人技术。随着海洋开发的进展，一般的潜水技术已无法适应现代高深度综合考察和研究、完成各种作业的需要，利用鱼类的游动原理来做出比螺旋桨效率更高和噪声更低的水下推行器，从而突破当今专一的运输方式和水下推进方式，已成为当今的一个热门研究课题。

10.1 仿生机器鱼的优点

(1) 高效性

鱼类游动的推进效率高达 90%以上，这使得鱼类能够在力量有限、能量消耗相对较少的情况下达到相当快的速度并具有持久的耐力；而当前螺旋桨船舶的推进总效率不超过 60%。

(2) 机动性

机器鱼的机动性主要表现在其加速特性和转向特性。鱼类运动不像当前的螺旋桨推进方式，推进与转弯分离。鱼类通过胸鳍和尾鳍有机配合，实现推进与转弯的有机统一，但在当前的螺旋桨推进方式下，舰艇在高速行驶时需要很大的转向半径。

(3) 低噪性

螺旋桨在高速旋转时会产生过多不需要的紊流、非定常的涡流和热量，还会伴随产生大量的空泡噪声、扰动噪声。而鱼类的游动方式摆动频率低、柔性好，能最大限度地降低其他不必要的能量损失，充分利用并控制涡流，不产生漩涡尾迹，有利于隐身和突防，具有重要的军事价值。

因此，研制机器鱼具有广泛的意义：首先，它可以更逼真地模拟鱼的游动原理，使水下的机器人运动更符合流体力学原理，具有更好的加速和转向能力，利用它们可以探测海洋，寻找和检测海域中受污染的地方，也可以用来勘探地形；其次，可以通过机器鱼这个实验平台来研究鱼的运动原理和鱼类运动所依附的流体力学原理，从而构造要出原理简单、制作和使用成本较低、能源利用率高、作业时间长的水下探测器。另外，其在科教方面也具有良好的发展前景，例如科技馆、水族馆展览等。

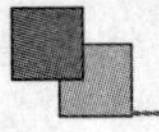

10.2 游动机理及沉浮实现方法探讨

鱼为什么能够快速地游动和转向，这是困扰生物界多年的课题。当今，生物学家根据鱼类本身的外形、尾鳍的长度和摆动的力量对鱼的游动方式进行简单分类，具体可以分为以下三种：

- Anguilliform：通过整体身躯肌肉的波动来游动，如鳗鱼；
- Carangiform：通过尾鳍和与尾部相连的身躯摆动来游动，如鲑鱼、金枪鱼、旗鱼；
- Ostraciifrom：只通过尾鳍的摆动而不利用身体摆动来进行泳动。

从鱼的游动所依靠的生理部位和推进原理来说，可以分为两大类：BCF 类和 MPF 类。BCF(Body and/or Caudal Fin)类鱼主要依靠身体和尾部的摆动来游动；MPF(Median and/or Paired Fin)类鱼主要依靠身体中部的腹鳍来游动。

在本章中，我们所采用的机器鱼类模型是 BCF 类，是模仿金枪鱼的外形，依靠身体的后半部分和尾部摆动而实现游动。

鱼类的上浮和下沉主要靠其腹内鱼鳔的收缩来实现。鱼鳔收缩使得鱼体体积发生变化，进而影响排开水的体积，从而实现上浮下沉。在本章中，我们采用气缸排开水的体积来模拟鱼鳔的收缩。

早在 1926 年国外学者就开始了对鱼类游动机理的研究，提出了各种相关的理论。影响比较大的有 1970 年 Lighthill 提出的“细长体理论”，1977 年 M. G. Chopra& T. Kambe 的“二维抗力理论”，1984 年 Hess& Videler 的“薄体理论”，1994 年 Cheng& Blickhan 的“波动平板理论”，以及 1998 年 Cheng 提出的“动态梁理论”。

本节所设计的机器鱼，主要参考了“波动理论”。所谓“波动理论”主要以鱼的脊椎曲线为研究对象，认为鱼体之所以能够前进，是由于脊椎曲线带动它所包络的流体向后喷出，产生推力。我们认为鱼体在水中作波动运动，其游动形态类似一列正弦波。

10.3 机器鱼的机构设计

10.3.1 摆动机构设计

机器鱼依靠动力机构使尾巴左右等幅摆动，从而在水中形成一列正弦波，推动鱼体游动，进而完成鱼儿的各种动作。

尾部波动的形成，需要两个必要的因素。首先要有一个振源，也就是说，需要尾部产生一个周期性的往复运动。我们选择了四连杆机构将电机的转动转换成为摆杆的往复运动。为了能够实现等幅摆动，不产生急回特性，选择了 III 型曲柄摇杆机构,根据其摆动的幅度确定各杆件的长度,考虑到鱼体内的空间有限,确定摆动角为 40°,曲柄长度为 13.5 mm,连杆为 15 mm,摆杆为 100 mm。为了将四连杆机构固定在鱼体内,特意设计了支撑架。将曲柄设计成圆盘,用于支撑连杆与摆杆;再将曲柄轴固定在支撑架上;同时,电机也固定在支撑架上,电机轴与曲柄轴通过联轴器相连;最后,将支撑板固定在鱼体上,完成整个固定工作。摆动机构的总装图如图 10.1 所示,摆动机构组成如表 10.1 所列,装配步骤如图 10.2 所示。

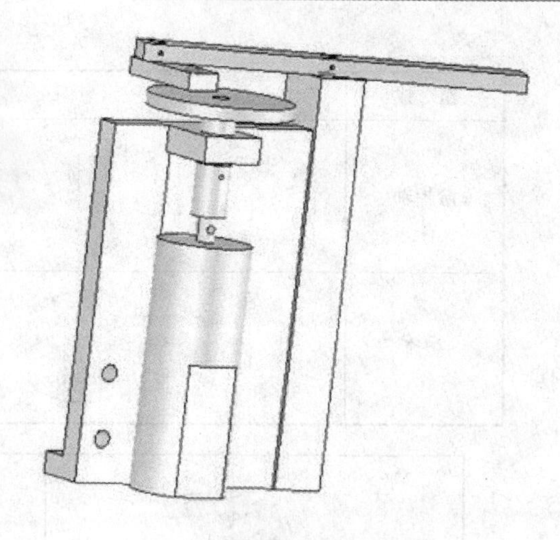

图 10.1　摆动机构总装图

表 10.1　摆动机构组成表

组　成	示意图	描　述
电机		电机工作电压:24 V,转速:36 r/min
连轴器	基准面1	连接电机轴和圆盘轴而设计的
圆盘		
连杆及摇杆		

续表 10.1

组　成	示意图	描　述
阶梯轴		
套筒		

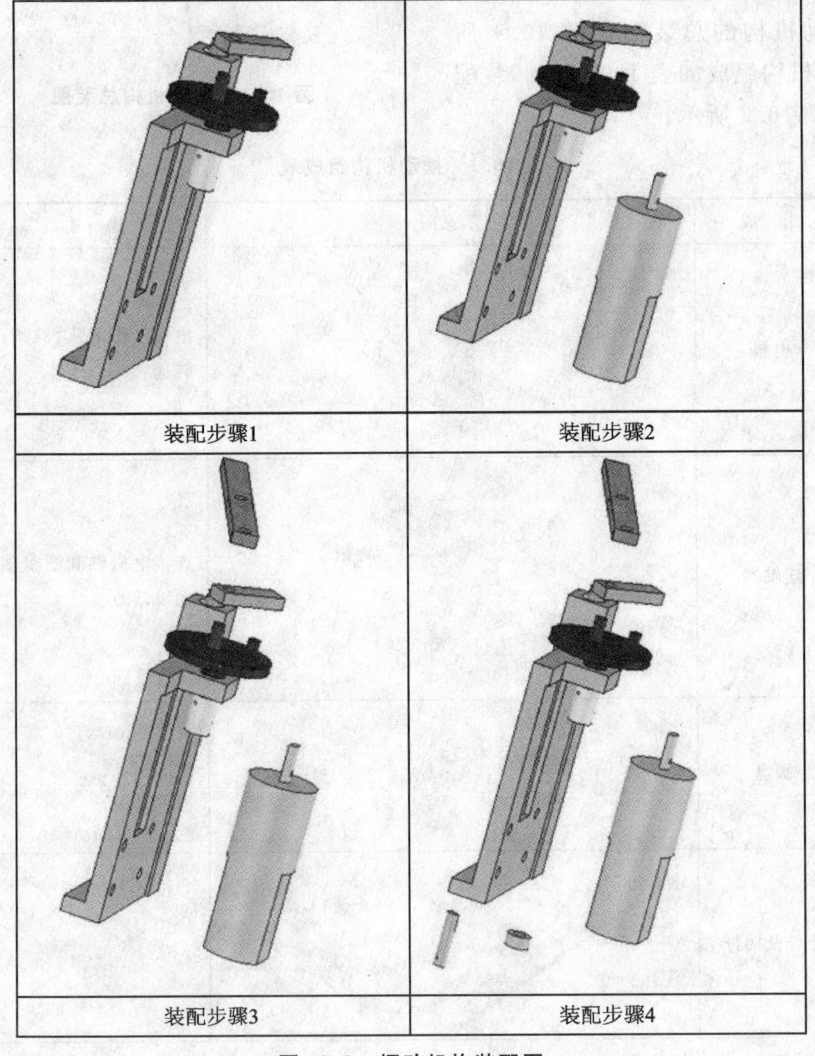

图 10.2　摆动机构装配图

10.3.2　尾部弹性机构设计

尾部波动的形成，要求尾部是一个弹性体，这样摆动机构的摆动才能够形成一束波向后传播，推动包络在周围的水以获得向前的动力。因此，选择用弹性适中的弹簧作为尾部的主要构架。弹簧的刚性需控制在一定范围内，太硬会导致损耗太多的电机功率，而太软又无法保持鱼的形体。弹性尾部的实物图如图 10.3 所示。

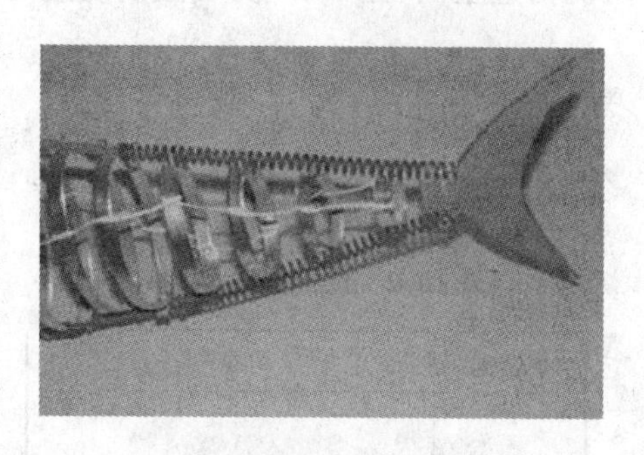

图 10.3　尾部弹性机构实物图

10.3.3　转弯设计

机器鱼的转弯原理参考了真鱼的动作，主要依靠尾部的偏转以及游动的惯性。帮助摆动机构停留在转弯位置的是霍尔传感器。当机构运行到转弯位置时，霍尔传感器将产生一个低电平跳变信号输出给单片机，然后由单片机控制电机停转使摆杆停留在指定位置。这样，当鱼由于惯性前进时，摆杆所停留的一边所受的阻力较大，从而使鱼朝某一方向转向(见图 10.4)。

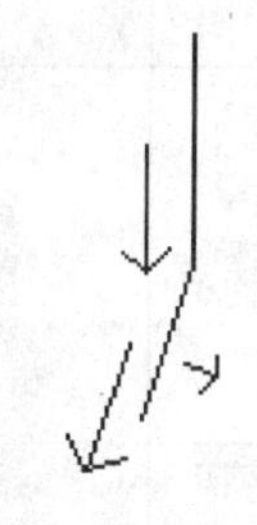

图 10.4　转弯示意图

10.3.4　沉浮机构设计

众所周知，鱼通过鱼鳔的伸缩实现灵活的沉浮。鱼类的上浮和下沉主要靠其腹内鱼鳔的收缩来实现。鱼鳔收缩使得鱼体体积发生变化，进而影响排开水的体积，从而实现上浮下沉。我们采用气缸排开水的体积来模拟鱼鳔的收缩。

沉浮机构的工作原理如图 10.5 所示。“鱼膘”采用双电机驱动气缸，在其往复做功的工程中，再配以电磁阀 2、3 的开合，将储水容器抽成低压，储气容器抽成高压，然后打开电磁阀 1，使鱼吸水，实现鱼的下沉；将电磁阀 1、2、3 同时打开，利用高压将水排出，完成鱼的上浮动作。

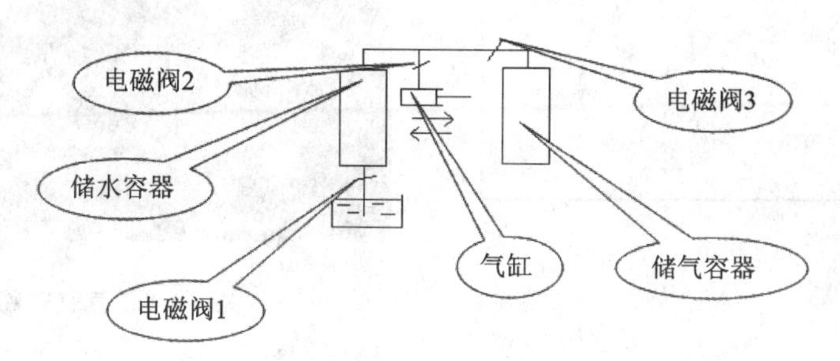

图 10.5　沉浮机构原理图

沉浮机构的总装图如图 10.6 所示，其中各组件如表 10.2 所列。图 10.7 为气缸的机构造型图，图 10.8 为气缸的实物图。

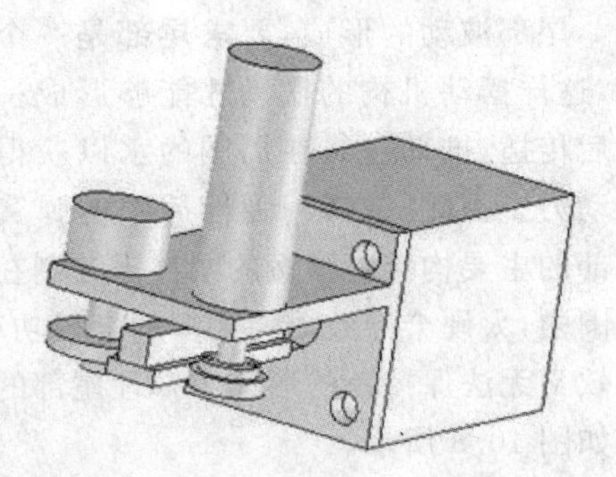

图 10.6　沉浮机构总装图

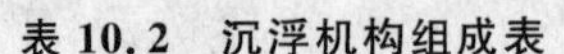

表 10.2　沉浮机构组成表

组　成	示意图
连接盘	
底座	
支架	
阶梯轴	
带孔圆盘	

图 10.7　气缸机构图

图 10.8　气缸实物图

沉浮机构装配示意图如图 10.9 所示。

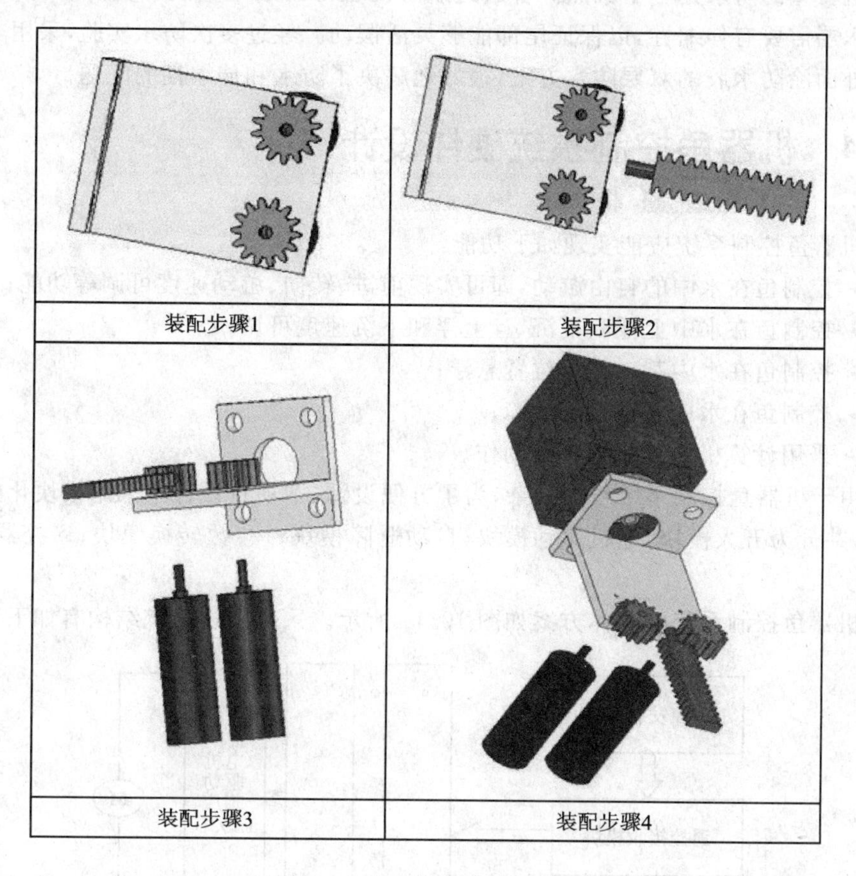

图 10.9　沉浮机构装配示意图

10.3.5　骨架及密封设计

机器鱼的外形是模仿金枪鱼而设计的，跟真鱼一样，也是骨架结构，并采用主脊柱与肋环结构，使鱼成为一个整体空腔，便于安装其他机构。机器鱼的骨架结构实物图如图 10.10 所示。

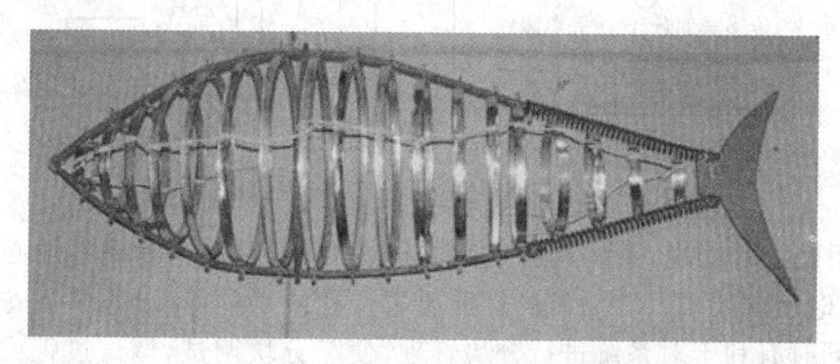

图 10.10　机器鱼的骨架结构实物图

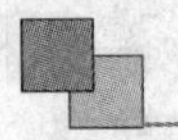

机器鱼的防水是一个难点。普通的航海设备可以采用金属外壳防水，而机器鱼的防水层需要有伸缩性，以保证尾部能够灵活摆动。经过多次防水实验，采用了在防水布外面涂防水胶的双层防水方案，很好地解决了防水和伸缩性的问题。

10.4 机器鱼控制系统硬件设计

机器鱼控制系统应能实现如下功能：

- 控制鱼在水中的自由游动，即可实现前进、转向、游动速度可调等功能；
- 控制鱼在水中上浮和下沉，且上浮和下沉速度可调；
- 控制鱼在水中某一特定位置悬浮；
- 控制鱼在水中实现自动避障；
- 采用计算机遥控鱼的各种动作。

由于机器鱼控制系统较为复杂，为了方便设计，本项目设计中采用模块化的设计思想，共分为五大模块：电机驱动模块；自动避障模块；模/数转换模块；遥控器模块；电源模块。

机器鱼控制系统的总体方案如图 10.11 所示。采用上述系统结构有如下特点：

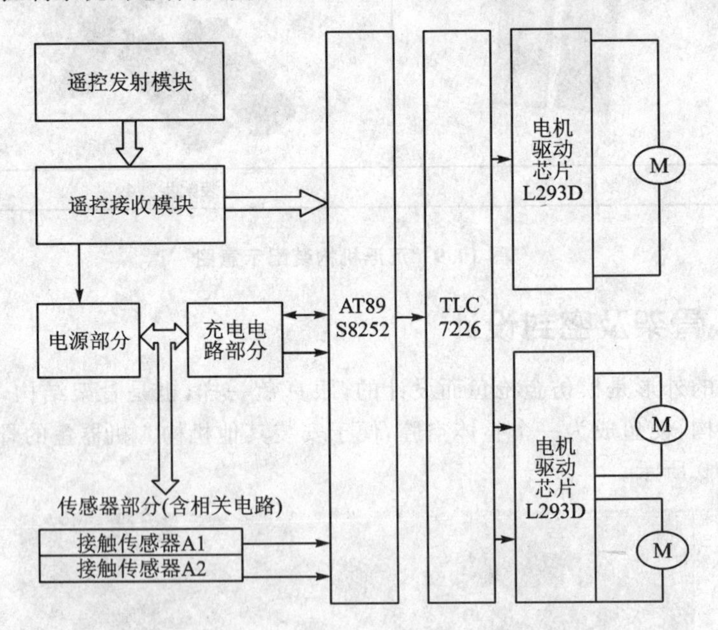

图 10.11 机器鱼控制系统的硬件整体构架

① 采用模块化处理，系统具有良好的扩展性，可以根据需要增加必要的微处理器以满足实时性的要求。在系统的性能要求变化或功能修改时，只需花很少的成本即可实现，同时有利于对系统进行分块管理，便于分块调试，调试过程或运行过程中出现异常情况时，可以方便地查出问题所在。

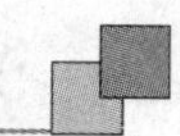

② 可靠性高，每个模块自成体系，可以独立工作，一个模块出现故障时不会影响全局，从而提高了系统的可靠性。

机器鱼控制系统是以AT89S8252单片机为核心元件，主要包括电机驱动模块的分析与设计、信号采集与处理模块的分析与设计以及电源模块、遥控模块等部分。

采用AT89S8252单片机作为机器鱼的主控芯片，它是ATMEL公司生产的新一代低功耗、高性能的CMOS技术的微控制器。该单片机内部具有以下功能模块：8 KB可下载的Flash存储器、2 KB的EEPROM、256 B RAM、32条专用的I/O线、可编程看门狗定时器以及2个可通过软件选择的省电模式。闲置模式时停止CPU的工作、SPI口及中断系统继续工作。掉电模式时能保留寄存器的内容，但冻结晶振，终止芯片的其他功能，直到下一次外部中断或硬件复位。

该器件的制造运用了ATMEL公司的高密度、非易失存储器技术。芯片内可下载的Flash存储器可以通过SPI串行接口或通用的非易失存储器、编程器对程序存储区进行系统内的重新编程。通过在单一芯片内将一个增强性能的RISC 8位CPU与可下载的Flash结合，使得AT89S8252成为一款适合于众多要求、具有高度灵活性和低成本的高效微控制器。

10.4.1 电机驱动模块设计

(1) PWM调速原理

直流电机转速表达式是：

$$N=\frac{U}{K_e\Phi}-\frac{R_aT}{K_m\Phi^2}$$

式中，K_e 是电势常数，K_m 是转矩常数，R_a 是电枢电阻，Φ 是每极磁通，T 是电磁转矩，N 是转速。

由上式知，直流电机调速可采用电枢控制法，也可采用磁场控制法。但磁场控制法易受饱和的限制，调速范围不大。通常采用电枢控制法，其又分为两种：一种是调压调速，一种是脉宽调制(PWM)。

调压调速是在励磁电压不变的情况下，改变控制电压信号，从而控制电机转速。使用运放的加法电路，通过改变单片机的输出信号来改变加在电机两端的电压，从而改变电机的转速。

脉宽调速是通过调整某一特定频率的脉冲信号的占空比来调节直流电机通电/断电的时间比，达到调节直流电机转速的目的。这种调速方式有调速特性优良、调整平滑、调速范围广、过载能力大、能承受频繁的负载冲击、可以实现频繁的无级快速启动、制动和反转等优点。

(2) 模拟信号的产生

调节方波信号的占空比，是通过一束锯齿波与一个模拟信号的比较来实现的。锯齿波的产生以及比较运算都可以通过PWM芯片来完成，而模拟信号必须作为

PWM 芯片的输入信号。为了方便用单片机控制，在本电路中采用了 D/A 转换模块 TLC7226 与单片机连接来产生控制占空比的模拟信号。

TLC7226 是 TI 公司采用 LinBiCMOSTM 技术产生的电压输出型 4 通道 8 位高性能 D/A 转换器，在单个芯片上带有输出缓冲放大器和接口逻辑电路。4 通道 DAC 的每一通道配备独立的数据锁存器，数据通过 8 位数据线与 TTL/CMOS 兼容(5 V)输入端口锁存到数据锁存器中。控制输入端 Al 和 A0 决定 $\overline{WR}$变低时哪个 DAC 通道被加载。

由于所有的 4 通道 DAC 在同一块芯片上同时制造，因此 4 通道之间能够精确一致。每一通道 DAC 都包括一个输出缓冲放大器，能提供高达 5 mA 的输出电流，原理框图如图 10.12 所示，输入控制逻辑如图 10.13 所示，对应的真值表如表 10.3 所列。

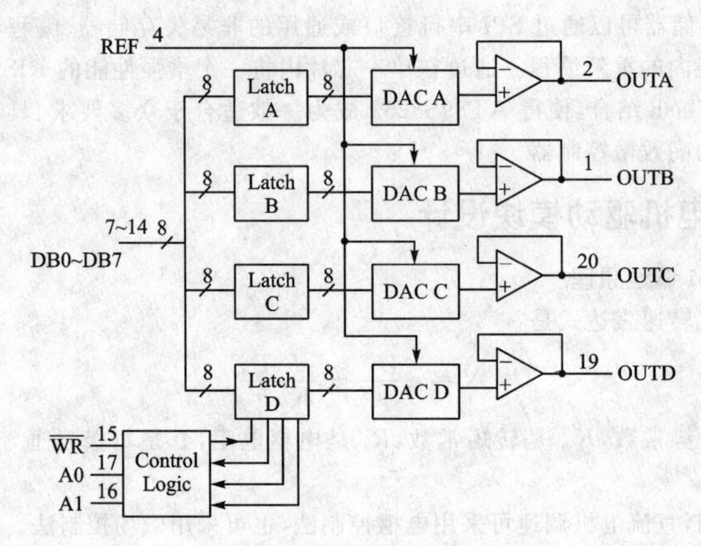

图 10.12 TLC7266 原理图

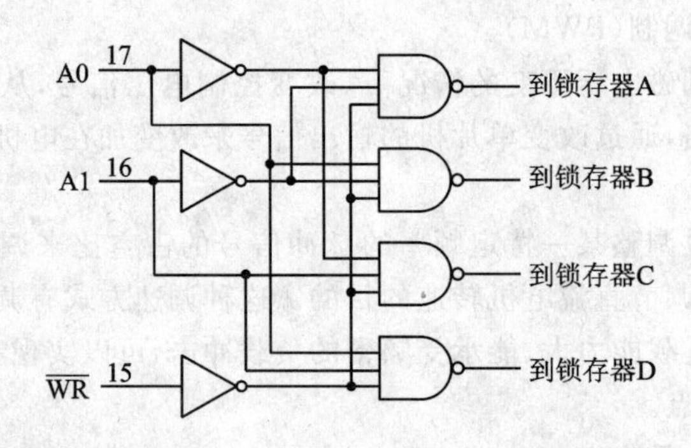

图 10.13 TLC7266 输入控制逻辑

表 10.3　TLC7266 真值表

输　入			功　能
$\overline{WR}$	A1	A0	
1	X	X	无效
0	0	0	A 通道传输数据
1	0	0	A 通道锁存数据
0	0	1	B 通道传输数据
1	0	1	B 通道锁存数据
0	1	0	C 通道传输数据
1	1	0	C 通道锁存数据
0	1	1	D 通道传输数据
1	1	1	D 通道锁存数据

TLC7226 有两种封装形式：一种是 20 引脚 0.3 inch 宽的 DIP 形式，另一种是 20 引脚的 SOIC 形式。两种封装形式的引脚分布分别如图 10.14 和图 10.15 所示，其各引脚功能如表 10.4 所列。

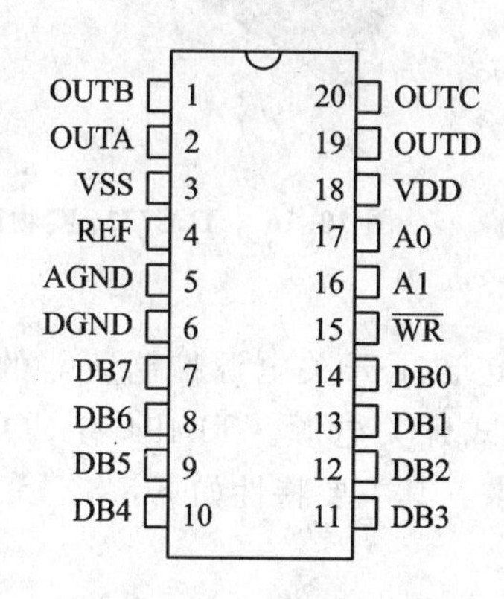

图 10.14　DIP 封装形式

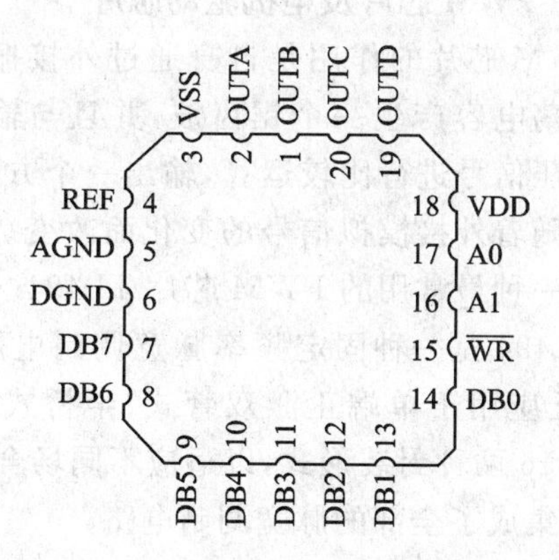

图 10.15　SOIC 封装形式

表 10.4　TLC7266 各引脚功能图

名　称	引脚号	I/O	功　能
OUTB	1	O	B 通道模拟输出
OUTA	2	O	A 通道模拟输出
VSS	3	I	负电压输入，−5.5～0 V
REF	4	I	参考电压输入，在 0～(VDD−4 V)范围内

续表 10.4

名　称	引脚号	I/O	功　能
AGND	5		模拟地
DGND	6		数字地
DB8～DB0	7～14	I	数字数据总线
$\overline{MR}$	15	I	写信号
A1	16	I	地址线
A0	17	I	地址线
VDD	18	I	正电压输入,在 11.4～16.5 V 范围内
OUTD	19	O	D 通道模拟输出
OUTC	20	O	C 通道模拟输出

TLC7226 内部包含有 4 路 8 位电压输出的 D/A 转换器、输出缓冲放大器和接口逻辑。由于单片机控制电路需 3 路 D/A 转换输出,故选用该芯片,其实物图如图 10.16 所示。

图 10.16　TLC7226 实物图

(3) PWM 芯片及电机驱动芯片

PWM 芯片的作用是自身通过外接振荡电阻和振荡电容产生一个锯齿波,并且与输入的模拟电压信号进行比较运算,输出一个方波,其占空比随着外接模拟信号的变化而改变。这里选用了一种最常用的 PWM 芯片 TL494。

TL494 是一种固定频率脉宽调制电路,它包含了开关电源控制所需的全部功能,广泛应用于单端正激双管式、半桥式、全桥式开关电源。TL494 有 SO－16 和 PDIP－16 两种封装形式,以适应不同场合的要求。其主要特性如下:

➢ 集成了全部的脉宽调制电路;
➢ 片内置线性锯齿波振荡器,外置振荡元件仅两个(一个电阻和一个电容);
➢ 内置误差放大器;
➢ 内置 5 V 参考基准电压源;
➢ 可调整死区时间;
➢ 内置功率晶体管可提供 500 mA 的驱动能力;
➢ 具有推或拉两种输出方式。

TL494 内置了线性锯齿波振荡器,振荡频率可通过外部的一个电阻和一个电容进行调节。输出脉冲的宽度是通过电容 CT 上的正极性锯齿波电压与另外两个控制信号进行比较来实现。功率输出管 Q1 和 Q2 受控于或非门。当双稳触发器的时钟

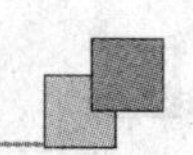

信号为低电平时才会被选通，即只有在锯齿波电压大于控制信号期间才会被选通。当控制信号增大，输出脉冲的宽度将减小。TL494 内置一个 5.0 V 的基准电压源，使用外置偏置电路时，可提供高达 10 mA 的负载电流，在典型的 0～70 ℃温度范围、50 mV 温漂条件下，该基准电压源能提供±5%的精确度。

TLC494 的引脚图如图 10.17 所示。各引脚的功能如下：1、2 脚是误差放大器 I 的同相和反相输入端；3 脚是相位校正和增益控制；4 脚为间歇期调理，其上加 0～3.3 V 电压时可使截止时间从 2% 线性变化到 100%；5、6 脚分别用于外接振荡电阻和振荡电容；7 脚为接地端；8、9 脚和 11、10 脚分别为 TL494 内部两个末级输出三极管集电极和发射极；12 脚为电源供电端；13 脚为输出控制端，该脚接地时为并联单端输出方式，接 14 脚时为推挽输出方式；14 脚为 5 V 基准电压输出端，最大输出电流 10 mA；15、16 脚是误差放大器 II 的反相和同相输入端，其典型电路连接图如图 10.18 所示。

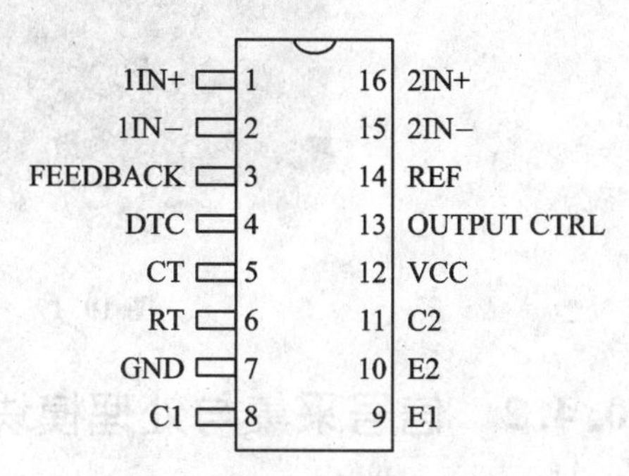

图 10.17 TLC494 的引脚图

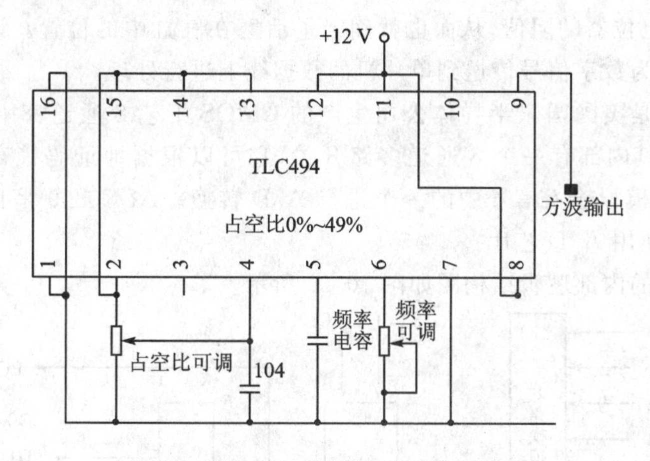

图 10.18 TLC494 的典型电路连接图

从 TL494 输出的方波并不能直接驱动电机，还需要通过一块电机驱动模块来达到驱动电机的目的。鉴于所使用的直流电机功率较小，我们选取 L293D 作为驱动模块。

L293D 采用 16 引脚 DIP 封装，其内部集成了双极型 H -桥电路，所有的开量都做成 n 型。这种双极型脉冲调宽方式具有很多优点，如电流连续；电机可四角限运行；电机停止时有微振电流，起到“动力润滑”作用，消除正反向时的静摩擦死区；低速平稳性好等。L293D 通过内部逻辑生成使能信号。H -桥电路的输入量可以用来设置电机转动方向，使能信号可以用于脉宽调整（PWM）。另外，L293D 将 2 个 H -桥电路集成到 1 片芯片上，这就意味着用 1 片芯片可以同时控制 2 个电机。L293D 的实物图如图 10.19 所示。

图 10.19 L293D 的实物图

10.4.2 信号采集与处理模块

机器鱼的上浮和下潜时，通过调节气缸中的空气体积来实现，那样我们需要知道活塞在气缸中的具体位置，这个可以考虑用电位器来实现。具体做法是将电位器的滑动端置于活塞上，当活塞运动时，电位器的阻值将发生变化；同时将电位器与定值电阻相连，两端加上一个恒压，通过串联电路分压规律，通过读出定值电阻两端的电压值便可知道电位器的阻值，从而也就确定了活塞在气缸中的位置。该电压值通过 ADC0809 转化为数字信号传送到单片机的数据线上进行处理。

ADC0809 是美国国家半导体公司生产的 CMOS 工艺 8 通道、8 位逐次逼近式 A/D 转换器。其内部有一个 8 通道多路开关，它可以根据地址码锁存译码后的信号，只选通 8 路模拟输入信号中的一个进行 A/D 转换。ADC0809 是目前国内应用最广泛的 8 位通用 A/D 芯片。

ADC0809 的内部逻辑结构图如图 10.20 所示。

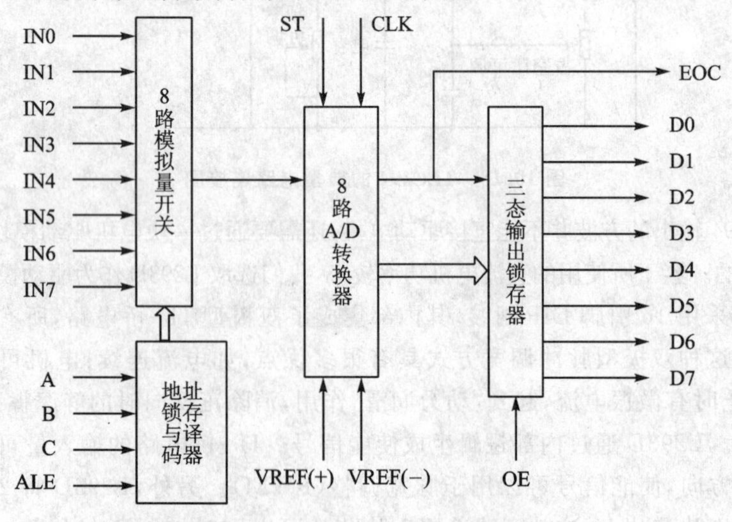

图 10.20 ADC0809 的内部逻辑结构

由图 10.20 可知，ADC0809 由一个 8 路模拟开关、一个地址锁存与译码器、一个 A/D 转换器和一个三态输出锁存器组成。多路开关可选通 8 个模拟通道，允许 8 路模拟量分时输入，共用 A/D 转换器进行转换。三态输出锁存器用于锁存 A/D 转换完的数字量，当 OE 端为高电平时，才可以从三态输出锁存器取走转换完的数据。

ADC0809 的引脚图和实物图如图 10.21 和图 10.22 所示。

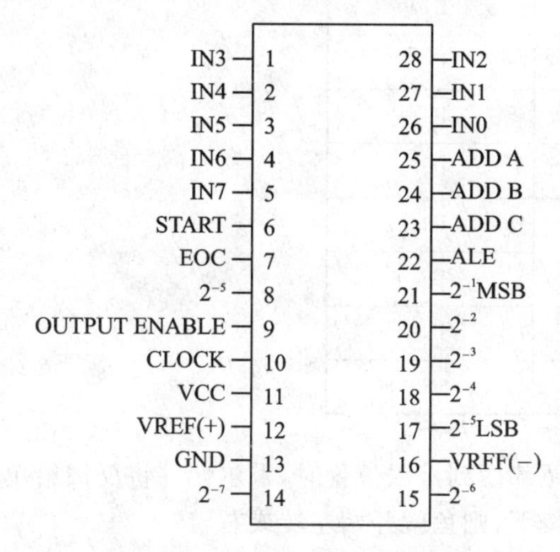

图 10.21　ADC0809 的引脚图

图 10.22　ADC0809 的实物图

对 ADC0809 主要信号引脚的功能说明如下：

- IN7～IN0，模拟量输入通道。
- ALE，地址锁存允许信号。对应 ALE 上跳沿，A、B、C 地址状态送入地址锁存器中。
- START，转换启动信号。START 上升沿时，复位 ADC0809；START 下降沿时启动芯片，开始进行 A/D 转换；在 A/D 转换期间，START 应保持低电平。
- A、B、C，地址线。通道端口选择线，A 为低地址，C 为高地址，引脚图中为 ADD A、ADD B 和 ADD C。其地址状态与通道对应关系见表 10.5。
- CLK，时钟信号。ADC0809 的内部没有时钟电路，所需时钟信号由外界提供，因此有时钟信号引脚。通常使用频率为 500 kHz 的时钟信号。
- EOC，转换结束信号。EOC＝0，正在进行转换；EOC＝1，转换结束。使用中该状态信号既可作为查询的状态标志，又可作为中断请求信号使用。
- D7～D0，数据输出线。为三态缓冲输出形式，可以和单片机的数据线直接相连。D0 为最低位，D7 为最高。
- OE，输出允许信号。用于控制三态输出锁存器向单片机输出转换得到的数据。OE＝0，输出数据线呈高阻；OE＝1，输出转换得到的数据。
- VCC，＋5 V 电源。

➢ VREF，参考电源参考电压用来与输入的模拟信号进行比较，作为逐次逼近的基准。其典型值为+5 V（VREF(+)=+5 V，VREF(-)=-5 V）。

表 10.5　ADC0809 的通道选择关系表

C	B	A	被选择的通道
0	0	0	IN_0
0	0	1	IN_1
0	1	0	IN_2
0	1	1	IN_3
1	0	0	IN_4
1	0	1	IN_5
1	1	0	IN_6
1	1	1	IN_7

检测尾部极限位置用霍尔传感器，当尾部摆到极限位置时，霍尔元件将反馈给单片机一个信号，若此时遥控器的 3 或 4 键按下，则鱼就开始左转或右转。

10.4.3　自动避障模块

对于自动避障，本项目通过一个超声波传感器来实现。超声波传感器的原理是：超声波由压电陶瓷超声传感器（收发一体化 TR）发出后，遇到障碍物便反射回来，再被超声波传感器接收，然后将这一接收信号放大后送入单片机。超声波传感器需要 40 kHz 的方波信号来工作，因为超声波工作频率要求较高，偏差在±1%范围内，所以采用单片机内部的定时器来产生精确的脉冲来提供超声波的工作频率；超声波信号进入单片机前，可以用锁相环芯片 LM567 来处理，以便提供一个脉冲信号给单片机；超声波接收器接收到的信号非常微弱，需要放大 62 万倍，这里使用运算放大器进行三级的放大来完成。

10.4.4　电源模块设计

电源部分，采用 4 节 3.6 V 的锂电池串在一起形成 14.4 V 的电源电压，再通过稳压三极管 78L12 将电压降到 12 V 作为电机的驱动电压，然后用一个 DC－DC 模块将电压降至 5 V，作为各芯片的工作电压。对于 14.4 V 的锂电池，有专门的充电器，可用家庭用 220 V 交流电充电。另外尾部电机的驱动电压为 24 V，所以需要一个 24 V 的电源，本次设计中用 16 节 1.5 V 的镍氢电池串联起来使用，也配有相应的充电器。

10.5　机器鱼控制系统软件设计

本系统的软件设计要完成的主要功能为:电机位置控制、PWM 输出方式来控制电机、无线遥控。

① 电机位置控制指对电位计的模拟电信号进行模/数转换,将转换后的数据与预定的数据进行比较来控制电机的位置。

② PWM 输出是通过电机驱动模块可有效地实现电机的 PWM 控制,当其参数设置好以后本部分的工作就基本上不占用 CPU 了,因此其效率较高。

主程序说明

主程序首先初始化系统,设定系统的工作参数,主要包括单片机各端口参数的设定、定时器的设定、PWM(脉冲调制)的工作模式设置、遥控模块的初始化设置以及进行 A/D 采样转换设置。此外,还有定时器的参数设置等。主程序流程图如图 10.23 所示。

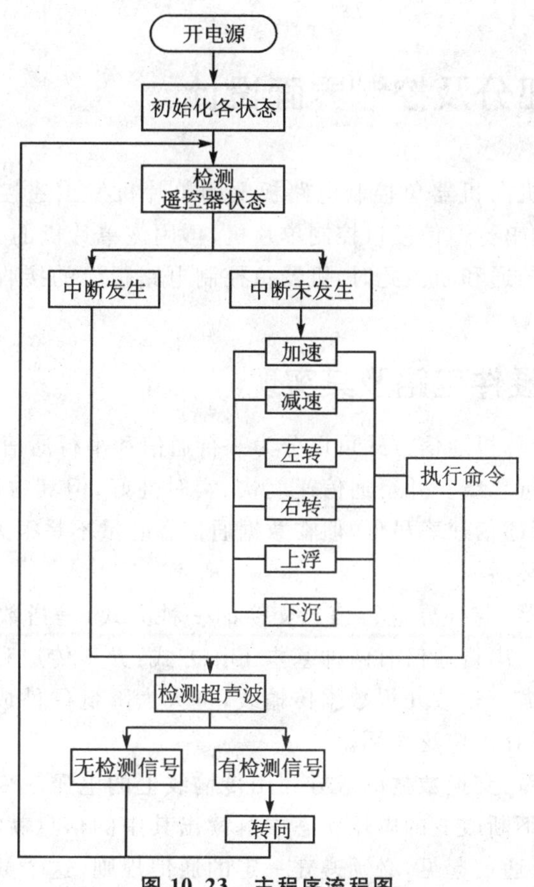

图 10.23　主程序流程图

主程序简略结构如下：

```
void main (void)
    {
    IT0 = 1;//外部中断 0 下降沿触发
    EX0 = 1;//外部中断 0 允许
    ET0 = 1;//定时/计数器 0 中断允许
     * 变量初始化
     * 状态初始化
    while (1) //主循环
    { switch (dat)
    { }
    time(waittime);//定时,方式 1
    while(P1_3 = = 0&&intt0 = = 0);//收到反射信号或者定时结束退出循环
    TR0 = 0;//计时结束
    if (P1_3 = = 1)
    left();//定时结束前收到反射信号,说明障碍在设定距离之内
    }
```

10.6 遥控部分及控制界面设计

本节通过计算机向机器鱼控制电路板上的单片机发出遥控信号来控制鱼的动作，采用计算机通过串行通信接口控制单片机，再用该单片机的 P2 口去控制遥控器发射模块 6 路输出的通和断。此时，机器鱼控制电路板上的接收模块收到信号后产生相应动作。

10.6.1 遥控硬件电路及其实现

从广义上说，计算机通信方式可以分为并行通信和串行通信，相应的通信总线被称为并行总线和串行总线。并行通信速度快、实时性好，但其占用的口线多，不适于小型化产品；而串行通信速率虽低，但在数据通信吞吐量不是很大的微处理电路中显得更加简易、方便、灵活。

串行通信是 CPU 与外界进行信息交换的一种方式，是指数据一位一位地按顺序传送的通信方式。串行通信有两种基本工作方式：异步传送和同步传送。串行通信的突出优点是只需一根或几根数据传输线，可大大降低硬件成本。虽然其传输速率低，但在通信中得到了广泛应用。

就串行通信来看，交换数据的双方利用传输线上的电压改变来达到数据交换的目的。但是如何从不断改变的电压状态中解读出其中的信息就需要双方共同决定。因此，双方为了可以通信起见，必须遵守一定的通信规则，这个共同的规则就是通信

端口的设置,也即通信端口的初始化。包括数据的传送速度、数据的传送单位、起始位及停止位/校验位的检查。我们采用 RS-232,传输线上的数据流动同时具有两个方向的传输能力,故称为全双工模式。

RS-232 是由美国电子工业协会(EIA)正式公布的,在异步串行通信中应用最广的标准总线,该串行接口是微机系统中常用的外部总线标注接口,它以串行方式传送数据,主要用于数据通信设备(DCE)和数据终端设备(DTE)之间的数据传输。它包括了按位串行传输的电气和机械方面的规定,适合于短距离的通信场合。RS-232 标准规定的数据传输速率为 50、75、100、150、300、600、1 200、2 400、4 800、9 600、19 200 b/s。

由于 RS-232 发送器和接收器之间具有公共信号地,不可能使用双端信号,因此,共模噪声会耦合到信号系统,这就迫使 RS-232 使用较高传输电压,并且 RS-232 采用的是负逻辑信号,即逻辑"1"电平规定为−5～−15 V 之间,逻辑"0"电平规定为+5～+15 V 之间,而电子设备广泛使用的集成电路采用 TTL 电气标准,TTL 电平的逻辑"1"和"0"分别为 2.4 V 和 0.4 V。由于 RS-232 的 TTL 各自规定了自己的电气标准,互不兼容,因此需要进行电平转换。

电平转换可以用三极管等分离元件搭成,也可直接采用专用电平转换芯片。早期的常见芯片有需要±12 V 供电的 MC1488、MC1489 等,现在则出现了大量的单电源供电的电平转换芯片,其体积更小,连接简便,而且抗静电能力强。本项目选用了常用的 MAX202 芯片,它具有功耗低、通信速率高、封装形式多、单一电源供电、外接器件少等特点,它的使用可大大简化 RS-232 电平转换电路。

MAX202 芯片是内部包含两路接收器和驱动器的 RS-232 电平转换芯片,适用于各种 232 通信接口。MAX202 芯片内部有一个电源电压转换器,可以把输入的+5 V 点与电压变换成为 RS-232C 输出电平所需的±10 V。所以,采用此芯片接口的串行通信系统只需单一的+5 V 电源就可以了。对于没有±12 V 电源的场合,其适应性更强,而且价格适中,硬件接口简单。

MAX202 芯片的引脚排列如图 10.24 所示。

该芯片的上半部分是电源变换部分,下半部分为发送和接收部分。实际应用中,T1IN、T2IN 和 R1OUT、R2OUT 可分别连接 TTL/CMOS 电平的 51 单片机的串行发送端 TxD 和接收端 RxD;R1IN、R2IN 和 T1OUT、T2OUT 分别连接至 RS-232 电平的 PC 机串行接收端和发送端。

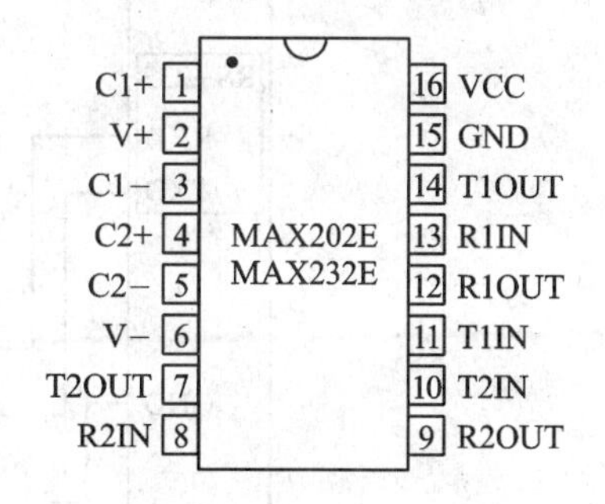

图 10.24 MAX202 芯片的引脚图

MAX202 内部结构图如图 10.25 所示。可以从该芯片的两路发送接收中任选一路连接。

计算机通过 RS-232 及 MAX202 与下位机相连。下位机与遥控器的发射模块之间用三极管起通断作用。遥控器选用现成的 8 通道遥控器模块。

采用 MAX202 芯片接口的 PC 机与单片机串行通信接口电路如图 10.26 所示。

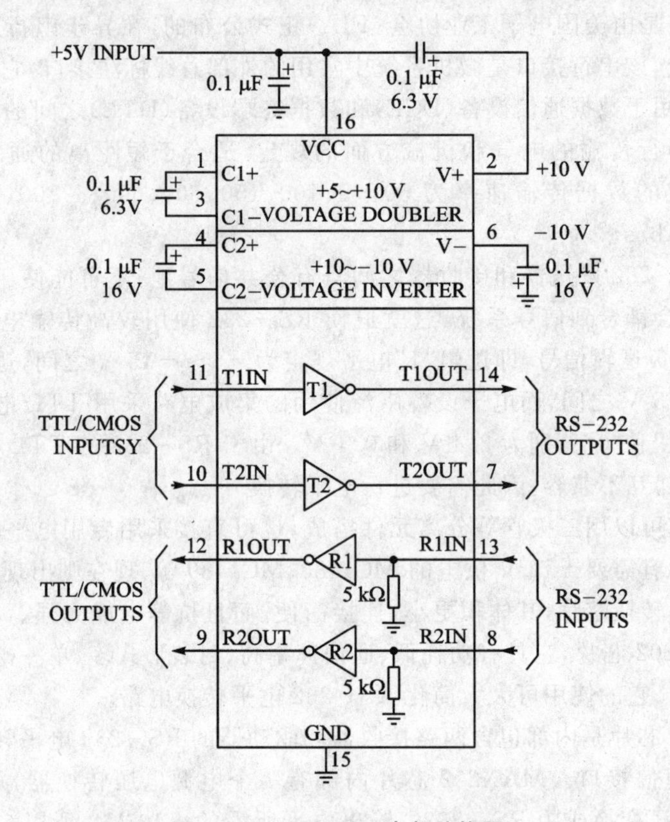

图 10.25　MAX202 内部结构图

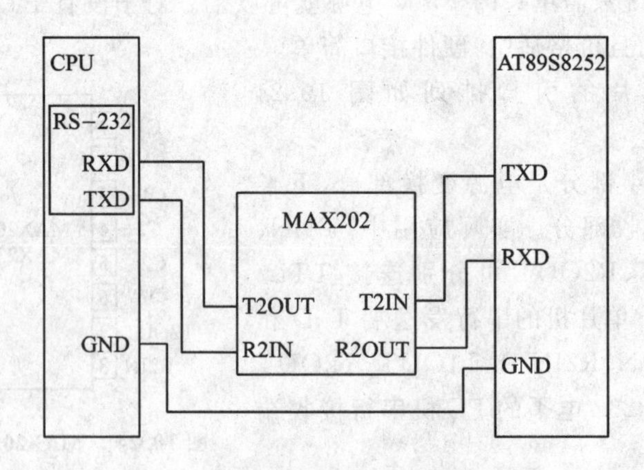

图 10.26　串行通信接口电路

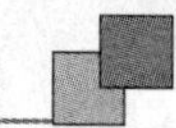

10.6.2 串口通信仪

串口通信仪用于实现PC机与单片机之间的串行通信，从而进行计算机的远程遥控，使机器鱼的活动范围进一步地扩大。通信仪面板上有速度指示灯、方位指示灯、锁键指示灯和电源开关指示灯。

10.6.3 控制界面及下位机程序

目前市场上编写可视化界面的软件很多。例如VB，它具有开发程序的方便性。但它使用的是结构化的Basic语言，现在虽然被引入到了面向对象的操作系统的应用软件开发中，但结构化语言本身固有的弱点并不能因此而克服。相比之下，Delphi就具有很多的优势：它是一个真正的编译开发平台，开发出的软件体积小、速度快；Delphi使用的语言是Object Pascal语言，里面预定义了许多实现控件的类，以方便用户的使用；本身提供的控件很多，可以用极少的代码实现强大的功能等。本小节中就采用了Delphi软件编写可视化界面。

要实现串口通信功能，可以有多种方法：第一，利用Delphi提供的串行通信Windows API函数，Windows把串行端口作为一个文件来进行操作；第二，用嵌入式汇编语言来开发通信程序，它的编译效率和执行速度都很快；第三，使用MSComm控件，该控件是Microsoft公司提供的Windows下串行通信编程的AcitiveX控件，这个控件具有丰富的与串口通信密切相关的属性与事件，提供了一系列标准命令的接口，可以用它来创建全双工的、事件驱动的、高效使用的通信程序。本小节中选用第三种方法，采用MSComm控件。

8052串行传输波特率的设定根据不同的操作模式而定，其中模式0及模式2属固定波特率，而模式1及模式3为可变波特率。

本小节选择工作模式3，这时的波特率设定由内部计数器1来控制，计数器的工作模式一共有4种，模式0～3，必须工作于模式2，即自动重新载入计时模式。在模式2的计时下，使用的计数器寄存器为TL1，而TH1则是在做自动载入计时值的设定，而波特率的计算公式为：

$$\text{波特率} = \frac{2}{32} \times \frac{\text{工作振荡频率}}{12 \times (256 - \text{TH1})}$$

设计时先定出波特率，再求TH1的值：

$$\text{TH1} = 256 - 2 \times \frac{\text{工作振荡频率}}{384 \times \text{波特率}}$$

在8052单板上晶振采用11.059 MHz，各串行通信的波特率定为9 600 b/s，SMOD设为0，则计算得：

$$\text{TH1} = 256 - \frac{115\ 920}{384 \times 9\ 600} = 253$$

初始化串行通信端口有4个步骤，前提是设定传输协议为9 600 b/s，传送8个位数据，没有校验位，1个停止位。

步骤1：设定控制寄存器SCON。以串行传输模式1做数据传送，并允许接收，则相对SCON寄存器可以如图10.27所示进行设定。

SM0	SM1	SM2	REN	TB8	RB8	TI	RI
0	1	0	1	0	0	0	0

图10.27　控制寄存器设定

其中，TI为串行传输数据发送中断产生标志，工作于模式1时，在送出停止位时，TI被设为1，该位必须由软件来清除，所以在传送完数据后，要下达“CLR　TI”指令来清除TI标志。

RI为串行传输数据接收中断产生标志，工作于模式1时，当收到停止位的一半时，硬件会自动将此位设为1，同样的此位也必须由软件指令“CLR　RI”来清除。

该处设其值为0x50，即SCON＝0x50。

步骤2：设定计时器1工作模式。规划TMOD寄存器，使用计时器1，工作在模式2，自动重新载入计数值，TMOD＝0x20。

步骤3：设定波特率。采用11.059 MHz作为系统工作时钟，波特率为9 600 b/s，所以设定计时器1为重新载入253(0xFD)，对TH1写入计数值，而TL1可以不管，TH1＝0xFD。

步骤4：启动计数器1。启动计数器1能正确地产生波特率时钟，用如下指令控制：

```
setbit(TCON.6);
```

令特殊功能寄存器TCON的位6(TR1)变为1。

上述4条指令合并，就可以完成串行端口的初始化工作：

```
init_rs232()
{
SCON = 0X50;
TMOD = 0X20;
TH1 = 0XFD;
TCON_6 = 1;
SCON_1 = 1;
}
```

下位机程序框图如图10.28所示。

仿生机器鱼的原理样机(未加防水材料之前)如图10.29所示。

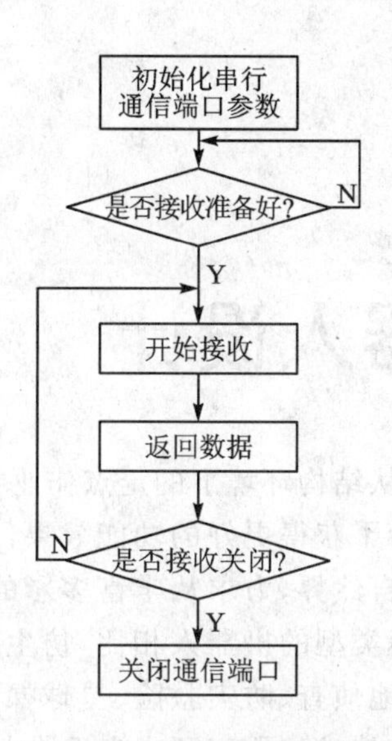

图 10.28　下位机程序框图

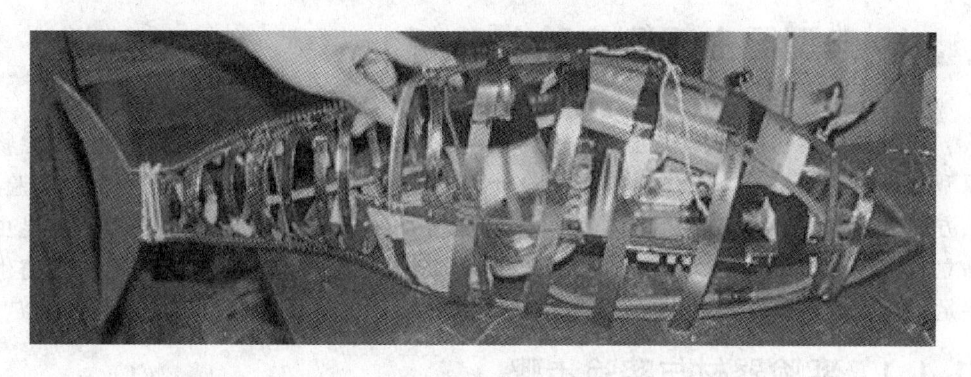

图 10.29　仿生机器鱼的原理样机(未加防水材料之前)

创意点睛

仿照金枪鱼的结构特点和运动特点，进行水下机器人的仿生研究，所研制的仿生机器鱼在深水探测、水质检测、灾难营救等领域有着广泛的应用前景。

第11章 仿生多足机器人设计

如今，机器人的研究已经从结构环境下的定点作业中走了出来，正在向非结构环境下的自主作业方向发展。为了获得更好的功能效果，除了采用传统的设计方法以外，科研工作者把目光瞄准了自然界，力求从丰富多彩的生物身上获得灵感，仿生机器人也因此应运而生。与其他类型的机器人相比，仿生多足式机器人具有较强的运动灵活性和地面适应性，在战地侦查、防灾救险、星球探测等领域有着广阔的应用前景。仿生多足式机器人的相关技术的研究已成为机器人研究领域的热点之一。

11.1 典型昆虫观测实验与分析

自然界中生物的结构和机能远比现在所设计的机器人更为合理。因此，对生物原型的观察与测量是进行仿生机器人设计的基础和必要环节。通过昆虫观测实验，一方面可以进一步了解昆虫躯体的组成、各部分的结构形式；另一方面可以研究昆虫站立、行走姿态，以及其在不同地形上的运动规律，并将这些规律和结论运用到仿生多足式机器人的设计当中，从而使机器人与自然界中的昆虫不仅“形似”而且“神似”。

11.1.1 实验器材与实验步骤

笔者采用美国 MotinXtra HG－TH 高速数字摄影机系统（见图 11.1）进行典型昆虫观测实验。该系统能同时将 3 路图像以最高 20 000 帧/秒的速率采集并无损保存，多种拍摄触发方式有助于方便地捕捉事件瞬间变化的细节信息。另外，为了保证在有限的曝光时间内获得理想的影像数据，该系统配备了多种光源：侧光光源离实验对象较远，采用大流明调焦柔光灯；背光光源靠近实验对象，采用发光二极管阵列提供均匀冷光。恒湿、恒温也是本实验的关键因素之一，典型昆虫观测实验是在温度为 23.4 ℃，相对湿度为 48.9%的实验室环境下进行的。

图 11.1　高速数字摄像机系统

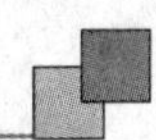

搭建如图 11.2 所示的实验场景，在相互垂直的三个轴向上各安置一台高速摄像机，而在三轴的交点处安置实验箱。采用 752×564 像素的图像分辨率、1 000 帧/秒的拍摄速度进行同步拍摄，并将采集到的图像保存为原始的 AVI 格式视频文件。在获得原始影像信息后，通过以下步骤对数据进行分析：

① 对原始视频进行筛选、分类和整理；

② 将所拍摄的同一时间段内的三个维度的视频信息进行精确同步处理；

③ 捕捉需求点的像素点坐标，完成模拟数据的数字化处理(见图 11.3)；

④ 校核并换算已获得的数字信息，得到可供分析的数据；

⑤ 通过实验数据总结规律。

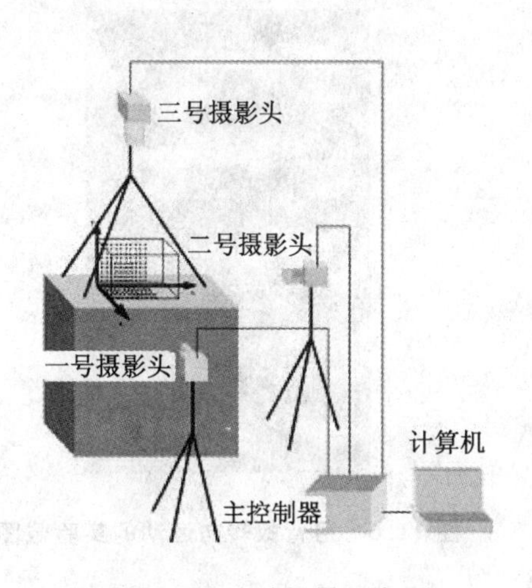

图 11.2　实验场景示意图

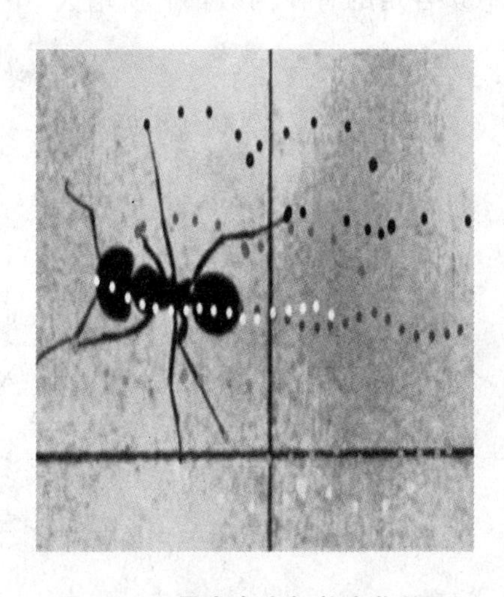

图 11.3　需求点坐标数字化处理

11.1.2　弓背蚁平面行进时的上运动规律

在研究典型昆虫的运动规律时，采用日本弓背蚁作为实验样本。日本弓背蚁体积较大，且运动灵活。实验中所观测的弓背蚁的体长约为 11.5 mm(不计蚂蚁触角长度)，步长约为 11 mm，行走速度约为 80 mm/s。图 11.4 是观测弓背蚁直线运动实验截图。

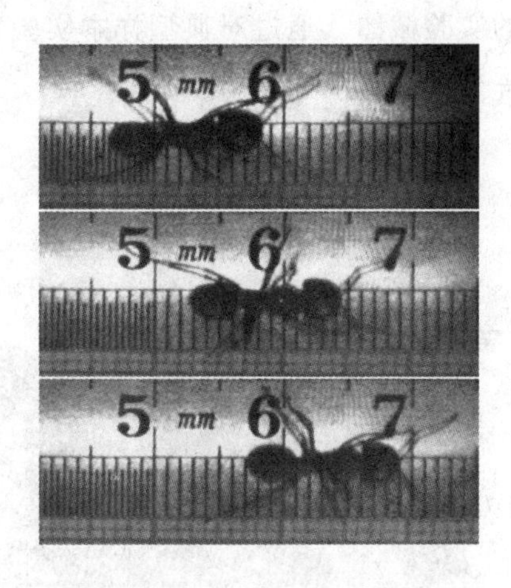

图 11.4　弓背蚁直线前进实验截图

通过对所采集的弓背蚁平面直线运动的实验数据进行整理和分析，可得如下结论：

① 蚂蚁以足 1、3、5 为一组，足 2、4、6 为另一组(弓背蚁足序编号见图 11.5)，以“三角形步态”交替前进；

② 当蚂蚁直向前进时，其身体轴线与前进

方向始终保持一致；

③ 蚂蚁前足(1、6 号足)、中足(2、5 号足)触地时足端点固定不动，随后脱离地面迅速腾空，支撑相与摆动相区分明显，而蚂蚁后足(3、4 号足)则不同，在足端触地时先保持足端点固定不动，然后贴着地面滑行一段距离，再脱离地面进入腾空阶段。

图 11.6 是观测弓背蚁转向运动的实验截图，通过对所采集的弓背蚁转弯运动实验数据进行整理和分析，可得出如下结论：

① 蚂蚁在转向时速度大幅下降；

② 蚂蚁在低速转向时后足基本是在地面上滑动而不易区分滑动相和摆动相；

③ 各足的有荷因数都有所增大，中足的增幅尤其显著。

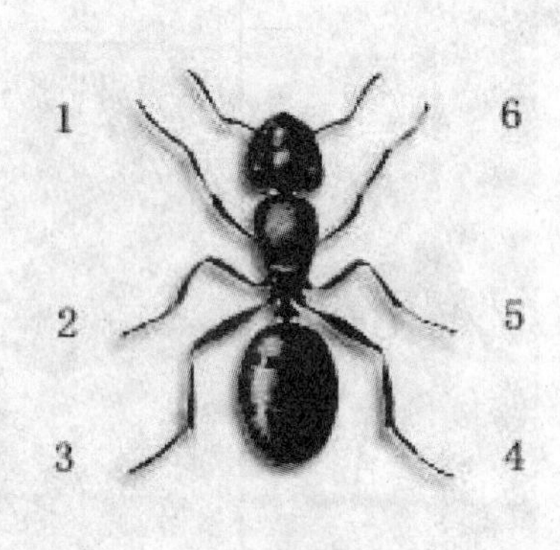

图 11.5　弓背蚁足序编号图

图 11.6　弓背蚁转向运动的实验截图

11.1.3　弓背蚁攀越障碍时的运动规律

图 11.7 为弓背蚁翻越较低的障碍时的实验截图，图 11.8 为翻越较高的障碍时的实验截图。通过对典型样本实验数据的整理分析，可得弓背蚁在翻越障碍物时的运动规律如下：

图 11.7　弓背蚁翻越较低的障碍物过程

图 11.8　弓背蚁翻越较高的障碍物的过程

① 当弓背蚁面对高度小于弓背蚁躯体离地高度的障碍物时，其躯体始终保持与地面平行，没有出现侧倾、俯仰或翻转的现象；

② 当面对高度大于其躯体离地高度的障碍物时，弓背蚁调整位姿以保持躯体与障碍物斜面平行。经过进一步实验观察发现，在此过程中，蚂蚁的躯体平行于支撑相核心三足所确定的平面。

11.2　仿生六足机器人的机构设计

机构设计是进行机器人研究的基础，机械结构、自由度数、驱动方式和传动机构等都会直接影响机器人的运动和动力性能。

11.2.1　仿生六足机器人机构模型

通过对蚂蚁、蟑螂等昆虫的观察分析，笔者发现昆虫具有出色的行走能力和负载能力，因此所研制的仿生六足机器人腿的配置采用正向对称分布，并且腿在正主平面内的几何构形采用昆虫形。仿生六足机器人的机构模型如图 11.9 所示。

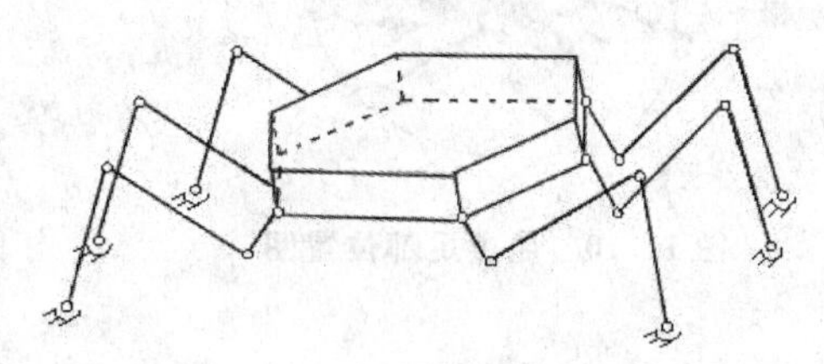

图 11.9　仿生六足机器人机构模型

仿生六足机器人在正常行走条件下，各支撑腿与地面接触存在摩擦且不打滑，可以简化为点接触，相当于机构学上的 3 自由度球面副，再加上踝关节、膝关节及髋关节（各关节为单自由度，相当于转动副），每条腿都有 6 个单自由度运动副。假设步行机器人任一时刻处于支撑相的腿数为 $n(n\leqslant 6)$，则此时模型为具有 n 个分支的空间多环并联机构，其自由度可由下式计算：

$$F=\sum_{i=1}^{p}f_i-\sum_{i=1}^{L}\lambda_i-f_p-F_1+\lambda_0 \tag{11.1}$$

式中：p 为运动副数，$p=4n$；f_i 是第 i 个运动副具有的自由度数，$f_i=1(i=1\sim 3n)$，$f_i=3(i=3n+1\sim 4n)$；L 为独立封闭环数，$L=n-1$；λ_i 为第 i 个独立封闭环所具有的封闭约束条件数，$\lambda_i=6$；f_p 为消极自由度数，$f_p=0$；F_1 和 λ_0 分别为局部自由度数和重复约束数，$F_1=0$，$\lambda_0=0$。将以上参数代入式(11.1)，可得：$F=3n+3n-(n-1)\times 6=6$。

由此可知，仿生六足机器人整个机构是具有 6 自由度的空间多环并联机构，无论其采取的步态及地面状况如何，躯体在一定范围内均可灵活地实现任意的位置和姿态。

11.2.2　仿生六足机器人本体设计

通过对自然界昆虫的观察，发现其肢体分布有如图 11.10 所示的规律：足部大多落在画出的椭圆上。通过研究机器人立足点在水平面上的铅垂投影点构成的支撑图形可知:在机器人行走过程中,机体重心投影必须落在三足支撑点构成的三角形区域内,当重心靠近边界的时候会使稳定性急剧降低。笔者对机体为长方形和近似菱形的两个多足式步行机器人进行了运动学仿真,结果表明近似菱形机体的多足式步行机器人具有两方面明显的优势:一方面减少了腿部之间的碰撞,另一方面增加了机体稳定性。

因而,仿生六足机器人机体采用近似椭圆的变截面六边形框架结构(见图 11.11),除了以上两方面优势,还增加了腿部转动空间。机体使用铝合金为原料,以减轻机器人重量。

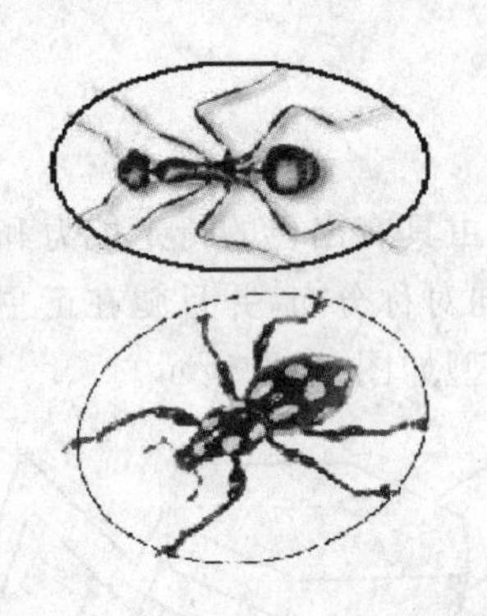

图 11.10　昆虫足部位置图

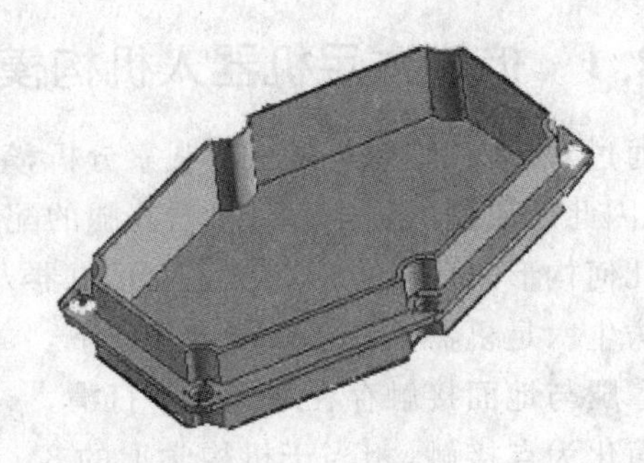

图 11.11　仿生六足机器人机体三维造型

11.2.3　仿生六足机器人腿部设计

腿部机构是机器人的重要组成部分,设计的基本要求可以归纳为以下 3 点。

① 实现运动的要求:从步行机器人的行走性能出发,一方面要求机体能走出直线运动轨迹或平面曲线轨迹;另一方面要求能够灵活转向,因此腿的机构应为不少于 3 个自由度的空间机构,并且足端应具备一个实体的工作空间。

② 承载能力的要求:机器人的腿在行走过程中交替地支撑机体的重量并在负重状态下推进机体向前运动,因此必须具备与整机重量相适应的刚性和承载能力。

③ 结构实现和方便控制的要求:腿部机构不能过于复杂,否则会影响传动和控制的效果。

通过仿生观测实验可知,自然界中昆虫腿部结构大致如图 11.12 所示:基节、股节和胫节 3 部分分别绕着根关节、髋关节和膝关节做单自由度旋转运动,属于一个 RRRS 型开链机构。笔者采用了相似的 3 自由度关节式腿机构(见图 11.13),各关节分别由电机、减速箱和锥齿轮共同驱动。通过控制相应关节电机的运动使机器人具备了 18 个自由度,能够实现机器人步行足在可达域内任意一点的自由定位,在结构上保证了仿生六足机器人能够更有效地模拟昆虫的行走方式,完成相对复杂的运动。

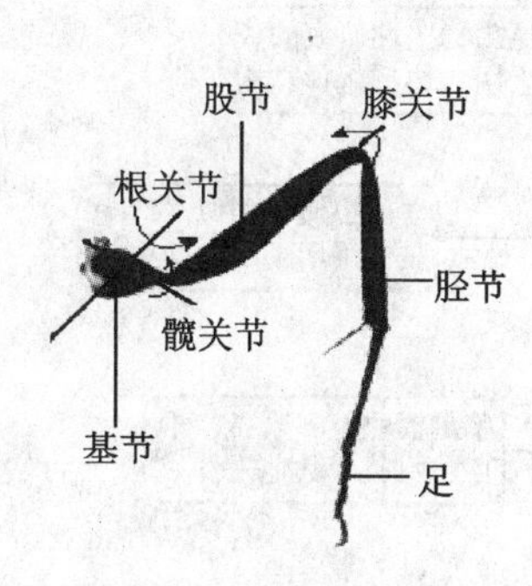

图 11.12　昆虫腿部结构

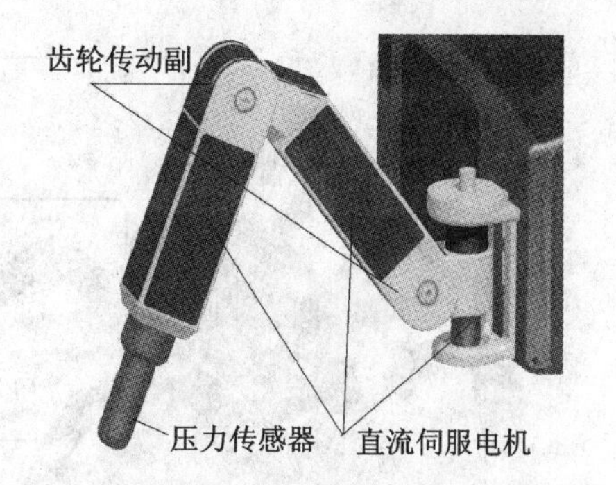

图 11.13　仿生六足机器人腿部结构造型

仿生六足机器人腿部驱动、传动关系如图 11.14 所示。机器人腿部模块相对独立，座套通过螺钉与机器人本体固连，便于模块的装拆；基节与电机的机身固连，将电机的输出轴作为固定轴而将电机本身作为输出轴；髋关节和膝关节采用圆弧锥齿轮啮合传动，其中大弧齿锥齿轮分别固定于基节、腿节，小弧齿锥齿轮固定在腿节、胫节内部的电机的输出轴上。

仿生六足机器人的整体造型如图 11.15 所示。

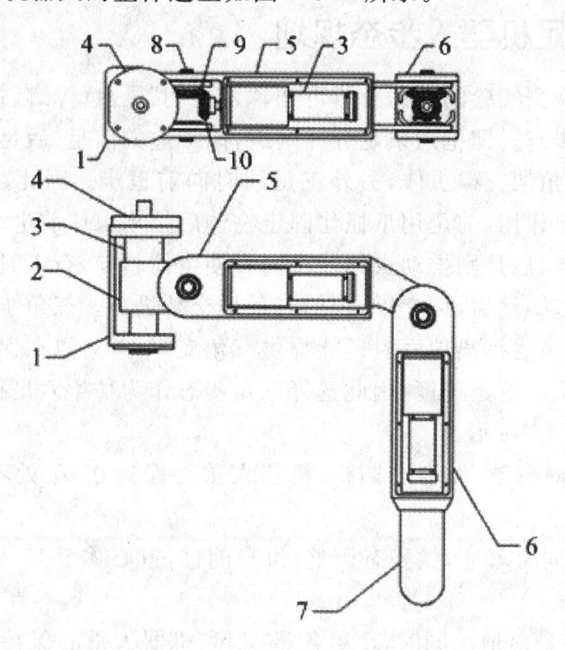

1. 座套；2. 电机套；3. 电机合件；4. 上端盖；5. 大支架；
6. 小支架；7. 足套；8. 连接轴；9. 大弧齿锥齿轮；10. 小弧齿锥齿轮

图 11.14　仿生六足机器人腿部驱动、传动关系图

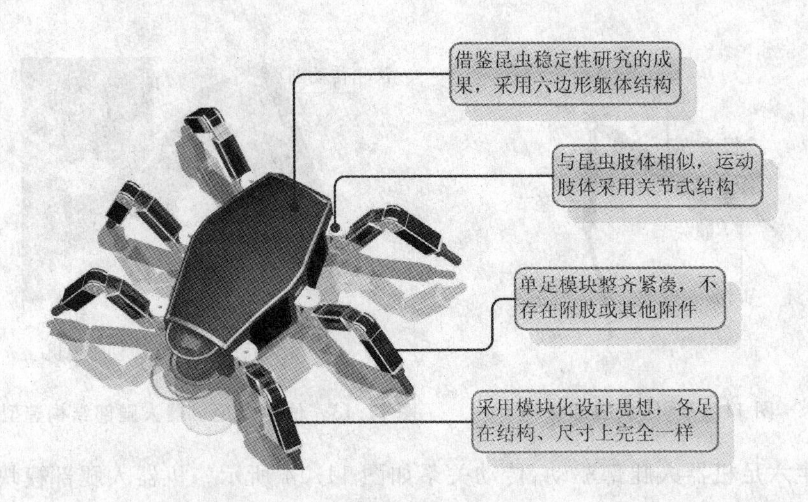

图 11.15　仿生六足机器人整体造型图

11.3　仿生六足机器人运动规划

11.3.1　仿生六足机器人步态规划

由六足纲昆虫的观测实验的数据分析可知，"六足纲"昆虫（蟑螂、蚂蚁等）在快速行走时均是采用三角步态。即把六条足分为两组，以一边的前足、后足与另一边的中足为一组，形成一个三角架支撑虫体，另外三足同时向前迈步。因此，在同一时间只有一组的三条足起行走作用，前足用爪抓住固定物体后拉动虫体前进，中足用以支撑并举起所属一边的身体，后足则推动虫体前进同时使虫体转向，行走时虫体向前并稍向外转，三条足同时行动，然后再与另一组的三条足交替进行。三角步态对六足昆虫非常重要，可以保证一半足抬离地面时还能提供三角支撑，并可以在保持机器人静态稳定性条件下允许较快的行走速度，因此选择三角步态作为仿生六足机器人的步态。具体实现过程如图 11.16 所示。

① 机器人六足同时着地，做姿态调整，机器人重心保持在 C_1 处不变，B 组腿作支撑，摆动 A 组腿；

② 机器人六条腿同时着地，做姿态调整，机身前移，重心移至 C_2 处，各足支撑并推动机身前移 λ 个步长；

③ 机器人 A 组各足落地的同时，B 组各足摆起，机器人重心保持在 C_2 不变，完成支撑腿和摆动腿的转换，即完成一个周期的运行过程，机器人回到初始态，以后重复上述步骤。

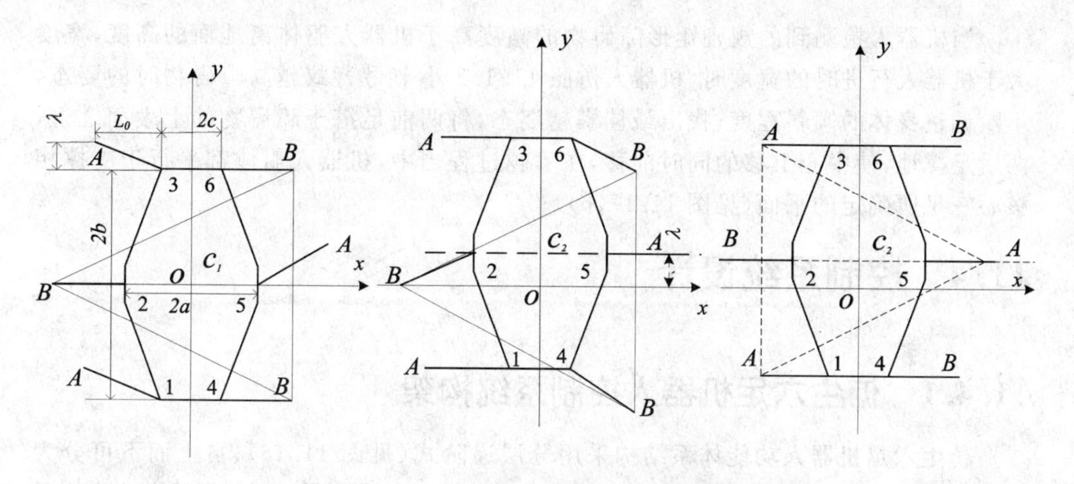

图 11.16　仿生六足仿生机器人三角步态示意图

11.3.2　仿生六足机器人越障运动规划

当在机器人前方不存在障碍物或障碍物距离机器人较远时，仿生六足机器人以规则的三角步态前进；当机器人检测到有紧急或意外的状况发生时(如在机器人行进路线上突然有运动物体出现、在机器人前方有机器人无法逾越的沟壑等)，仿生六足机器人马上停止运动。

当机器人检测到的规则矩形障碍物的高度低于机器人躯体离地面的高度，宽度大于机器人行进时的宽度时，机器人仿照 11.1.3 小节弓背蚁越低障碍物时的姿态，如图 11.17(a)所示，保持躯体与地面平行，将各足按三角步态行进顺序依次移到障碍物上。

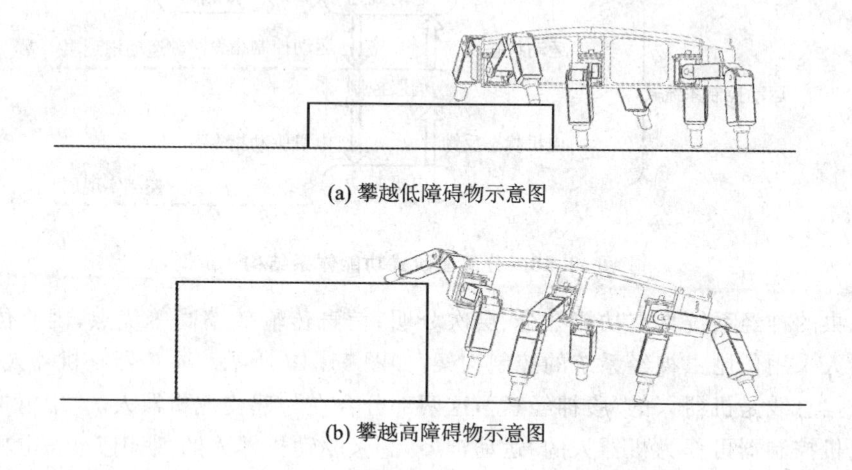

(a) 攀越低障碍物示意图

(b) 攀越高障碍物示意图

图 11.17　仿生六足机器人越障示意图

当机器人检测到的规则矩形障碍物的高度高于机器人躯体离地面的高度，宽度大于机器人行进时的宽度时，机器人仿照 11.1.3 小节弓背蚁越高障碍物时的姿态，不断调整身体的倾斜程度，找出最佳攀越姿态，将两前足搭于障碍物的上表面之上，两后足撑地，使中心上移的同时前移，在攀越过程当中，机器人躯体都平行于支撑相核心三足所确定的平面（见图 11.17(b)）；

11.4 控制系统设计

11.4.1 仿生六足机器人控制系统构架

仿生六足机器人功能体系结构采用分层递阶式（见图 11.18），自上而下可分为融合决策层、运动规划层和控制实现层。融合决策层智能程度最高，是整个功能体系的核心，其主要任务是融合传感器的输入信息，根据融合结果和信息库的规则做出决策，并将决策指令传递给运动规划层。运动规划层根据输入的决策指令进行路径规划、姿态规划和步态规划。控制实现层则将运动控制指令编译成电机驱动指令，通过相应的电机驱动器驱动各电机旋转。上述各层之间，上一层对下一层输出控制命令，下一层具体实施，并且将执行情况的信息实时反馈给上一层。在该分层递阶式体系结构中，融合决策层对应着机器人传感与信息融合系统；运动规划层和控制实现层与机器人运动控制系统相对应。

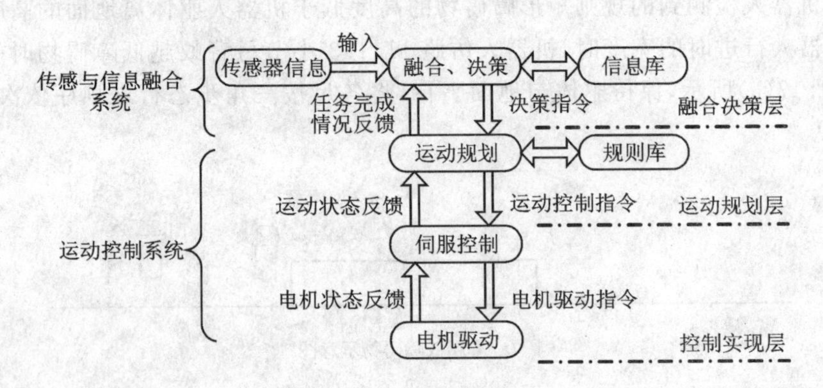

图 11.18 分层递阶式功能体系结构

昆虫的神经系统具有功能齐全、层次分明、信息传输效率高等优点，因此仿生六足机器人采用仿昆虫神经系统的控制构架，如图 11.19 所示。主控器是机器人的“大脑”，数据总线是机器人的“腹神经索”，这两部分合在一起构成机器人的“中枢神经系统”；电机控制器可作为机器人的“运动神经元”来驱动机器人的“肌肉”——电机。各功能模块不仅是系统的一个端点，而且是具有一定自主性的“神经元”，各“神经元”之间可以通过数据总线进行通信，从而构成功能强大的神经网络。

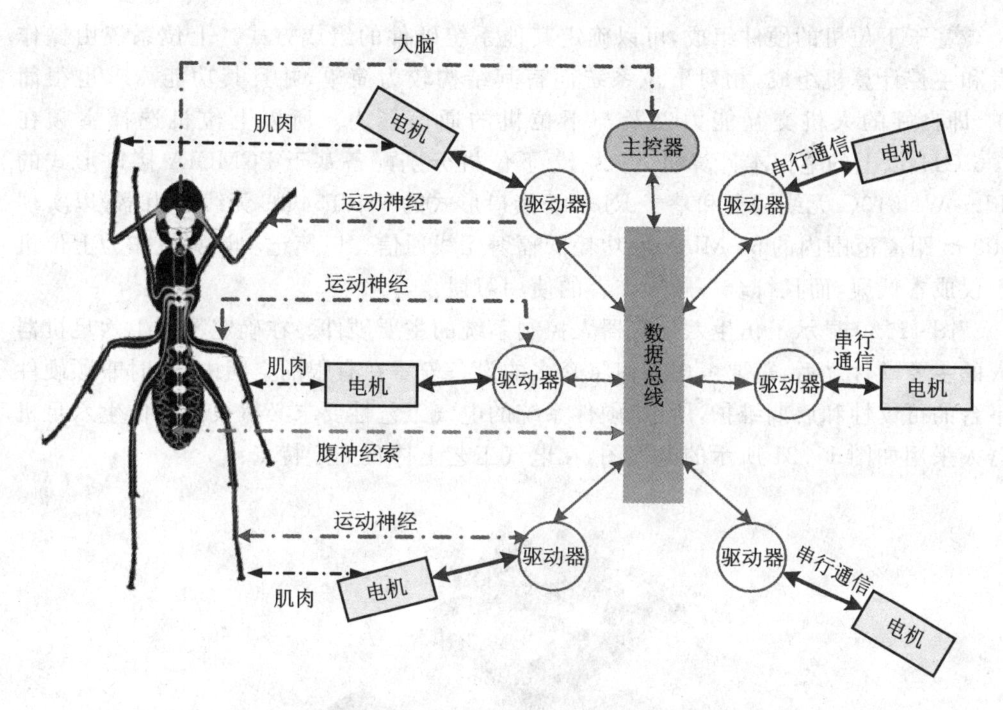

图 11.19 仿昆虫神经系统控制构架

11.4.2 仿生六足机器人控制系统的硬件实现

仿生六足机器人的下位机主板采用基于 PC/104 - Plus compliant 架构的 CPU - 1461，板载 256 MB SDRAM，提供丰富的外设接口(包括 2 个串口、1 个并口、4 个 USB 口以及 1 个 10/100 Mbps 以太网口等)，其性能能够满足嵌入式应用的基本要求。另外，该板卡配置了 4G 容量、80×倍速的 CompactFlash 卡，替代传统的机械硬盘作为存储器，它不仅功耗低、体积小、重量轻，而且读/写可靠性高。

对于仿生六足机器人的下位机，除了选择主板外，还根据需要选择了基于 PC/104 - Plus compliant 架构的 CAN 总线接口板 COM - 1273 和视频采集卡 CTR - 1472。COM - 1273 是以两块 NXP SJA1000 控制器芯片为核心的双通道 CAN 总线接口板，支持 CAN2. 0B。CTR - 1472 是采用 MPEG - 4 编码的四通道视频采集卡，PAL 压缩速率为 352×288@100 fps 或者 720×576@25 fps，可将 4 个摄像机捕获的视/音频数据流进行高度压缩并通过 PCI 总线进行传输。

下位机使用 5 V DC 电源，其对电压变化相当敏感。下位机与其他设备共用能源，特别是与电机共网，而电机在运动中会产生电压、电流的变化进而影响全网，因此需要将下位机与全网隔离。为此，下位机单独配备了功率为 50 W 的 ACS - 5150 稳压电源，该模块能接受 8～40 V DC 输入并保持恒定的 3. 3 V DC、5 V DC、12 V DC 输出，在下位机电源输入端连接 ACS - 5150 即可保证下位机的可靠运行。

基于下位机的硬件组成,可以确定其他系统硬件的组成方式。上位系统由操作者和主控计算机组成,相对下位系统而言其结构较为简单,并且其功能需求也很简单,即良好的人机交互能力以及与下位机的通信能力。所以上位机选择主频在1.6 GHz以上的笔记本计算机,并为上/下位机分别配备基于 PCMCIA 接口形式的 TL－WN510G 无线网卡和基于 RJ－45 接口形式的 WRT54GC 无线路由器,以实现300 m 距离范围内的 54 Mbps 低功耗低辐射无线通信。以笔记本计算机作为上位机不仅成本低廉,而且符合一般操作者的使用习惯。

图 11.20 显示了仿生六足机器人控制系统的主要硬件。在确定了仿生六足机器人的主要硬件之后,需要考虑如何将众多的设备安置在有限的空间中,同时兼顾硬件平台的可读性和后期维护,所以,硬件系统的电气工艺性要求必然很高。仿生六足机器人采用如图 11.21 所示的电气图,在电气工艺上体现如下特点:

图 11.20　控制系统主要硬件

① 各设备间采用单一排线连接,该排线提供供电线路和通信线路;其中 CAN 总线仅保留标准 9 针 CAN 总线中的 CAN_H、CAN_L 和 CAN_GND 这 3 针;

② 电源、主控计算机以及其他设备彼此之间设置供电屏障,使各设备在电源使用上保持一定的独立性;

③ 设备采用堆栈式安装方式,可靠性高,层次清晰,通风散热性好;

④ 所有设备采用无风扇设计,功耗低。大发热量设备的散热片紧贴机身,利用机器人机身作为扩展散热片;

⑤ 硬件的布局合理,保持了机器人质量均衡,同时便于设备的控制和维护。

整套硬件系统在满足仿生六足机器人功能要求的同时,很好地兼顾了小体积、轻

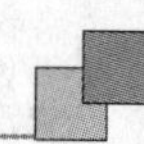

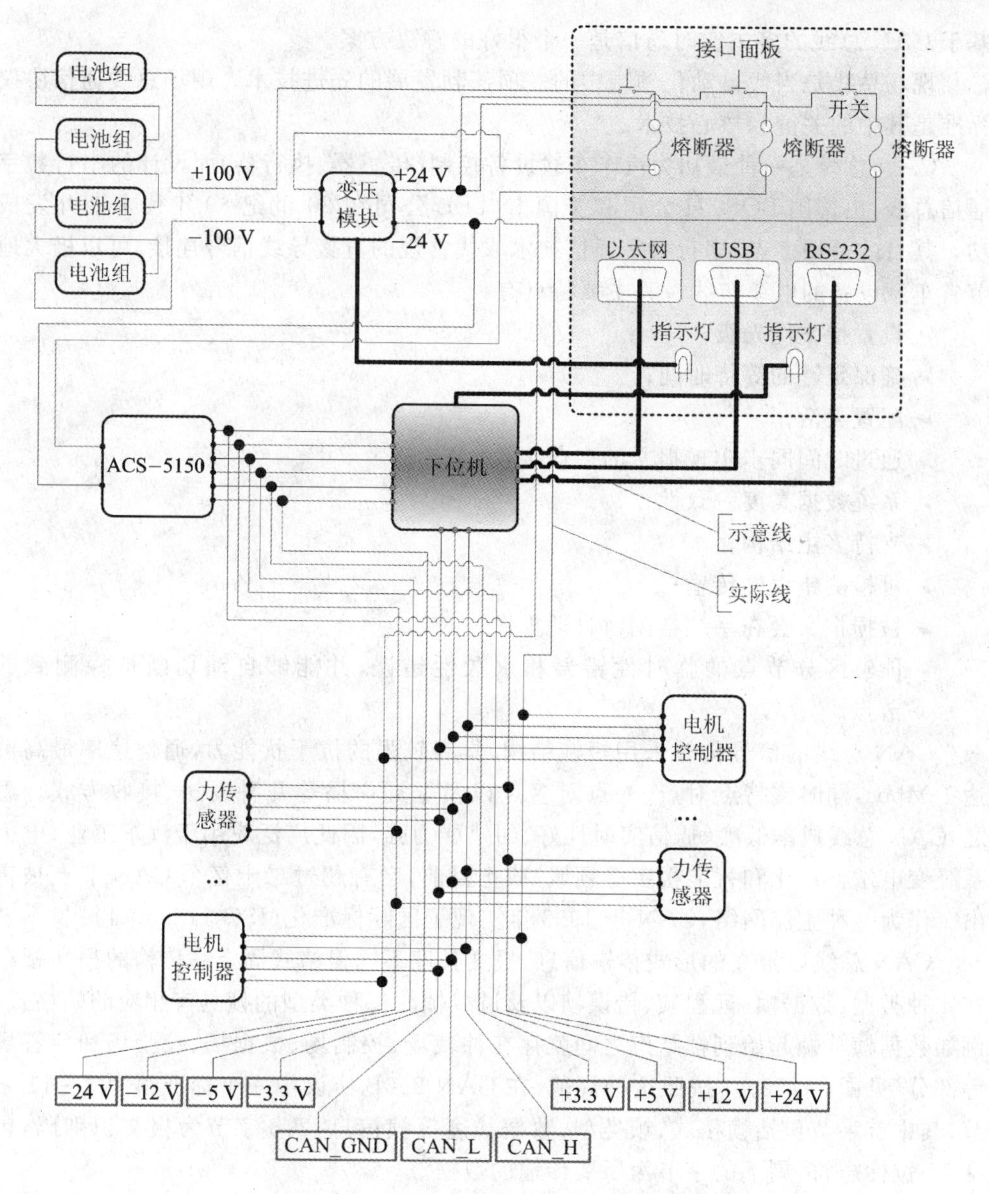

图 11.21　仿生六足机器人电气图

质量、低功耗、高速运算、无线操作、实时通信、方便扩展等设计需求，为仿生六足机器人体现优良的运动性能打下很好的基础，也为运动控制算法的实现提供了很好的平台。

11.4.3　基于 CAN 总线的实时通信方案

仿生六足机器人拥有 18 个关节，所有各关节需要相互协调，那么，关节与关节之间、关节与下位机之间、关节与传感器之间的通信必须满足实时、可靠、多主的要求，

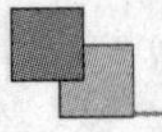

基于 CAN 总线的多主实时通信是一个很好的解决方案。

现场总线是当代自动化领域中的一项蓬勃发展的先进技术。现场总线通信协议标准是其中的关键和核心技术。

CAN 总线是一种最初为汽车车载设备控制(传感器、执行器)而设计的串行数字通信总线,由德国 BOSCH 公司和美国 INTEL 公司在 20 世纪 80 年代末期开发成功。其目的是用多点、串行数字通信技术取代常规的直接导线信号连接,可以极大地节省车载设备的电缆布线。其主要特点有:

- 设置报文优先级;
- 确保足够的等待时间;
- 配置灵活;
- 通过时间同步实现报文的多点接收;
- 系统数据高度一致性;
- 支持多主结构;
- 可检测错误并传输;
- 被损报文会在系统空闲时自动重发;
- 能够区分节点的临时性错误和永久性错误,并能够自动切断被探测到的节点。

CAN 总线的信号传输采用短帧结构,具有较强的抗干扰能力,通信速率最高可达 1 Mbps,同时支持点对点、一点对多点以及全局广播等几种发送、接收方式。总之,CAN 总线成本低廉、通信实时性好、纠错能力强,因此广泛应用于汽车工业、电力系统变电站自动化和智能楼宇等领域,截止目前,已有超过二十亿个 CAN 节点被售出。作为一种主流网络,CAN 于 1993 年实现了国际标准化(ISO 11898-1)。

CAN 总线以报文的形式传输信息,报文长度不同但格式固定。传输的报文帧存在 4 种类型:数据帧、远程帧、错误帧以及过载帧。每种类型的帧具有相应的帧格式,例如数据帧从帧起始到帧结束之间就存在仲裁场、控制场、数据场、校验场和应答场等部分(见图 11.22)。按照这种规范,在 CAN 2.0B 协议中一个标准帧为 3～11 字节,其中首字节包括帧格式、帧类型、数据长度等帧信息,2、3 字节为报文识别码,包括 11 位标志符,剩下的字节为所要传输的数据。

作为一种通信协议,CAN 本身并未指出流量控制、节点地址分配、通信建立、设备连接标准等具体的细则,所以 CAN 芯片只提供开放系统互连参考模型(OSI)中的物理层和链路层功能,并没有涉及应用层功能,并且一般用户必须直接用驱动程序操作链路层,不能直接满足工业控制网络的组态和产品互连要求。为了以 CAN 芯片为基础构成完整的工业控制现场总线系统,1992 年在德国成立的 CiA 协会(CAN in Automation,自动化 CAN 用户和制造商协会)制定了自动化 CAN 的应用层协议 CANopen。

CANopen 作为一种标准化的嵌入式网络,具有高度灵活的配置能力。CANo-

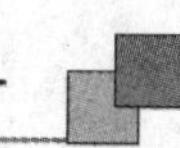

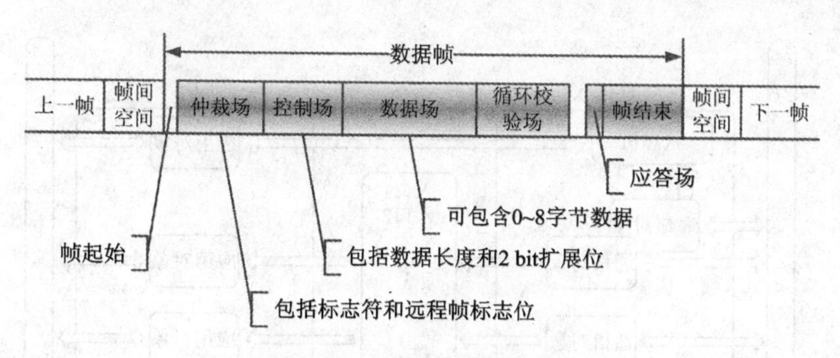

图 11.22 CAN 数据帧格式

pen 使开发人员从 CAN 相关的繁琐事务的处理中解放出来，例如位定时以及执行相关的功能。它提供了针对实时数据、组态数据以及网络管理数据的标准化通信对象。CANopen 的设计用于面向运动的机器控制网络。

到目前为止，CANopen 已在医疗设备、越野车辆、海事电子设备、铁路应用和楼宇自动化等领域得到大量应用。目前，CANopen 协议已成为世界六大工业现场总线之一(EN 50325－4)。与其他现场总线协议标准相比，CANopen 具有以下特点：

➢ CiA 是非赢利组织，CANopen 是公共和开放的协议，不代表个别公司利益，免费发布全部技术资料；
➢ 物理层采用 CAN 芯片，由于其应用领域广泛、产量大，实际上已经成为一种通用芯片，采购方便；
➢ 协议精练、透明、便于理解。

CANopen 网络的设备模型如图 11.23 所示，总线上的信息与实际应用之间通过对象字典(Object Dictionary)相互映射，可以说，CANopen 的核心就是对象字典。本质上，对象字典就是按照预定义格式组织的对象群组，字典内所有对象都是通过 16 位数字索引寻址(部分对象还存在 8 位子索引，所以对象字典最多可容纳 65 536 个对象)。

CANopen 网络中存在 3 种关系结构：主/从关系(Master/Slave)、客户端/服务器关系(Client/Server)和生产者/消费者关系(Producer/Consumer)。网络中的设备根据需要选择一种关系与其他设备通信。

CANopen 报文拥有优先级，依据优先级从高到低分别有 NMT(Network Management Object)、SYNC(Synchronisation Object)、EMCY(Emergency Object)、TIME(Time Stamp Object)、PDO(Process Data Objects，又称过程数据对象)和 SDO(Service Data Objects，又称服务数据对象)等对象类型。

NMT 报文依照主从关系面向节点设备。NMT 报文可改变节点的运行状态。CANopen 规定节点设备具有初始化、启动、监控、重置和停止等 5 种运行状态。

SYNC 报文仅用于同步 CANopen 网络中的设备。循环发送 SYNC 报文可使网络中的设备“准同步”地接收输入值。

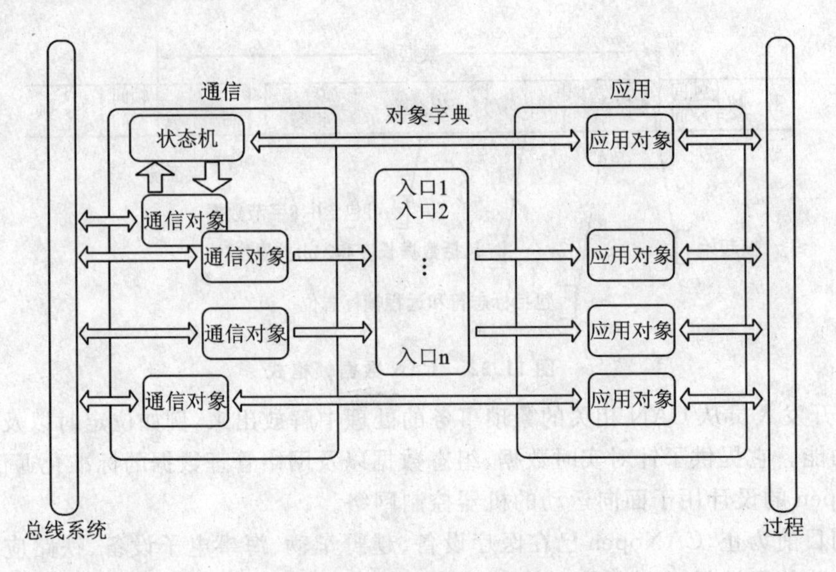

图 11.23　CANopen 设备模型

设备在出现内部错误时，即触发紧急对象，发送 EMCY 报文。

PDO 和 SDO 是 CANopen 协议中最重要的两种对象。实时数据传输依靠 PDO，PDO 传输的数据没有协议头，长度相对固定，最多只能发送 8 字节数据。

SDO 提供进入设备对象字典的途径，通过 SDO 报文可修改对象字典或进行状态查询。因为传输的数据中存在协议头，所以 SDO 可分多次发送任意字节长度数据。

虽然 CAN 总线允许多主节点的工作方式，并且网络中的各节点都可以根据总线访问优先权（取决于报文标识符）采用无损结构的逐位仲裁方式竞争总线的使用权，但是这种方式必然造成数据传输延时的不确定性，不利于通信实时性和运动同步性能的提高。由于关节伺服系统要求网络不但具有很高的数据传输速率而且具有足够小的时间误差，因此仿生六足机器人采用如下方式保证 CANopen 网络的传输速率和时间同步：

① 缩短总线总长度，波特率采用 1 Mbps，发挥 CANopen 网络的在“实时”方面的潜能；

② CANopen 网络中下位机的节点 ID 为 1，而关节的节点 ID 依次为 101～118，保证下位机节点的优先级高于关节节点的优先级，体现网络“一主多从”的结构；

③ 数据通信一般使用 PDO 报文，一方面 PDO 报文的优先级较高，另一方面 PDO 报文的帧中信息部分没有其他负载，信息容量大；

④ 关节控制指令根据功能分为 3 类：命令指令、参数指令和查询指令，其指令长度分别为 4 Byte、8 Byte 和 4 Byte，通过精简指令长度来缩短 CANopen 网络中的数据传输时间；

⑤ 关键控制指令采用同步 PDO 报文传输，通过周期的 SYNC 报文同步各关节

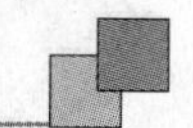

的运动。

11.4.4　关节伺服系统结构设计

昆虫足部的感觉神经元检测肌肉运动、感知内外部信息，运动神经元激励肌肉伸缩，可见昆虫的神经与肌肉组成了一个闭环系统。类似地，仿生六足机器人的关节控制系统也是伺服系统。另外，从工程的角度来说，仿生六足机器人为了避免运动中的磨损与内耗，要求关节运动具有高精度，因此其关节必须是伺服系统。

仿生六足机器人关节伺服系统的核心是电机，而电机不仅不能替代肌肉的功能（肌肉在运动中可以执行电机、制动器、弹簧和支杆的功能），而且不能反馈自身状况。所以，关节伺服系统需要电机、电机驱动器、电机编码器形成简单的闭环。由于存在传动装置，电机编码器并不能真实地反映关节的运动状况，所以关节上必须安装电位器以获得关节真实的运动状况。

关节电机的感知反馈不仅需要位置反馈，而且需要力反馈。位置反馈保证关节准确地按规划运动，而力反馈保证足端很好地适应陌生地形。类似地，动物系统内的载荷传感器具有 4 种功能：

- 检测运动过程中力的值以及变化速率；
- 提供力的方向信息；
- 检测突然的力衰减（例如滑移或不稳定）；
- 在站立或前进过程中通过反馈提高肌力。

可见，力传感器的存在不仅是工程领域的需要，而且在仿生领域的需要。仿生六足机器人关节采用如图 11.24 所示的系统结构，电机控制器通过总线与下位机和其他电机控制器相连。力传感器安装在足端部，其直接通过总线与下位机相连。

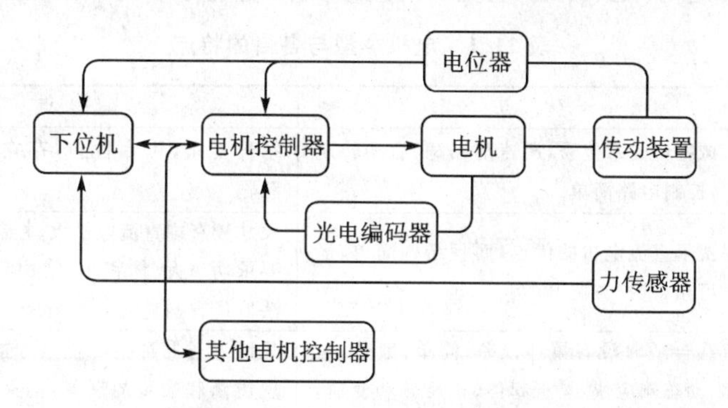

图 11.24　关节伺服系统结构

由图 11.24 可见，关节伺服系统为全闭环。全闭环的结构在理论上是一种理想的位置伺服控制方案，通过反馈闭环可实现高精度的位置控制，但全闭环位置伺服系统的整定比较困难，并且系统闭环后因环内多种非线性因素诱发的振荡很难消除。基于此，仿生六足机器人关节伺服系统在工作时，半闭环起主要控制的作用。由于半

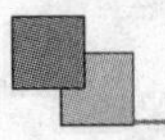

闭环中电气自动控制部分与“执行机械”相对独立，因此可以通过采用较高的位置增益，使系统易整定、响应快、跟踪误差小。全闭环则用于消除累积误差，提高位控精度。在插补时，不管机器人是否走到了上一个姿态的指令位置，机器人下一个姿态的指令位置都直接和电位器采集到的当前位置进行插补，这样，上次指令即使有误差，也不会对下次指令的准确性产生影响。虽然每一个姿态的位控不一定十分准确，但它不存在姿态间的累积误差，实现起来也比较简单。姿态位控通过和半闭环的结合，可以获得较高的位置、速度控制精度。

11.4.5 关节伺服系统硬件实现

电机一般分直流电机和交流电机，而直流电机根据不同特点又可分为有刷直流电机、无刷直流电机、步进电机和舵机（见表 11.1）。根据仿生六足机器人的运行状况和条件，选择使用无刷直流电机，同时为了避免无刷直流电机的缺点，选用空心杯式电机，从而体现出如下特点：

- 极大地降低了铁损。最大的能量转换效率一般在 70%以上，部分产品可达到 90%以上（普通铁芯电机在 15%～50%）；
- 激活、制动迅速，响应极快。机械时间常数小于 28 ms，部分产品可以达到 10 ms 以内，在推荐运行区域内的高速运转状态下，转速调节灵敏；
- 可靠的运行稳定性。自适应能力强，自身转速波动控制在 2%以内；
- 电磁干扰少。采用高品质的电刷、换向器结构，换向火花小，可以免去附加的抗干扰装置；
- 能量密度大。与同等功率的铁芯电机相比，其重量、体积减轻 1/3～1/2；转速-电压、转速-转矩、转矩-电流等对应参数都呈现标准的线性关系。

表 11.1 电机类型与各自的特点

电机类型	优 点	缺 点
有刷直流电机	机械特性非常优秀，调速范围宽，启动转矩大，控制电路简单	结构复杂，可靠性差，存在火花、噪声等问题
无刷直流电机	保留了直流电机的优点，而且结构简单，运行可靠，维护方便	尺寸较有刷直流电机大，控制较为复杂，在要求功率大、体积小、结构简单的场合，无法取代有刷直流电机
步进电机	负载合适时没有累计误差，简单，廉价，可靠，动态响应快，易于起停、正反转和变速，调速范围宽，低速转矩大	只能通过脉冲电源供电才能运行，容易出现震荡和失步的现象，自身的噪声和振动较大，带惯性负载的能力较差
交流电机	转子惯量小，动态响应好，结构简单，运行可靠，效率较高	体积大，启动特性欠佳，低速性能较差
舵机	以直流电机为中心的位置伺服系统，体积小，转矩大	转动范围一般不超过 180°，主要面向航模，精度、转矩有限，动态响应较慢，对脉冲宽度要求较为苛刻

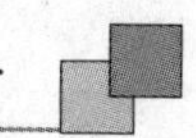

仿生六足机器人的关节电机采用 EC－max22 25 W 无刷直流电机，额定电压为 24 V，最大连续转矩和最大堵转转矩分别为 20.2 mNm 和 118 mNm。另外，根据力学模型计算以及实验测试，为根关节和膝关节电机配备了减速比为 246∶1的行星轮减速器 GP 32 C，而为髋关节选择减速比为 706∶1的同尺寸行星轮减速器 AGP 32。所有关节的光电编码器选择 2 通道 320 kHz 工作频率的数字 MR 编码器，其旋转一周计数 512 次。

考虑到关节尺寸的紧凑，电位器选择 PIHER N－15 中空电位器，其最大特点即为中空型，厚度仅有 4.4 mm，能很好地满足机械装配紧凑的要求。

仿生六足机器人的电机运算控制单元基于 DSP 嵌入式控制器(见图 11.25)，同时也集成了电机驱动电路，从而形成电机控制的最小封装单元(见图 11.26)。

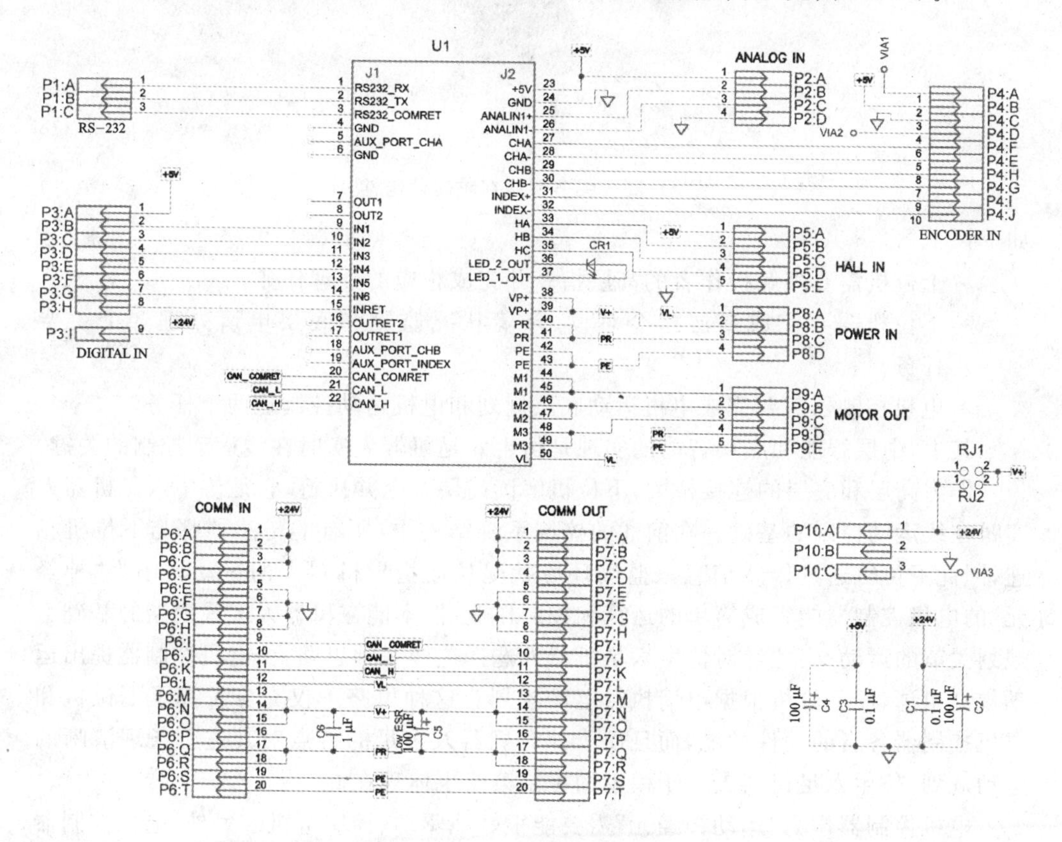

图 11.25　电机控制器封装图

11.4.6　仿生六足机器人控制算法设计

仿生六足机器人的仿生控制系统模仿了昆虫的神经系统网络，设计了“大脑”、“神经元”以及与大脑分离的“脑核”。围绕着“脑核”、“大脑”和“神经元”所分别对应的高层、中层和底层智能层次，仿生六足机器人各部分需要实现相应的神经控制功能

图 11.26　关节伺服系统硬件组件

如下：

- 上位机需要理解操作者的高层指令并完成相应的处理任务；
- 下位机需要完成高层指令解读、环境状况监测和底层申请处理 3 个主要任务；
- 电机控制器需要完成电机运动底层规划和电机运动控制这两个任务。

其中，中层智能和底层智能的实现是仿生六足机器人实时在线运动控制的关键。

作为高层和底层的连接桥梁，下位机解读高层指令并执行，它是仿生六足机器人实时在线运动控制的基础。在前述的控制系统结构中，所有的传感器都与下位机相连，因此下位机通过传感信息来监测环境状况从而指导机器人的运动。作为“神经元”的电机控制器能完成简单的运算和控制作业，但不能在机器人宏观模型的基础上规划关节的运动，因此针对仿生六足机器人选择这样一种思路：由电机控制器提出运动规划申请，而下位机根据申请执行运动规划。这种思路不仅充分发挥了下位机和电机控制器各自的硬件性能，而且便于针对机器人多足的特点对其进行条理清晰的运动规划，仿生六足机器人基于模型的控制策略也体现在此。

电机控制器作为“运动神经元”需要能很好地驱动、控制电机。另外，电机控制器具有腹神经索的“联络神经元”的功能。因此，电机控制器类似于昆虫的体神经节，能够完成电机运动的底层规划，例如关节的节律运动，仿生六足机器人基于生物控制的策略体现在此处。

根据上述任务描述，基于已经实现的仿生六足机器人的硬件平台，设计了如图 11.27 所示的运动控制算法体系。上位机包括人机交互界面和高层指令收发器；与功能需求对应，下位机包括高层指令字典、传感信息栈和运动规划运算库，三者相

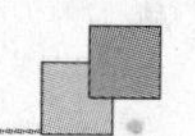

互衔接,互为参考,其中高层指令字典面向上位机完成指令映射,而运动规划运算库面向电机控制器完成电机控制器提出的运算申请;底层的电机控制器包括步态生成器和关节控制器,其中步态生成器模块与其他电机控制器的步态生成器模块相互通信、协调,以完成机器人时间域的运动规划,而各个关节控制器依靠下位机的运动规划运算库执行机器人空间域的运动。

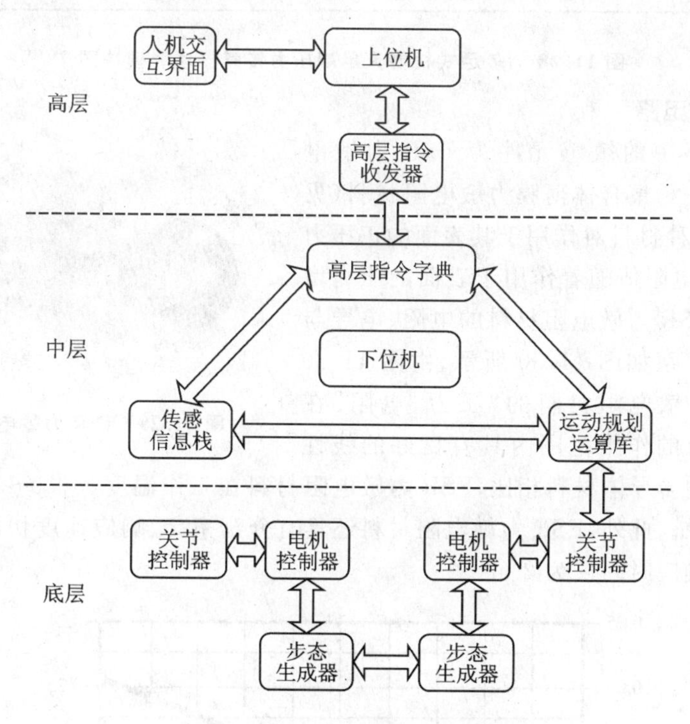

图 11.27　运动控制算法体系

11.5　足端压力传感器设计及其信息处理

当前,压力传感器已广泛应用于机器人技术领域。机器手指通过其所配备的压力传感器可分辨所抓取物体的材质;足式机器人往往通过足端力觉传感器获取地面的信息,并根据反馈信息规划路径、调整步态。

11.5.1　基于 FSR 的多足式机器人足端压力传感器设计

如图 11.28 所示,基于 FSR 的多足式机器人足端压力传感器主要包括 4 部分:传感电路、A/D 转换模块、信息处理模块以及信息传输电路。传感电路主要通过晶体管放大电路,将 FSR 所受的压力转化成电路的输出电压;A/D 转换模块将输入的模拟量电压转换成与之对应的数字量;信号处理模块的主要任务是对输入信号进行数字滤波,并根据各传感器输入信号的特点进行“落足反射式”足端位置规划;信息处理电路则负责信息处理模块与 CAN 总线的通信。

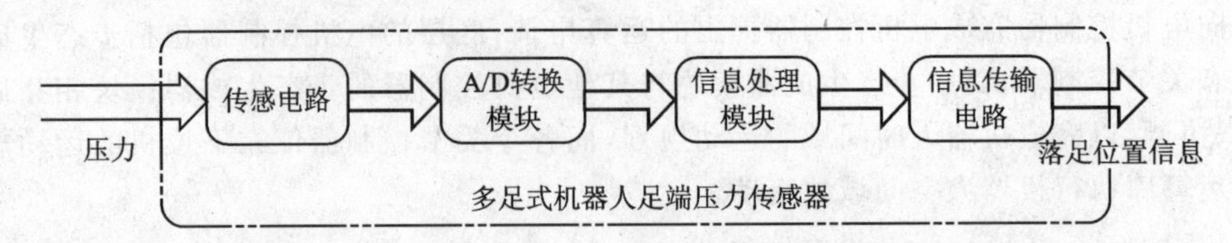

图 11.28　多足式机器人足端压力传感器功能模块图

(1) 传感电路

传感电路中的敏感元件为 FSR 力敏电阻。FSR 是一种聚合体薄膜力敏电阻材料(见图 11.29),这种材料对作用于其表面的正压力十分敏感,其电阻值随着作用于表面的压力增大而减小。FSR 力敏电阻材料的电阻、电导与所受压力的关系如图 11.30 所示,由图 11.30 可知,FSR 力敏电阻材料的“压力-电阻”在 10 000 g 压力的作用范围内具有良好的线性关系。与其他半导体材料相比,FSR 力敏电阻材料在工作温度(−30～70 ℃)下,无温度漂移现象。此外,FSR 力敏电阻材料还具有分辨率高、响应速度快的特点,对外加作用力的响应时间仅为 2 ms。

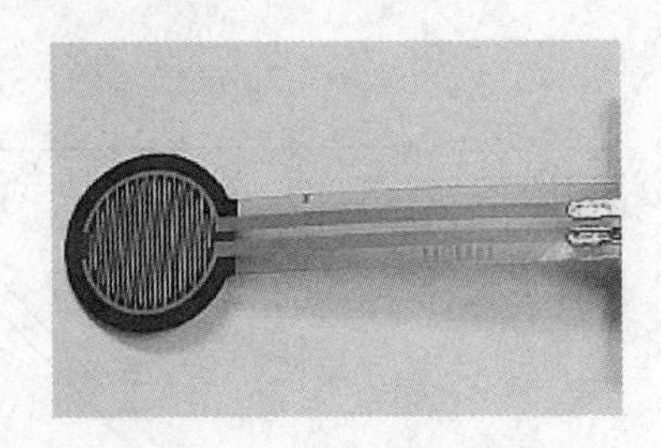

图 11.29　FSR 力敏电阻材料

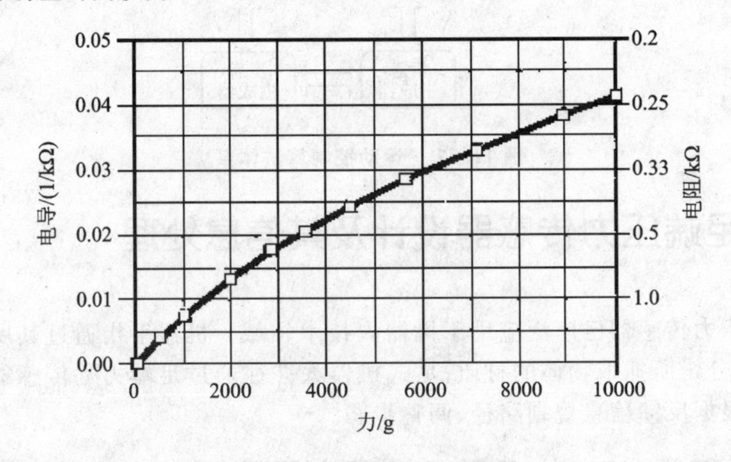

图 11.30　电阻、电导与所受压力的关系

基于 FSR 力敏电阻材料的传感电路如图 11.31 所示,该电路的基本原理为:通过晶体管放大电路将 FSR 力敏电阻材料所受到的压力的大小转换成输出电压的大小。当晶体管导通且处于放大状态时,输出电压如下:

$$U_{\text{out}} = V_{\text{CC}} - \beta I_{\text{b}} R_3 \tag{11.2}$$

式中,I_{b} 为基极电流,β 晶体管电流放大系数。

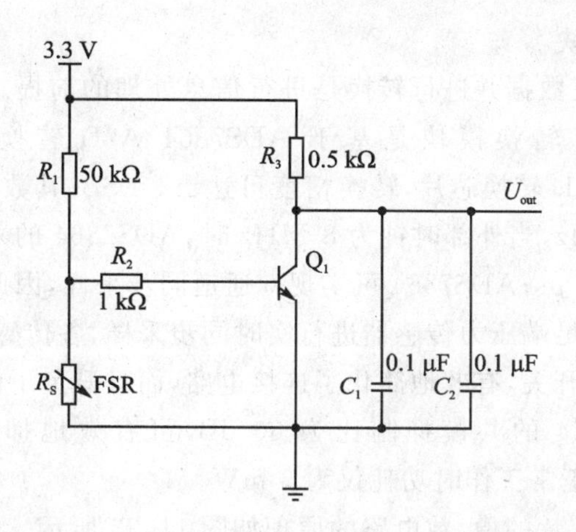

图 11.31　基于 FSR 力敏电阻材料的传感电路

共射放大电路处于工作状态时有如下关系成立：

$$I_b R_2 + U_{BEQ} = V_{CC} \cdot \frac{R_2 \parallel R_S}{R_1 + R_2 \parallel R_S} \tag{11.3}$$

其中，U_{BEQ}为管压降。由式(11.3)可得：

$$I_b = \left(V_{CC} \cdot \frac{R_2 \parallel R_S}{R_1 + R_2 \parallel R_S} - U_{BEQ}\right) \cdot \frac{1}{R_2} \tag{11.4}$$

将式(11.4)代入式(11.2)中得：

$$U_{out} = V_{CC} - \beta \cdot \left(V_{CC} \cdot \frac{R_2 \parallel R_S}{R_1 + R_2 \parallel R_S} - U_{BEQ}\right) \cdot \frac{1}{R_2} \cdot R_3 \tag{11.5}$$

由式(11.5)及图 11.30 所示的 FSR 力敏电阻材料的电阻、电导与所受压力的关系，可以得到 FSR 力敏电阻材料所受的压力与传感电路输出电压之间的关系，如图 11.32 所示。从图中可知，传感电路的输出与输入具有良好的线性关系，实际输出电压值与拟合直线的误差在 6%之内。

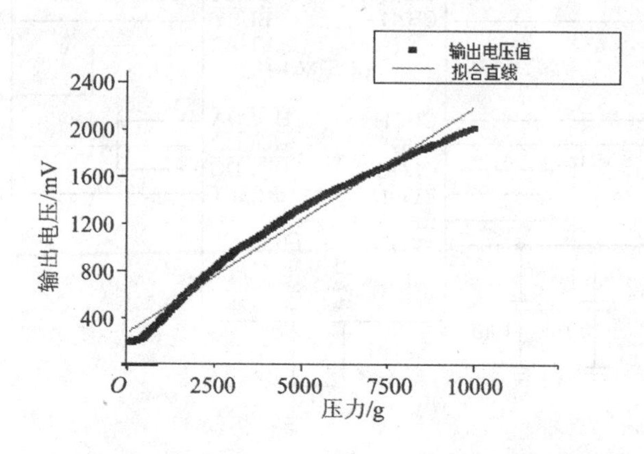

图 11.32　FSR 所受的压力与传感电路输出电压之间的关系图

(2) A/D 转换模块

快速、准确地采集数据并进行转换是进行信息处理的前提。多足式机器人足端压力传感器的 A/D 转换模块是基于 ADS7864 A/D 转换芯片设计而成的。ADS7864 为 12 位 A/D 转换芯片，转换精度可达±1 LSB；其数据转换效率高，最高采样频率可达 500 kHz，当外部时钟为 8 MHz 时，ADS7864 的采样时间为 0.25 μs，A/D转换时间为 1.75 μs；ADS7864 可实现 6 通道同步采样，因此其可以对仿生六足机器人所配备的 6 个足端压力传感器进行实时同步采样，各传感电路与 ADS7864 之间无需增加多路模拟开关，有效地简化了连接电路，而且避免了由于采样孔径时间所引起的误差；ADS7864 的共模抑制比为 80 dB，可有效地抑制输入噪声；此外，ADS7864 功耗极低，正常工作时功耗仅为 5 mW。

基于 ADS7864 芯片的模/数电路的原理如图 11.33 所示。6 个传感器的输出信号分别与芯片的 6 路采样通道相连，可实现 A/D 转换芯片对各传感器输出信号的同步实时采样。ADS7864 芯片的 16 位输出数据线分别与 TMS320LF2407A 的 16 位数据线相连，以实现转换后数据的传输；通过将 BYTE 引脚接地，将芯片输出数据的宽度设置为 16 位。输入 CLOCK 引脚的外部时钟频率为 8 MHz，将芯片的 REFIN 和 REFOUT 引脚直接相连，将芯片可转换的输入电压的范围设置为 0～5 V。将 TMS320LF2407A 芯片的 IOPE1～IOPE3 引脚分别与 ADS7864 的 A0～A2 引脚相连，通过对 TMS320LF2407A 芯片进行软件编程，使引脚 IOPE1～IOPE3 分别输出"1、1、0"("1"为高电平，"0"为低电平)，实现 ADS7864 芯片循环输出 6 路转换后的数据。将 ADS7864 芯片的 $\overline{\text{HOLDA}}$、$\overline{\text{HOLDB}}$、$\overline{\text{HOLDC}}$ 与 TMS320LF2407A 芯片的

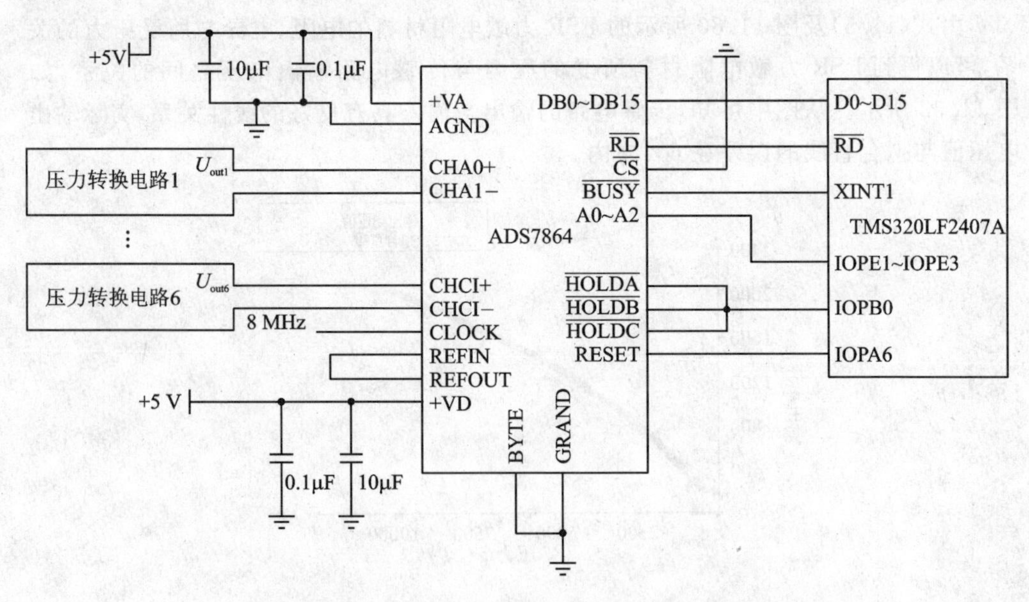

图 11.33 基于 ADS7864 芯片的模/数转换模块的电路原理图

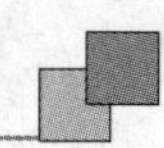

IOPB0 端口相连，通过设置 IOPB0 端口使其输出低脉冲，从而使$\overline{\text{HOLDA}}$、$\overline{\text{HOLDB}}$、$\overline{\text{HOLDC}}$同时有效，即将 ADS7864 芯片设置为顺序转换 6 路输入信号的模式。将两个芯片的$\overline{\text{RD}}$引脚分别相连、将 ADS7864 芯片的$\overline{\text{BUSY}}$引脚与 TMS320LF2407A 的外部中断引脚$\overline{\text{BUSY}}$相连，当数据转换完成后，$\overline{\text{BUSY}}$引脚由低电平变为高电平，该动作以外部中断的形式通过 XINT1 传入 TMS320LF2407A 芯片，使其进入外部中断程序，通过$\overline{\text{RD}}$发送读取 ADS7864 芯片输出信号的命令，并通过 16 位数据线读取 ADS7864 芯片输出的 16 位信息。

(3) 信息传输电路

多足式机器人足端压力传感器信息传输电路原理如图 11.34 所示。信息处理模块将处理后的信息通过 CAN 总线与电机驱动器和总控制器进行通信。TMS320LF2407A 芯片上集成 CAN 总线控制器，支持 CAN2.0B 协议。通过对 TMS320LF2407A 芯片进行设置，将 IOPC6/CANTX、IOPC2/CANRX 复用端口设置为 CAN 总线控制器通信端口。采用 TJA140 差动总线收发器作为 CAN 总线接口。CAN 总线控制器与 CAN 总线收发器之间加上高速光耦，实现总线上各节点之间的电气隔离，以提高通信的抗干扰性和可靠性。在 CAN 总线收发器收发器与 CAN 接口之间添加了保护电路，该电路可有效排除瞬变干扰，可起到过压保护的作用，提高了系统的安全性和稳定性。

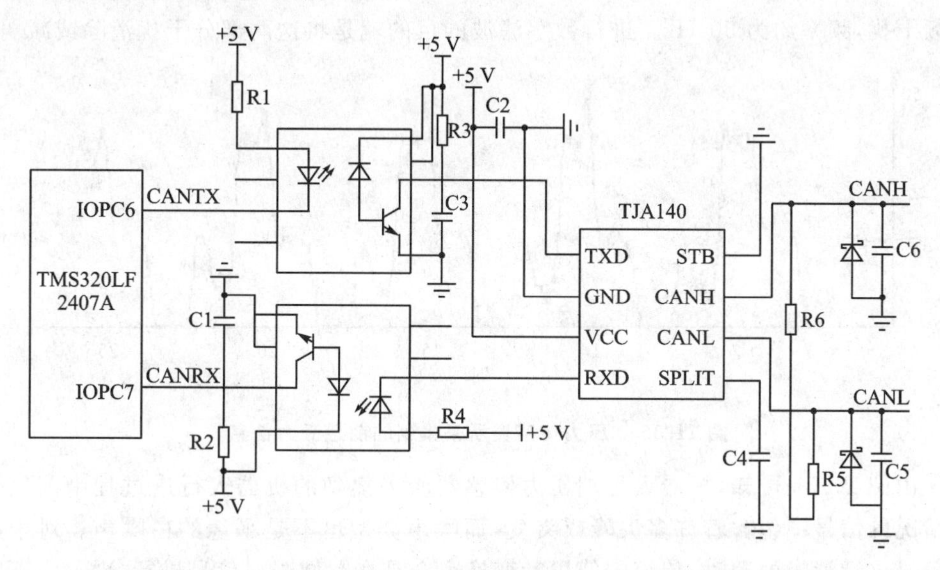

图 11.34　多足式机器人足端压力传感器信息传输电路原理图

11.5.2　基于小波变换的信号滤波研究

虽然 ADS7864 芯片具有良好的共模抑制比，但仍无法滤除所有的噪声。因此本节在 TMS320LF2407A DSP 芯片中采用数字滤波的方法对经过 A/D 转换后的输入信号进行进一步去噪。

所谓数字滤波通过有关的软件算法提取输入信号中有用的成分，将噪声予以削弱或滤除。与模拟滤波器相比，数字滤波有如下优势：

① 数字滤波通过软件实现，不需要增加额外的硬件设备，不存在阻抗匹配的问题，具有可靠性高、稳定性好的特点；

② 模拟滤波器通常是某信号输入通道专用，而数字滤波则可实现多个通道共享。因而，数字滤波可减少资源占用量、提高资源利用率；

③ 数字滤波器可对频率低的信号(如频率为 0.01 Hz)进行滤波，而模拟滤波器由于受电容容量的限制，频率不可能太低；

④ 数字滤波器可以根据信号的不同采用不同的滤波方法或滤波参数，具有灵活、快捷的特点。

通过机器人足端压力传感器所采集到的机器人行进过程中前足的受力情况如图 11.35 所示。由图可知，传感器所输出的信号中存在干扰。压力传感器输出的信号模型可由式(11.6)表示：

$$s(k) = f(k) + \varepsilon \cdot e(k) \qquad k = 0,1,\cdots,n-1 \tag{11.6}$$

式中，$s(k)$为含噪信号，$f(k)$为有用信号，$e(k)$为噪声信号。传感器输出信号的频段为 0～500 Hz，其噪声 $e(k)$ 主要包括两部分：一部分为系统的高频干扰；另一部分为工频干扰，频率约为 50 Hz。进行数字滤波的目的就是将这两部分干扰消除或减弱。

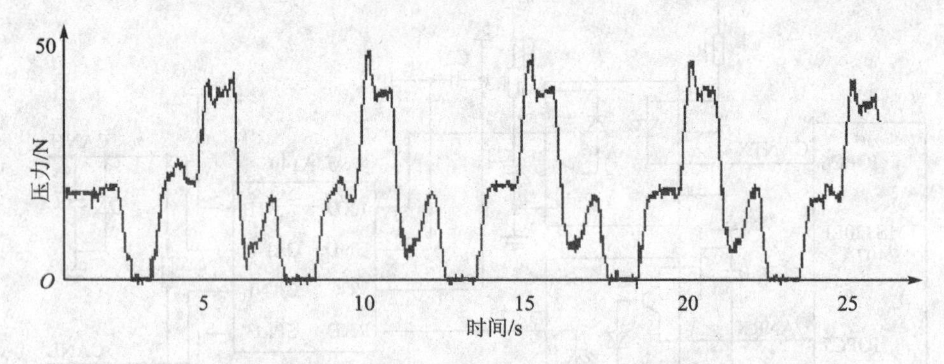

图 11.35　压力传感器所采集到的前足受力信息

由图 11.35 可知，机器人足端压力传感器所采集到的机器人行进过程中前足受力情况的信号中包含着许多尖峰或突变，而噪声类型也不是平稳的白噪声。对于这种信号进行消噪处理时，传统的傅里叶变换完全是在频域中对信号进行分析，它不能给出信号在某个时间点上的变化情况，分辨不出信号在时间轴上的任何一个突变。小波变换具有良好的时频域和多分辨率特性，能够同时在时域、频域内对信号进行分析，可有效地区分信号中突变部分和噪声，实现对该非平稳信号的消噪。

本小节采用基于 Mallat 小波快速算法对机器人足端压力传感器输入的信号进行消噪，其基本原理和步骤如下：

① 选择合适的小波基函数和分解层次对机器人足端压力传感器的输入信号进行多层次小波分解。

设输入为$s(n)$，根据 Mallat 小波快速算法，则有$a_0(n)=s(n)$，其分解过程可由式(11.7)表示。

$$
\begin{aligned}
a_{j+1}(k) &= \sum_n a_j(n)h(n-2k) = a_i * \bar{h}(2k) \\
d_{j+1}(k) &= \sum_n a_j(n)g(n-2k) = a_j * \bar{g}(2k)
\end{aligned}
\tag{11.7}
$$

式中：$\bar{h}$是分解半带低通滤波器的冲激响应，$\bar{g}$是分解半带高通滤波器的冲激响应，j表示分解尺度，a_{j+1}和d_{j+1}分别为信号在尺度$j+1$上的概貌部分和细节部分。图11.36是小波分解结构示意图。

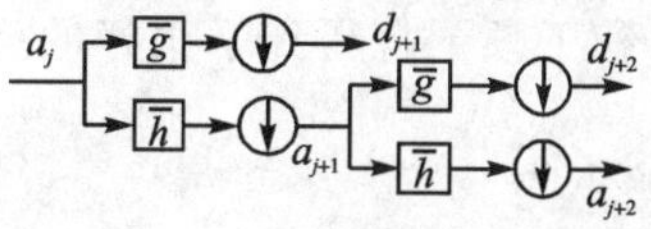

图11.36 小波分解结构示意图

本小节采用具有正交性的 Db4 小波基对压力传感器的输入信号进行分解。信号中的工频干扰频率为50 Hz，为有效地将其与有用信号分离，需要对输入信号进行4层小波分解。图11.37是小波分解层次和阈值处理示意图。

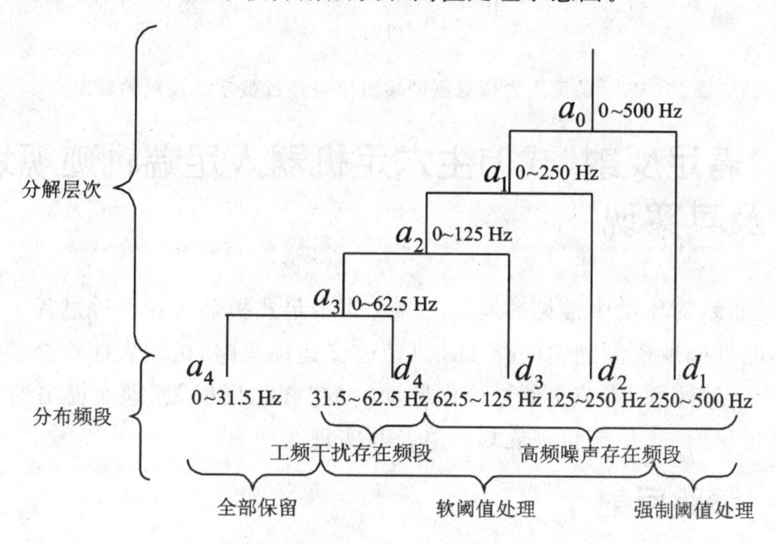

图11.37 小波分解层次和阈值处理示意图

② 阈值处理。压力传感器的输入信号的频段为0～500 Hz，其中存在高频噪声和50 Hz的工频干扰，而有用频段集中在0～200 Hz。因此，根据压力传感器输出的有用信号和干扰、噪声信号分布的规律，采用强制阈值和软阈值相结合的处理方式(图11.37)：对第1层分解的高频部分进行强制阈值处理，即将第1层的高频系数全部置零；由于第2～4层既含有有用信息又含有噪声信号，所以对这3层的高频系数进行软阈值处理，使噪声适当衰减；对于第4层分解得到的低频信息，则予以全部保留。

③ 小波重构。基于 Mallat 快速算法的小波重构过程可由式(11.8)表示。

$$a_j(n)=\sum_i a_{j+1}(k)h(n-2k)+\sum_k d_{j+1}(k)g(n-2k) \tag{11.8}$$

式中，h 是重构半带低通滤波器的冲激响应，g 是重构半带高通滤波器的冲击响应。图 11.38 是小波重构结构图。

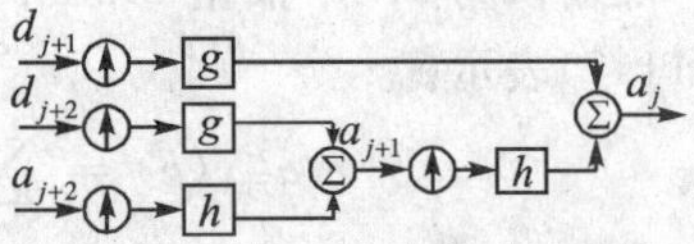

图 11.38　小波重构结构图

通过上述步骤后，滤波后的结果如图 11.39 所示。通过对比图 11.39 与图 11.35 可知，高频噪声和工频干扰得到了很好的抑制，并且对波形的损失很小。

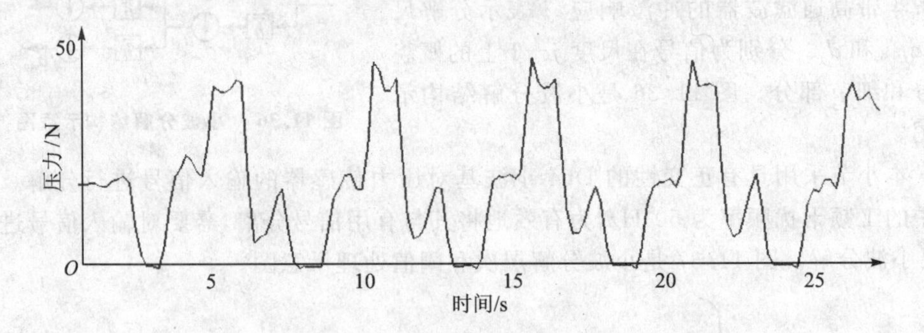

图 11.39　前足压力传感器的输出信号经过数字滤波后的结果

11.6　“落足反射”式仿生六足机器人足端轨迹规划策略及其实现

沟壑是非结构环境中常见的地形之一。当多足式机器人在行进过程中遇到沟壑时，如果不能准确地探测到它的存在并迅速改变运动策略，机器人往往会受到严重的损坏。鉴于上述原因，本节主要讨论借鉴动物的“膝跳反射”原理而提出的仿生六足机器人“落足反射”式足端轨迹规划策略及其实现。

11.6.1　膝跳反射

膝跳反射是一种最为简单的反射类型，基本原理如下：当膝盖处的肌肉受到刺激时，便在感觉神经元中引发了动作电位；动作电位通过传入神经传输到脊髓，使脊髓中的感觉神经元和运动神经元直接建立联系，引发运动神经元中的动作电位；当运动神经元中的动作电位通过传出神经传输到大腿肌肉时，便引起肌肉收缩，使小腿前伸，整个过程如图 11.40 所示。

膝跳反射有如下特点：过程相对简单，感觉神经元与运动神经元直接建立联系，而不需要大脑的干预和决策；反应速度极快。膝跳反射的这些特点，为构建机器人“感知—决策—动作”的作业模式提供了借鉴。

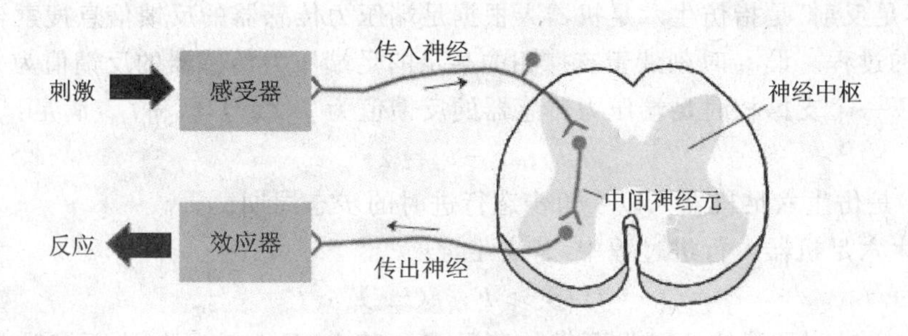

图 11.40　膝跳反射基本原理示意图

11.6.2　“落足反射”式足端轨迹规划策略

本小节所提出的“落足反射”式仿生六足机器人足端轨迹规划策略主要用于当机器人在行进过程中遇到沟壑时，根据足端压力传感器的反馈信息快速、合理地选择落足点的位置。

如图 11.41 所示，“落足反射”式足端轨迹规划系统在硬件组成和工作机理等方面均借鉴于“膝跳反射”原理。在硬件组成上：压力传感器的作用相当于“感觉神经终端”，用以感受地况的变化；起到“感觉神经”功能的是转换模块和信息处理芯片；充当机器人“脊髓”的是 CAN 总线，它将“感觉神经”（转换模块和信息处理芯片）与“运动神经”（电机驱动器和串口 RS－232）相连；“电机”则起到“肌肉”的功能。在工作机理上：规划机器人落足点轨迹的过程是在信息处理芯片中完成的，当落足点的位置确定后，信息处理芯片直接通过 CAN 总线与电机驱动器通信，以控制电机按照所规划的参数转动。在整个过程中，决策未经过机器人的“大脑”——主控器，而直接在“感觉神经”和“运动神经”之间传输，不但减轻了主控器的负担，而且提高了反应的实时性。

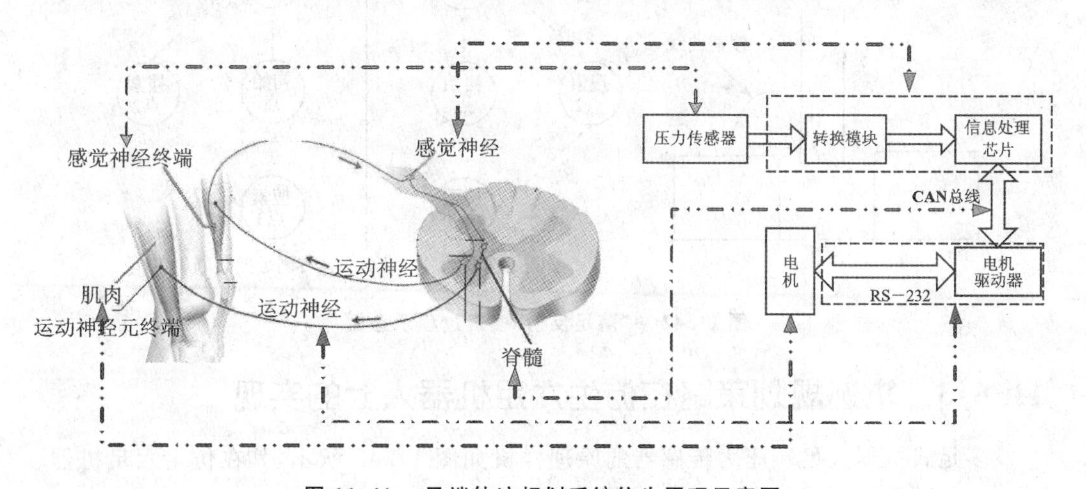

图 11.41　足端轨迹规划系统仿生原理示意图

“落足反射”是指仿生六足机器人根据足端压力传感器的反馈信息搜索合适落足点位置的过程。设 t_i 时刻处于支撑相的某足的足端压力传感器的反馈值为 $f(t_i)$,该足处于下一个支撑相时足端压力传感器的反馈值为 $f(t_{i+1})$,t_i 和 t_{i+1} 满足:

$$t_{i+1} - t_i = \lambda_T \tag{11.9}$$

式中,λ_T 是仿生六足机器人以三角步态行进时的步态周期。

仿生六足机器人行进过程中,若满足:

$$f(t_i) \geqslant F;\ f(t_{i+1}) \geqslant F \tag{11.10}$$

则认为 t_{i+1}时刻足端的位置为可靠的落足点。其中,F 为该足与地面接触时足端压力传感器的反馈阈值。

仿生六足机器人行进过程中,若出现:

$$f(t_i) \geqslant F;\ f(t_{i+1}) < F \tag{11.11}$$

则认为 t_{i+1}时刻时该足端正下方有沟壑,此时该足需要快速地搜索一个新的可靠的落足点。

搜索落足点的位置按照如下顺序进行:

① 当该足在机器人的左侧时,则搜索的顺序为“前→左→后”;

② 当该足在机器人的右侧时,则搜索的顺序为“前→右→后”。

在顺序搜索落足点的过程中,若某点满足式(11.10)的条件,则停止搜索,将该点定为新的合理落足点,并实现落足动作;当各位置搜索完毕时,均未找到合适的落足位置时,则该足返回 t_i 时刻的位置,机器人停止运动。整个搜索过程如图 11.42 所示。

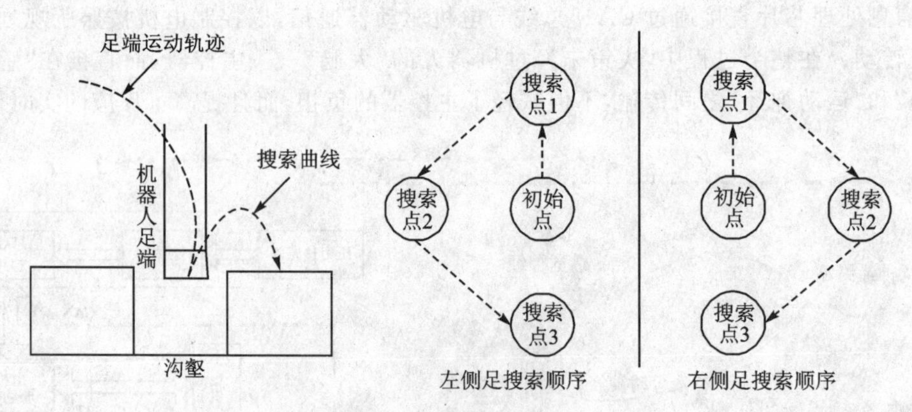

图 11.42 “落足反射”搜索过程示意图

11.6.3 轨迹规划策略在仿生六足机器人上的实现

多足式机器人足端压力传感器的原理样机如图 11.43 所示,其在仿生六足机器人上的安装位置如图 11.44 所示。

通过标定实验,多足式机器人足端压力传感器的各性能指标如表 11.2 所列。

图 11.43　多足式机器人足端压力传感器

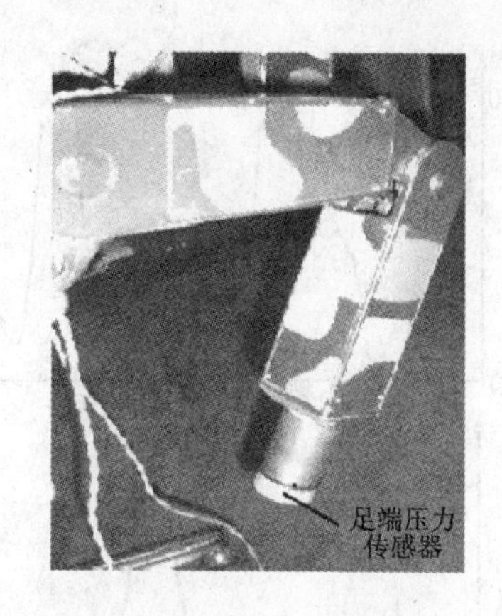

图 11.44　足端压力传感器的安装位置

表 11.2　多足式机器人足端压力传感器性能指标

指　标	参　数	指　标	参　数
量程	0～12.5 kgN	分辨率	0.5%
工作温度	−30～70 ℃	重复性	±3.5%
反应时间	6 ms	误差	±6.8%

为确定进行机器人“落足反射”式足端轨迹规划时各足端压力传感器的阈值，首先需要研究仿生六足机器人在平面上行进时各足的受力情况。配备有足端压力传感器的仿生六足机器人在平面上的行进过程如图 11.45 所示，在此过程中机器人左侧三足足端压力传感器采集到的压力信号如图 11.46 所示。

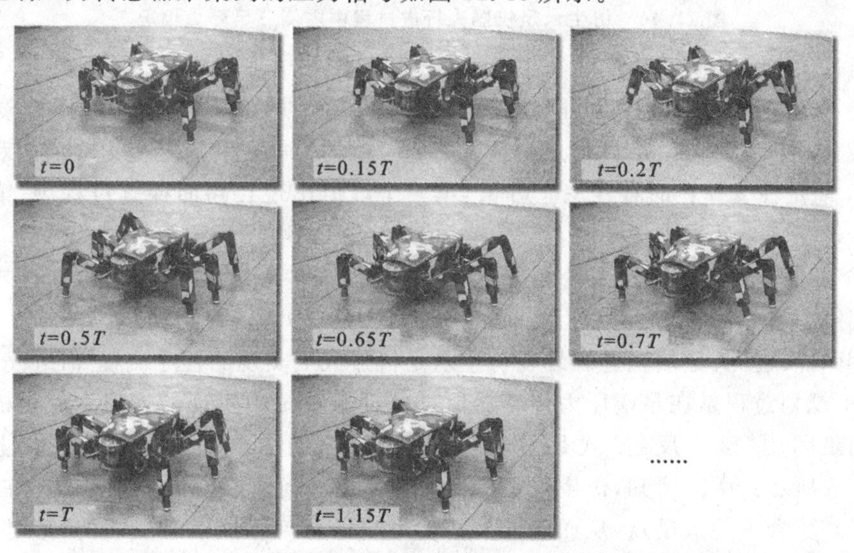

图 11.45　配备有足端压力传感器的仿生六足机器人在平面上的行进时的过程截图

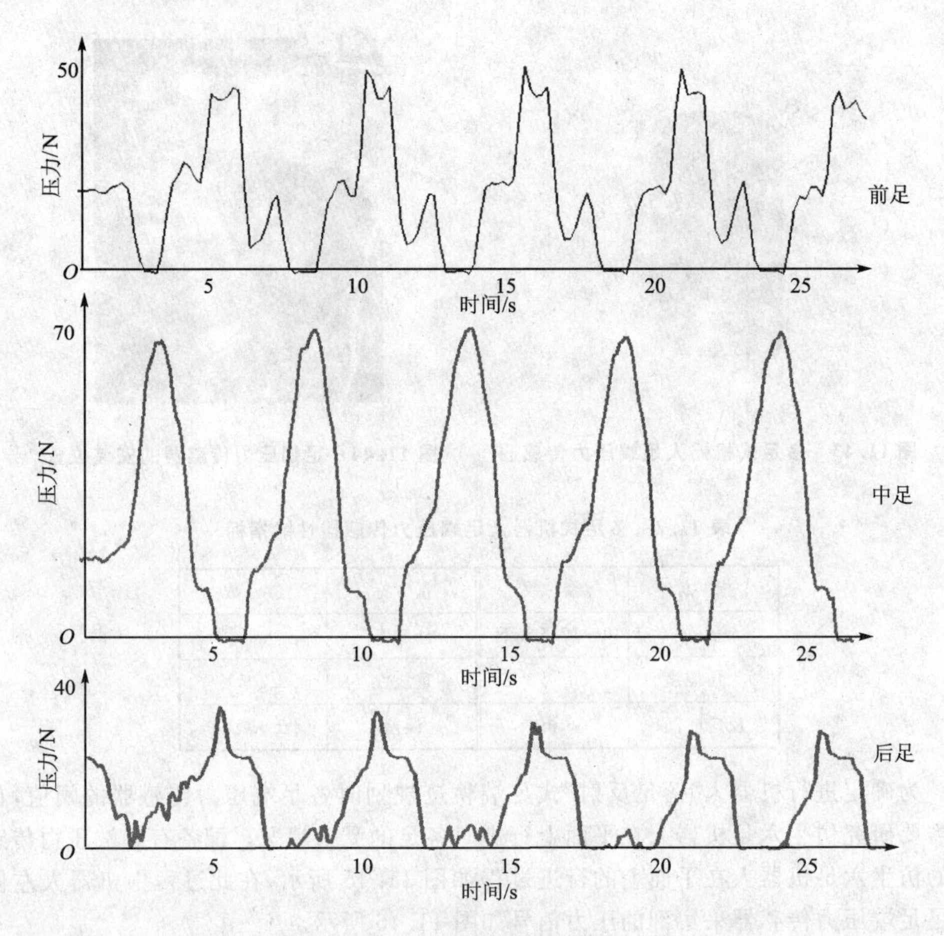

图 11.46　仿生六足机器人行进过程中左侧三足受力情况

通过图 11.46 所示的实验结果,可得出如下结论:

① 仿生六足机器人在平面上行进时,各足的受力峰值不同。其中,中足受力的峰值最大,前足次之,后足最小。中足受力的峰值约为前足和后足受力峰值之和。

② 前足在支撑相时存在三个峰值:第一个峰值出现在路面探测过程中;第二个峰值出现在完全处于支撑相时;第三个峰值出现在同侧中足开始着地时。

③ 根据仿生六足机器人各足受力峰值的情况,将“落足反射”式足端轨迹规划时各足端压力传感器的阈值确定为:前足,40 N;中足,65 N;后足,25 N。

“落足反射”式足端轨迹规划在仿生六足机器人上实现的程序流程如图 11.47 所示,整个规划过程是在足端压力传感器信息处理子系统中实现的。仿生六足机器人右侧前足利用“落足反射”式足端轨迹规划策略寻找合理落足点的实验过程如图 11.48 所示。由图可知,仿生六足机器人的前足准确地探测到了沟壑的存在,并快速地找到了合理的落足点,从而验证了基于足端压力传感器信息反馈的“落足反射”式仿生六足机器人足端轨迹规划策略的有效性和实用性。

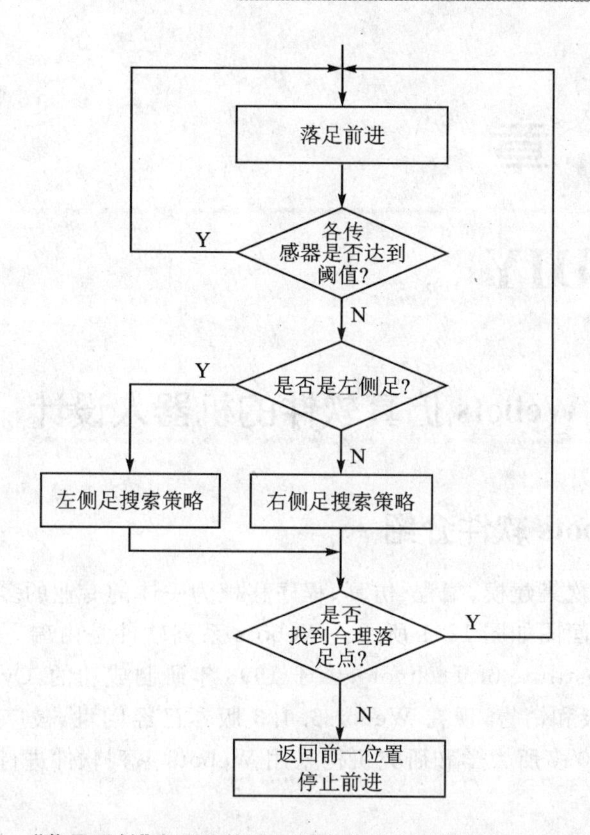

图 11.47　“落足反射”式足端轨迹规划在仿生六足机器人上实现的流程图

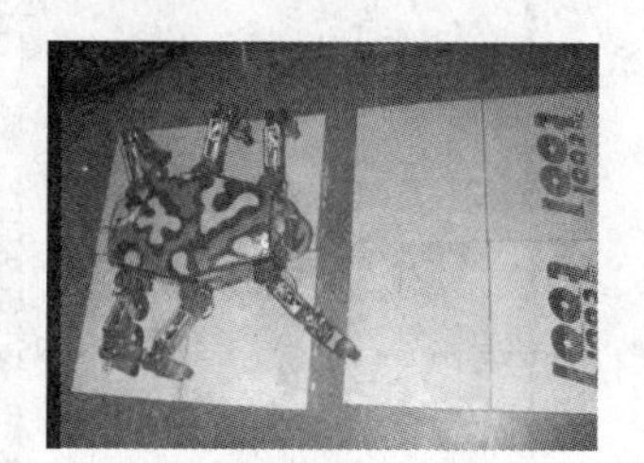

图 11.48　仿生六足机器人右侧前足寻找合理落足点的过程

创意点睛

仿照动物的“膝跳反射”原理,提出了基于足端压力传感器信息反馈的“落足反射”式仿生六足机器人足端轨迹规划策略,并将其应用于仿生六足机器人对沟壑探测的过程中,取得了良好的实验效果。

第12章

机器人 DIY

12.1 基于 Webots 仿真软件的机器人设计

12.1.1 Webots 软件介绍

Webots 是一款集建模、编程、仿真、程序移植为一体的专业的多功能移动机器人仿真软件，软件界面图如图 12.1 所示。Webots 系列软件是由瑞士联邦技术研究院(Swiss Federal Institute of Technology)于 1998 年研制成功的，Cyberbotics 公司对其进行专门的升级和销售，现在 Webots6.4.3 版本已经问世，被广泛下载使用。如今，世界上有 1 000 多所大学和研究机构采用 Webots 系列软件进行机器人相关技术的研发和教学。

图 12.1　Webots 仿真软件界面图

1. Webots 仿真软件的主要特点

Webots 作为一款专业移动机器人研发仿真软件，包含一种快速造型工具，方便用户创建一个虚拟的，具有诸如质量分布、物理连接、摩擦系数等物理特性的 3D 世界。用户可以运用它添加任意的非活性对象和能动对象。而且，可以根据需要给这些移动机器人装配一定数量的传感器和执行器。传感器和执行器的种类有：测距传感器、轮式发动机、视觉传感器、伺服驱动系统、点触传感器、抓取装置、红外发射器和

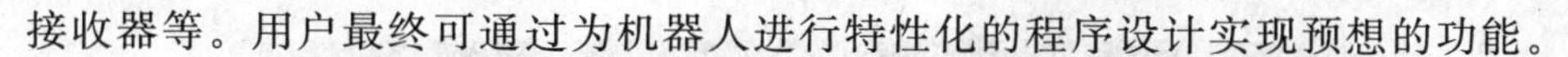

接收器等。用户最终可通过为机器人进行特性化的程序设计实现预想的功能。

Webots开发环境中包含了大量的机器人模型和控制器例程帮助用户进行研发；也包含一定数量的面向真实移动机器人的接口，用户在进行机器人仿真并实现预想功能后，可将其控制程序移植到真实机器人中。

Webots仿真软件的具体特点包括：

➢ 采用OpenGL技术的内置的3D编辑器，可对机器人及其作业环境进行建模造型，可将在其他3D造型软件中建立的模型导入到Webots中；
➢ 其完备的传感器库和执行器，可将其添加到机器人模型当中，并根据实际情况设定传感器、执行器的工作特性；
➢ 含有ODE(Open Dynamics Engine)库，可进行精确的物理仿真；
➢ 可以使用C语言、C＋＋、JAVA对机器人控制系统感测系统进行编程；
➢ 通过TCP/IP协议，可以将Matlab、Labview、Lelips当中的控制程序添加到Webots运行环境中；
➢ 具有自动管理机器人仿真实验功能，使用者可以通过编程动态地添加、移动物体；
➢ 通过Webots软件还可与机器人通信，记录机器人移动轨迹；
➢ 对机器人能耗问题(Metabolism)进行仿真；
➢ 对多智能体机器人进行仿真；
➢ 可将在Webots当中调试成功的程序移植到真正的机器人当中；
➢ 可将在Webots建立的模型上传到互联网上或其他终端；
➢ 可将建模过程、仿真结果以AVI或MPEG格式记录等。

2. Webots软件的应用领域

Webots仿真软件因其针对性强的特点，最主要被应用于移动机器人的设计和造型的工作中，也有文献将其运用到多智能体系统中研究机器视觉及人工智能和生物体建模。由于Webots可运用C/C＋＋/Java语言编写移动机器人的控制程序，因此也可将其用于C/C＋＋/Java语言的教学。另外，Webots软件中的造型是以VRML(虚拟现实建模语言)实现的，因此熟练掌握软件对学习VRML也大有益处。

3. Webots仿真软件的使用

如图12.2所示，Webots软件主窗口界面简洁但是功能齐全，在“文件”、“编辑”、“仿真”和“帮助”4个按键下包含了各种软件功能；快捷键包括创建新文件、打开、保存、重载，以及控制当前仿真程序的开始、暂停和步进按键。

用户观察场景的视角可以运用鼠标和键盘进行巡航，通过选中任意对象，包括机器人、固体或者光源，也可以进行任意视角的观察。

如图12.3所示，Webots软件的开发环境大体分为4部分，即显示对象和场景的视景仿真界面；建模编辑界面(scene tree window，场景树窗口)；带有编译功能的编

图 12.2 Webots 软件主界面

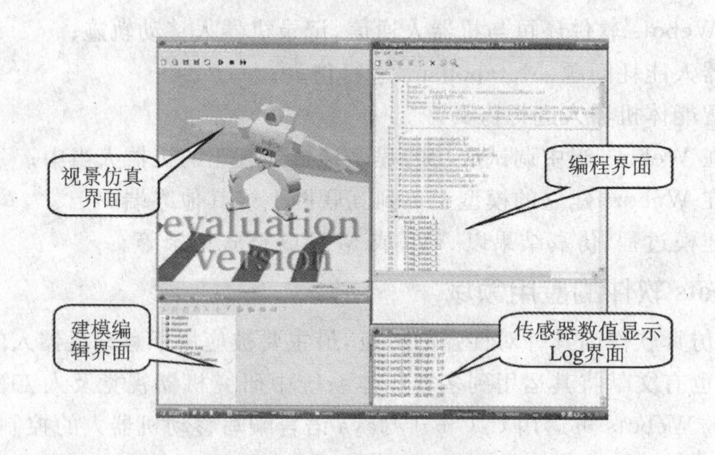

图 12.3 Webots 软件开发环境

程界面以及反映传感器和对象参数变化的 Log 界面。另外，根据设计内容，还会有控制器程序自生成的伺服系统参数状态栏以及能够实时显示图像的摄像头画面视窗等。

视景仿真界面是一个活跃的可视化仿真环境，其中的所有对象无论在运行时还是非运行时都是可选的。Webots 作为一款专业的机器人仿真设计软件，其在 3D 渲染效果方面也有自己的特点，主要体现在强调了仿真的快速性和实时感，所以在质地和颜色的 3D 渲染上更多地采用模块化处理，这样利于研发过程中的矫正和修改。

建模编辑界面是利用 Webots 仿真软件进行机器人造型设计最主要的界面和工具(见图 12.4)。Webots 仿真软件的这种树状的场景编辑器是符合 VRML 语言结构的一个文件，是一个节点的列表，每个节点可呈树状展开并拥有自己的定义域，这些定义域里可以复用或创建新的子节点，也可以给各种对象参数赋值，或者定义各种指向控制程序、渲染图片以及传感器件等的链接。

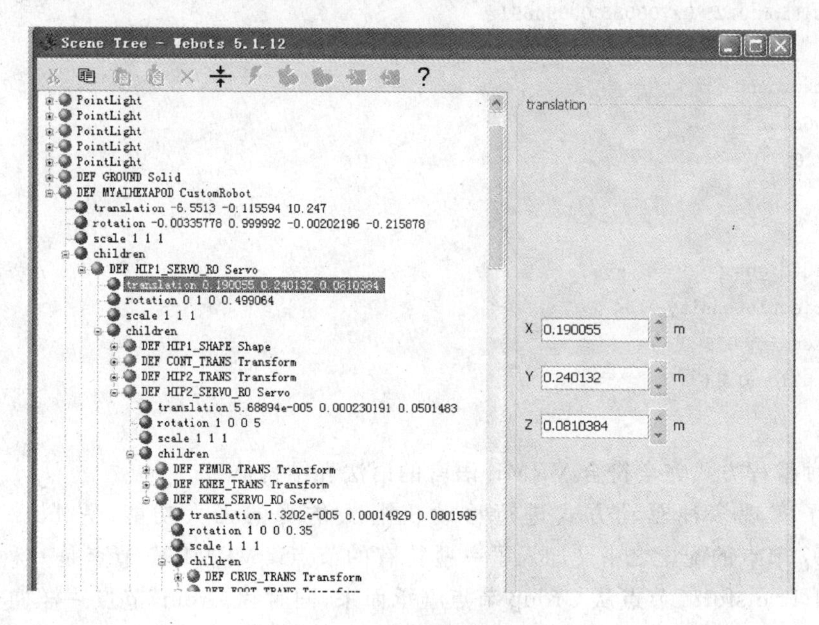

图 12.4 建模编辑界面

Webots 的一些节点符合 VRML97 类节点的继承性和全局执行性，比如 Solid 节点就可以是从 Transform 节点以 VRML97 标准继承，并且可以任意选择和移动。也有一些节点类型是 Webots 所特有的。

关于 VRML 类型的节点，通过实际应用证明，在 Webots 中完全支持或部分支持绝大部分 VRML 节点，其中，《ISO/IEC 14772－1：1997》中定义了 VRML97 的语法结构在，而 Webots 中使用了大量的诸如 Appreance（外观）、Box（盒体）、Color（颜色）、PointLight（点光源）、Switch（开关）以及 Transform（变换）等几十种 VRML97 节点。

因此，Webots 的文件一定会以类似"＃VRML_SIM V4.0 utf8"的语句开始，然后依次是对 WorldInfo、Viewpoint 和 Background 这些节点的 VRML 描述。用文本编辑器打开可以看到一个典型的 Webots 文件是这样的：

```
＃VRML_SIM V4.0 utf8
WorldInfo {
info [
"Description"
"Author: first name last name <e-mail>"
"Date: DD MMM YYYY"
]
```

```
}
Viewpoint {
orientation 1 0 0 -0.8
position 0.25 0.708035 0.894691
}
Background {
skyColor [
0.4 0.7 1
]
}
PointLight {
ambientIntensity 0.54
intensity 0.5
location 0 1 0
}
```

这种编程方式完全符合 VRML 语言的语法和结构体系。

为了实现多种驱动方式进行移动机器人仿真的强大功能，Webots 软件在 VRML97 节点的配置之中又加入了一些特有的节点。VRML97 节点是一种层次结构，比如 Transform 节点从 Group 节点继承而来，同时和 Group 节点一样拥有 Children 定义域，并含有 3 个默认参数 translation、rotation 和 scale。Webots 特有节点利用同样方式继承在 Solid 节点中，而 Solid 节点正是从 VRML97 的 Transform 节点继承而来的。

编程界面是一个可编译的功能强大的文本编辑器，用户可以用 C/C++/Java 语言对机器人控制和仿真程序进行编程，并且能够实时编译和移植。编辑界面可以自动校验编程语言的语法格式（见图 12.5），例如自动将 C/C++语言中不同性质的成员进行标记和颜色区分，并且可以进行页面的自动整合和拆分，从而大大提高了不同程度开发者的工作效率。

Log 界面能够实时地显示输出传感器参数以及智能控制（例如键盘操控）的返回值等仿真系统数值和参数，使仿真效果更可信。

4. 基于 Webots 仿真软件设计机器人的流程

应用 Webots 开发一个移动机器人的仿真 Demo，需要按照一定的流程进行（见图 12.6），这种专业流程在国外众多科研机构和大学的相关专业和课题中的研究中，已经得到了广泛的认可。

(1) 环境建模与机器人造型

在应用 Webots 进行仿真之前，必须要对 Webots 特有的 World（概念）有深刻的认识。Webots 中的 World 是一个可以用来创建对象和机器人的虚拟的 3D 环境。它被作为.wbt 文件保存在 worlds 目录下。这个文件包含了对任意对象的描述：位

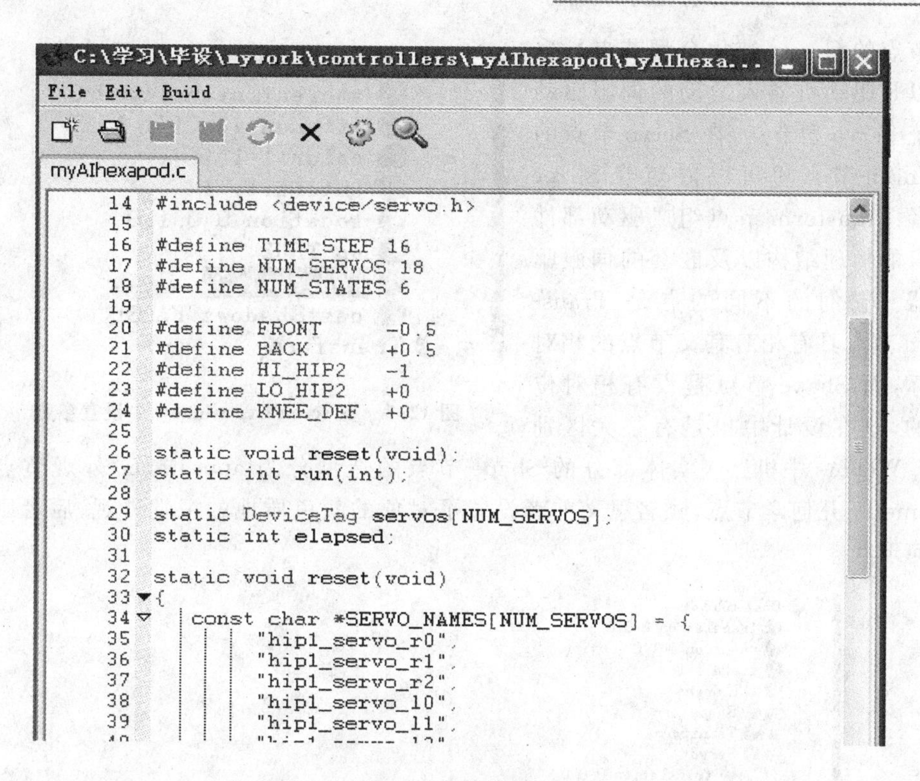

图 12.5 编程界面

置,方向,几何形状,外观(如颜色,亮度),物理性质,对象的类型等。World 具有一种层次性结构,使得对象可以包含其他对象(符合 VRML97)。

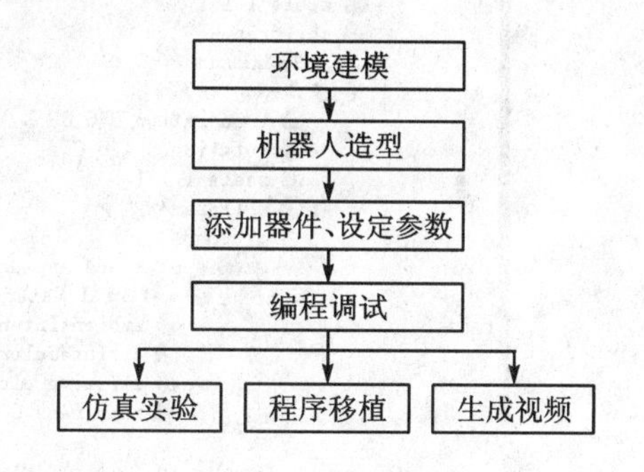

图 12.6 基于 Webots 仿真软件设计机器人的流程

Webots 机器人仿真程序的环境建模包括背景和固体场景的建立,其中,地板、背景和光源是最基本的环境对象。地板是一种 Solid 节点,包含了碰撞范围和作为子节点的外形和质地节点;背景 Background 中设置参数值设定天空颜色;一个仿真世界中可以包含若干点光源 PointLight 节点,可以设置这些光源的坐标、亮度、范围以及透明度等参数。这些设置都可在建模编辑界面(scene tree window)中完成,如图 12.7 所示。

较之以前版本,在 Webots5.1.12 中进行移动机器人的造型更加便捷,一种新的节点 CustomRobot 可以直接在 scene tree window 根目录下建立(见图 12.8),作为一个机器人体的集合,拥有统一的空间坐标,而在它之下的 children 中可以嵌套更多的节点,这些节点既可以是机器人物理组成的 Shape 节点(或者是嵌套着多个 Shape

子节点的Group纯集合型节点)，也可以是驱动机器人运动的伺服驱动系统Servo型节点，在Servo节点的children节点里可以嵌套着Shape或者Transform节点组成驱动部件本身的物理结构以及嵌套的伺服驱动器。它们的不同的点是Transform节点具有相对其父节点的相对坐标，而Shape节点是没有相对位移的，这在设计中也是有很大区别的。Webots中机器人实体部分的Shape节点的造型分为appearance外观节点和geometry几何学节点，顾名思义前者设置了对象的颜色质地的视觉外观，后者则是几何形状。

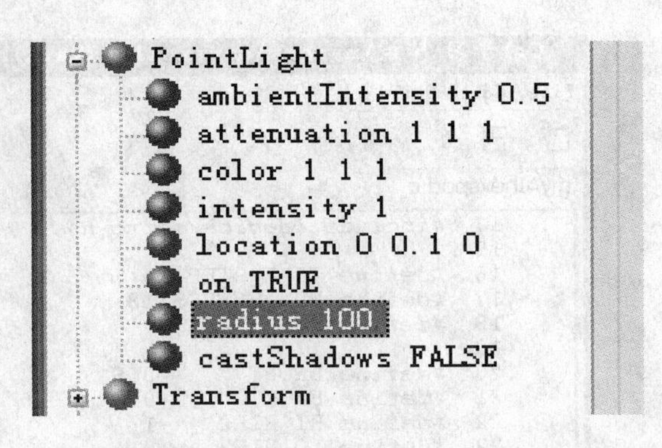

图12.7 在scene tree window中设置参数

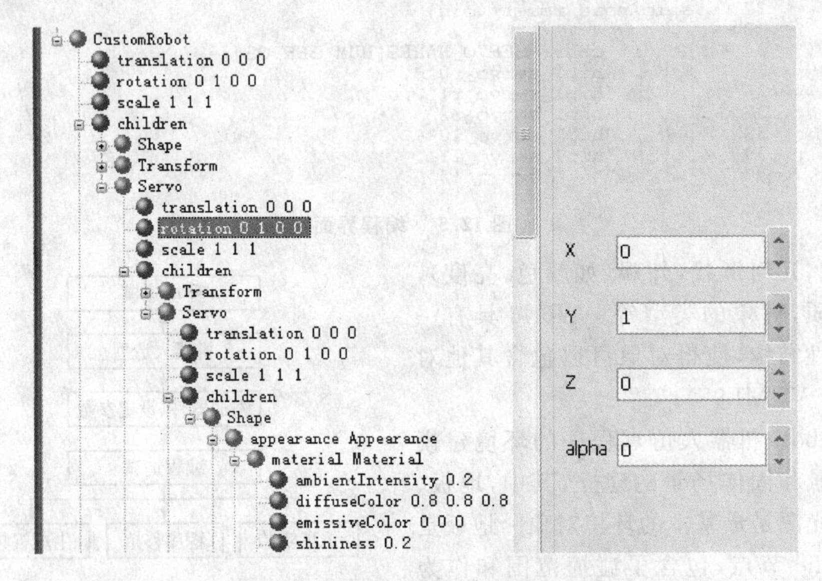

图12.8 在CustomRobot中设置参数

为了真实地反应出客观世界的物理特性，尤其突出移动机器人的应用特点，Webots建立了一种碰撞探测原则，也可以说是一种冲突保护，它能够探测出两个具有外观和几何特性的Solid节点物理实体之间的碰撞，其原理是通过计算Solid节点各自的bounding对象之间的交集值来实现的。bounding对象是在Solid节点的boundingObject中定义的，实质上是一个或一组具有几何学外形的shape节点对象(因没有外观，Appearance定义呈现为“透明”状态)限制了固体实际的范围。如果boundingObject的值为空，则意味着没有冲突保护。另外一个Solid固体节点可以包含其他具有bounding object的Solid节点作为子节点。

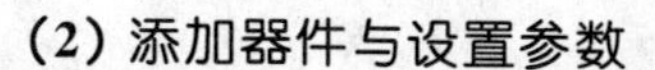

(2) 添加器件与设置参数

在 Webots 中设计移动机器人，驱动机器人运用的控制器 controller 是最重要的虚拟器件之一。一个 world 中的控制器是一个可执行的二进制文件。控制器程序都存储在 Webots 的 controllers 子目录下，一个可执行的控制器程序必须是经过 C/C++/Java编译而成的本地可执行文件(如 Windows 下的. exe 文件)或者 Java 的二进制执行文件(. class)。

Webots 拥有强大的器件库，在 CustomRobot 的子节点或者层叠的任意子节点处均可添加各种器件(见图 12.9)，包括距离传感器、接触传感器和光敏传感器等传感器，以及 GPS 模块、发射器 Emitter 和接收器 Receiver 模块、伺服系统 servo 模块、视觉传感器模块、轨迹笔 Pen 模块以及发光二极管 LED 等。

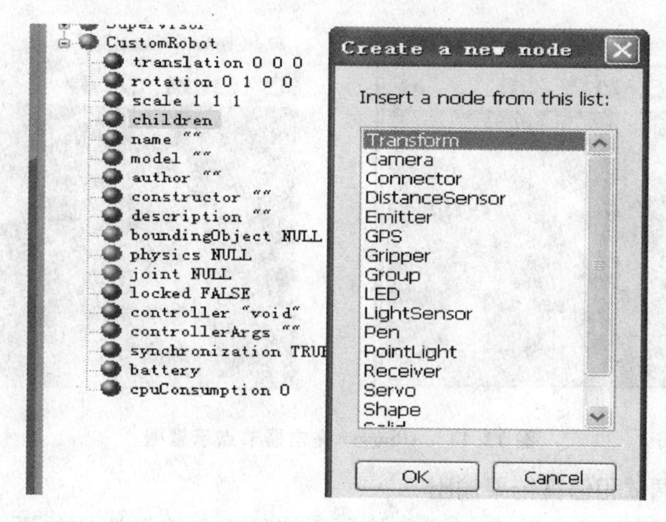

图 12.9 添加器件示意图

在设置各种传感器时，除了要设置空间坐标或者相对坐标以及外观和物理性质等参数，还要在 scene tree window 中设置传感器算法。例如，对于距离传感器，必须通过在 lookupTable 里面赋予一定的距离算法值，生成该传感器的算法(见图 12.10)。在控制程序直接引用这些设置好的算法即可以完成一系列智能设计。

Webots 中还有一些重要和特殊的节点，比如 Supervisor(管理者) controller 节点，如果一个机器人控制器(robot controller)是一个通常情况下用 C/C++/Java 编写的控制一个机器人的程序，那么 Supervisor controller 就是一个用 C/C++编写的用来控制一个世界和它之中多个机器人的程序，应该说它是为多智能体机器人系统的控制设计的。

另外还有 Charger 充电器节点(见图 12.11)，用于一些机器人编程比赛的项目，进行机器人探测能源的模拟。

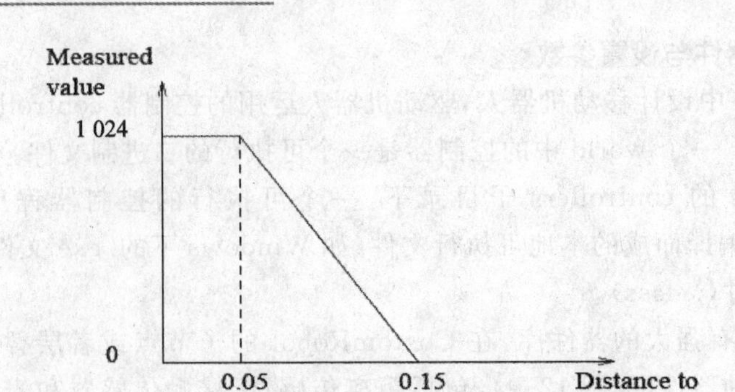

图 12.10　生成距离传感器的算法

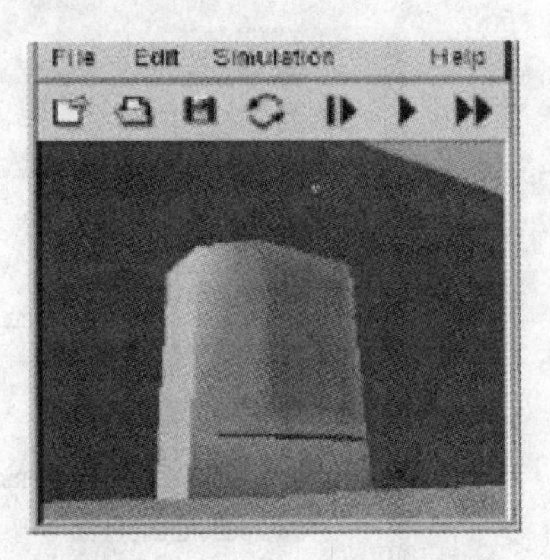

图 12.11　Charger 充电器节点示意图

(3) 编程调试和仿真结果输出

Webots 中用 C/C++/Java 进行控制系统编程和编译调试的语法完全符合这些编程语言的规则。Webots 为所有开发者提供了丰富的库函数，编写控制程序的时候只要包含函数所在的头文件，就可以引用这些功能函数。这些头文件大都在 Webots 的 include/device 路径下，例如，一个最基本的移动机器人造型就需要"#include <device/robot.h>"，而为了驱动机器人加入了伺服系统，则需要"#include <device/servo.h>"，这样就可以直接在编程界面引用这些函数。在编写任意移动机器人控制程序之前，首先都必须在 main 函数中调用 robot_live(reset)对 world 环境和机器人进行重置。

Webots 移动机器人设计的仿真结果有三种重要的输出方式。

第一种为仿真实验，即在 Webots 进行现实世界实际环境的建模。首先明确仿真实验的目的，比如，在这个 shrimp 轮式机器人越障仿真实验中，为了考虑全面，就需要对各种地形进行模拟建模(见图 12.12)；接下来进行机器人造型、控制系统和传感系统设计、编程一系列工作，最后反复运行，观察分析机器人在环境中的运动结果和参数输出，完成整个仿真实验。

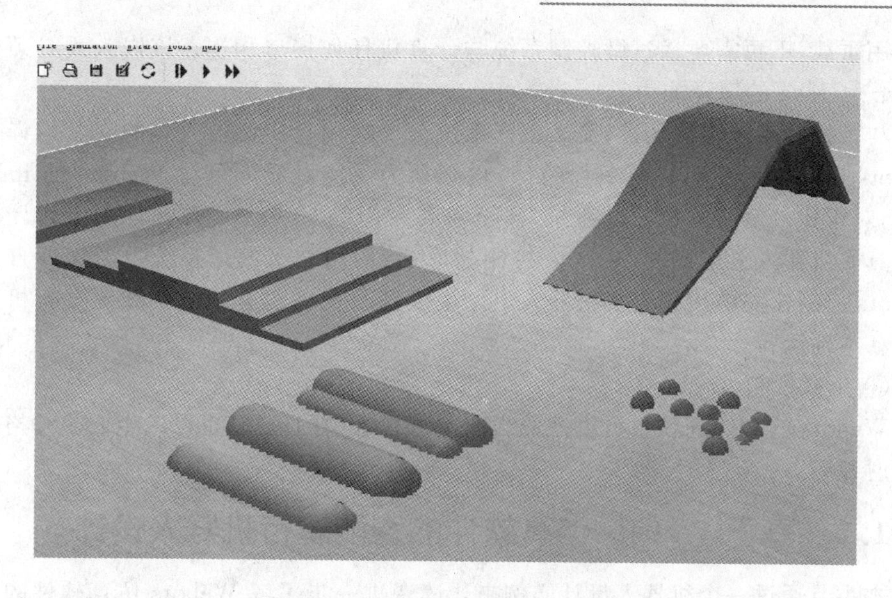

图 12.12　对地形模拟建模示意图

第二种方式为程序移植。Webots 是基于现实可移植性设计的一款仿真软件，在研发者设计一个仿真的时候就需要考虑这个仿真的可移植性和程序接口与真实机器人硬件控制接口的可链接性。Webots 中已经包含了针对一部分真实机器人的特定移植系统，包括 Khepera™、Hemisson™、LEGO Mindstorms™、Aibo™ 等机器人。然而，要将自行设计的仿真程序移植到真实机器人中，即使仿真机器人的物理模拟与真实机器人的物理性质一定程度是接近的，仍然需要一些基础配置。

第三种为生成视频。Webots 仿真软件可以将仿真过程及仿真结果转换成 AVI 格式的视频，供科研人员后续观察、分析。

① 微控制移植。

开发一个微控制系统是将控制程序移植到真实机器人最简单的方法。具体方法是，控制程序在计算机中运行，但是并不是向仿真机器人发送指令和读取传感器数据，而是直接与真实机器人通信。这种方法的好处是只需建立一个很小的运行 Webots API 的函数库，但是无论是发送命令还是读取数据，都需要根据仿真机器人和真实机器人两者之间参数单位等差异，在函数中进行必要的单位转换。

为了避免在仿真与真实机器人接口之间用 C 语言实现 Webots 函数而进行的不断重载，需要建立自定义库，令对象文件与自定义库中的 C 函数直接链接，取代 Webots 的控制器动态库，同样这个自定义库既可以是静态的也可以是动态的。一旦运行了自定义的库控制机器人，这个控制器就可作为一个独立实现程序进行控制，并可以加入绘图元素以显示传感器数据、驱动器参数和控制按键等。

② 交叉编译。

开发交叉编译系统将允许 Webots 控制器在带有嵌入式处理器的真实机器人中

被复用重载，不再需要通过微控制系统与计算机任何接口相连。该嵌入式必须具有C/C++/Java 的编译能力。

与微控制系统不同的是，交叉编译系统需要运用真实机器人上的交叉编译器对Webots 控制器的源码进行重新编译，也必须为真实机器人重写 Webots 的 include 文件，对于比较复杂的机器人系统，甚至需要专门编写一些 C 源文件用来编译转换为在真实机器人上运行的 Webots 控制器库；然后用交叉编译系统重新编译自己的Webots 控制器并链接到真实机器人上。生成执行文件也必须被下载到真实机器人中以备本地运行。

③ 生成视频。

Webots 的文件选项里可以截取当前仿真视景中的位图，也可以生成多种格式的运行时视频。

12.1.2 基于 Webots 仿真软件的智能爬行机器人设计

本小节通过一个机器人设计实例来让读者进一步了解 Webots 仿真软件的使用方法。

1. 环境建模

在 Webots 中进行智能爬行机器人实验环境建模的步骤如下：首先，按 12.1.1 小节所述，对包括背景和自然光源等进行建模，然后为这台机器人建立一个可自由活动的平台，并且这个地板需要建立碰撞探测系统的范围（如图 12.13 白线所示）；其中，地板的质地是通过在质地 texture 节点的 url 路径项中选择指定路径名的贴图进行定义（见图 12.14）。需要指出的是，在 Webots 仿真软件中，所有 texture 等类似节点中引用的位图像素必须是(2n)×(2n)，如 8×8、16×16、32×32、64×64、128×128、256×256 等。

图 12.13　地板碰撞探测系统建模

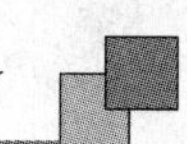

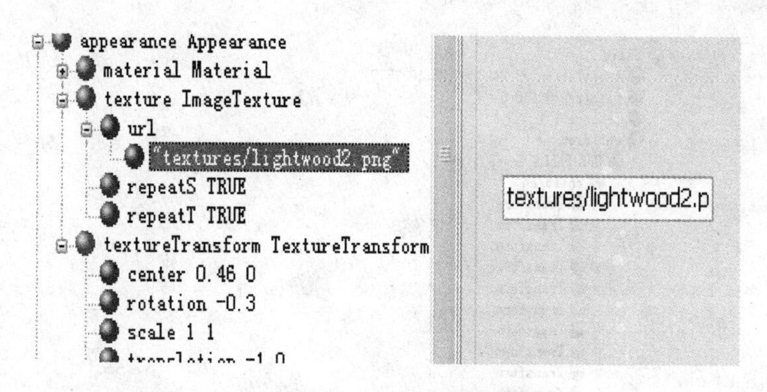

图 12.14 地板节点编辑

根据智能爬行机器人步行稳定性和平衡性等实验任务的要求，需要在平台上设计一系列障碍模型（见图 12.15），在 scene tree window 编辑的时候，将每一组同类障碍物作为一个 Solid 固体节点，其中复杂的各种形状体组合是通过在 Solid 节点的子节点嵌入一个 Group 组合节点，Group 只有一个项即为 Children 子节点项，在其中嵌入若干个 Transform 节点，Transform 节点含有 Shape 节点进行最小个体的物理性质和外形等造型。之所以用 Transform 节点而不是直接嵌入 Shape 节点，是因为 Transform 节点具有的性质能够组成相对于 Solid 的整体坐标系，有益于个体的修改（见图 12.16）。

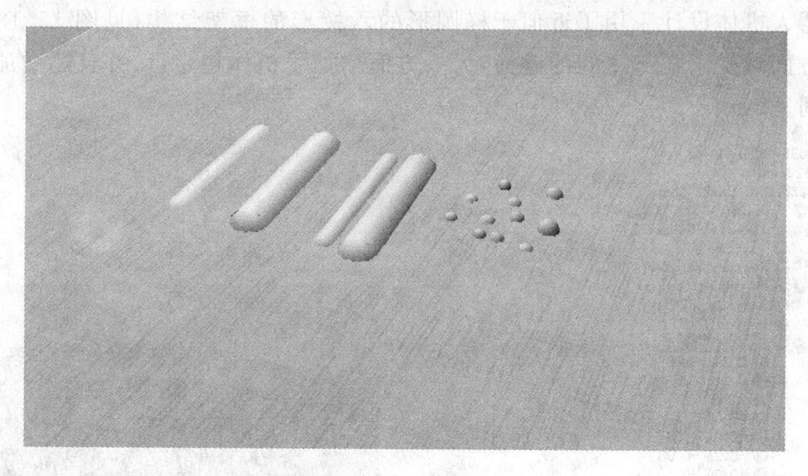

图 12.15 障碍物建模

2. 智能爬行机器人造型设计

将仿生六足机器人分为 7 个部分进行造型，分别是机器人体躯干和 6 个机械腿。

为便于在以后的实验任务中添加放置传感器的装置，将躯干编辑为一个有一个 Shape 子节点的 Group 节点，几何结构上，简化设计为一个有厚度的多边形，在平行于地面的象限定义一组坐标点并由 Webots 自动连接，这些点是在 extrusion 几何体

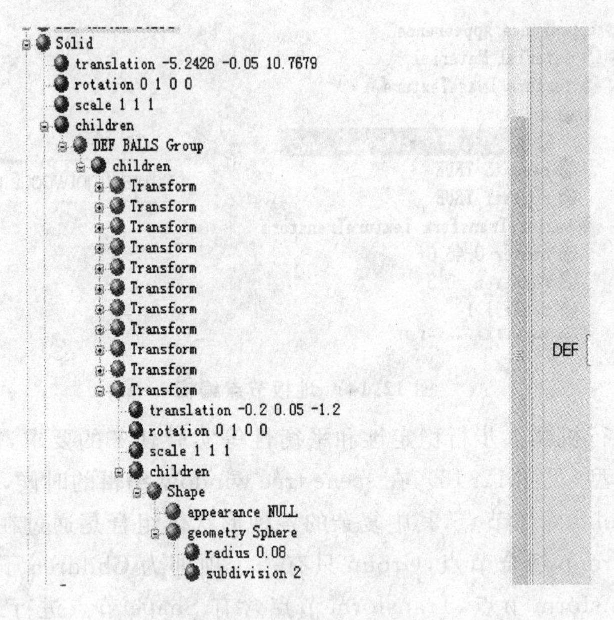

图 12.16　障碍物造型编辑

的 crossSection 数组中依次定义的，厚度 spine 中由相对坐标值定义(见图 12.17)。机体外观由 Appearance 节点进行渲染。

机器人机体设计采用了近似于椭圆形的六棱形的框架结构(见图 12.18)，这样设计一方面减少了腿部之间的碰撞，另一方面增加了机体稳定性，并且还增加了腿部转动空间。

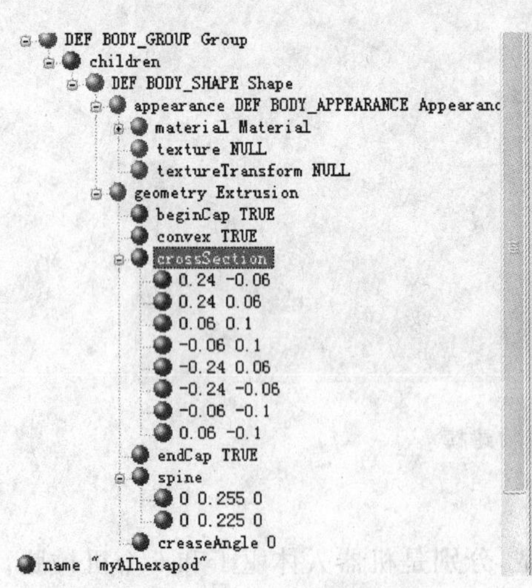

图 12.17　机器人体建模编辑

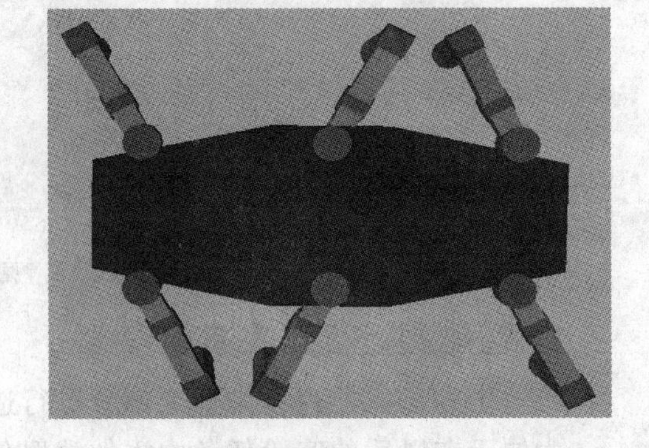

图 12.18　机器人机体采用近似于椭圆形的六棱形的框架结构

每一条腿的空间坐标(相对坐标)和转角随着运动而不同,然而结构和外形特征完全一样,所以只需编辑第一条腿的每一个元素,并在DEF栏里填写默认名称,在对另外几只机械腿进行建模时,可以在嵌入任何节点的时候,选择"USE XXXX(默认名称)",复用这个默认编辑节点的内容(见图12.19)。应该注意的是,无论默认节点的种类是什么,复用的时候一切设置都将是一样的。

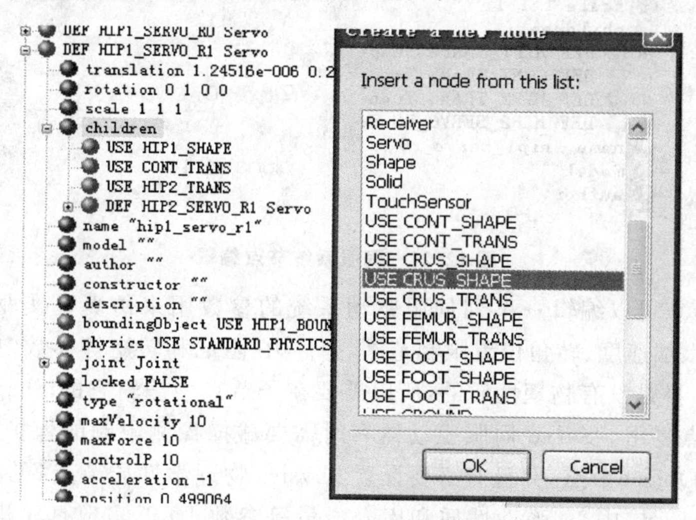

图12.19 复用节点的编辑

将机器人腿部设计为一个具有3自由度的关节通过长方体固体连接一体,每一个关节都设计为一个具有1自由度的绕本身中轴转动的圆柱体。如图12.20所示,该机构从左向右依次为基节、根关节、髋关节、股节、膝关节、胫节和足。

图12.20 机器人腿部结构造型图

在Webots软件中,用Servo伺服节点来设计空间定自由度旋转的机构,通过改变Servo的角度参数值实现机构空间旋转,1自由度旋转即在XYZ轴指定一个值为

1,另外两个为 0,改变 alpha 值绕该轴旋转(见图 12.21)。

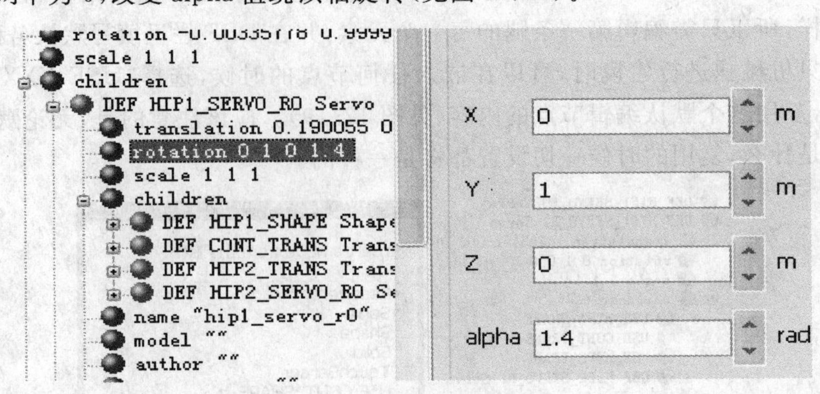

图 12.21　伺服系统节点编辑

Servo 节点可以编辑一系列伺服驱动系统的参数用来仿真真实驱动电机的参数,包括速度、加速度、转角位置限制范围、弹性力、阻尼和转矩等参数(见图 12.22)。Servo 节点本身是没有物理性质的,所以需要在子节点中编辑它的 Shape 参数,也可以作为子节点复用。Servo 伺服驱动器有时需要碰撞探测限制的保护,因此需要设置 boundingObject 节点,并且有必要设置 physics 物理学性质节点(见图 12.23),通过设置密度、质量、中心、弹性性质和库仑电量等参数,真正实现真实机器人的物理仿真。

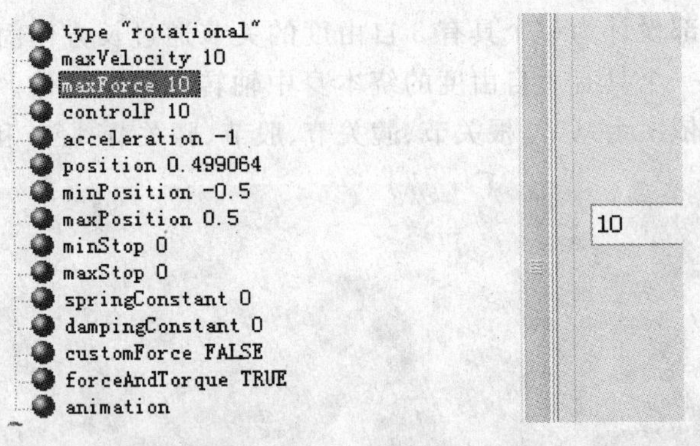

图 12.22　伺服节点参数编辑

由于这 7 个部分的结构都是 CustomRobot 的子节点,所以可以通过相对坐标设置方便地编辑相对位置,加入必要的冲突防护模型,最终形成一个完整的智能爬行机器人造型,如图 12.24 所示。

3. 智能爬行机器人运动规划

(1) 直行步态

通过改变 3 个伺服系统 Servo 节点的转角参数值,可以将整个机器人直线行走时的步态分为 6 个状态,左侧从上向下依次是 1、2、3 号腿,右侧从上向下依次是 4、

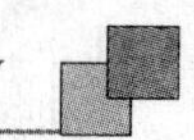

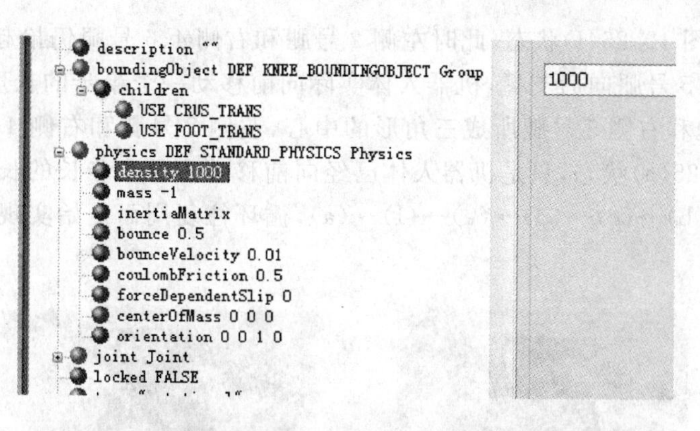

图 12.23 物理性质节点编辑

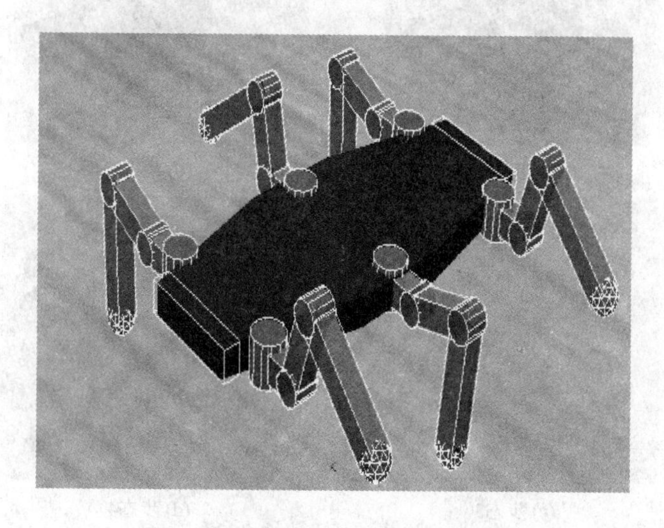

图 12.24 智能爬行机器人整体造型

5、6号腿，如图12.25所示：图12.25(a)状态，机器人开始运动前左侧的2号腿和右侧的4、6号腿向前，左侧1、3号腿和右侧5号均呈支撑态，机器人重心在两组三足支撑点所成三角形的两个中心点连线的中点；图12.25(b)状态，左侧1、3号腿和右侧5号腿抬起并准备向前摆动，机器人重心为左侧2号腿和右侧4、6号腿所成三角形的中心；之后，左侧1、3号腿和右侧5号腿向前摆动，同时左侧2号腿和右侧4、6号腿相对机身向后摆动，形成图12.25(c)的状态，此时左侧1、3号腿仍抬起向前，左侧2号腿和右侧4、6号腿向后支撑，机器人体实际向前移动一个半步的长度，重心仍一直处于左侧2号腿和右侧4、6号腿所成三角形的中心；图12.25(d)状态，左侧1、3号腿和右侧5号腿落下支撑，左侧2号腿和右侧4、6号腿不变，重心在两三角形中心连线中点；图12.25(e)状态左侧2号腿和右侧4、6号腿抬起准备向前摆动，左侧1、3号腿和右侧5号腿不变支撑，重心在左侧1、3号腿和右侧5号腿所成三角形中心；此后左侧2号腿和右侧4、6号腿向前摆动，同时左侧1、3号腿和右侧5号腿相对机身向后摆动，形成图 12.25(f)状态，此时左侧 2 号腿和右侧 4、6 号腿仍抬起向前，左侧 1、3 号腿和右侧 5 号腿向后支撑，机器人体实际向前移动一个半步的长度，重心仍处于左侧 1、3 号腿和右侧 5 号腿所成三角形的中心，左侧 2 号腿和右侧 4、6 号腿落下支撑即成图 12.25(a)状态，只是机器人体已经向前移动了一个步长的长度。如此不断从步态(a)→(b)→(c)→(d)→(e)→(f)→(a)，循环往复周而复始实现机器人不断向前运动。

(a) 步态1　(b) 步态2　(c) 步态3　(d) 步态4　(e) 步态5　(f) 步态6

图 12.25　智能爬行机器人直线运动步态规划

(2) 原地转体步态

原地转体的步态也划分为 6 个状态，与直行步态唯一不同的是，每个状态同一侧的 3 条腿的摆动方向永远是同向的，即左侧 1、2、3 号腿在 6 个状态的任何一个里面

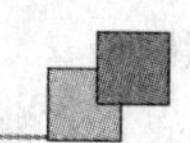

的水平转角始终一致,右侧 4、5、6 号腿亦是如此。而原地转体步态中,各个状态 6 条腿抬起和支撑的步骤保持不变,使 6 个步态周而复始变换即形成了原地转体运动。

4. 智能爬行机器人感知系统设计

(1) 视觉传感器

为已经设计实现正常步态的仿生六足机器人添加视觉捕捉系统,即 CMOS 摄像机捕捉机器人运动前方的实时影像,在仿真程序中生成实时播放窗口,仿真效果如图 12.26 所示。加入摄像机可直接在 CustomRobot 中嵌入 Webots 自带的 Camera 节点作为子节点,并且该节点拥有 transform 性质,即拥有对父节点的相对坐标等,同时有一系列摄像机仿真性质参数,主要是视角高度和宽度等参数。视觉传感器的物理外形可以通过在子节点中嵌套 transform - shape 节点进行造型。

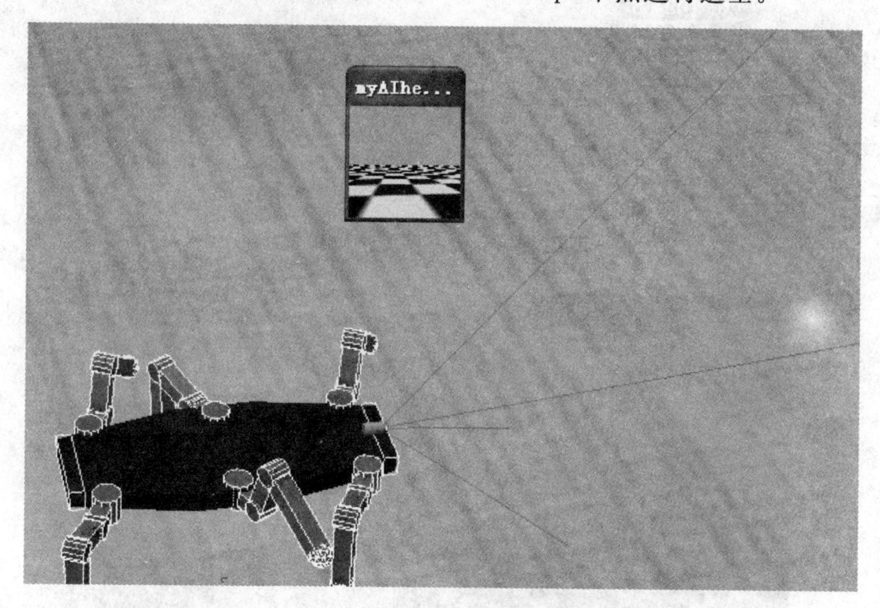

图 12.26 添加视觉传感器的智能爬行机器人

(2) 红外距离探测器

红外距离传感器的设计与视觉传感器的设计原理是一样的,即将 DistanceSensor 节点作为子节点嵌入机器人 CustomRobot 对象节点中,并且具有 transform 性质和距离传感器的器件仿真参数,例如在 lookupTable 项中添加赋值项,定义该传感器的测量算法函数等(见图 12.27)。传感器的外形等物理特性仿真设计与视觉传感器相似(见图 12.28)。在添加了红外距离探测器之后,可以根据实验要求对避障仿真环境进行建模(见图 12.29)。

5. 运动控制编程

在 Webots 中对机器人的运动进行控制,其编程原理即对每一个时态的 Servo 参数赋值,这里所设计的智能爬行机器人均划分为 6 个过程,且只涉及 3 组 Servo 的

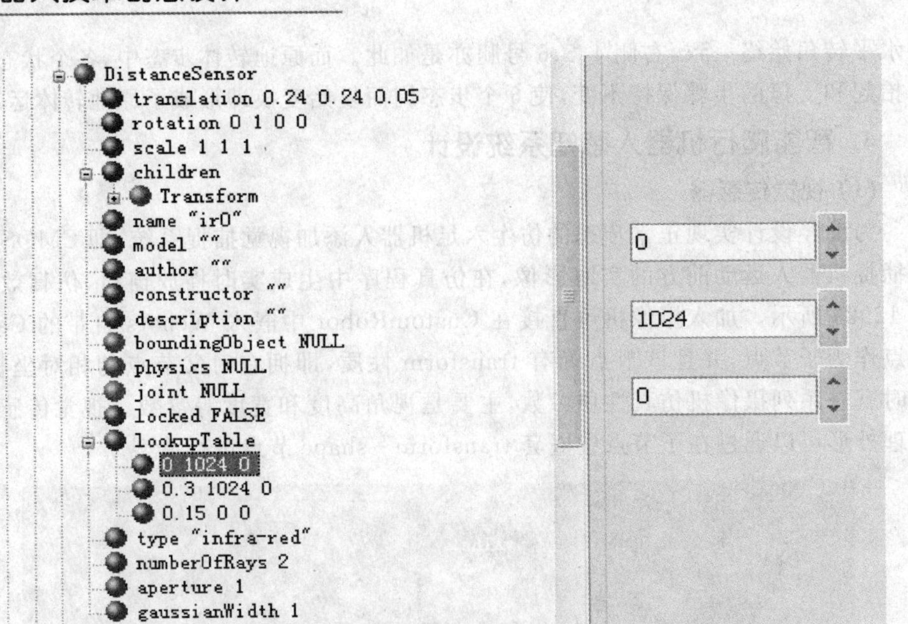

图 12.27　传感器算法编辑

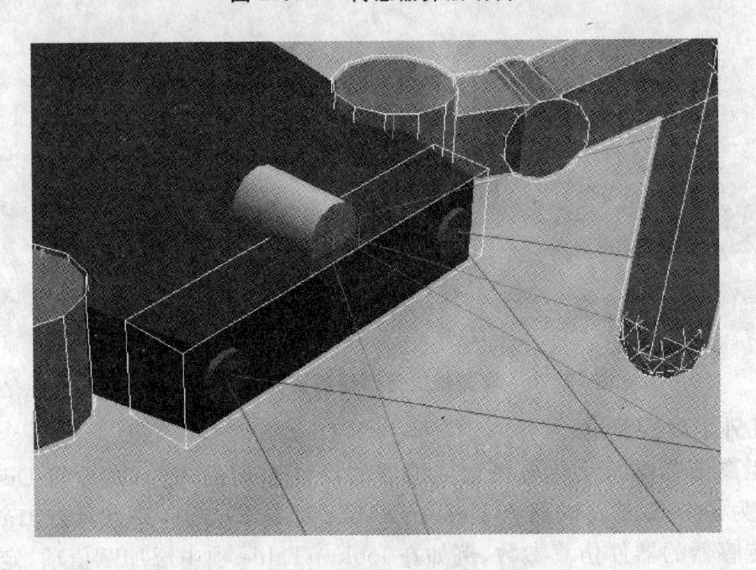

图 12.28　红外距离传感器造型与位置放置

一个 alpha 角数值变化。

以直行步态为例，首先在建模编辑界面编辑控制器关联，在 CustomRobot 节点的 controller 选项中选择相关联的控制器程序并单击 Edit 进入编程界面(见图 12.30)。

在编写调用函数和主程序之前，预编译必要的头文件并预定义一系列数值，表示所有 Servo 的 alpha 角各种取值情况。Webots 控制程序往往具有十分简洁的编程

图 12.29 避障仿真环境

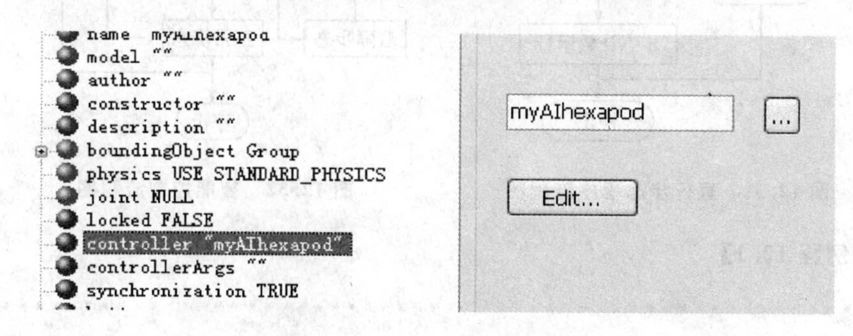

图 12.30 运动控制编辑

规范，即在运行时 main 函数中只有 robot_live(reset)和 robot_run(run)两个函数的调用，而将控制参数设置写入静态函数 reset(void)，将控制程序代码写入静态函数 run(int ms)中这两个静态函数的返回值分别在 robot_live(reset)和 robot_run(run)函数中被调用，这样，实现了分模块编译而且不影响主函数运行。

reset(void)函数中首先定义了一个数组 SERVO_NAMES[NUM_SERVOS]，按照一定顺序表示了所有的 servo 伺服关节的 alpha 转角值。然后重置整个机器人系统，用 servos[i] = robot_get_device(SERVO_NAMES[i])这个语句将数组每一个成员与建模中的 servo 相对应。

在函数 run()中，定义一个二元数组 pos[NUM_STATES][NUM_SERVOS]，其中前一个参数表示步态的状态数，本程序为 6，后面的参数表示对应驱动器个数，本程序为 18。实际上就是在这个二元数组中定义整个步态的所有状态，然后用 for 循环设定状态之间的实际运动帧数，完成周而复始的运行。

最后运行 main 函数，用 robot_live(reset)和 robot_run(run)调用 reset 和 run 过程即实现了该机器人直行步态的控制程序编写。程序流程如图 12.31 所示。

添加传感器之后的智能控制流程如图 12.32 所示，其具体实现程序见例程 12.1。

开始
环境参数重置
机器人参数重置
运行
步态数组赋值
步态计数运行
暂停
停止

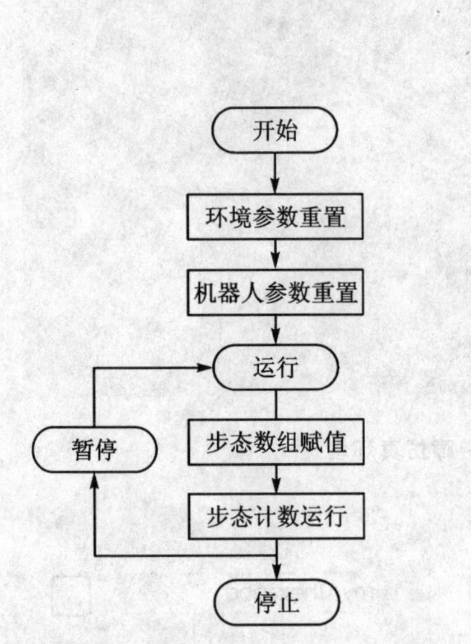

图 12.31　直行步态程序流程图

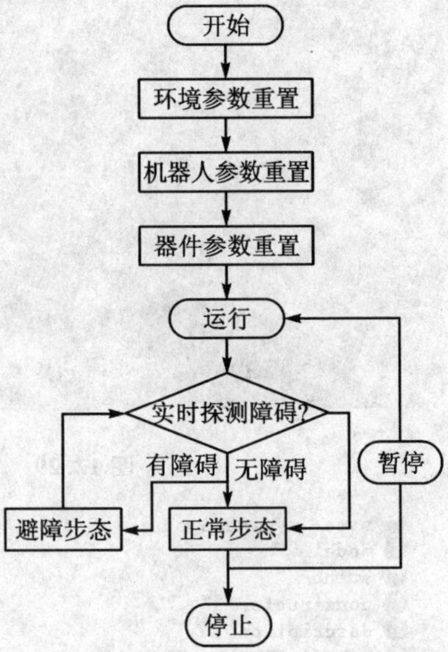

开始
环境参数重置
机器人参数重置
器件参数重置
运行
实时探测障碍?
有障碍
无障碍
避障步态
正常步态
暂停
停止

图 12.32　智能控制流程图

【例程 12.1】

```
*************************************************************
#include <device/robot.h>
#include <device/servo.h>
#include <device/camera.h>
#include <device/distance_sensor.h>
#define TIME_STEP 16
#define NUM_SERVOS 18
#define NUM_STATES 6
#define FRONT       -0.5
#define BACK        +0.5
#define HI_HIP2     -1
#define LO_HIP2     +0
#define KNEE_DEF    +0
static void reset(void);
static int run(int);
static DeviceTag servos[NUM_SERVOS];
static int elapsed;
static int camera;
```

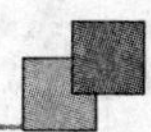

```
static DeviceTag ir0, ir1;

static void reset(void)
{
  const char * SERVO_NAMES[NUM_SERVOS] = {
       "hip1_servo_r0",
       "hip1_servo_r1",
       "hip1_servo_r2",
       "hip1_servo_l0",
       "hip1_servo_l1",
       "hip1_servo_l2",
       "hip2_servo_r0",
       "hip2_servo_r1",
       "hip2_servo_r2",
       "hip2_servo_l0",
       "hip2_servo_l1",
       "hip2_servo_l2",
       "knee_servo_r0",
       "knee_servo_r1",
       "knee_servo_r2",
       "knee_servo_l0",
       "knee_servo_l1",
       "knee_servo_l2"
   };
   int i;
   elapsed = 0;

   for (i = 0; i < NUM_SERVOS; i++) {
      servos[i] = robot_get_device(SERVO_NAMES[i]);
      if (!servos[i]) {
          robot_console_printf("could not find servo: %s\n",
                                        SERVO_NAMES[i]);
      }
   }

   ir0 = robot_get_device("ir0");
   ir1 = robot_get_device("ir1");

   camera = robot_get_device("camera");
   distance_sensor_enable(ir0, 4 * TIME_STEP);
   distance_sensor_enable(ir1, 4 * TIME_STEP);

   camera_enable(camera, 8 * TIME_STEP);
   camera_move_window(camera, 10, 50);
```

```
    return;
  }

  static int run(int ms)
  {
     unsigned short ir0_value, ir1_value;

     camera_get_image(camera);

     ir0_value = distance_sensor_get_value(ir0);
     ir1_value = distance_sensor_get_value(ir1);

    if (ir1_value > 500) {
    const float pos[NUM_STATES][NUM_SERVOS] = {
        {-BACK, -FRONT, -BACK, FRONT, BACK, FRONT, HI_HIP2, LO_HIP2, HI_HIP2, LO_
HIP2, HI_HIP2, LO_HIP2,KNEE_DEF,KNEE_DEF,KNEE_DEF,KNEE_DEF,KNEE_DEF,KNEE_DEF},
        {-BACK, -FRONT, -BACK, FRONT, BACK, FRONT, LO_HIP2, LO_HIP2, LO_HIP2, LO_
HIP2, LO_HIP2, LO_HIP2,KNEE_DEF,KNEE_DEF,KNEE_DEF,KNEE_DEF,KNEE_DEF,KNEE_DEF},
        {-BACK, -FRONT, -BACK, FRONT, BACK, FRONT, LO_HIP2, HI_HIP2, LO_HIP2, HI_
HIP2, LO_HIP2, HI_HIP2,KNEE_DEF,KNEE_DEF,KNEE_DEF,KNEE_DEF,KNEE_DEF,KNEE_DEF},
        {-FRONT, -BACK, -FRONT, BACK, FRONT, BACK, LO_HIP2, HI_HIP2, LO_HIP2, HI_
HIP2, LO_HIP2, HI_HIP2,KNEE_DEF,KNEE_DEF,KNEE_DEF,KNEE_DEF,KNEE_DEF,KNEE_DEF},
        {-FRONT, -BACK, -FRONT, BACK, FRONT, BACK, LO_HIP2, LO_HIP2, LO_HIP2, LO_
HIP2, LO_HIP2, LO_HIP2,KNEE_DEF,KNEE_DEF,KNEE_DEF,KNEE_DEF,KNEE_DEF,KNEE_DEF},
        {-FRONT, -BACK, -FRONT, BACK, FRONT, BACK, HI_HIP2, LO_HIP2, HI_HIP2, LO_
HIP2, HI_HIP2, LO_HIP2,KNEE_DEF,KNEE_DEF,KNEE_DEF,KNEE_DEF,KNEE_DEF,KNEE_DEF}
    };
    int state, i;
    elapsed += 1;
    state = (elapsed / 25 + 1) % NUM_STATES;
    for (i = 0; i < NUM_SERVOS; i++) {
        servo_set_position(servos[i], pos[state][i]);
      }
  if (ir0_value > 500) {
  const float pos[NUM_STATES][NUM_SERVOS] = {
        {-BACK, -FRONT, -BACK, FRONT, BACK, FRONT, HI_HIP2, LO_HIP2, HI_HIP2, LO_
HIP2, HI_HIP2, LO_HIP2,KNEE_DEF,KNEE_DEF,KNEE_DEF,KNEE_DEF,KNEE_DEF,KNEE_DEF},
        {-BACK, -FRONT, -BACK, FRONT, BACK, FRONT, LO_HIP2, LO_HIP2, LO_HIP2, LO_
HIP2, LO_HIP2, LO_HIP2,KNEE_DEF,KNEE_DEF,KNEE_DEF,KNEE_DEF,KNEE_DEF,KNEE_DEF},
        {-BACK, -FRONT, -BACK, FRONT, BACK, FRONT, LO_HIP2, HI_HIP2, LO_HIP2, HI_
HIP2, LO_HIP2, HI_HIP2,KNEE_DEF,KNEE_DEF,KNEE_DEF,KNEE_DEF,KNEE_DEF,KNEE_DEF},
        {-FRONT, -BACK, -FRONT, BACK, FRONT, BACK, LO_HIP2, HI_HIP2, LO_HIP2, HI_
```

```
HIP2, LO_HIP2, HI_HIP2,KNEE_DEF,KNEE_DEF,KNEE_DEF,KNEE_DEF,KNEE_DEF,KNEE_DEF},
        {-FRONT, -BACK, -FRONT, BACK, FRONT, BACK, LO_HIP2, LO_HIP2, LO_HIP2, LO_
HIP2, LO_HIP2, LO_HIP2,KNEE_DEF,KNEE_DEF,KNEE_DEF,KNEE_DEF,KNEE_DEF,KNEE_DEF},
        {-FRONT, -BACK, -FRONT, BACK, FRONT, BACK, HI_HIP2, LO_HIP2, HI_HIP2, LO_
HIP2, HI_HIP2, LO_HIP2,KNEE_DEF,KNEE_DEF,KNEE_DEF,KNEE_DEF,KNEE_DEF,KNEE_DEF}
    };
    int state, i;
    elapsed += 1;
    state = (elapsed / 25 + 1) % NUM_STATES;
    for (i = 0; i < NUM_SERVOS; i++){
        servo_set_position(servos[i], pos[state][i]);
      }
    else {
    const float pos[NUM_STATES][NUM_SERVOS] = {
        {BACK, FRONT, BACK, -FRONT, -BACK, -FRONT, HI_HIP2, LO_HIP2, HI_HIP2, LO_
HIP2, HI_HIP2, LO_HIP2,KNEE_DEF,KNEE_DEF,KNEE_DEF,KNEE_DEF,KNEE_DEF,KNEE_DEF},
        {BACK, FRONT, BACK, -FRONT, -BACK, -FRONT, LO_HIP2, LO_HIP2, LO_HIP2, LO_
HIP2, LO_HIP2, LO_HIP2,KNEE_DEF,KNEE_DEF,KNEE_DEF,KNEE_DEF,KNEE_DEF,KNEE_DEF},
        {BACK, FRONT, BACK, -FRONT, -BACK, -FRONT, LO_HIP2, HI_HIP2, LO_HIP2, HI_
HIP2, LO_HIP2, HI_HIP2,KNEE_DEF,KNEE_DEF,KNEE_DEF,KNEE_DEF,KNEE_DEF,KNEE_DEF},
        {FRONT, BACK, FRONT, -BACK, -FRONT, -BACK, LO_HIP2, HI_HIP2, LO_HIP2, HI_
HIP2, LO_HIP2, HI_HIP2,KNEE_DEF,KNEE_DEF,KNEE_DEF,KNEE_DEF,KNEE_DEF,KNEE_DEF},
        {FRONT, BACK, FRONT, -BACK, -FRONT, -BACK, LO_HIP2, LO_HIP2, LO_HIP2, LO_
HIP2, LO_HIP2, LO_HIP2,KNEE_DEF,KNEE_DEF,KNEE_DEF,KNEE_DEF,KNEE_DEF,KNEE_DEF},
        {FRONT, BACK, FRONT, -BACK, -FRONT, -BACK, HI_HIP2, LO_HIP2, HI_HIP2, LO_
HIP2, HI_HIP2, LO_HIP2,KNEE_DEF,KNEE_DEF,KNEE_DEF,KNEE_DEF,KNEE_DEF,KNEE_DEF}
    };
    int state, i;
    elapsed += 1;
    state = (elapsed / 25 + 1) % NUM_STATES;
    for (i = 0; i < NUM_SERVOS; i++) {
        servo_set_position(servos[i], pos[state][i]);
      }
    }
    return TIME_STEP;
}
int main()
{
    robot_live(reset);
```

```
    robot_run(run);
    return 0;
}
```

****

6. 实验效果

(1) 运动控制实验

本系列仿真实验内容包括:无障碍直行步态、原地转体步态和直行步态越障 3 个实验。分别在 Webots 中运行事先建模并编译通过 demo,并在控制器状态表示栏中实时地观察驱动伺服电机的参数变化(见图 12.33)。越障仿真见图 12.34 和图 12.35。

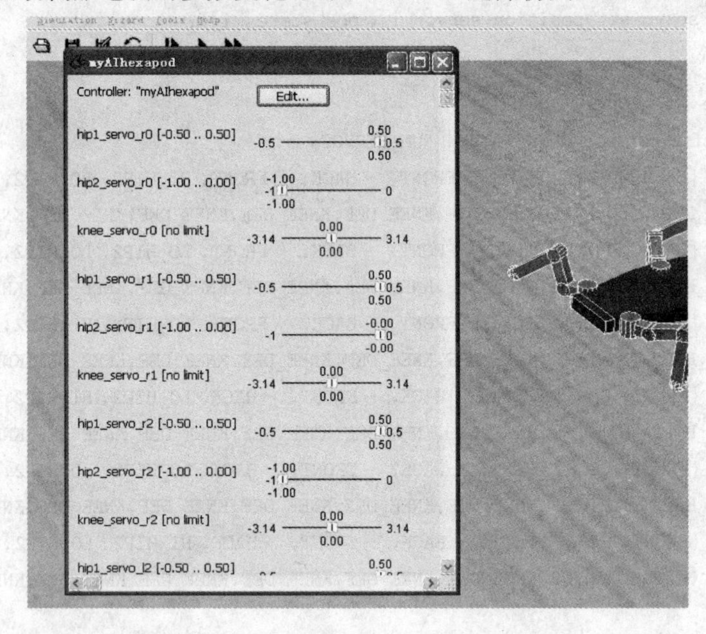

图 12.33 运行时伺服状态

图 12.34 越障仿真 1

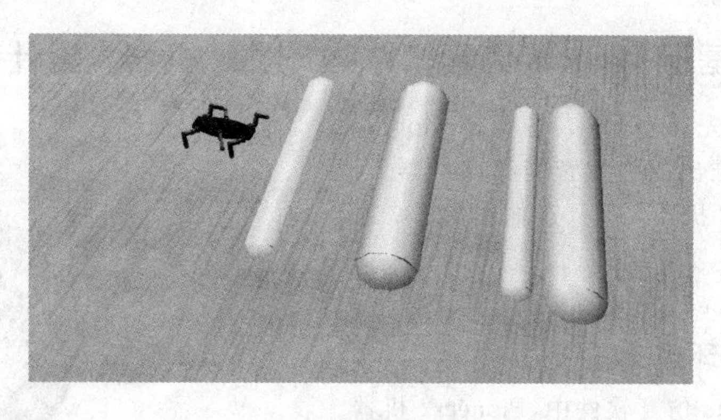

图 12.35 越障仿真 2

(2) 基于感知系统的运动仿真

本实验主要目的是进行智能爬行机器人携带的视觉传感器捕捉系统和距离传感器感应系统为一体的感测系统时的智能避障仿真。运行时，可以通过控制器参数变化窗口观察伺服系统参数变化，在 Log 窗口中感测传感器相关返回值，并感测实时影像(见图 12.36)。

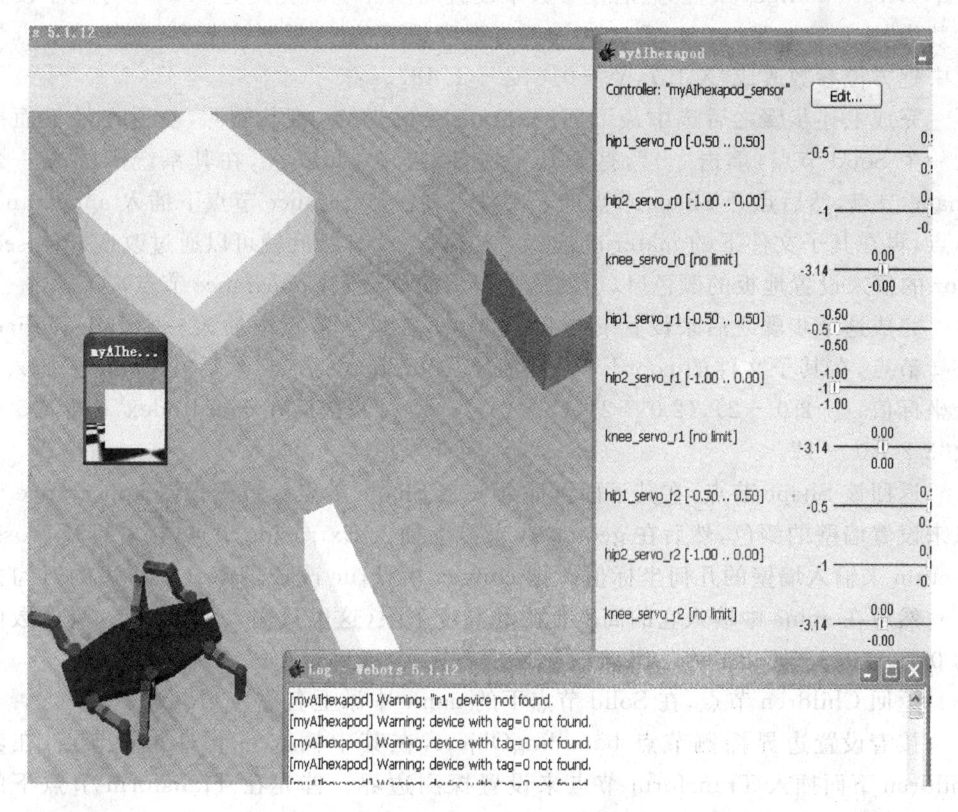

图 12.36 基于感知系统的运动仿真

12.1.3 基于 Webots 仿真软件的“先锋”机器人设计

Pioneer(先锋)机器人是美国 MobileRobots 公司推出的一款智能移动机器人,其中 Pioneer2 机器人的外观如图 12.37 所示。本小节主要介绍如何通过 Webots 仿真软件对 Pioneer2 机器人设计与实现。

图 12.37 Pioneer2 机器人外观图

1. 构造环境

在 Webots 仿真软件中,Pioneer2 机器人的运行环境主要由一个 Solid 节点构成,内嵌两个 Shape 节点:一个用来形成地面情况,另一个构成周围墙壁。

打开一个新的窗口,首先可以调整一下灯光照明,在窗口环境下按 Ctrl+T 调出 scene tree window,然后选中 Pointlight 节点,把它删掉,之后在其位置处直接插入一个 Drectionallight 节点,然后在参数中设置周围环境的亮度是 0.2,在方位中设置参数为“X −1.4,Y −0.6,Z 0.3”。再将强度设置为 1,复制该节点,在新的节点参数中把方位参数改成“X 1.7,Y −0.6,Z −1.48”。

完成上述步骤之后选中最下面的 Transform 节点,将其删除,然后在最下面插入一个 Solid 节点,单击“+”,打开其子文件,选中 Children,在其系统下插入一个 Shape 节点,然后点开 Shape 节点的子文件夹,在 appearance 节点下插入 appearance 节点,再在其子文件下的 material 插入一个 Material,然后就可以通过改变 diffusecolor 的值来设置地板的颜色(以后的这个步骤简称设置 appearance 节点)。

完成这个步骤之后来设置 geometry 节点,在这个节点下插入一个 IndexedFaceSet 节点,在其子文件的 coord 节点中插入 coordinate 节点,然后在 point 下插入 4 个坐标值,(−2 0 −2),(2 0 −2),(2 0 2),(−2 0 2);最后在 coordIndex 下插入 5 个数“3 2 1 0 −1”。

返回该 Shape 节点,在其下面再插入一个 Shape 节点。首先设置 appearance 节点来设置墙壁的颜色,然后在 geometry 节点上插入 Extrusion 节点,接着打开 crossSection 来输入墙壁的几何坐标值。把 convex 由 True 改成 False(把右边的对勾去掉),然后在 spine 中输入它的高度上限和高度下限(这里只输入 y 坐标)。具体数值为 $0<y<0.3$。

返回 Children 节点,在 Solid 节点下的 name 中添上名称为 ground。

接着设置边界探测节点 boundingObject,在其中插入一个 Group 节点,在其 children 下面插入 Transform 节点来设置探测边界。首先在 Transform 节点下的 children 子系统下插入一个 Box 节点,然后在 Box 节点下面的 3 个坐标下输入每个边界的长、宽、高,从图 12.38 中可以看出一个有 16 个 Transform 节点。

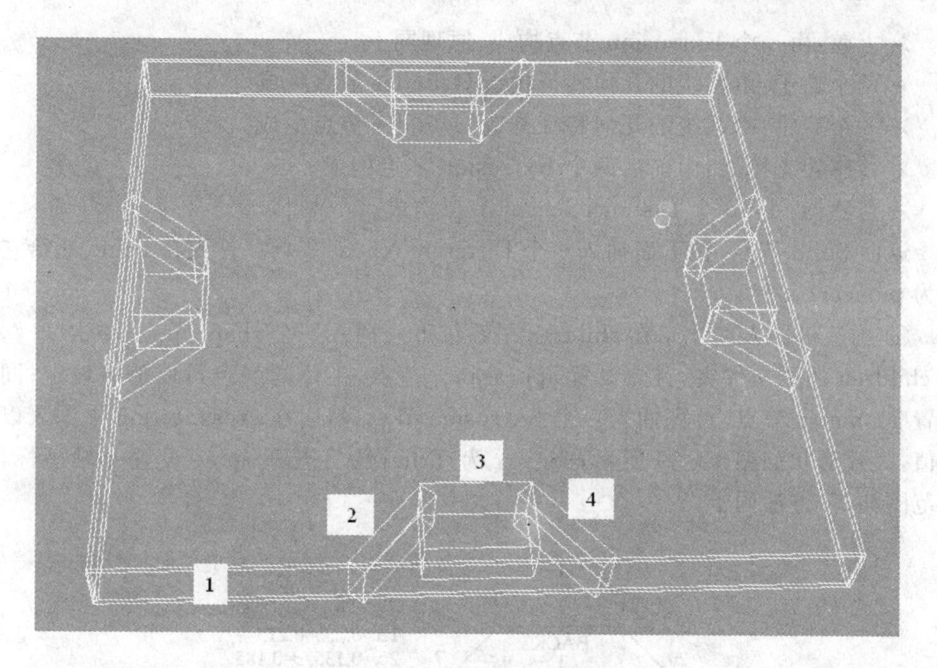

图 12.38　环境建模示意图

如图 12.38 所示，以最下面的 4 个 Transform 节点为例，另外 3 个方向的 4 个 Transform 节点可以根据对称性得到，分别介绍一下每个节点的具体数值。

- 1 节点的 Box，长、宽、高 3 个数值分别为（0.02 0.3 4），Translation 中设置（2 0.15 0），Rotation 的值不变，当设置两边的 Transform 时，Rotation 可设置（0 1 0 1.57）（意思是绕 Y 轴旋转 90°）。
- 2 节点的 Box，长、宽、高 3 个数值分别为（0.1 0.3 0.6），Translation 中设置（1.77 0.15 0.455），Rotation 的值为（0 1 0 0.885）。
- 3 节点的 Box，长、宽、高 3 个数值分别为（0.4 0.3 0.6），Translation 中设置（1.7　0.15 0），Rotation 的值不变。
- 4 节点的 Box，长、宽、高 3 个数值分别为（0.1 0.3 0.6），Translation 中设置（1.77　0.15　−0.455），Rotation 的值为（0 1 0　−0.885）。

注意：*在设置两侧的 2、4 Transform 节点的时候，它们的方向与上下两面的 2、4 Transform 节点的方向垂直，故它们的 Rotation 的值设置为（0 1 0 0.685）或（0 1 0 −0.685）。*

依次设置完 16 个 Transform 节点，我们便完成了构造环境的任务。

2. 构造机器人实体

整个机器人有 6 个部分组成。

- 主体：由一个 Extrusion 节点构成（由于其形状不规则，不能由系统的几何特征生成）。

➢ 上盖:由一个 Extrusion 节点构成,原理同上。

➢ 两个轮子:由系统的几何特征构造 Cylinder 节点生成。

➢ 一个后轮:由系统的几何特征构造 Cylinder 节点生成。

➢ 传感器支撑架:由前后两个 Extrusion 节点构成。

➢ 传感器:由 16 个 DistanceSensor 节点构成。

返回 Solid 节点,在下面插入一个 DifferentWheel 节点。首先在 name 处给它命名为 pioneer2。

① 构造机器人主体。在 children 子系统下先插入一个 shape 节点;单击"+",进入 children 的子文件夹,首先设置 appearance 节点,主体的颜色可以随意设定;同理设置 geometry 节点,首先插入一个 Extrusion 节点,然后在 crossSection 中添入以下数值,大致形状如图 12.39 所示,convex 为 True,然后点开 spine 设置 y 轴坐标,数据范围如下,方法同上。

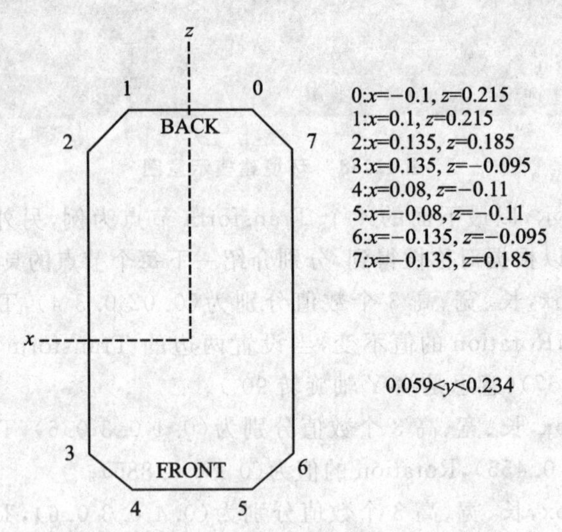

图 12.39　先锋机器人的主体坐标图

② 构造上盖。与主体类似,再插入另一个 Shape,分别设置 appearance 节点和 geometry 节点,在 geometry 节点上插入一个 Extrusion 节点,然后在 crossSection 中添入以下数值,大致形状如图 12.40 所示,convex 为 False,然后点开 spine 设置 y 轴坐标,数据范围如下,方法同上。

③ 构造前轮。首先在 Shape 下插入一个 Solid 节点,在 name 处写上 left wheel,然后在 children 下面插入一个 Transform 节点,在右侧的 DEF 处写上 WHEEL,以便于右轮引用,在 Transform 的 children 下插入一个 Shape 节点,然后设置 appearance 节点,选中 geometry 插入一个 Cylinder 节点,设置它的 height 为 0.037,radius 为 0.0825,之后关闭 children,设置 Transform 节点下的 rotation 为(0 1 0 1.57);设置完这些,返回去 Solid 节点下设置 translation 为(−0.1603 0.0825 0),rotation 为

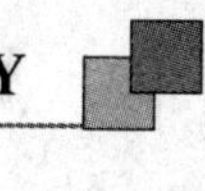

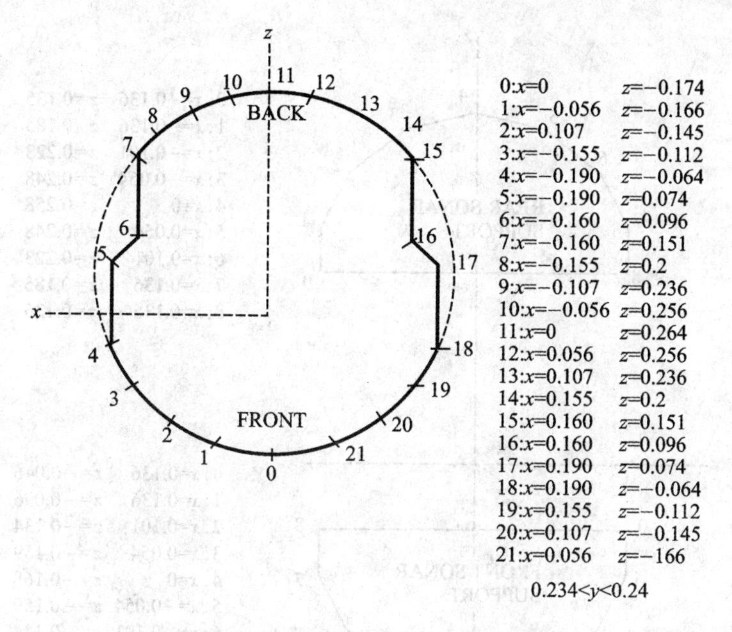

图 12.40 先锋机器人的上盖坐标图

(1 0 0 0);关闭该 Solid 节点,在下面再插入一个 Solid 节点,在 name 处写上 right wheel,然后在 children 下插入 USE WHEEL,关闭 children,在 Solid 节点下设置 translation 为(0.1603 0.0825 0),rotation 为(1 0 0 0)。

④ 构造后轮。与上面类似,插入一个 Transform 节点,然后在其 children 下插入一个 Shape 节点,首先设置 appearance 节点,然后选中 geometry 插入一个 Cylinder 节点,设置它的 height 为 0.024,adius 为 0.035,然后关闭 children,设置 Transform 节点下的 rotation 为(0 0 1 1.57),translation 为(0 0.0325 0.2147),关闭 Transform 节点。

⑤ 构造传感器支撑板。依次在下面插入两个 Shape 节点(构造前后两块板),然后分别设置 Shape 节点下的 appearance 节点,保持两块板的颜色相同然后分别设置 geometry 节点,convex 都为 True,然后分别在 crossSection 和 spine 中输入板子的 x、z 坐标值和板子的 y 坐标值(板子的最高和最低值)各板子的数据如图 12.41 所示。

⑥ 加传感器。本机构共有 16 个传感器,每个传感器都包含一个 Transform 节点,在其中又包含一个 Shape 节点,我们在 Shape 节点的 geometry 节点中插入 cylinder 来构造传感器的外形。具体过程是首先与上面类似,在刚完成的 Transform 下插入一个 DistanceSensor 节点,在其 name 处写上它的名字为 FL1,然后在 children 中插入一个 Transform 节点,之后在 Transform 节点的 children 中插入一个 Shape 节点,先设置其 appearance 节点,之后在 geometry 节点上插入一个 Cylinder 节点,设置 height 为 0.002,radius 为 0.0175。返回 Transform 节点设置 rotation 为(0 0 1

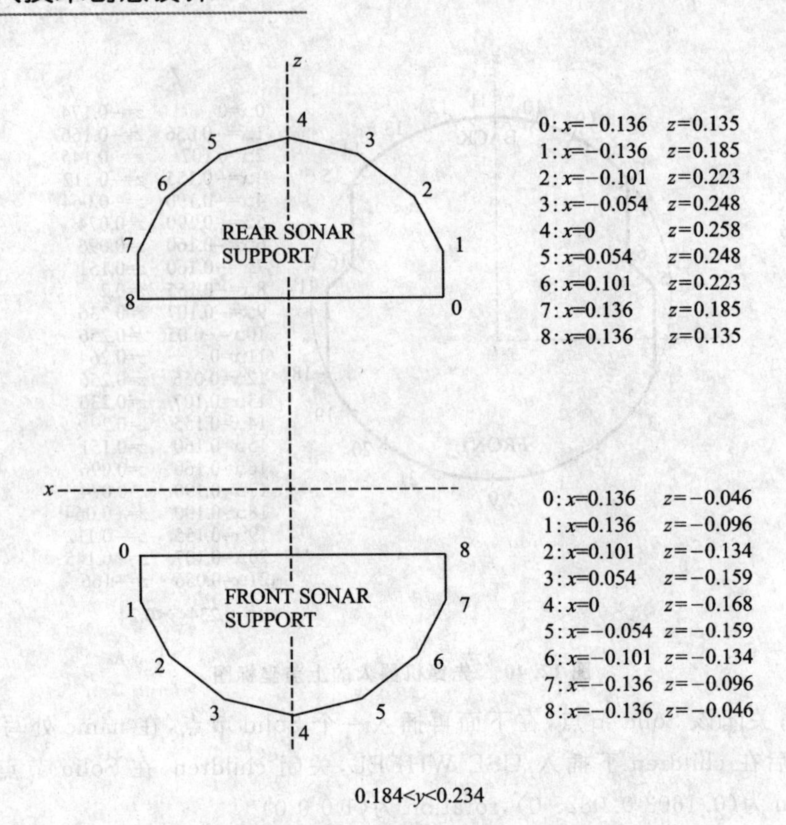

图 12.41　传感器支撑板坐标图

1.57)，同时选中 Transform 节点，在其右侧 DEF 中写上 SONAR，以便后面的 15 个传感器引用；返回到 DistanceSensor 节点下设置 rotation 为(0 1 0 1.745)，translation 为(−0.027 0.209 −0.164)；然后点开 lookupTable 设置 3 组坐标值分别为(0 1024 0)，(0.2 1024 0.1)，(0.4 0 0.1)。这样便完成了第一个传感器的设置，后面的 15 个传感器与第一个类似，可以直接在新添加的 DistanceSensor 节点的 children 下插入 USE SONAR，完成传感器的几何造型，其他的数据设置如表 12.1 所列。

在添加传感器时注意：每个传感器的名字要不一样，translation 和 rotation 是在 DistanceSensor 节点下设置的。

依照表 12.1，可以完成 16 个传感器的造型，然后在 DifferentWheel 节点下的 name 处写上机器人的名字 pioneer2，选中 boundingObject 插入一个 Transform 节点，在其 children 下插入一个 Cylinder 节点，设置它的 height 为 0.24，radius 为 0.219。然后返回 boundingObject，设置 translation 为(0 0.12 0.0447)，rotation 为(0 1 0 0)；完成这些再设置 axleLength 为 0.32，wheelRadius 为 0.0825，最后在 controller 中选 pioneer2 程序驱动该机构。

在 Webots 仿真软件中，pioneer2 机器人的造型如图 12.42 所示，其整个运行环境如图 12.43 所示。

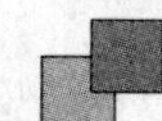

pioneer2 机器人的运动控制程序较为复杂,详见本书附录 5。

表 12.1 传感器位置参数列表

SONAR name	translation	rotation
FL1	−0.027 0.209 −0.164	0 1 0 1.745
FL2	−0.077 0.209 −0.147	0 1 0 2.094
FL3	−0.118 0.209 −0.11	0 1 0 2.443
FL4	−0.136 0.209 −0.071	0 1 0 3.14
FR1	0.027 0.209 −0.164	0 1 0 1.396
FR2	0.077 0.209 −0.147	0 1 0 1.047
FR3	0.118 0.209 −0.116	0 1 0 0.698
FR4	0.136 0.209 −0.071	0 1 0 0
RL1	−0.027 0.209 0.253	0 1 0 −1.745
RL2	−0.077 0.209 0.236	0 1 0 −2.094
RL3	−0.118 0.209 0.205	0 1 0 −2.443
RL4	−0.136 0.209 0.160	0 1 0 −3.14
RR1	0.027 0.209 0.253	0 1 0 −1.396
RR2	0.077 0.209 0.236	0 1 0 −1.047
RR3	0.118 0.209 0.205	0 1 0 −0.698
RR4	0.136 0.209 0.160	0 1 0 0

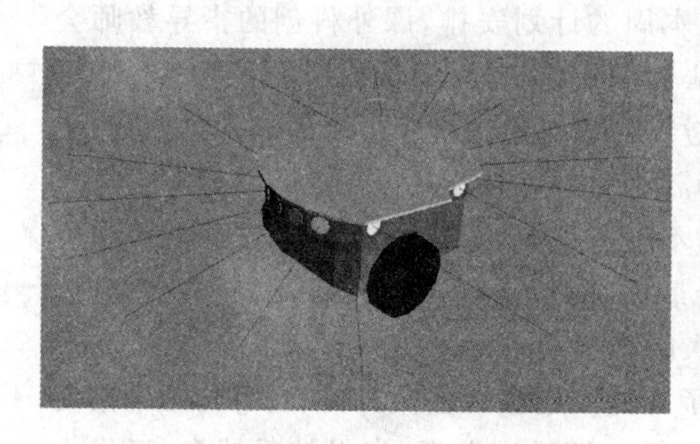

图 12.42 pioneer2 机器人的造型图

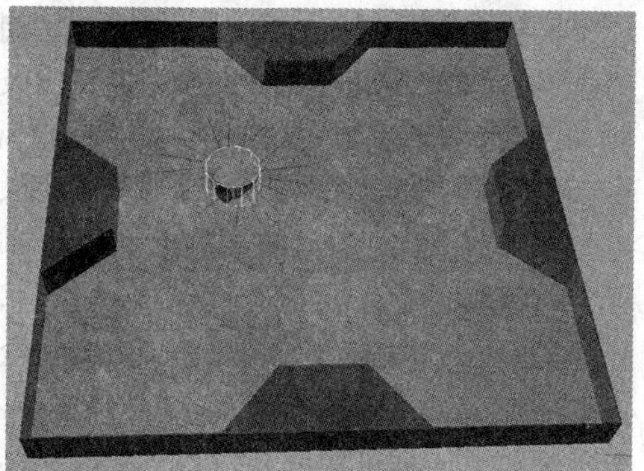

图 12.43 整个机器人的运行环境

12.2 “机器人科创”经验大家谈

12.2.1 活学活用，乐在其中

作者简介：杨成伟，本科毕业于北京理工大学，率团队研制的“新型多用途反恐防暴机器人”在教育部举办的“首届中国大学生创新论坛”中，以总得票率第一的成绩获得“全国十佳项目”，并在第十一届“挑战杯”课外科技作品竞赛中获全国一等奖。目前在中国科学院国家空间科学中心攻读计算机应用技术博士学位。

离开大学已经两年了，回首在大学里为课外科创奋斗的日子，总会让我感觉过得很充实、很快乐。每天上完课，跑到实验室里做设计、做加工，使我这样一个只懂考试的学生有了很多科研实践的经验，这种经历让我终身难忘，也是我人生中最为宝贵的财富。下面就把我的一些收获和经验分享一下。

首先是组织好团队，让所有的团队成员都能全身心地投入到科技创新中。无论做什么事都要重视人的力量，有一个团结奋进的团队，可以让我们的科技创新充满活力与趣味。申请参加科创活动的同学都是对科创有着极大的兴趣，如果还能再有家一样的团结和温暖，就更能激励大家对科创的投入。我们反恐机器人团队一共8个人，分别是来自北理工不同学院、不同专业的学生。结合每个人的专业特长和兴趣，我给反恐机器人团队分为了4个小组，分别负责结构、控制、视觉和电源系统，有了这样的分工，我们就能专注于各自的任务，合理地安排好时间和精力，毕竟科技创新只是课外的事情，任何一个参加课外科技创新的学生都不能因此耽误本科课程的学习。大家就像一家人一样在一起为了青春的梦想拼搏。我们经常在实验室里熬到深夜，之后一起回去休息；有的时候，看到大家太累了，我就自费给大家买水、买夜宵；有的组员生病了，我们就一起去医院为他看病；为了管理团队，在项目的运作中，我们也引入了实验室一贯的周会制度。每周的星期一，团队的成员都会聚在一起，交流上一周的进展、发现的问题、可能的解决途径以及本周的计划安排，课外科创的指导教师会在一边认真听取同学们的发言，并做出耐心和细致的指导，毕竟我们的实践经验还不多，需要有一位良师的指导。一个高水平、严要求、对学生肯于付出的老师，是每一个参与课外科创并想从中收获知识的学生都需要的。

在做项目中，我们需要看大量的资料，不过有一点需要提醒一下，在看书籍和资料的同时，一定要动手去做，这一点我体会最深，哪怕是焊一个电阻，编一个小程序，设计一个 Hello World 界面，都会对新手入门有很大帮助。我一开始认为，只有先掌握了理论才能进行实践，只有把知识理解了才能知道怎么去做，所以当时到图书馆借了很多书，只要是相关的内容就废寝忘食的看。可后来发现，资料越看越多，好像永远没法看完一样，而科创项目还没有一丝进展，面对紧迫的时间，我有些不知所措了，便找师兄交流做项目的经验。师兄说在看资料的同时，一定要动手去做，只有做了才

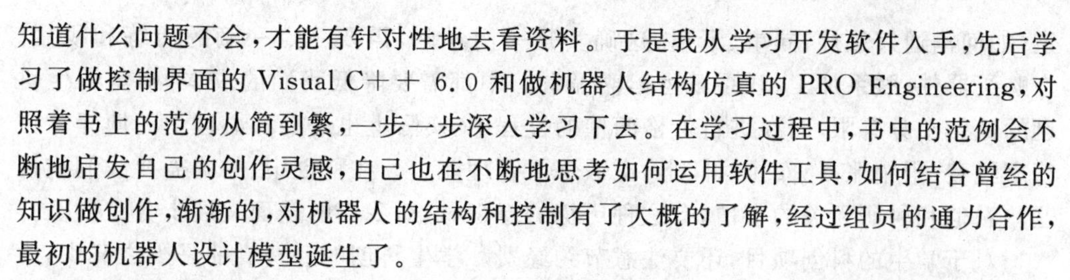

知道什么问题不会，才能有针对性地去看资料。于是我从学习开发软件入手，先后学习了做控制界面的 Visual C++ 6.0 和做机器人结构仿真的 PRO Engineering，对照着书上的范例从简到繁，一步一步深入学习下去。在学习过程中，书中的范例会不断地启发自己的创作灵感，自己也在不断地思考如何运用软件工具，如何结合曾经的知识做创作，渐渐的，对机器人的结构和控制有了大概的了解，经过组员的通力合作，最初的机器人设计模型诞生了。

在做科技创新的过程中，免不了要看很多的英文资料，从电机资料到芯片手册，从参考文献到技术交流，都需要我们看大量的英文文献，因为很多核心的器件、核心的技术，我们都需要从国外获取，虽然英文内容很多，但我们一定不要惧怕英文。对于大多数的理工科学生，语文和英语应该是比较头疼的科目，我在一开始看英文资料的时候也是看得云里雾里，但后来看多了，发现外国人写的科技类文档都采用很简单的语法结构、很简单的单词，仅仅是某些专业词汇不认识，只要耐下心查阅下这些专业词汇，随着阅读量的增多，这些单词会反复出现，我们很自然就认识了这些单词。所以，一定要相信，理工科学生也可以战胜英语。

对于新手，建议多上论坛、多读资料，看看别人是怎么做的。我所理解的“创新”，是在大量积累别人研究成果的基础上才能获得的灵感。新人都是从模仿开始的。比如为了实现某个功能需要设计一款电路，但这个电路要怎么搭，我们更多的是要借鉴前人的成果。书本上教给我们电路的设计和分析方法，但在电路板上可以实际运行、并且能够实现特定功能的电路还是不知道怎么设计，这时最好的办法就是看看别人是怎么做的，仔细分析他人在实现这块电路时都用到了哪些知识、采用了哪些技巧，充分掌握后，才能针对自己的任务做出重新设计。有了不知该怎么实现的问题，要多看看书上的范例，多同师兄师姐交流，多去网上的论坛看看，多到有过设计经验的牛人的博客上看看，这些都会对自己做科创有很多的启发。

在科创中，我们不但要学习科研经验，还要注重培养自己多方面的能力。记得指导我们课外科创的老师曾说过，他培养的学生要首先学会做人，之后要学会做事，最后才是要学会做学问，顺序不能颠倒了。从课外科创走来的两年里，我收获的不仅仅有知识，还有很多校园里无法得到的社会经验，而这些经验对刚参加工作的毕业生显得弥足珍贵。在机器人机械加工时，需要联系工厂来完成，通过指导教师，联系了湖北 9604 厂的工程师来协助我们完成机器人的加工制造工作。根据实际的加工条件，工程师对我们的图纸提出了很多的修改意见，让我们懂得机械设计不仅要考虑各个零部件所要实现的功能，还要考虑工件强度、加工条件、整体装配等工艺流程上的问题，而且往往还要为方便加工，在零件上额外设计一些孔和槽，这些知识都是需要在工作中才能积累的，而我们很庆幸，在学生时代就有了这样的锻炼。在机器人研制初期，还在指导教师的带领下，专程到湖北走访了 9604 厂，参观学习了工人师傅如何对照图纸做加工，也向工程师学习了图纸设计中的很多经验。在这些交流中，我们也锻炼了与人沟通的能力，也就是“说”的能力。进入社会后，我们会和各种各样的人打交道，如何沟通好领导、同事、下属，这确实是一门学问，需要一点一滴的历练和积累。在购买器件、联系加工、联系搬运车辆等事情中都需要降低我们的成本，毕竟学生科创的经费十分有限，而在进行价格商榷的过程中，实际上也是一种心理上的博弈。在管理经费、报销账目、安排时间上，也锻炼了管理能力。在科创中，的确需要我们重视这些看似和科研无关的事情，有这种历练的意识，这对我们的全面发展十分重要。

对于学生的科创项目，还要注意节约经费。学生科创的经费真的是少之又少，为了节约开支，我们想了很多办法。首先从经费的管理上就严格把关，我为项目经费支出列了一个开支表，里面写清购买器件的名称、数量、价格、购买日期、采购人、购买单位，这样列出来不但可以方便管理、一目了然，还能方便日后的采购。我们也经常利用实验室里废弃的器件、零件、物品安装在机器人上，以此节约经费，或者想办法寻找昂贵器件的替代品，这便需要我们留心生活中的点点滴滴。生活，给了我们许多创造的灵感，我和几位外出采购的同学经常会到学校附近的旧货市场、小商品市场、建材市场转转，说不定什么物品就能被我们拿来用在机器人上。记得在设计防暴弹发射器时，如果只有弹筒的话，会使机器人看起来没那么威武，在一次转建材市场的时候，发现家居装饰时如果有一个像伞沿的覆盖物会使家居看起来美观很多，于是，我们在那里廉价购买了一块铝板的边角余料，回去画好尺寸剪裁了一下，安装在了防暴弹发射器上，反恐机器人的雄姿立刻就凸显了出来。

在项目做好后，我们还要重视项目的展示环节。从展板到 PPT，从视频到讲解词，都要精心设计，一般的顺序是先总体介绍功能特点、创新点，之后详细介绍各个部分的具体实现细节和采用的技术手段。为了把我们的反恐机器人展示出去，我们同样做了很多的工作，对于解说词也反复演练，以使观众在最短的时间内了解我们的机器人，了解作品的社会效益和应用前景，有了这样的精心准备，我们的反恐机器人才能在历次的展示中都有出色的表现。新型多用途反恐防暴机器人先后在十几次的大型展览中亮相，每次都引起了众多媒体的关注，成为展览中的一颗明星。

最后，也是最重要的一点，我们做课外科创项目要有百折不挠的勇气和毅力。没有什么事情会一帆风顺的，之所以要创造，就是为了解决存在的问题，而在解决的过程中，我们肯定要付出艰辛和努力，尝过一次次失败的打击，之后才能收获成功的喜悦。在做机器人的过程中，由于经验不足，我们一开始设计的图纸根本没有办法拿到加工厂加工，我们就请教老师、请教师兄师姐，一点点从最基本的零件做起，正是一个又一个最基本的零件构成了具有威慑效能的反恐机器人；由于本科课程并不曾开设关于开发软件的理论，我们每天熬夜从零学起，直到把开发软件运用的灵活自如；由于机器人集成有钢件和铅酸电池，重量有几百公斤，每一次调试我们都要费劲全身的力气把机器人从实验室运到实验场地，有一次团队的一名成员在搬运过程中，手被机器人高度张紧的履带夹过肿了起来，后来到医院进行了处理，我们就是在这样一次次的艰辛中成长；由于北京夏季将近 40 ℃的气温酷热难耐，我们需要流尽全身的汗水在车间里做机械加工；为了让机器人看上去美观威武，我们自己设计，自己喷漆，经常

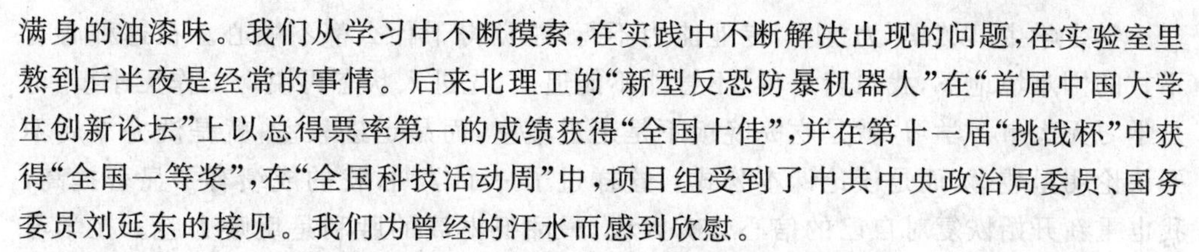

满身的油漆味。我们从学习中不断摸索，在实践中不断解决出现的问题，在实验室里熬到后半夜是经常的事情。后来北理工的“新型反恐防暴机器人”在“首届中国大学生创新论坛”上以总得票率第一的成绩获得“全国十佳”，并在第十一届“挑战杯”中获得“全国一等奖”，在“全国科技活动周”中，项目组受到了中共中央政治局委员、国务委员刘延东的接见。我们为曾经的汗水而感到欣慰。

走过科创，走过同反恐机器人“相处”的日子，走过同兄弟们在一起拼搏的日子，有辛苦、有汗水，更有喜悦和欣慰。如果对课外科创感兴趣的话，就放飞自己的梦想吧，加入到科创中来，相信有了科创的生活一定会丰富多彩，一定会有很多的收获，更重要的是，这也是一种人生的历练。

12.2.2 激情飞扬，一路成长

作者简介：胡海静，2006—2010年在北京理工大学宇航学院读本科，本科学习期间，参加大学生创新项目“新型特种搜救机器人”的研制，项目获得“第二届全国大学生创新论坛我最喜爱的10件作品”称号，同时也获得全国大学生创新项目“十佳项目”等荣誉，目前在北京理工大学深空探测技术研究所攻读博士学位。

2008年，正值大二的我参加了大学生创新项目——新型特种搜救机器人科技创新项目，一直做到本科毕业，这期间的生活成为了我本科期间的一段重要的经历。机器人科技创新活动成为我科研之路的起点，期间的经历为我以后的发展也起到重大的影响。下面就谈一下我参加机器人科技创新活动两年时间的一些感想和收获。

1. 为，而后知可为

对于我们不熟悉的事情，我们总是怀着崇敬且有点敬畏的心情去看待，然后就会产生很大的压力让自己不敢去做，其实如果自己不去挑战，就永远不会知道自己到底是否有能力做好，也就永远不会有实质性的进步。敢于去做，然后我们会发现，我也可以！

大二时候的自己，还没有经过专业方面的学习，对于机器人这样一个复杂而又前沿的事物，是既陌生又有些敬畏。然而当有一次机器人科创队伍招新的时候，我依然怀着很忐忑的心情报了名。那时候的害羞，对自己能力的怀疑，一直在阻挠着自己，最后怀着逼着自己去挑战的那种心态鼓励自己参加了面试，并顺利成为机器人科创基地的一员。

进入到机器人科创队伍之后，我们立马组成一个团队研制新型特种搜救机器人，负责特种搜救机器人的设计，这种机器人主要用于地震灾害现场的搜救工作。刚跟周围的队员在一起的时候，感觉压力好大，他们的成绩比我优秀，想法也比我好，在这样的集体里，我是弱者。我开始担心自己找不到合适的位置，并且一度萌生退意。在这样的紧要关头，我还是对自己说，先不管队友们怎么看你，静下心来和他们一起做成几件事再说。一直就是这样鼓励自己去承担一些任务，努力去做好，因为是一个团队，绝不能让自己拖了整个队伍的后腿。

学生学生，以“学”为“生”，专业能力不行，总觉得干什么都不顺心。在这种心有不甘的困难境地下，我对自己说，不管能不能追上，先进入状态再说。工作无小事，可是学习无大事。学习，就是吃完晚饭不是走进寝室，而是走进教室；就是洗完澡后不要谈论明星趣事，而是谈论课本公式。这样过了一个学期，我的成绩有了显著提高，我也重新开始恢复对自己的信心。有人说，最酣畅淋漓的胜利是反败为胜。在学习上能够走出这样一条峰回路转的曲线，也可算是我大学生活中最浓墨重彩的一笔。

就这样在机器人科创基地的时间里，我总是这样鼓励自己去挑战每一件对于自己陌生的事物，逐渐，“为，而后知可为”就成为自己性格的一部分，对那些未知事物、新奇事物的畏惧感也逐渐越来越淡。这种想法经过长时间自己不断地提醒自己，已经成为影响性格的一个重要部分，对自己的成长至关重要。

2. “专业”写起来容易，做起来难

分配好任务，我们就需要按时完成，每周做总结，小组汇报，一切都紧张而忙碌着。从这期间，我理解了“专业”两字的含义，说起来容易，做起来难！当我们跟别人交流的时候，经常会被问到：“你是什么专业的？”，我们都会毫不犹豫地说出来，然而当别人稍微专业一些，跟你聊一些深入的内容，你能做到游刃有余吗？这时候的自己会害羞吗？对于自己的专业，你是否是那么熟悉？你对自己的专业应该像林丹打羽毛球一样神，也许你达不到这么高的层次，但这应该是你的目标。

其中，在科创基地，老师经常会给我们做一些工作的安排，做一些讨论，这些时候，我深深地感受到她的睿智、生动和形象，让我理解到这种“专业”的魅力，那种把生涩变成生动，把杂乱变成有序的能力，让我从心里佩服，也决心让自己成为这样有“专业魅力”的人。

科学研究不是一时兴起的游戏，而是一座需要淡泊名利，用尽一生时间才可能会登上的高峰。老师不计名利为我们提供的环境，让我们领略了科学世界的奇妙，初尝了科研工作的酸涩，但却最终坚定了投身科研的决心。这决心，是对真理的渴望，也完全可以说是对老师那样“专业魅力”的向往。

我也知道，这种能力不是那么容易的，就像运动员获得一项冠军，也是训练中每天的汗水凝结成的。

为了让自己更专业，我努力做好以下几点：

① 到数据库搜索相关的论文，了解相关领域发展状况，对于具体问题，看别人是如何解决的。

② 掌握一些必需软件的使用和一些编程能力，完成搜救机器人的控制系统的规划和实现。

③ 多和同组成员之间交流，交流的过程中，让自己的表达更专业，同时也提高了自己对于问题的理解。

④ 对于工作的汇报，我也抓住机会，好好的准备，努力让自己的文字更通顺、更合理。

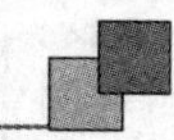

总之，在机器人科创基地的期间，我认识到了对于一个学生要做到专业是多么的必要。我目前在从事深空探测领域的研究，也是在要求自己不断的更专业，说起来如此简单的两个字，要做到却是多么的不容易，但是我相信在机器人科创基地养成的良好的习惯，会有一天让自己也成为那种拥有“专业魅力”的人。

3. 享受奋斗的过程

“成功的花，人们只羡慕它现时的明艳，殊不知当初它的芽儿浸透了奋斗的泪泉，洒遍了牺牲的血雨”，冰心如是说。其实成功者在众多努力的人中仅仅是一小部分，他们足够幸运，幸运地可以向人们展示他们所付出的艰辛，幸运地可以得到别人的认可，幸运地可以得到应有的回报，然而这些其实都不是最重要的，最重要的是在我们执着追梦的过程中，我们尽情地享受着那个过程，那个不断地离我们的目标进一步，更进一步的过程……

诚然，对我们每个在追求中的人来说，结果很重要，有可能没有结果你的整个付出的过程并没有任何回报，反而还要搭进不少的人力、物力、财力；但是人生是一个过程，没有一点一滴的积累，没有知识理论和实践的不断充实与进步，结果又从何而来…… 不是所有付出都会有结果，但是不付出就绝不会有结果！因此享受了付出的过程也就是享受人生的过程，付出是结果的一个必要部分。

机器人是一个全新的领域，是多学科综合应用的产物。虽然我们比赛设计制作的机器人从智能化、精细化方面远不及那些高科技的工业产品，但是想要把它做好，取得好成绩也绝非易事。

从机械部分的机构设计、机构实际制作到电器控制部分的控制电路的设计、控制板的焊接以及后期机器人的组装调试，都要由我们队员亲手完成，每一块的工作任务无疑是对我们学以致用解决实际问题能力的考验和锻炼。

我们会因为某个结构问题而争论，也会因为共同解决了一个技术问题而笑容满面；会因学习和机器人制作的时间冲突而弄的疲惫不堪，但也会因我们的一个小小的实验成功而信心满怀、精力倍增。这个过程中，我们牺牲过寒暑假，牺牲过周末。除了上课就是实验室，在感受到科技攻关的艰苦的同时我们也感受到了充实的喜悦。

这样的生活过了一年多，有的人因为一些原因离开这个队伍，然而大多数人都选择坚持到了最后，这些坚持到最后的人当我们反过来看的时候，都发现自己成长了很多：好几个同学到国外继续攻读硕士或者博士学位，大多数人都保送研究生，以另一种方式继续着自己的研究。

在大学生创新项目的最后评审上，我们组的“特种搜救机器人”项目从六千余个大学生创新性实验计划项目中脱颖而出，经过展板介绍、报告宣讲、实物演示等活动，最后经过专家评审、观众投票之后，荣获“第二届全国大学生创新论坛我最喜爱的10件作品”称号，同时也获得全国大学生创新项目“十佳项目”等一些荣誉，虽然我们当初的目的也不在于此，不过有成果的付出更让人欣喜！

对于科技创新活动，在还没有结果的时候不要急着说放弃，即使你所得到的没有立刻显现出来，也要坚持着不放弃，因为你至少已经得到了学习的方法与路径，成功只是或早或晚而已。在你的付出足够了的时候，你会得到的将远远不止最初的那个小部分……

“让思维沸腾起来，让智慧行动起来”，这是科技创新活动的内涵，让我们一起行动起来，一起去体验科技创新活动带来的充实和快乐吧！你肯定会受益匪浅！

12.2.3 从挑战杯出发——机器人科创拾遗

作者简介：本人，李喜玉，性别男，当属正宗八零后一枚。北理工飞行器动力工程专业毕业，却对机械电子类项目感兴趣，对机械电子项目中的电路与控制部分略懂一二，参加过多项学校级机电类科技创新活动，在老师、师兄、同学们的帮助下也都小有收获，自认为这是无愧大学四年的精彩环节。2009 年，有幸被保送至北京航空航天大学机器人所进行机电项目的研究与工作，发表过一些和机电相关的期刊、会议论文，也曾出国参加过机器人技术的相关研讨，故有所心得体会。但我深知学无止境，每每看到同窗发奋图强，对技术高谈阔论之时，总羡慕与惭愧不已，遂愿意活到老学到老，也响应国家的号召，实践“终生学习”(life-long learning)之理。

2007 年 11 月，我有幸参加了教育部首届“全国大学生创新实验计划”项目，参与了“新型反恐防暴机器人”课题研究，并以此项目角逐全国挑战杯，获得了全国挑战杯一等奖的优异成绩。随后，保送至北京航空航天大学机器人研究所接受研究生教育，参与多项机电工程科学研究。时至今日，我仍觉得参与“挑战杯”的角逐是我的人生起点，机电工程的科研道路从此展开。四年中，有付出、有汗水、有耕耘、有收获，然而更值得我去珍惜的是宝贵的人生经历和珍贵的工程类研究经验。作为大学三年级学生，能够提前进入科学研究状态，锻炼自己的科研思维，提升自己的综合素质，这离不开国家的方针政策，也离不开母校的贯彻实施，更是兢兢业业的教授教书育人的责任感和使命感的充分体现。一年的科研经历只算是起步，两年的经历只是入门，四年的研究也只能算些许经验，书写此文，不能说是教育后来者，只能当作我的失败与教训的总结；其次通过机电工程科研经验的分享，让后来者能够少走些弯路。

1. 科研初识——以“反恐防暴机器人视觉系统”为例

当今社会，和平与发展是时代的主题，然而局部的恐怖袭击与骚乱却频繁地进入人们的视野，在这种国际形势下，反恐已成为国际共识，各国都纷纷加大了对反恐的投入。反恐防爆机器人正在“反恐”这一主题下应运而生，它的研制将在文艺演出、体育竞赛、群众集会的场合发挥着维护秩序、防止意外事件发生的重要作用。因此，这就要求机器人在视觉系统方面能对前进路况进行有效的探查、对特殊目标能够有效瞄准、对整体环境能够充分把握、对特定目标能够准确识别。

完成整体的需求分析后，需要对需求进行分类，哪些是硬件的需求？哪些是软件的需求？硬件的需求是否影响软件平台的选择？软件性能的要求是否影响硬件的选型？这都是需求分析完成后需要进行的工作，具体分类如图 12.44 所示。

通过以上四方面的需求，结合机器人的造型、效果、布局、内部构造等方面因素，对机器人视觉系统进行硬件选型和方案论证。如图12.45所示，反恐防暴机器人是中型履带型移动机器人，为了达到路况探查、目标瞄准、整体环境侦查、特定目标识别的项目要求，至少需要三个摄像头构成机器人的视觉系统，分别安装在如图12.45所示的①、②、③位置。同时，三个摄像头还可以通过自身的特点（旋转、俯仰、缩放）做到全面的探测和观察，避免了过多摄像头同时采集图像所构成的高负载、占用过多带宽、处理速度较慢等技术难题，在满足价格约束的情况下，可以一举两得。

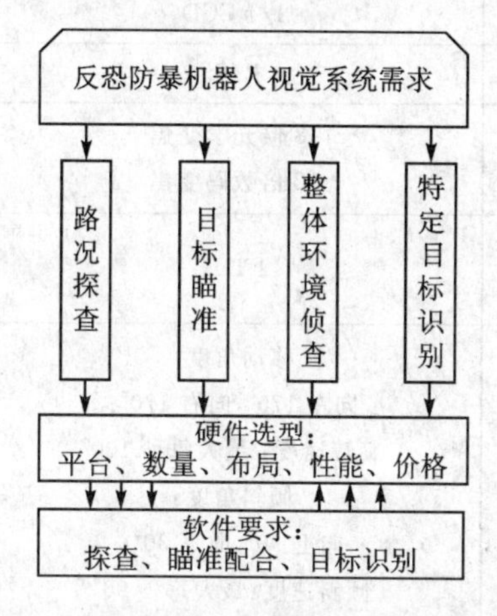

图12.44 反恐防暴机器人视觉系统需求分类

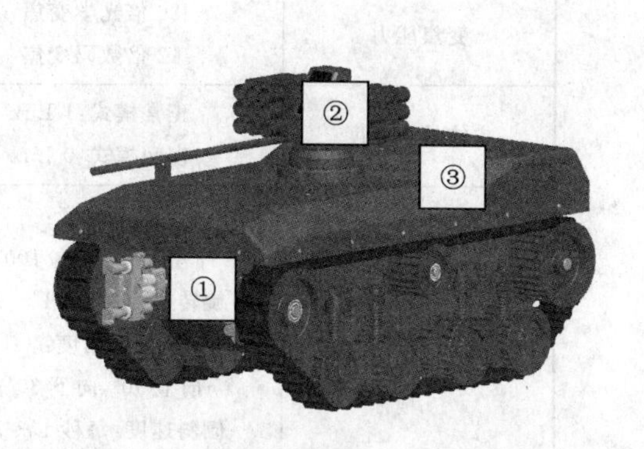

图12.45 反恐防暴机器人整体造型图

通过表12.2的对比，我们选择CCD模拟摄像头加视频采集卡的方案进行数字图像处理。为达到路况探查、目标瞄准、整体目标侦查、特定目标识别的要求，我们需要对三个摄像头进行合理的布局，并对视频的传输方式进行有效的控制。为此，拟选择两个固定平台的CCD模拟摄像头放置在①、②位置，配合遥操作人员的观瞄，保证做到路况和目标的清晰观察，做到看得见、看得清、看得准。

表12.2 模拟摄像头和数字摄像头的性能比较

对比项目	模拟摄像头	数字摄像头
输出类型	模拟信号	数字信号
接口类型	S-Video	USB
影像感应器	CCD	CMOS
处理速度	根据采集卡而定	分辨率640×480 <30帧/s 分辨率352×288 30帧/s
价格	黑白250～400元 彩色550～1 100元	1 000元以内

对于全局环境侦查的摄像头，需要通过摄像头自身的平台，实现视频的旋转、俯

仰和缩放，同时保证能够日夜24小时不断侦查，保证全局环境的有效监控。为此，我们调研了SONY和CANON的两款通信型彩色摄像机，并将它们的主要性能进行了对比，列出了需要考虑的主要参数，如表12.3所列，最终选择佳能VC-C50i作为机器人的全局观察摄像头。

表12.3 佳能VC-C50i和索尼EVI-D70P性能对比

对比项目	佳能VC-C50i	索尼EVI-D70P
影像感应器	1/4 CCD	1/4 CCD
视频信号	PAL	PAL
变焦能力	26倍光学变焦 12倍数码变焦	18倍光学变焦 12倍数码变焦
主体最小光度	正常模式：1 Lux 夜间模式：0 Lux	1 Lux
摄像机镜头旋转范围	移动角度： 向左100°，向右100°； 旋转速度：每秒1°～90° 倾斜角度： 向上90°，向下30°； 倾斜速度：每秒1°～70°	移动角度： 向左170°，向右170°； 旋转速度：最大每秒100° 倾斜角度： 向上90°，向下30°； 倾斜速度：最大每秒90°
输出接口	S-Video输出 RS-232控制（输入/输出）	S-Video输出 RS-232/RS-422控制（输入/输出）
光圈	自动光圈调整系统	无
夜间红外工作模式	有	无

为了实现三通道视频信息的有效传输，还需要选购配合图像传输的无线图像传输设备（无线图传）。选购无线图传需要考虑的参数有工作电压、发送接收频率、发射功率、无线传输距离、尺寸、重量、工作温度等。通过对多种型号的对比与分析，我们选择了三套适合该机器人的无线图传设备。最后，则需要根据软件性能的要求选择适合的视频采集卡，需要考虑的主要参数有视频压缩标准、视频输入数量、支持格式、分辨率、处理速度、功耗、有无SDK开发包等，最终我们选择海康威视DS-4004HC音视频采集卡，具体的参数如表12.4所列。

整理上述的硬件和接口，将摄像头、无线图传、采集卡、工控机汇总起来，可以将机器人视觉系统体系结构整理如图12.46所示，摄像头通过无线图传将图像信息传到遥操作端，通过遥操作端的控制实现机器人的路况探查、目标瞄准、整体环境侦查、特定目标识别。其实，也可以将三个摄像头的信息通过采集卡集中到机器人的工控机端，再通过VGA转S-Video端子，将计算机显示器信号转换为模拟信号，再通过无线图传将信号传输到遥操作端，这样也能实现机器人视觉要求，其系统体系结构如

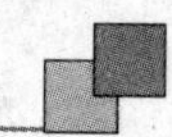

图 12.47 所示。图 12.46 和图 12.47 的主要区别在于软件算法的位置:图 12.46 体系结构下,图像处理算法在遥操作端实现;图 12.47 体系结构下,图像处理算法的实现在机器人端。

表 12-4 海康威视 DS-4004HC 性能参数

视频压缩标准	H.264(MPEG-4/part10)
视频输入路数	4 路
视频输入接口	BNC
支持制式	PAL、NTSC
预览分辨率	4CIF
回放分辨率	QCIF/CIF/2CIF/DCIF/4CIF
帧率	1/16~25 F/S (PAL)
输出码率	32~1 024 kbps(CIF), 70~4 096 kbps(4CIF)
音频压缩标准	OggVorbis
音频输入路数	4 路,单声道
音频输入接口	BNC
采样率	16 kHz
输出码率	16 kbps
功耗	每个 DSP 1.9 W
有无 SDK 开发包	有

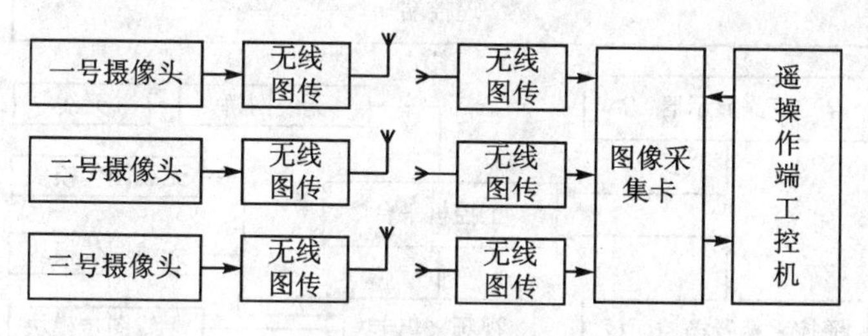

图 12.46 反恐防暴机器人视觉系统体系结构

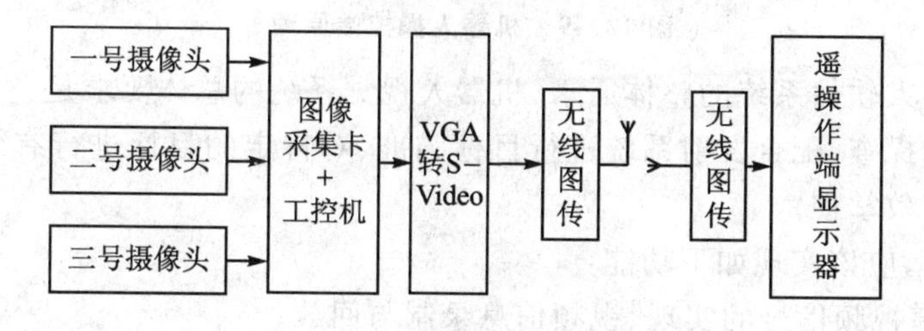

图 12.47 其他机器人视觉体系结构

完成了机器人视觉系统的硬件搭建，下面需要针对机器人的运动控制系统、多场景视觉侦查系统、发射云台控制系统、无线通信系统等多方面因素对机器人的软件体系进行需求分析，参照机器人的作业端和遥控端的体系结构，如图 12.48 和图 12.49 所示，这里主要将该大体系结构下的多场景视觉系统，以及视觉平台的运动控制系统作如下的分析。

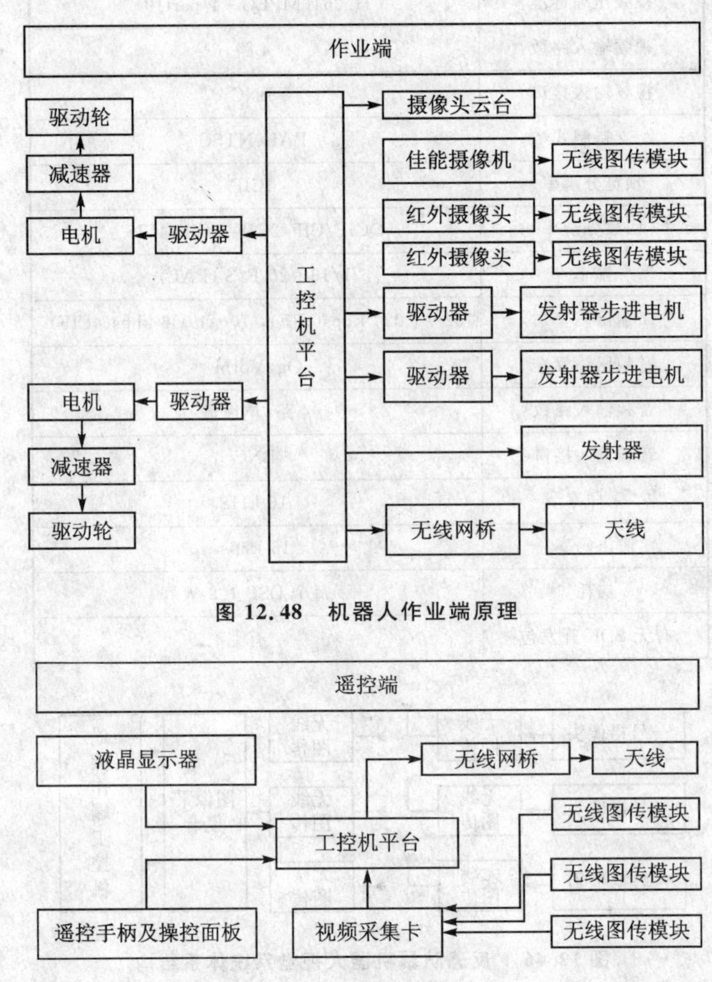

图 12.48　机器人作业端原理

图 12.49　机器人操控端原理

针对机器人软件系统的整体需求，机器人视觉系统的总体要求是：实现运动侦查过程中的路况探查、配合发射系统进行目标瞄准、对特定的目标进行有效识别、对整体环境进行有效掌控。

具体而言，应该实现如下功能：

① 三通道视频信号的实现、视频信息录制与回放；

② 摄像头云台系统的控制，实现摄像头的旋转、俯仰与缩放；

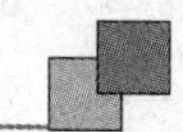

③ 在多场景视觉系统平台下,实现特定目标,如箭头、靶位、危险物的设别,为发射系统的工作提供依据。

针对以上的功能概述,需要逐一用技术手段进行实现:

①"三通道视频信号的实现、视频信息录制与回放",可以通过海康威视提供的SDK开发包中的编程流程进行实现,当然用户也可以根据自己的需求,针对性地选取必要的流程实现主要的功能;

②"摄像头云台系统的控制,实现摄像头的旋转、俯仰与缩放",可以仿照佳能提供的运动控制平台Demo程序进行实现;

③"在多场景视觉系统平台下,实现特定目标,如箭头、靶位、危险物的设别",可以通过VC平台下的OpenCV库函数实现基本的功能,如果读者想进一步进行研究,则需要根据具体的目标,进行特定的算法分析与实现。

如图12.50所示,采用HC卡进行摄像头信号的采集相当于将摄像头采集到的每帧图像转换成DSP可识别的数字矩阵流,而SDK的开发则相当于基于DSP板卡下的数字图像处理。

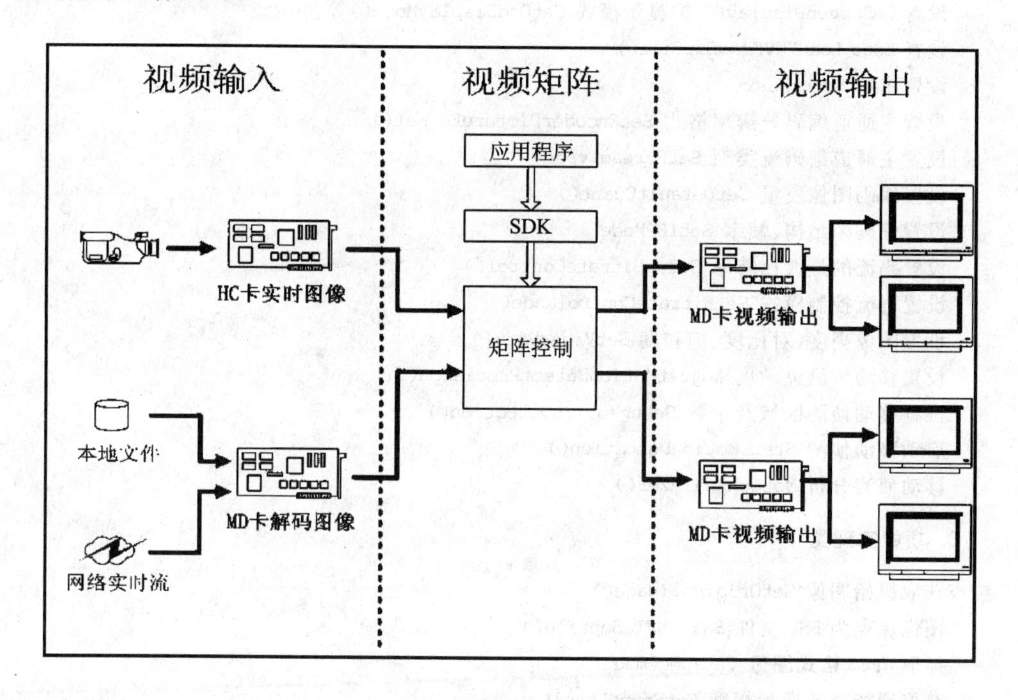

图12.50 基于HC卡或MD卡的数字矩阵应用程序原理

开发基于HC卡的视频采集程序,首先需要明确程序中用到的数据结构,如视频的预览输出格式、帧类型的定义、特殊功能的定义、帧数据的统计等。具体的数据细节可以通过文档《DS-4100、4000HC系列板卡SDK编程指南》中得到。针对HC卡的开发,SDK文档中给出了一般开发的流程,如下所述。

SDK 开发中的 API 调用顺序

A. 初始化类

设置默认的视频格式 SetDefaultVideoStandard()
初始化板卡 InitDSPs()
获取编码通道数 GetTotalChannels()
打开通道 ChannelOpen()
注册画图回调 RegisterDrawFun()
注册获取压缩编码数据流直接读取回调 RegisterStreamDirectReadCallback()
注册读取码流消息函数 RegisterMessageNotifyHandle()
注册获取原始图像数据流回调函数 RegisterImageStreamCallback()
设置 Overlay 关键色 SetOverlayColorKey()
设置视频预览模式 SetPreviewOverlayMode()
启动视频图像预览 StartVideoPreview()

B. 参数设置与赋值类

设置 OnScreenDisplay(OSD)显示模式 SetOsdDisplayMode()等
设置 Logo LoadYUVFromBmpFile()
设置遮挡 SetupMask()
设置主通道编码分辨率格式 SetEncoderPictureFormat()
设置主通道编码流类型 SetStreamType()
设置编码图像质量 SetDefaultQuant()
设置编码帧结构、帧率 SetIBPMode()
设置码流的最大比特率 SetupBitrateControl()
设置码流控制模式 SetBitrateControlMode()
设置图像亮度、对比度、饱和度 SetVideoPara()
设置移动帧测灵敏度 AdjustMotionDetectPrecision()
设置移动侦测区域及个数 SetupMotionDetection()
启动移动侦测 StartMotionDetection()
移动侦测分析 MotionAnalyzer()

C. 功能实现类

获取原始图像 GetOriginalImage()
图像保存为 BMP 文件 SaveYUVToBmpFile()
抓取 JPEG 格式图像 GetJpegImage()
获取现场声音音量幅度 GetSoundLevel()
设置现场声音监听 SetAudioPreview()
获取视频信号输入情况 GetVideoSignal()
获取视频参数 GetVideoPara()
启动主通道数据截取 StartVideoCapture()
启动获取原始图像数据流 SetImageStream()
切换至子通道 SetupSubChannel(,1)

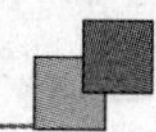

切换回主通道 SetupSubChannel(,0)
启动子通道数据截取 StartSubVideoCapture()

D. 退出与保存

停止画图回调函数 StopRegisterDrawFun()
停止获取原始图像数据流 SetImageStream()
停止移动侦测 StopMotionDetection()
停止主通道数据截取 StopVideoCapture()
停止子通道数据截取 StopSubVideoCapture()
关闭通道 ChannelClose()
卸载 DSP DeInitDSPs()

以海康威视 DS-4004HC 图像采集卡提供的 Demo 程序为例，参阅 DemoDlg.cpp 程序，可以在 BOOL CHKVisionDlg::OnInitDialog()中看出视频开发的基本流程。

```
BOOL CHKVisionDlg::OnInitDialog()
{
……
/*****************************************************************
通过初始化板卡函数 InitDSPs(),获取系统内可用的编码通道数量
*****************************************************************/
    if(InitDSPs() <= 0){
        //afxDump<<"error:can not init DSPs\n";
        AfxMessageBox("can not init DSPs\n");
        return FALSE;
    }
    int iReturn = -1;
/*****************************************************************
根据函数 SetPreviewOverlayMode()的返回值来判断当前的显卡是否支持 Overlay 方式
预览,0 表示支持,其他值表示不支持
*****************************************************************/
    iReturn = SetPreviewOverlayMode(TRUE);
    TRACE("iReturn = %04x\n",iReturn);
    if(iReturn == 0)
    {
        bOverlayMode = TRUE;
    }
/*****************************************************************
根据函数 GetTotalDSPs()的返回值来获取系统内正确安装的编码通道个数,
如果返回小于系统内安装的通道数,表明 DSP 初始化失败
*****************************************************************/
    for(int i = 0; i < GetTotalDSPs(); i++){
```

```
        m_bDspPreset[i] = TRUE;
        bEncodeCifAndQcif[i] = FALSE;
    }
    for(i = 0; i < GetTotalDSPs(); i++){
        m_bDspPreset[i] = TRUE;
        bEncodeCifAndQcif[i] = FALSE;
    }
    dlgInited = TRUE;

    for(i = 0; i < GetTotalDSPs(); i++){
        ChannelHandle[i] = ChannelOpen(i);
        testVideo[i] = testAudio[i] = 0;
        m_bMoving[i] = FALSE;
        // 注册画图回调
        RegisterDrawFun(i, DrawFun ,(DWORD)this);

    }
    int bright, contrast, sat, hue;
    for(i = 0; i < GetTotalDSPs(); i++)
    {
GetVideoPara(ChannelHandle[i], &chstandard[i], &bright, &contrast, &sat, &hue);
    }
……
/**********************************************************
注册获取压缩编码数据流直接读取回调。这是一种新增的数据流读取方式,当启动数据捕捉后,StreamDirectReadCallback 会提供数据流的地址、长度、帧类型供用户程序直接处理
**********************************************************/
    RegisterStreamDirectReadCallback(::StreamDirectReadCallback,this);
/**********************************************************
注册消息读取码流函数。当数据准备好时,SDK 会向 hWnd 发送 MessageId 消息,目标窗口收到 Message 后调用 ReadStreamData 读取一帧数据
**********************************************************/
    RegisterMessageNotifyHandle(m_hWnd, MsgDataReady);
/**********************************************************
注册原始图像数据流回调函数。用户可以获取实时的 YUV420 格式的预览数据
**********************************************************/
    RegisterImageStreamCallback(ImageStreamCallback,this);
……
    return TRUE;  // return TRUE  unless you set the focus to a control
}
```

从 OnInitDialog()中可以看出,函数基本上完成了 SDK 开发中调用 API 的第一步——初始化,后续的工作则需要根据具体的情况视需求而定。我们开发多通道的视频监控与回放就是在海康威视提供的 Demo.exe 程序的基础上修改的,只要掌握

了基本的 API 调用顺序,合理地搭配需要的函数,即可实现用户的基本要求。图 12.51 是海康威视 Demo.exe 程序的基本界面。

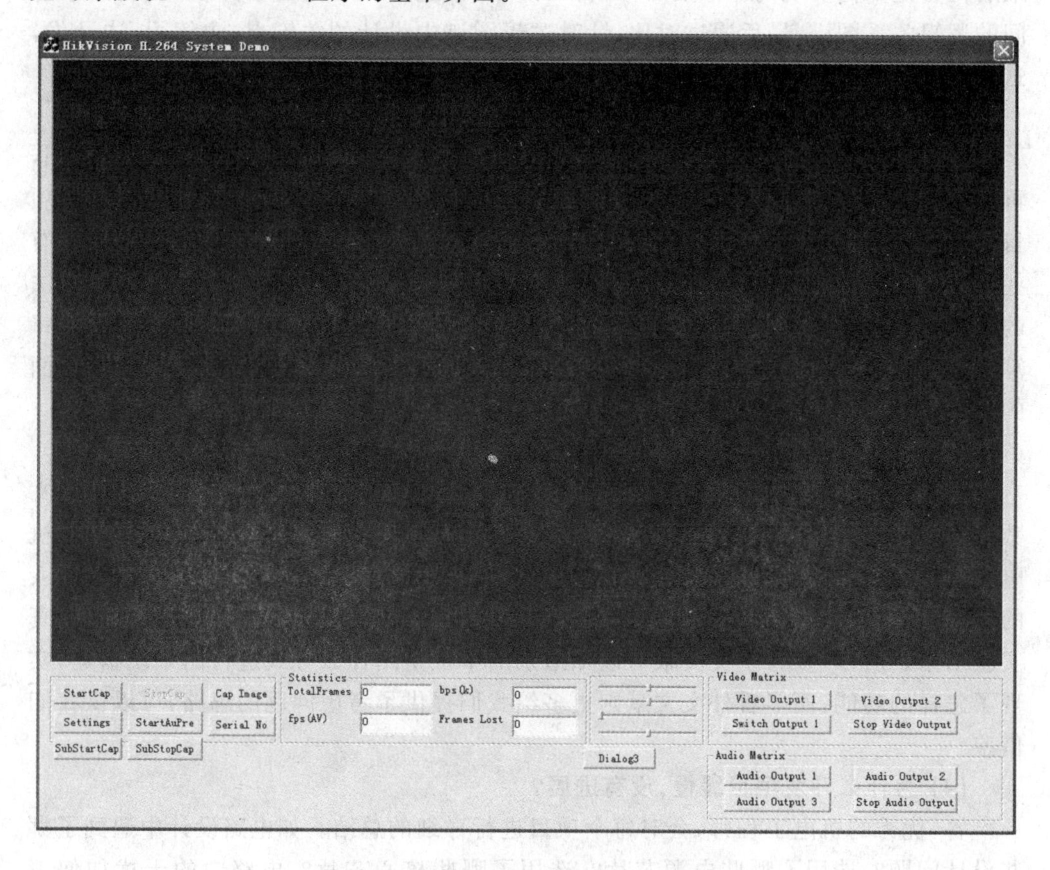

图 12.51　海康威视 Demo.exe 基本界面

2. 经验总结

总结四年的机电类工程项目科研经历,想起了老子的一句话:“治大国,若烹小鲜”,机电项目更像是做一道大餐,它涉及机械、电子、信号处理、程序设计等多方面。如果你能够在没有开发之前,就将机电的体系结构、具体的策略、难点重点勾勒于心,那么项目其实已经完成了一半了。所以说,高水平的机电工程师能够知道机电设备的体系结构,明确自己的任务量与工作重难点,并且能够有效地协调各方完成整体项目。下面再总结一些初次设计项目时应注意的事项,这个部分属于个人经验,如有雷同,不胜荣幸。

(1) 应该学完知识后开发项目,还是边学边开发?

答:具体问题,具体对待。如果是机械设计、机械造型,那么建议学完《机械设计基础》、《机械设计理论》后进行规范设计,具体的造型软件,应该是边学习、边练习,符合规范进行设计;如果是视觉系统、信号处理、单片机开发,我建议还是从一个简单的例程入手，看看别人的程序是在怎样的需求下开发的，别人解决问题的思路是什么，最后再看是如何实现的。然后，针对自己的项目，进行详细的需求分析，列出需求之间的逻辑关系图谱，最后通过对比，针对逻辑图谱中设计的关键点，边练习，边开发，这样做项目既有成就感，又容易完成。

(2) 在机电项目中，遇到比较困难的环节，如何开发？

答：进行类比，选容易环节攻克，剔除出难点，进行详细分析，查询相关技术文档，再进行攻克。如，在图像处理中，我们都了解很多经典的图像处理算法，为了达到项目的要求，我们有可能会涉及许多经典的算法，或者是多种算法的组合，可能对于有些同学来说，如何进行有效地组合就是一个难点，所以可以先在 Matlab 中进行算法的调用，分析各个算法效果，再通过组合看是否能够到达要求。如果可以达到，则将算法移植到自己的平台上；如果不行，可以再通过查询文献，或者自己进行数学方面的分析，进行多方面实验，完成难点的攻克。

(3) 文献如何查阅，有什么重点吗？

答：一般大学的图书馆里都有电子文献，万方、中国学术期刊在线是常用的中文数据库，IEEE 和 Engineering Village 是工程类项目常用的英文检索数据库。对于机电类的项目，中国人的文献更加偏重整体的功能实现、体系介绍、算法介绍等；外国人的文献更加偏重自己的角度去解读一种现象、一种分析问题的思路，以及相关的仿真实验结果。所以，多看中文文献可以知道别的单位是用什么方式进行的系统搭建，实现了怎样的功能；而多看外文文献则更多给我们提供了考虑问题的思路，可以供我们借鉴。

(4) 为什么开发项目缓慢，没有进展？

答：优秀的机电工程师，会对每个项目进行详细的总结。如电路设计中遇到了哪些设计问题？选用了哪些电源芯片？选用了哪些核心芯片？电路中的干扰如何消除？以上的各项都会分门别类地归纳好，整理在自己的知识库中，当下一个项目到来之时，只需要进行有效地组合即可，其他知识也是一样，如程序中的模块化设计，当用到串口时，只需要调用好自己的串口类函数即可。所以，这也是机电工程师入门和精通的最主要区别，入门级当然缓又慢，精通级当然好又快。

(5) 如何提升自己的项目，做到高水平，有科技含量呢？

答：选题很重要。首先能够将社会的、生活的、科学的热点问题融入自己的选题之中，那么就会引起人们的好奇心。其次，通过小组讨论、头脑风暴等多种方式进行创新点的设计与实现，就可以使观众得到满足。最后，通过整体的协调，联调测试，有效宣传，就可以给人以深刻的印象。

(6) 项目中遇到新问题怎么办？

我的观点：在进行项目工作中，总会出现各式各样的新问题，有时候甚至会出现，这个问题还没有解决，又出现新问题的情况。尤其对于新人，这种问题更加常见。因此，遇到这种问题，首先我们应当自信，相信一定能够实现自己的目标，同时在这个过

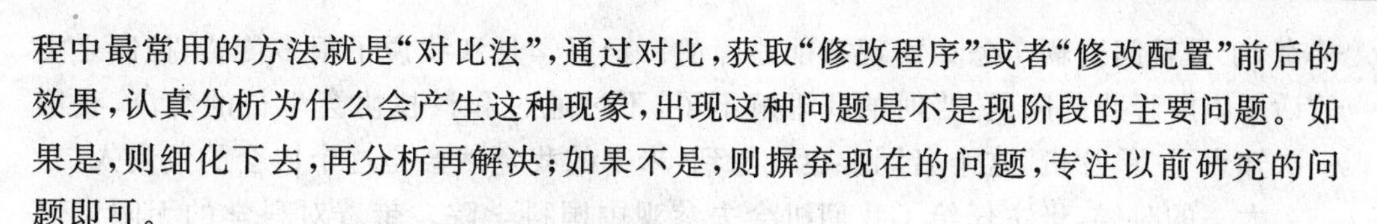

程中最常用的方法就是“对比法”，通过对比，获取“修改程序”或者“修改配置”前后的效果，认真分析为什么会产生这种现象，出现这种问题是不是现阶段的主要问题。如果是，则细化下去，再分析再解决；如果不是，则摒弃现在的问题，专注以前研究的问题即可。

(7) 如何平衡科技创新活动和课程学习的关系？

我的观点：这个问题仁者见仁，智者见智。如果你想通过成绩进行“保研”，那么关键的课程、关键知识、主要的学科成绩坚决不能落下；如果你想通过科技创新活动锻炼自己的实力，同时能够找到好工作或者通过参加竞赛“保研”，亦或是通过参加竞赛“出国”，那么必须有合理的时间规划，甚至有时候还必须“翘课”、“通宵”来完成预期目标。所以我们需要将自己的课程和手边的事情，分轻重缓急来处理，能合并的合并处理，节省时间来进行科技创新活动。

(8) 参加科技创新活动除了技术上的积累，还给我们带来了什么？

我的观点：除了技术上的积累，通过参加科技创新活动可以了解到以下知识：一、最直观的是可以了解到自己学校的研究方向和研究点，知道研究生的主要工作；二、认识很多的“技术达人”、“技术牛人”；三、通过对市场的调研，团队的合作，导师的交谈，师兄师姐的指导，可以学会和人打交道的基本技巧。

(9) 科技创新活动的经验对你研究课题的进展有什么帮助？

我的观点：可以说本科的科技创新活动是一把快速入门的钥匙，可以节省在研究生阶段的适应期，快速地投入科研当中。当然有利也有弊，这样的经验有时也会让你陷入“惯性思维”，遇到某些问题会习惯性地处理，这对技术创新可以说是一种损害。

12.2.4　改变与超越

作者简介：吴帆，毕业于北京理工大学机械电子工程专业，现为广州周立功单片机发展有限公司工程师。在大学时光里，我参加过很多科技创新项目，在这段时间里我从一个什么都不知道的天真学生，到渐渐地学习研究，最终自己能独立负责具有40自由度的“新型节肢机器人”项目，并让这个项目在全国120多个创新项目中获得第一名的好成绩。

在这里我想谈一下我在科技创新这条道路上的心得体会，希望与大家共勉之。

大学生科技创新，旨在用所学的理论知识来解决实际中的问题。其中问题有大有小，大到我们的专业知识，小到生活中的点滴。大学生科技创新可以让我们对自己的专业有更深入的了解，并充分发掘自己对专业的热爱程度。大学生科技创新可以让我们的思维更加灵活，让我们的思维模式跟上时代发展的步伐，做一个永不淘汰的人才。我想，这就是我心中理解的科技创新。

大一的我其实对科学并没有很深刻的了解，不知道任何一件科技产品都是要经过无数的理论与实验验证。还记得当时刚来大学不久，学校社团招新，其中我最感兴趣的就是科技协会。现场招新的时候，当时的学长做了一辆避障小车，我看了觉得很神奇，于是就问这辆车怎么实现智能避障的。记得学长和我说了很多传感、控制之类的话用以解释我的问题，当时的我理解不了，不过通过和科技协会学长的交流，我第一次知道了“单片机”这个名词。也没想到，未来的我竟然会是这个协会的负责人。

大一的时候，班主任给了我们机会去参观中国科学院。带着对科学的无限憧憬我踏上了去中国科学院参观的路。通过在中国科学院物理所、自动化所等地方的参观，我也初步对科学的分类和科技作品都是在什么样的环境下形成的有了很多的了解。

大致在2008年10月，学校举办科技创新项目立项，还建立了科技创新基地，满怀着对科创浓厚的兴趣，我参加了这次活动，听了老师关于科技创新理念的演讲，了解了科技创新需要走的过程，以及与学长们交流科技创新经验，在这种氛围的影响下，我觉得自己想要成立一个科创小组，成立一个科技创新项目——离子发电机电路的研究与改进。

这是我成立的第一个项目，其实关于这个项目的立项，是源于一本名字叫《大学生机电一体化实验制作》的科创书，项目大致是要求通过电路制造高压，通过尖端效应喷射出离子并产生很小的反作用力，这个项目的应用背景是在未来星际航行中给飞船提供动力。

当时我也没考虑很多，感觉这个项目很有时代感和科技感，就下决心要做出来，还在班里成立了5人小组，并且立项申请也通过了。

随之，时间过得很快，立的项目因为没有了头绪，渐渐地感觉心有余而力不足。为了理解书上的电路，学习如何设计电路，我在图书馆找了好多电路分析的书，因为没有任何科学基础和别人的指导，很多知识我都没有真正地理解。不过回想起来，最大的失误是当时我不知道电路分强电电路和弱电电路，不知道弱电电路分数字电路和模拟电路，不知道单片机是电路控制的核心。这个项目就这样渐渐被人忽略。

大一下学期，对我影响最大的就是我参加的数学建模竞赛以及我学了C语言程序设计这门课，虽然这两样东西并不是我在科技创新上的探索，但是它们在这个时候出现，深深地影响了我。

通过数学建模竞赛，我渐渐体会到理论联系实际的重要性，以及理论如何联系实际，怎么让理论联系实际，并且数学建模竞赛巩固了我数学上的理论基础，加深了我对数学的理解；同时，通过数学建模论文的构造，我也了解了如何将学术以规范的方式展现给学者。

通过C语言的学习，我真正了解到计算机技术的强大之处，程序就好比思维，编程就是赋予程序思维，让计算机在具有一定算法下进行高速运算，从而实现一些功能。同时在编程上我也渐渐养成规范，这也为我之后在嵌入式系统上进行C语言程序编写打下了基础。

在这半学期里，我全身心地投入了数学建模，在理论与实践的探究中，也经常利用C程序进行关键参数的计算，跨学科知识的联系，跨专业的联系。我们的数学建

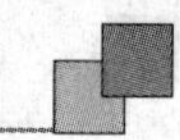

模小组也在不断的努力之下连续通过了校内选拔,最终进军全国赛。

同时我也遇到了无数的问题和矛盾,这些都是由于对科学的理解程度太浅,知识积累不够多,程序算法构造能力欠缺,不过在问题不断地被解决之后,我都会总结方法与经验,也就在一个又一个的挫折之后,我渐渐地更了解科学。

在大二上学期,也是继数学建模竞赛之后,我把我的精力集中到C语言的学习,在PC上进行从C到C++到基于MFC的WINDOWS编程。在此期间,我不仅锻炼自己的程序算法能力,不断改进并养成良好的编程习惯,在编程实践上我也下了不少功夫。我觉得最重要的还是要敢于实践,敢于面对难题。

凭借着兴趣和对创新的渴望,在C语言上,我成功地完成"贪吃蛇"、"俄罗斯方块"、"扫雷"等PC游戏的编写,并且我还尝试着将一些自己想的算法赋予到程序里,比如构造更新的游戏方式和智能计算机(也就是AI)。

还记得当时上"线性代数"这门课,有作业叫我们算3~4阶矩阵的行列式。众所周知,矩阵行列式的计算都很复杂,通过MATLAB计算的行列式只有结果,没有过程。当时我就想,能不能用C语言,将行列式的定义赋予到程序里,让计算机帮忙运算,并且按照自己想要的格式输出运算结果。经过一晚上的努力和不断调试,我完成了任意阶方阵行列式计算程序,并且显示完整的计算结果。当时很有成就感,也许正是这种成就感一直激励着我要不断学习。

我真真正正地进入嵌入式领域是在大二上学期期末,之前的我连单片机的概念都不知道,也不知道C语言居然是单片机的主要计算机语言。歪打正着地学了很多C语言与数据结构,正好应用在单片机领域。

大二下学期期末,我知道我大一时定的项目将要在半年后结题,于是我进了北京理工大学大学生创新基地,老师指导我们的项目,每两个星期都要上一节指导课,在老师的指导下,我渐渐了解到了单片机是现代控制系统的核心。

"兴趣驱动 自主实践 重在过程"——大学生创新活动计划的实施原则

为了入门单片机,在寒假前,我向老师借了一套开发系统,并且开始从基础学起,在家里就看数字电路的视频教程和数字电路基础教科书,同时研究开发系统上的51单片机原理、内部结构、电器特性、片内外设。

随着大二下学期的开始,我正式进入实验室,对单片机简直达到了痴迷的境界。成天就在看单片机的书,做书上的实验。拿起烙铁,我开始了我的第一个嵌入式作品——单片机计算器(见图12.52)。

从想法到可行性分析,到系统方案制定,到电路仿真分析,确定可行之后,我开始构架硬件和软件。由于是初学,单片机计算器采用最基本的51单片机的嵌入式构架,输出也是最简单的数码管,位选择采用译码,输入为矩阵键盘,是最典型的最小系统输入/输出的结合。

当我设计并制作好硬件,在仿真软件上编写好程序,插上单片机,上电的那一刻,计算器正常工作,那种成功的喜悦告诉我,我的努力没有白费!

图 12.52　吴帆的第一个个人作品——单片机计算器

在不断的激励下，我每天都起早贪黑地学习单片机与所缺的电路知识，一星期之后，我又成功地将典型的 2.4 寸 32 位真彩显示 LCD 彩屏驱动程序调试成功，并且封装到底层，为了实现功能，我将之前写的 PC 上的“俄罗斯方块”游戏程序移植到 51 单片机上。

当然，PC 程序是与硬件关联不大的软件代码，而单片机程序则实时地与硬件相关，移植过程中遇到了无数挫折，有的时候甚至我都想放弃了。我问了很多人，问了老师，不断查阅图书与网络提供的资料，在细节上不断改进，最终还是攻克了难关。

不仅如此，我在优化游戏结构与流畅性上，也做了很多的尝试。经过编译之后的代码长度仅有 6K。

我也很感谢学校在创新基地里给我们提供了很多设备和仪器，为实验提供了很大的方便。我也利用这个平台，每天都在实践中学习。同时，在创新基地也认识了很多一起学习的同学，有什么问题我们都互相交流，互相学习。

随着专业技能的增长，我开始学习性能更好的单片机，同时，“六足机器人”成为我创新计划的题目，在做这个项目时遇到了不少问题，诸如材料的选择、结构的改进、控制算法实现等。这些问题都是课本上见不到的。

如何来解决问题呢，作为负责人，不仅要有过硬的专业技能，也要知道整个解决问题的方法。集体讨论（要构建一个小的团队，记住团队的力量远比一个人的强大）、查阅资料（查阅资料又包括到图书馆，或者是利用 Internet 上的资源等）、整合从各方获取的信息，并从中找到有利于解决问题的信息，最终得出解决问题的最佳方案。期间，我对专业知识与嵌入式方案构架有了更深入地了解和认识。另外在资料收集、信息整合等方面我也得到了锻炼，相信在以后的工作中即使遇到能力范围以外的任务，

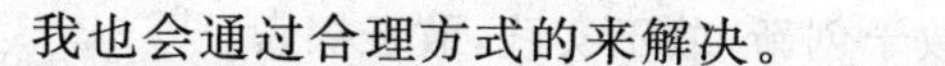

我也会通过合理方式的来解决。

成功的道路虽然艰辛，但只要有探索的精神，不断努力，一定能得出想要的结果。我就是抱着这样的一种心态主导完成的这个项目，用一个仅仅8位的单片机，实现12自由度机器人的控制。在创新基地，六足机器人是最杰出的作品之一，我也引以为豪。

6月，六足机器人参加了北京市科技创新项目的比赛，它的优秀表演得到了评委的认可，获得了“十佳项目”的称号，也算是这半年我在科技创新项目上的一个总结吧。同时，我的创新项目也完美地结题了。

但是，创新之旅没有结束，7月，也就是大二结束的那个暑假，我接到了一个邀请——在两个月的时间内设计并完成一个国家级创新性实验计划项目“新型轮腿式机器人”的核心控制系统。

当然有好的机会决不能错过，我参与了项目组，第一次尝试大型的特种机器人控制系统设计的项目，感觉有很大的压力，不过我还是抱着学习尝试的态度，认真地对待这个项目。

从总线调试失败到更改硬件策略，从优化控制效果到添加控制功能，我在很短的时间里不断学习，从失败中总结经验。最后还是成功地完成了任务。

9月底，导师带着我们奔赴大连比赛现场，兴致勃勃地参与了这次比赛——第三届全国大学生创新论坛。参与本身就是一种锻炼，参与本身就是一种收获，只要我抱着积极的态度，百分百的激情去投入到我所喜爱的事情中去，那又何必去太在乎结果呢，过程之美是那些只注重结果的人所体会不到的。

不仅如此，我们成功地获得了“全国大学生创新性实验计划项目第五名”(见图12.53)。

经过这几年的科技创新与实践经历，我总结出以下几点体会：

第一，这个项目让我更加注意现实生活中存在的问题，并设法去解决它——这是一种眼界，并不是所有人都具备这一种能力。这一能力在就业与创业上显得尤为重要，这是书本知识所不能给我的。

第二，这个项目让我深入理解了团队配合的力量。不管什么项目，所涉及的领域都有好几个，其中包括机械、电子、工美等。如果单独地拿出其中的一个，那这一项目就不能完成，只有协同好各方的关系，让个体统一到整体中，那么团队才会充分发挥其作用，真正起到1+1>2团队效应。团结协作是21世纪人才所必须具备的一种素质。

第三，项目不仅仅是一个项目，对待项目就好比对待人生，做好每一个细节，才能成就大的事业。同样，对于科技创新也不应该分大小，只要是旨在改善人们生产生活的一切发明创新都属于科技创新的范畴。

当然，从参与大学生科技创新活动中得到的心得体会还有很多很多。科技创新离我们并不遥远，只要善于发现生活中的问题，并去尝试解决它，再通过合理的方式来表现或表达，那么这就是一次科技创新，要敢于创新，敢于实践，敢于探索。

图 12.53　吴帆和他所在团队的作品

附录1

仿蚂蚁机器人主要部件工程图

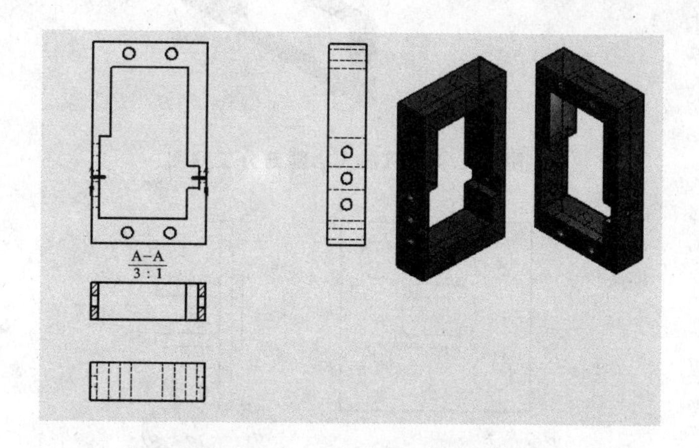

附图 1.1　舵机固定架工程图

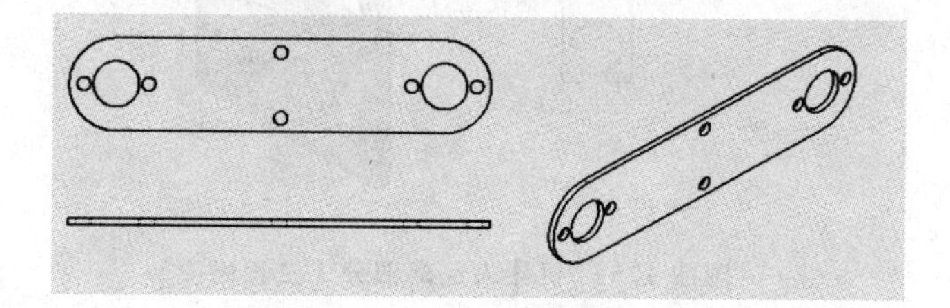

附图 1.2　机器人大腿部分 1 工程图

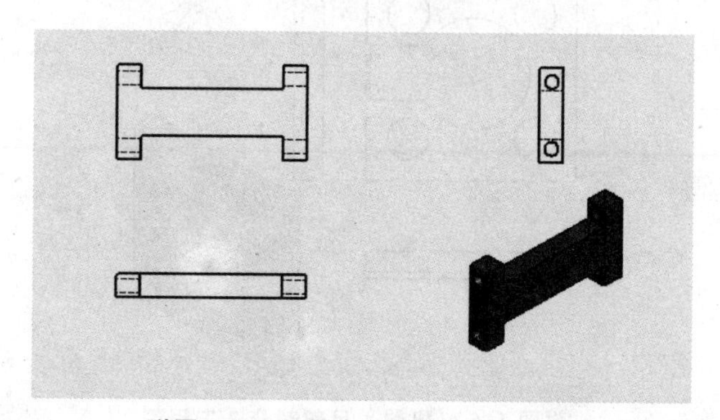

附图 1.3　机器人大腿部分 2 工程图

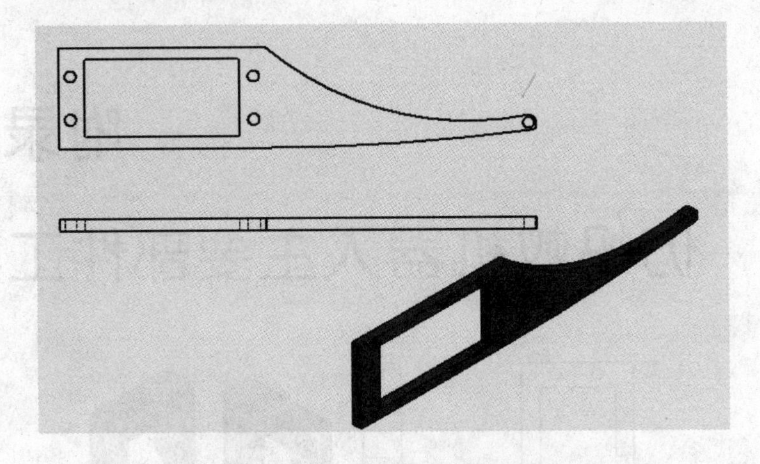

附图 1.4　机器人小腿部分工程图

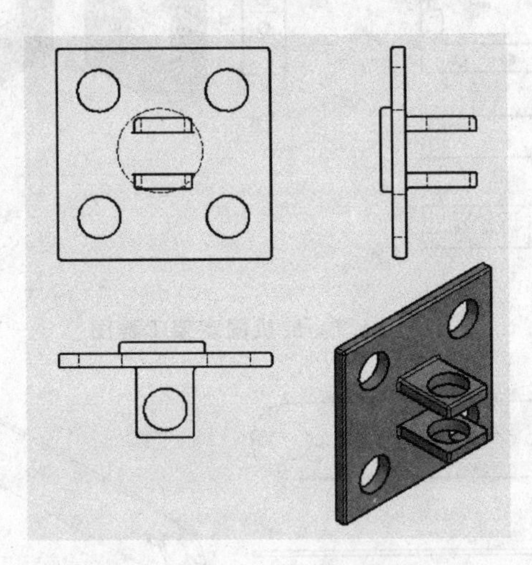

附图 1.5　机器人足部部分 1 工程图

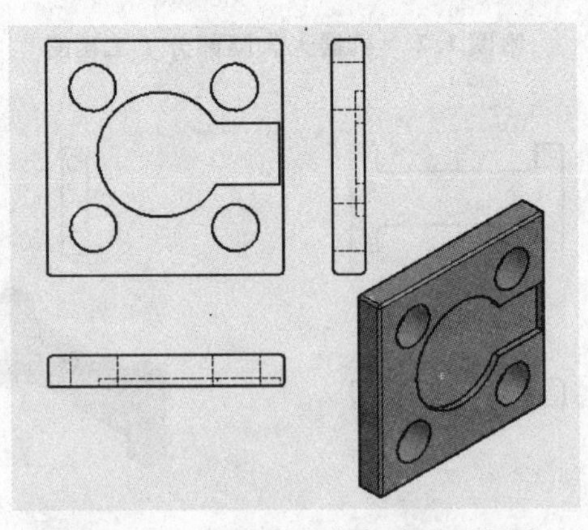

附图 1.6　机器人足部部分 2 工程图

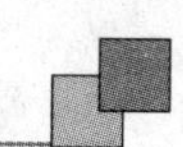

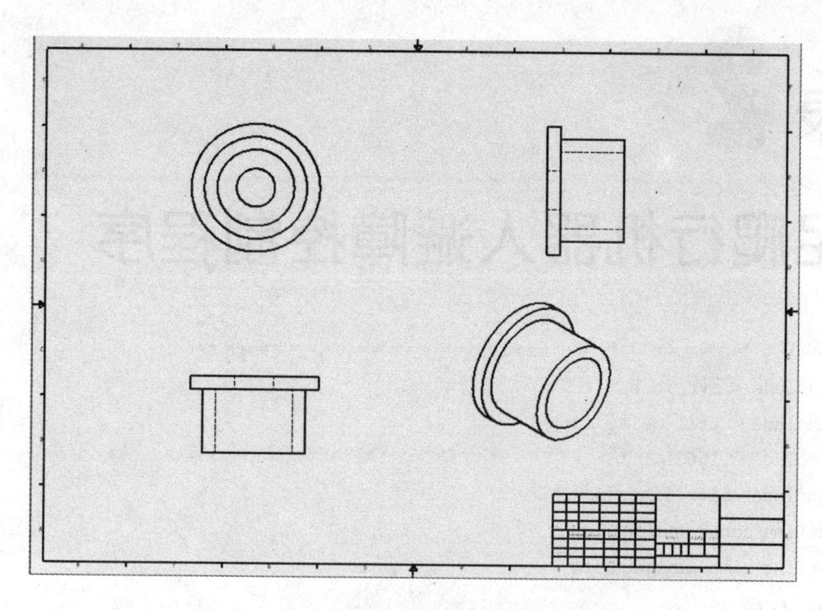

附图 1.7　改进后的机器人轴承连接件工程图

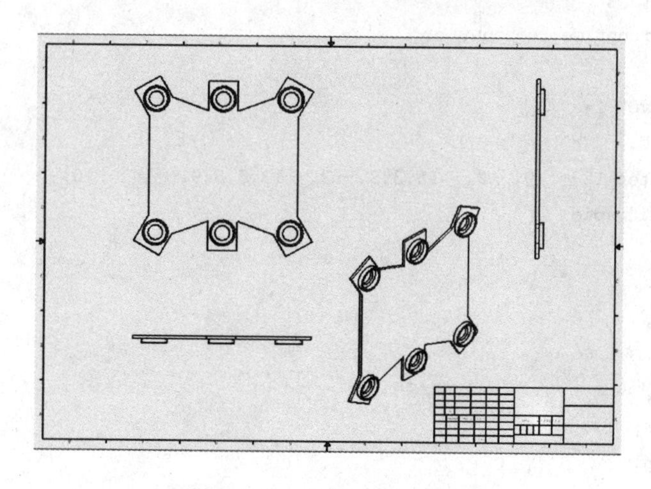

附图 1.8　身体下板工程图

附录2

六足爬行机器人避障控制程序

```
//===========主程序  main.c ================//
#include <avr/io.h>
#include <util/delay.h>
#include <1602LCD.h>
#include <avr/interrupt.h>
#define uchar unsigned char
#define uint unsigned int
uchar f[12];
uchar m[12][7];
uchar sign,rooptime,roopnum;
uchar direc;
uchar canmove = 1;
uchar run = 0;
char parameter[12] = {9,-9,-15,3,9,-3,-13,6,8,9,-14,-10};
void sys_init(void)
  {
DDRA = 0xe0;
DDRB = 0xff;
DDRC = 0xff;
DDRD = 0x0f;
PORTA = 0x1f;
PORTB = 0x00;
PORTC = 0x00;
PORTD = 0xf0;
  TCCR2 = 0x0a;
  OCR2 = 10;
  TIMSK| = 0x80;
Lcd_init();
_delay_ms(1000);
}
void residual(void)
{
```

```
uchar i,j;
for(i = 0;i<12;i + + )
f[i] + = parameter[i];
for(i = 0;i<12;i + + )
  for(j = 0;j<7;j + + )
m[i][j] + = parameter[i];
}
void gait1(void)//动作函数  前进
{
uchar i;
roopnum = 4;
rooptime = 6;
sign = 0;
i = 0;
m[i][0] = 140;m[i][1] = 150;m[i][2] = 150;m[i][3] = 150;m[i][4] = 0;m[i][5] = 0;m[i]
[6] = 150;
i = 1;
m[i][0] = 150;m[i][1] = 160;m[i][2] = 150;m[i][3] = 140;m[i][4] = 0;m[i][5] = 0;m[i]
[6] = 150;
i = 2;
m[i][0] = 150;m[i][1] = 150;m[i][2] = 160;m[i][3] = 150;m[i][4] = 0;m[i][5] = 0;m[i]
[6] = 150;
i = 3;
m[i][0] = 150;m[i][1] = 160;m[i][2] = 150;m[i][3] = 140;m[i][4] = 0;m[i][5] = 0;m[i]
[6] = 150;
i = 4;
m[i][0] = 150;m[i][1] = 150;m[i][2] = 140;m[i][3] = 150;m[i][4] = 0;m[i][5] = 0;m[i]
[6] = 150;
i = 5;
m[i][0] = 150;m[i][1] = 140;m[i][2] = 150;m[i][3] = 160;m[i][4] = 0;m[i][5] = 0;m[i]
[6] = 150;
i = 6;
m[i][0] = 160;m[i][1] = 150;m[i][2] = 150;m[i][3] = 150;m[i][4] = 0;m[i][5] = 0;m[i]
[6] = 150;
i = 7;
m[i][0] = 150;m[i][1] = 140;m[i][2] = 150;m[i][3] = 160;m[i][4] = 0;m[i][5] = 0;m[i]
[6] = 150;
i = 8;
m[i][0] = 140;m[i][1] = 150;m[i][2] = 150;m[i][3] = 150;m[i][4] = 0;m[i][5] = 0;m[i]
[6] = 150;
i = 9;
```

```
m[i][0] = 150;m[i][1] = 160;m[i][2] = 150;m[i][3] = 140;m[i][4] = 0;m[i][5] = 0;m[i]
[6] = 150;
i = 10;
m[i][0] = 150;m[i][1] = 150;m[i][2] = 160;m[i][3] = 150;m[i][4] = 0;m[i][5] = 0;m[i]
[6] = 150;
i = 11;
m[i][0] = 150;m[i][1] = 160;m[i][2] = 150;m[i][3] = 140;m[i][4] = 0;m[i][5] = 0;m[i]
[6] = 150;
for(i = 0;i<12;i + + )
f[i] = m[i][3];
residual();
}
void gait2(void)//动作函数  后退
{
uchar i;
roopnum = 4;
rooptime = 6;
sign = 0;
i = 0;
m[i][0] = 150;m[i][1] = 150;m[i][2] = 140;m[i][3] = 150;m[i][4] = 0;m[i][5] = 0;m[i]
[6] = 150;
i = 1;
m[i][0] = 150;m[i][1] = 160;m[i][2] = 150;m[i][3] = 140;m[i][4] = 0;m[i][5] = 0;m[i]
[6] = 150;
i = 2;
m[i][0] = 160;m[i][1] = 150;m[i][2] = 150;m[i][3] = 150;m[i][4] = 0;m[i][5] = 0;m[i]
[6] = 150;
i = 3;
m[i][0] = 150;m[i][1] = 160;m[i][2] = 150;m[i][3] = 140;m[i][4] = 0;m[i][5] = 0;m[i]
[6] = 150;
i = 4;
m[i][0] = 140;m[i][1] = 150;m[i][2] = 150;m[i][3] = 150;m[i][4] = 0;m[i][5] = 0;m[i]
[6] = 150;
i = 5;
m[i][0] = 150;m[i][1] = 140;m[i][2] = 150;m[i][3] = 160;m[i][4] = 0;m[i][5] = 0;m[i]
[6] = 150;
i = 6;
m[i][0] = 150;m[i][1] = 150;m[i][2] = 160;m[i][3] = 150;m[i][4] = 0;m[i][5] = 0;m[i]
[6] = 150;
i = 7;
m[i][0] = 150;m[i][1] = 140;m[i][2] = 150;m[i][3] = 160;m[i][4] = 0;m[i][5] = 0;m[i]
```

```
[6] = 150;
i = 8;
m[i][0] = 150;m[i][1] = 150;m[i][2] = 140;m[i][3] = 150;m[i][4] = 0;m[i][5] = 0;m[i]
[6] = 150;
i = 9;
m[i][0] = 150;m[i][1] = 160;m[i][2] = 150;m[i][3] = 140;m[i][4] = 0;m[i][5] = 0;m[i]
[6] = 150;
i = 10;
m[i][0] = 160;m[i][1] = 150;m[i][2] = 150;m[i][3] = 150;m[i][4] = 0;m[i][5] = 0;m[i]
[6] = 150;
i = 11;
m[i][0] = 150;m[i][1] = 160;m[i][2] = 150;m[i][3] = 140;m[i][4] = 0;m[i][5] = 0;m[i]
[6] = 150;
for(i = 0;i<12;i + + )
f[i] = m[i][3];
residual();
}
void gait3(void)//动作函数　左转
{
uchar i;
roopnum = 4;
rooptime = 6;
sign = 0;
i = 0;
m[i][0] = 140;m[i][1] = 150;m[i][2] = 150;m[i][3] = 150;m[i][4] = 0;m[i][5] = 0;m[i]
[6] = 150;
i = 1;
m[i][0] = 150;m[i][1] = 145;m[i][2] = 150;m[i][3] = 155;m[i][4] = 0;m[i][5] = 0;m[i]
[6] = 150;
i = 2;
m[i][0] = 150;m[i][1] = 150;m[i][2] = 160;m[i][3] = 150;m[i][4] = 0;m[i][5] = 0;m[i]
[6] = 150;
i = 3;
m[i][0] = 150;m[i][1] = 160;m[i][2] = 150;m[i][3] = 140;m[i][4] = 0;m[i][5] = 0;m[i]
[6] = 150;
i = 4;
m[i][0] = 150;m[i][1] = 150;m[i][2] = 140;m[i][3] = 150;m[i][4] = 0;m[i][5] = 0;m[i]
[6] = 150;
i = 5;
m[i][0] = 150;m[i][1] = 155;m[i][2] = 150;m[i][3] = 145;m[i][4] = 0;m[i][5] = 0;m[i]
[6] = 150;
```

```
i = 6;
m[i][0] = 160;m[i][1] = 150;m[i][2] = 150;m[i][3] = 150;m[i][4] = 0;m[i][5] = 0;m[i]
[6] = 150;
i = 7;
m[i][0] = 150;m[i][1] = 140;m[i][2] = 150;m[i][3] = 160;m[i][4] = 0;m[i][5] = 0;m[i]
[6] = 150;
i = 8;
m[i][0] = 140;m[i][1] = 150;m[i][2] = 150;m[i][3] = 150;m[i][4] = 0;m[i][5] = 0;m[i]
[6] = 150;
i = 9;
m[i][0] = 150;m[i][1] = 145;m[i][2] = 150;m[i][3] = 155;m[i][4] = 0;m[i][5] = 0;m[i]
[6] = 150;
i = 10;
m[i][0] = 150;m[i][1] = 150;m[i][2] = 160;m[i][3] = 150;m[i][4] = 0;m[i][5] = 0;m[i]
[6] = 150;
i = 11;
m[i][0] = 150;m[i][1] = 160;m[i][2] = 150;m[i][3] = 140;m[i][4] = 0;m[i][5] = 0;m[i]
[6] = 150;
for(i = 0;i<12;i + + )
f[i] = m[i][3];
residual();
}
void gait4(void)//动作函数   右转
{
uchar i;
roopnum = 4;
rooptime = 6;
sign = 0;
i = 0;
m[i][0] = 140;m[i][1] = 150;m[i][2] = 150;m[i][3] = 150;m[i][4] = 0;m[i][5] = 0;m[i]
[6] = 150;
i = 1;
m[i][0] = 150;m[i][1] = 160;m[i][2] = 150;m[i][3] = 140;m[i][4] = 0;m[i][5] = 0;m[i]
[6] = 150;
i = 2;
m[i][0] = 150;m[i][1] = 150;m[i][2] = 160;m[i][3] = 150;m[i][4] = 0;m[i][5] = 0;m[i]
[6] = 150;
i = 3;
m[i][0] = 150;m[i][1] = 145;m[i][2] = 150;m[i][3] = 155;m[i][4] = 0;m[i][5] = 0;m[i]
[6] = 150;
i = 4;
```

```
m[i][0] = 150;m[i][1] = 150;m[i][2] = 140;m[i][3] = 150;m[i][4] = 0;m[i][5] = 0;m[i]
[6] = 150;
i = 5;
m[i][0] = 150;m[i][1] = 140;m[i][2] = 150;m[i][3] = 160;m[i][4] = 0;m[i][5] = 0;m[i]
[6] = 150;
i = 6;
m[i][0] = 160;m[i][1] = 150;m[i][2] = 150;m[i][3] = 150;m[i][4] = 0;m[i][5] = 0;m[i]
[6] = 150;
i = 7;
m[i][0] = 150;m[i][1] = 155;m[i][2] = 150;m[i][3] = 145;m[i][4] = 0;m[i][5] = 0;m[i]
[6] = 150;
i = 8;
m[i][0] = 140;m[i][1] = 150;m[i][2] = 150;m[i][3] = 150;m[i][4] = 0;m[i][5] = 0;m[i]
[6] = 150;
i = 9;
m[i][0] = 150;m[i][1] = 160;m[i][2] = 150;m[i][3] = 140;m[i][4] = 0;m[i][5] = 0;m[i]
[6] = 150;
i = 10;
m[i][0] = 150;m[i][1] = 150;m[i][2] = 160;m[i][3] = 150;m[i][4] = 0;m[i][5] = 0;m[i]
[6] = 150;
i = 11;
m[i][0] = 150;m[i][1] = 145;m[i][2] = 150;m[i][3] = 155;m[i][4] = 0;m[i][5] = 0;m[i]
[6] = 150;
for(i = 0;i<12;i + + )
f[i] = m[i][3];
residual();
}
ISR(TIMER2_COMP_vect)      //定时器 2 比较匹配中断
{
  static uint time = 0,rtime;
  uchar i;
  time + + ;
  if(time = = 2000)
    {
      PORTB = 0xff;
      PORTD = 0xff;
      time = 1;
    }
  if(time = = 1000&&canmove)
   {
   if(rtime<rooptime) rtime + + ;
```

```
    else {rtime = 0;
            sign + + ;
            if(sign = = roopnum)   sign = 0;
            }
    for(i = 0;i<12;i + + )
        {
        if(sign = = 0)
        f[i] = ((rooptime - rtime) * m[i][roopnum - 1] + rtime * m[i][0])/rooptime;
        else
        f[i] = ((rooptime - rtime) * m[i][sign - 1] + rtime * m[i][sign])/rooptime;

        }
      }
   if(time<400&&time>0)
      {
       if(f[0] = = time + 100) PORTB& = 0xfe;
       if(f[1] = = time + 100) PORTB& = 0xfd;
       if(f[2] = = time + 100) PORTB& = 0xfb;
       if(f[3] = = time + 100) PORTB& = 0xf7;
       if(f[4] = = time + 100) PORTB& = 0xef;
       if(f[5] = = time + 100) PORTB& = 0xdf;
       if(f[6] = = time + 100) PORTB& = 0xbf;
       if(f[7] = = time + 100) PORTB& = 0x7f;
       if(f[8] = = time + 100) PORTD& = 0xfe;
       if(f[9] = = time + 100) PORTD& = 0xfd;
       if(f[10] = = time + 100) PORTD& = 0xfb;
       if(f[11] = = time + 100) PORTD& = 0xf7;
      }
  if(time = = 400)   {PORTB& = 0x00;PORTD& = 0xf0;}
  }
uchar getkey(void)
{
uchar key;
 if((PINA&0x1f)! = 0x1f)
    {
      _delay_us(50);
      if((PINA&0x1f)! = 0x1f)
        {
        key = (PINA&0x1f);
        while((PINA&0x1f)! = 0x1f);
        return key;
```

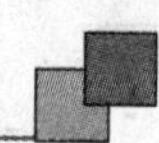

```
        }
    }
    return 0;
}
int main( void )
{
uchar flag,flag1;
flag = 0;
uint run = 0;
sys_init();
 _delay_ms(1000);
sei();        //开总中断
gait1();
for(;;)
{
flag1 = (PIND&0xc0);
if(flag! = flag1&&run>5000)
{
if(flag1 = = 0xc0)
{
flag = flag1;
cli();
 _delay_ms(10);
gait1();
sei();
}
if(flag1 = = 0x00)
{
flag = flag1;
cli();
 _delay_ms(10);
gait2();
sei();
}
if(flag1 = = 0x40)
{
flag = flag1;
cli();
 _delay_ms(10);
gait4();
```

```
sei();
}
if(flag1 = = 0x80)
{
flag = flag1;
cli();
 _delay_ms(10);
gait3();
sei();
}
run = 0;
}
run + + ;
};
}
//=========== 1602.h ================//
#ifndef USE_1602LCD_H_
#define USE_1602LCD_H_
#include <avr/io.h>
#include <util/delay.h>
#define uchar unsigned char
#define uint unsigned int
#define Com_Port PORTA                    //指令口
#define Print_Port PORTC                  //数据口
#define RS_set Com_Port| = (1<<7)
#define RS_clr Com_Port& = ~(1<<7)
#define RW_set Com_Port| = (1<<6)
#define RW_clr Com_Port& = ~(1<<6)
#define E_set Com_Port| = (1<<5)
#define E_clr Com_Port& = ~(1<<5)
extern void Lcd_init(void);
extern void Show_char(uchar x,uchar y,uchar c);
extern void Show_str(uchar x,uchar y,uchar * s);
extern void Show_num(uchar x,uchar y,uchar num,uchar j);
#endif
//=========== 1602.c ================//
#include <1602LCD.h>
void Write_com(uchar com)
{
 RS_clr;
 RW_clr;
 E_set;
```

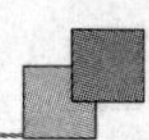

```
 Print_Port = com;
 _delay_us(50);
 E_clr;
}
void Write_data(uchar data)
{
 RS_set;
 RW_clr;
 E_set;
 Print_Port = data;
 _delay_us(50);
 E_clr;
}
void Show_char(uchar x,uchar y,uchar c)
{
  if (y = = 0)
     {
       Write_com(0x80 + x);
      }
 else
    {
      Write_com(0xC0 + x);
      }
 Write_data(c);
}
void Show_num(uchar x,uchar y,uchar num,uchar j)
{
j - - ;
if(!num) {Show_char(x,y,48);j - - ;x - - ;}
do
{
if(num % 10)
{Show_char(x,y,num % 10 + 48);}
else { if(! num)  Show_char(x,y,27);
         else      Show_char(x,y,num % 10 + 48);
        }
num/ = 10;
x - - ;
}
while(j - - );
}
void Show_str(uchar x,uchar y,uchar * s)
```

```
{
 if (y = = 0)
 {
 Write_com(0x80 + x);
 }
 else
 {
 Write_com(0xC0 + x);
 }
 while ( * s)
 {
 Write_data( * s);
 s + + ;
 }
}
void Lcd_init(void)
{
   Write_com(0x38);              //显示模式设置
   _delay_ms(5);
   Write_com(0x38);
   _delay_ms(5);
   Write_com(0x38);
   _delay_ms(5);
   Write_com(0x38);
   Write_com(0x08);              //显示关闭
   Write_com(0x01);              //显示清屏
   Write_com(0x06);              //显示光标移动设置
   _delay_ms(5);
   Write_com(0x0C);              //显示开及光标设置
}
```

附录 3

Binary 协议的 ID＃20 信息块

20 Navigation Data (user coordinates)		The message is output once per second upon reception of a message ID ＃20 request.		
		The latency on this message is less than 0.5 seconds. The latency defined here refers to the time difference between the time tag of the computed position and the time of transmission of the first message byte.		
	5～14	Message Length：77 byte UTC Time units：HR：MN：SC	HR：MN：SC	hout->， minute->byte， second-> long float
	5	Time not corrected by UTC parameters (1＝True，0＝False)		
	6～7	Reserved		
	15～18	Date byte 15，bit 5～7：Reserved	DY：MO：YR	day->byte， month->byte， year->word
	19～26	Latitude range：－P1/2～P1/2	radians	long float
	27～34	Longitude range：－P1～P1	radians	long float
	35～38	Altitude	meters	short float
	39～42	Ground Speed	meters/sec	short float
	43～46	Track Angle range：－P1～P1	radians	short float
	47～50	Velocity North	meters/sec	short float
	51～54	Velocity East	meters/sec	short float

续表

20 Navigation Data (user coordinates)	55～58	Vertical velocity	meters/sec	short float
	59～62	HFOM	meters	short float
	63～66	VFOM	meters	short float
	67～68	HDOP resolution：0.1 units	word	N/A
	69～70	VDOP resolution：0.1 units	word	N/A
	71	bit 0～4：NAV Mode 0->Init. Required， 1->Initialized， 2->Nav 3-D， 3->Alt. Hold(2-D)， 4->Diff. 3-D， 5->Diff. 2-D， 6->Dead. Reckoning bit 5：Solution Confidence Level 0->Normal(NAV solution from less than 5 SVs) 1->High(NAV solution from at least 5 SVs) bit 6：Reserved bit 7：GPS Time Alignment mode 1->Enable 0->Disable	N/A	N/A
	72	bit 0～3：Number of SVs used to compute this solution	N/A	N/A
	73	System Mode and Satellite tracking mode(c. f. msg ＃49，byte 5) bit7：Reserved	N/A	N/A
	72	bit 4～7：Coordinate system(loweset nibble))	N/A	N/A
	73	bit 4，5：Coordinate system(highest nibble) Datum number＝B73 b5，b4， B72 b7，b6，b5，b4(B＝byte，b＝bit).	N/A	N/A
	74～75	Reserved		

附录4

GPS定位数据采集与提取程序

```
#include <math.h>
/***************register address of TL16C550 ******************/
#define UART_BASE_ADDR          0x400400        //base address
#define RBR             *((int *)(UART_BASE_ADDR+0))
#define THR             *((int *)(UART_BASE_ADDR+0))
#define IER             *((int *)(UART_BASE_ADDR+1))
#define IIR             *((int *)(UART_BASE_ADDR+2))
#define FCR             *((int *)(UART_BASE_ADDR+2))
#define LCR             *((int *)(UART_BASE_ADDR+3))
#define MCR             *((int *)(UART_BASE_ADDR+4))
#define LSR             *((int *)(UART_BASE_ADDR+5))
#define MSR             *((int *)(UART_BASE_ADDR+6))
#define SCR             *((int *)(UART_BASE_ADDR+7))
#define DLL             *((int *)(UART_BASE_ADDR+0))
#define DLM             *((int *)(UART_BASE_ADDR+1))
#define uint8   unsigned int
#define uint16 unsigned int
typedef struct
{
  long c;
  int b;
  int a;
} Temp1;
typedef struct
{
  int n;
  int m;
} Temp2;
typedef struct
{
    double latitude;
    double longitude;
```

```
    float  altitude;
} Position1;
typedef struct
{     float x;
    float y;
    float z;
} Position2;
typedef struct
{
    uint8 SOH;
    uint8 ID;
    uint8 ID1;
    uint8 LEN;
    uint8 hour;
    uint8 min;
    uint8 sec[8];
    uint8 day;
    uint8 month;
    uint16 year;
    //double latitude;
    //double longitude;
    uint8   latitude[8];
    uint8   longitude[8];
    float  altitude;
    float  gnd_speed;
    float  track_angle;
    float  velocity_north;
    float  velocity_east;
    float  velocity_vertical;
    float  HFOM;
    float  VFOM;
    uint16 HDOP;
    uint16 VDOP;
    uint8   Nav_mode;
    uint8   Sv_num;
    uint8   modes;
    uint16 reserved;
    uint16 check_sum;
} Nav_Data;
```

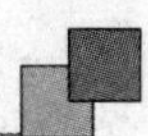

```
/*************** function declare ************************/
void putchar(char ch);
uint8 getchar(void);
void TMCR_reset(void);
void CLK_init(void);
void EMIF_init(void);
void wait(int nWait);

const double a = 6378245.0;
const double b = 6356755.0;

int index;
char data;
char Set_Bin[7] = {0x01,0x6E,0x91,0x01,0xA0,0xA1,0x01};
char Ini_link[14] = {0x01,0x3F,0xC0,0x08,0x55,0x47,0x50,0x53,0x2D,0x30,0x30,0x30,
0x04,0x03};
char Nav_con[6] = {0x01,0x94,0x6B,0x00,0x00,0x01};
char Nav_one[6] = {0x01,0x14,0x6B,0x00,0x00,0x01};
char str[44] = { "This is GPS Data Processing program !" };

uint8 buffer[77];
int HDOP,VDOP;
uint8 Nav_mode;
Position1 Current_point,Aim_point = {0.7521,2.030132,64.846848};
Position2 vin0,vin;
Position2 * vin1;
Nav_Data * Nav_data;
Temp1 * temp1;
Temp2 * temp2;

float turn_angle;

float f;
float * pf;
Temp1 s;
Temp1 * ps;
Temp2 t;
Temp2 * pt;
/*************** 异步数据接收函数 ************************/
#define DR 0
#define OE 1
#define PE 2
#define FE 3

uint8 getchar(void)
{
```

```
    char status;
    uint8 data;
    do{
        status = LSR;
        //data = data&0x0ff;
        //if(status & ((1<<PE)|(1<<PE)|(1<<OE)|(1<<DR)) = = 0)
    }while((status & 1) = = 0);
    data = RBR;
    return data;
}
/***************** 异步数据发送函数 ***************************/
void putchar(char ch)
{
    char status;
    do
      {
       status = LSR;
      } while ( status&0x040 != 0x040 );
    THR = ch;
}
/*************** 外部存储器接口 EMIF 初始化函数 *******************/
void EMIF_init(void)
{
    ioport unsigned int *ce21 = (unsigned int *)0x809; //EMIF 中 CE21 寄存器的地址
     *ce21 = 0x1fff;
}
/***************** 数字时钟初始化函数 *************************/
void CLK_init( void )
{
   ioport unsigned int *clkmd;
   clkmd = (unsigned int *)0x1c00;
   *clkmd = 0x21f3;   //使能 PLL,失锁时再次锁定 PLL,输出频率 = 输入频率 x 3/(3+1)
}
/****************** TMCR 复位函数 *****************************/
void TMCR_reset( void )
{
    ioport unsigned int *TMCR_MGS3 = (unsigned int *)0x07FE;
    ioport unsigned int *TMCR_MM = (unsigned int *)0x07FF;
     *TMCR_MGS3  = 0x510;
     *TMCR_MM  = 0x000;
}
/****************** 延时函数 *******************************/
```

```
void delay(int nWait)
{
    int i,j,k = 0;
    for ( i = 0;i<nWait;i + + )
        for ( j = 0;j<64;j + + )
            k + + ;
}
Temp2 * D2F(Temp1 * temp1)
{
  Temp2 * temp2;
  int i;
  i = (((temp1 - >a&0x7FF0)>>4) - 896)&0x00FF;
  i<< = 7;
  temp2 - >m = (temp1 - >a&0x8000) + i;
  temp2 - >m = temp2 - >m + ((temp1 - >a&0x000F)<<3) + ((temp1 - >b)>>13);
  temp2 - >n = ((temp1 - >b&0x1FFF)<<3) + (((temp1 - >c)>>29)&0x00000007);
  return temp2;
}
Position2 Change(Position1 * tang)
{
    double N,Lat,Lon,Alt;
    Position2 vin;
    Lat = tang - >latitude;
    Lon = tang - >longitude;
    Alt = tang - >altitude;
    N   = sqrt(a * a * cos(Lon) * cos(Lon) + b * b * sin(Lon) * sin(Lon)) + Alt;
    vin.x = N * cos(Lon) * cos(Lat);
    vin.y = N * cos(Lon) * sin(Lat);
    vin.z = N * sin(Lat);
    return vin;
}
double Dat_Process(void)
{
    double angle;
    vin0 = Change(&Aim_point);
    vin = Change(&Current_point);
    angle = (vin.x * vin0.y - vin0.x * vin.y)/(sqrt((vin.x - vin0.x) * (vin.x - vin0.x)
+ (vin.y - vin0.y) * (vin.y - vin0.y) + (vin.z - vin0.z) * (vin.y - vin0.y) + (vin.z -
vin0.z)) * sqrt(vin0.x + vin0.y));
    angle = acos(abs(angle));
    return angle;
}
```

```
void main()
{
    int i;
    uint8 flag;
    //char s[8];
    //long turn_angle1;
    index = 0;
    flag = 0;
    TMCR_reset();
    CLK_init();
    EMIF_init();
//初始化 TL16C550
    LCR = 0x80;         //访问除数寄存器
    DLL = 0x18;         //设定通信波特率为 9600
    DLM = 0x00;
    LCR = 0x03;         //8 个数据为,1 个停止位,无校验
    FCR = 0x01;         //使能 FIFO
    MCR = 0x20;         //只使能自动 - CTS
    IER = 0x00;         //关闭所有中断,0 位是接收中断控制位
    for(i = 0;i<43;i + + ) putchar(str[i]);
    delay(1000);
    for(i = 0;i<7;i + + )  putchar(Set_Bin[i]);//设置采用通信 CMC_Binary 协议进行
                                               //数据传输
    delay(1000);
    for(i = 0;i<7;i + + )  putchar(Set_Bin[i]);
    delay(1000);
    for(i = 0;i<6;i + + )  putchar(Nav_con[i]);//设置成板卡连续定位信息
    delay(1000);
    for(i = 0;i<6;i + + )  putchar(Nav_con[i]);
    delay(1000);
    for(;;)
    {
        data = getchar();//获得一个字节数据
        //字头校验
        if(flag = = 0){if(index = = 0){if(data = = 0x01) {buffer[index + + ] = 0x01;}
                                        else index = 0;
                                        }
                        else if(index = = 1){if(data = = 0x14){buffer[index + + ] = 0x14;}
                                                else index = 0;
                                                }
                        else if(index = = 2){if(data = = 0xEB){buffer[index + + ] = 0xEB;}
```

```
                                        else index = 0;
                                    }
                  else if(index = = 3) { if(data = = 0x47) { buffer[index + + ] = 0x47;
flag = 0x01;}
                                        else index = 0;
                                    }
                        }
            //数据的接收及有用信息的提取
            else{ buffer[index + + ] = data;
                  if(index = = 77) {
                        Nav_data = (Nav_Data * )buffer;
                        HDOP = Nav_data - >HDOP;
                        VDOP = Nav_data - >VDOP;
                        Nav_mode = Nav_data - >Nav_mode;
                        if((Nav_mode&0x1F)! = 6)
                        {
                          if(HDOP<3)
                          {
                            //Current_point = &(Nav_data - >Current_point);
                            ps = (Temp1 * )(Nav_data - >latitude);
                            pt = D2F(ps);
                            pf = (float * )pt;
                            f = * pf;
                            Current_point. latitude = f;
                            ps = (Temp1 * )(Nav_data - >longitude);
                            pt = D2F(ps);
                            pf = (float * )pt;
                            f = * pf;
                            Current_point. longitude = f;
                            Current_point. altitude = Nav_data - >altitude;
                            turn_angle = Dat_Process();
                            }
                        }
                        index = 0;
                        flag = 0x00;
                        }
                  }
      }
}
```

附录 5

pioneer2 机器人的运动控制程序

```
/* File:          avoidance_with_lidar.c
 * Date:          24 Aug 2011
 * Description:   Example of Sick LMS 291.
 *                The velocity of each wheel is set
 *                according to a Braitenberg-like algorithm which takes the values
returned by the Sick as input. */

#include <webots/robot.h>
#include <webots/servo.h>
#include <webots/camera.h>
#include <math.h>
#include <stdio.h>
#include <stdlib.h>

#define TIME_STEP 32
#define MAX_SPEED 10.0
#define CRUISING_SPEED 7.5
#define OBSTACLE_THRESHOLD 0.1
#define DECREASE_FACTOR 0.9
#define BACK_SLOWDOWN 0.9

// gaussian function
double gaussian(double x, double mu, double sigma) {
return(1.0/(sigma*sqrt(2*M_PI)))*exp(-((x-mu)*(x-mu))/(2*sigma*sigma));
}
int main(int argc, char **argv)
{
  // init webots stuff
  wb_robot_init();
  // get devices
  WbDeviceTag lms291            = wb_robot_get_device("lms291");
  WbDeviceTag frontLeftWheel    = wb_robot_get_device("frontLeftWheel");
  WbDeviceTag frontRightWheel   = wb_robot_get_device("frontRightWheel");
  WbDeviceTag backLeftWheel     = wb_robot_get_device("backLeftWheel");
```

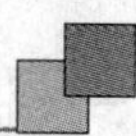

```
  WbDeviceTag backRightWheel    = wb_robot_get_device("backRightWheel");
  // init lms291
  wb_camera_enable(lms291, TIME_STEP);
  int lms291Width = wb_camera_get_width(lms291);
  int halfWidth    = lms291Width/2;
  int maxRange     = wb_camera_get_max_range(lms291);
  double rangeThreshold = maxRange/20.0;
  const float * lms291Values;
  //init braitenberg coefficient
  double * braitenbergCoefficients = (double *) malloc (sizeof (double) *
lms291Width);
  int i, j;
  for (i = 0; i < lms291Width; i++) {
    braitenbergCoefficients[i] = gaussian(i,lms291Width/2,lms291Width/5);
  }
  // init servos
  wb_servo_set_position(frontLeftWheel, INFINITY);
  wb_servo_set_position(frontRightWheel,INFINITY);
  wb_servo_set_position(backLeftWheel,  INFINITY);
  wb_servo_set_position(backRightWheel, INFINITY);
  //init speed for each wheel
  double backLeftSpeed    = 0.0, backRightSpeed    = 0.0;
  double frontLeftSpeed = 0.0, frontRightSpeed = 0.0;
  //perform one control loop
  wb_robot_step(TIME_STEP);
  // init dynamic variables
  double leftObstacle = 0.0, rightObstacle = 0.0, obstacle = 0.0;
  double speedFactor    = 1.0;
  do {
    // get range-finder values
    lms291Values = (float *) wb_camera_get_image(lms291);
    // apply the braitenberg coefficients on the resulted values of the lms291
    // near obstacle sensed on the left side
  for (i = 0; i < halfWidth; i++){
  if(lms291Values[i] < rangeThreshold){// far obstacles are ignored
  leftObstacle += braitenbergCoefficients[i] * (1.0 - lms291Values[i]/maxRange);
      }
    // near obstacle sensed on the right side
      j =  lms291Width - i - 1;
      if(lms291Values[j] < rangeThreshold){
        rightObstacle += braitenbergCoefficients[i] * (1.0 - lms291Values[j]/
```

```
maxRange);
    }
  }
  // overall front obstacle
  obstacle = leftObstacle + rightObstacle;
  // compute the speed according to the information on
  // obstacles
  if(obstacle > OBSTACLE_THRESHOLD){
    speedFactor = (1.0 - DECREASE_FACTOR * obstacle) * MAX_SPEED / obstacle;
    frontLeftSpeed  = speedFactor * leftObstacle;
    frontRightSpeed = speedFactor * rightObstacle;
    backLeftSpeed   = BACK_SLOWDOWN * frontLeftSpeed;
    backRightSpeed  = BACK_SLOWDOWN * frontRightSpeed;
  }
  else {
     backLeftSpeed    = CRUISING_SPEED;
     backRightSpeed   = CRUISING_SPEED;
     frontLeftSpeed   = CRUISING_SPEED;
     frontRightSpeed  = CRUISING_SPEED;
  }
  // set actuators
  //wb_servo_set_position(direction,dir);
  wb_servo_set_velocity(frontLeftWheel,  frontLeftSpeed);
  wb_servo_set_velocity(frontRightWheel, frontRightSpeed);
  wb_servo_set_velocity(backLeftWheel,   backLeftSpeed);
  wb_servo_set_velocity(backRightWheel,  backRightSpeed);
  //reset dynamic variables to zero
  leftObstacle  = 0.0;
  rightObstacle = 0.0;
  // perform a step
 } while (wb_robot_step(TIME_STEP) != -1);
 free(braitenbergCoefficients);
 wb_robot_cleanup();

 return 0;
}
```

参考文献

[1] James G. Bellingham, Kanna Rajan. Robotics in Remote and Hostile Environments [J]. Science, 2007, V318:1098 - 1102.

[2] Rolf Pfeifer, Max Lungarella, Fumiyalida. Self - organization, Embodiment and Biologically Inspired Robotics [J]. Science, 2007, V318:1088 - 1093.

[3] Danna Voth. Nature's Guide to Robot Design [J]. IEEE Intelligent System, 2002, V17: 4 - 7.

[4] Elizabeth Pennisi. EVOLUTION:Robot Suggests How the First Land Animals Got Walking[J]. Science ,2007,V315:1352 - 1353.

[5] Maki K. Habib. Climbing & Walking Robots[M]. Vienna: I - Tech Education and Publishing,2007.

[6] 陈学东,孙翊,贾文川.多足步行机器人运动规划与控制[M].武汉:华中科技大学出版社,2006.

[7] 罗庆生,韩宝玲,赵小川,张辉.现代仿生机器人设计[M].北京:电子工业出版社,2008.

[8] 谭民,王硕,曹志强.多机器人系统[M].北京:清华大学出版社,2005.

[9] 高国富,谢少荣,罗均.机器人传感器及其应用[M].北京:化学工业出版社,2005.

[10] 王惠南.GPS导航原理与应用[M].北京:科学出版社,2003.

[11] 于起峰.基于图像的精密测量与运动测量[M].北京:科学出版社,2002.

[12] Xiaochuan Zhao. Research on the Real Time Obstacle Avoidance Control Technology of Biologically Inspired Hexapod Robot. Proceedings of the 7th World Congress on Intelligent Control and Automation, 2008:2306 - 2310.

[13] Xiaochuan Zhao. Survey on Robot Multi - sensor Information Fusion Technology. Proceedings of the 7th World Congress on Intelligent Control and Automation, 2008:5019 - 5023.

[14] Xiaochuan Zhao. An Image Distortion Correction Algorithm based on Quadrilateral Fractal Approach Controlling Points. Proceedings of the 4th IEEE Conference on Industrial Electronics and Applications,2009:2676 - 2681.

[15] Xiaochuan Zhao. Signal Processing of Biologically Inspired Hexapod Robot Navigation System based on GPS/INS. Proceedings of the 4th IEEE Conference on Industrial Electronics and Applications,2009:1139 - 1144.

[16] Xiaochuan Zhao. A Novel Ultrasonic Ranging System based on the Self - correlation of Pseudo - random Sequence. Proceedings of 2009 IEEE International Conference on Information and Automation, 2009:1124 - 1128.

[17] Xiaochuan Zhao. A Novel Information Fusion Algorithm for GPS/INS Navigation System. Proceedings of 2009 IEEE International Conference on Information and Automation, 2009: 818 - 823.

[18] Dumar M. , Garg DP. , Zachery PA. A method for judicion fusion of inconsistent multiple sensor data[J]. IEEE Sensor Journal,2007,V7:723 - 733.

[19] Yabuta,Y. Binocular robot vision system with shape recognition. 2006 SICE - ICASE International Joint Conference Proceedings[C]. 2006:2645 - 2648.

[20] Willian A. Lewinger. Insect - like Antennal Sensing for Climbing and Tunneling Behavior in a Biologically - inspired Mobile Robot. Proceedings of the 2005 IEEE Internatioal Conference on Robotics and Automation[C]. 2005: 4176 - 4181.

[21] Kimon P. Valavanis. A Case Study of Fuzzy - Logic - Based Robot Navigation [J]. IEEE Robotics&Automation magazine,2006:93 - 107.

[22] http://me. seu. edu. cn/course/mechdesign/creative1000. htm.

[23] 翁海珊,王晶. 第一届全国大学生机械创新设计大赛决赛作品集[M]. 北京:高等教育出版社,2006.

[24] http://www. cyberbotics. com.

[25] 赵小川. 基于 Webots 仿真软件的仿生六足机器人机构设计与步态规划[J]. 系统仿真学报,2009,21(11): 3241 - 3245.